Centrifugal Pump User's Guidebook Problems and Solutions

离心泵
故障与处理指南

〔美〕山姆·耶迪迪亚 著
李文广 张玉良 译

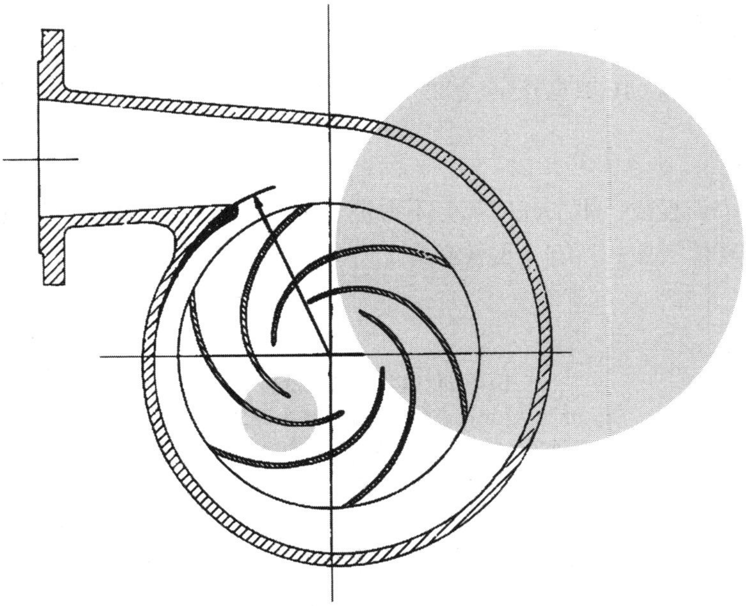

中国石化出版社
·北京·

著作版权合同登记 图字：01－2023－5863 号

图书在版编目（CIP）数据

离心泵故障与处理指南＝Centrifugal Pump User's Guidebook－Problems and Solutions／（美）山姆·耶迪迪亚（Shmariahu Yedidiah）著；李文广，张玉良译．—北京：中国石化出版社，2023.7
ISBN 978－7－5114－7127－7

Ⅰ.①离… Ⅱ.①山… ②李… ③张… Ⅲ.①离心泵－故障修复－指南 Ⅳ.①TH311.07－62

中国国家版本馆 CIP 数据核字(2023)第 114374 号

中国石化出版社出版发行
地址:北京市东城区安定门外大街 58 号
邮编:100011 电话:(010)57512500
发行部电话:(010)57512575
http://www.sinopec-press.com
E-mail:press@sinopec.com
北京富泰印刷有限责任公司印刷
全国各地新华书店经销
*
787 毫米×1092 毫米 16 开本 15.25 印张 263 千字
2023 年 12 月第 1 版 2023 年 12 月第 1 次印刷
定价:88.00 元

译者序

目前，泵方面的著作基本上由来自学术界和产业界的作者所著。学术界作者所写的著作一般以新学术问题探讨为主题，而产业界作者所写的著作大多以作者所在企业有关泵的研究、设计和应用为题材，反映了泵产业界在泵设计、研究和应用的状况。产业界的作者数量比较少，但大都具有特别好的专业素养、丰富的设计经验和解决实际问题的能力，如20世纪50年代的斯捷潘诺夫，他所著的《离心泵与轴流泵》① 一书不但走进了课堂，还走进了企业。他的写作方法至今被其他作者所模仿。

译者在学术界工作，经常阅读产业界作者撰写的泵方面的英文著作，因为这些著作内容较鲜活丰满、实践性强、理论联系实际，能够启发思路。其中印象比较深的有1985年出版的洛巴诺夫和罗斯所著《离心泵设计与应用》② 一书。该书由第一译者于1998年编译成《工业泵设计与应用》的中文版。另一本是1996年出版的耶迪迪亚所写的《离心泵用户指南》③。本书是该英文著作的中文译本。这本英文著作有以下5个特点：

(1) 泵基础理论方面有新内容。作者提出了计算泵叶轮理论扬程的新方法，该方法可以指导泵叶轮水力设计和叶轮切割等。

(2) 作者对一些泵领域的重要问题，如泵空化、回流、能量损失和扬程曲线形状等提出了自己的看法，并利用数学和流体力学进行公式推演和试验结果分析，厘清了过去在这些方面存在的模糊认识，提出的下垂扬程曲线和扬程曲线下沉的说法比过去笼统的驼峰说法更为贴切。

(3) 分析了离心泵在测试、空化余量变化、泵输送系统布置、泵和泵输送系统安装、轴承、密封以及其他一些特殊情况下可能遇到的问题，并给出了解决问题的对策

---

① Stepanoff A J, Centrifugal and Axial Flow Pumps, New York: John Wiley & Sons, INC, 1957.

② Lobanoff V S and Ross R R, Centrifugal Pumps Design & Application, Woburn: Butterworth – Heinemann, 1985 (1st edition), 1992 (2nd edition).

③ Yedidiah S, Centrifugal Pump User's Guidebook: Problems and Solutions, New York: Chapman & Hall, 1996.

和实例。这些内容对泵设计人员和用户都是十分重要的。

(4) 总结了访问事故现场、现场检查、排除泵故障的方法和步骤以及故障诊断清单。

(5) 给出了很多修改泵性能的方法、实例和结果分析。这些内容对泵研究者、设计人员和泵用户都是十分珍贵和有价值的，也是值得借鉴、推广以及深入研究的。

希望本书的出版能够对我国泵行业的研究、设计、选型、泵输送系统的运行、泵和泵输送系统的故障诊断与排除起到积极的推动和借鉴作用。

原著共有6篇30章，但是大部分章的篇幅都很短，所以译稿中把原来的篇改为章，把原来的章改为节，相应地，对图和表的编号进行了调整。另外，改正了原著中公式、文字和图中明显的疏漏。把原著中的英制单位全部转换为我国使用的公制单位。对书中各章使用的符号进行了统一。删除了第三章第三节中前后重复的图和文字。原著的图2-38为离心鼓风机的叶轮性能随叶片侧面间隙变化的曲线，不适合离心泵，所以对此图进行了更换，相应的文献也进行了替换。原著的图2-39为英制单位，故采用了一幅公制单位的图对此进行了替换。对参考文献进行了梳理和订正，删除了部分重复的参考文献。最后，根据原著的英文索引编译了泵技术术语的中英文对照。

本书内容还涉及材料、机械零件和密封等译者不擅长的领域。虽然对其中的一些术语进行过校对，但还希望相应的专业人士予以指正。

简洁的汉语和烦琐的英语是两种完全不同的语言。直译会破坏汉语的简洁，意译会损害原著的语言准确性，在翻译过程中译者试图保持两者的平衡。由于译者英语和汉语水平有限，所以错译和误译在所难免，望读者见谅，并予以批评指正。

本书出版受到浙江省“尖兵”“领雁”研发攻关计划项目（No. 2022C03170）的资助，在此表示感谢！

原著序

本书讨论两类活动：预防程序和纠正过程。有时，这两个活动是如此紧密地联系在一起，以至于不可能将它们分开。另外，为了正确执行这些活动，还需要对离心泵的运行和诊断过程有深入的了解和理解。

泵的设计者必须采取预防措施，以便将发生故障的可能性降到最低。必须为每种应用场合仔细地选择泵，并且必须仔细设计泵所安装的输送系统。预防性损伤控制也要求泵的制造，安装和维护中格外小心。

纠正过程与诊断故障原因和采取适当步骤纠正问题有关。实施纠正和预防过程要求深入了解什么才能使泵令人满意地运行以及哪些因素会影响其运行。它还要求对不同因素如何影响给定泵的性能有广泛的认识。

本书的目的是为读者提供预防、诊断和解决离心泵可能遇到的最大范围问题所需的信息。由于本书涉及的问题广泛，因此它可能会为一个非常多样化的读者群提供极大的帮助。本书的目的是：

(1) 向泵输送系统设计者解释泵吸入池、吸入管路和排出管路的布局如何影响泵的性能。

(2) 确定泵设计者必须考虑的问题，以便纳入使其设计更具竞争力的适当预防性和安全性特征。

(3) 描述对于生产出优质产品至关重要的材料和工艺特性。这将有助于质量控制和生产人员建立并维持成本与质量之间的微妙平衡。

(4) 帮助与泵的选择和购买有关的人员做出最佳选择。

(5) 使维护人员较容易地确定和查找任何问题的根源，并提供处理这些问题的指南。还概述了泵不得不在意想不到的条件下运行时可能采取的步骤。

(6) 警告负责泵和泵系统安装的人员有关因他们不遵循正确的安装程序而可能造成的问题。

(7) 让司泵人员更好地了解设备的功能以及如何识别出现故障的迹象。

受过不同程度教育和培训的读者可能对本书感兴趣和认为是有帮助的。我们首先回顾一些离心泵运行所依赖的最基本原理，目的是让可能不熟悉这些原理的人都可以使用这本书。熟悉本书引言部分所讨论问题的读者可以放心地跳过它，而直接从更高级的主题开始。

在很大程度上，故障排除是处理意外事件的能力。本书尝试处理尽可能多的情况。大多数问题可以简单地通过检查故障清单并遵循说明来解决，而不必担心分析背景。

另外，独特的问题总是可能的。这些情况通常是很难分析和解决的。在这种情况下，深入了解最基本的原则可能对找到正确的解决方案是很有帮助的。

山姆·耶迪迪亚（Sam Yedidiah）

目　　录

第一章　引　言

本章首先解释离心泵的原理和运行方式。从力学定律出发，讨论这些定律是如何控制离心泵运行的。其次，给出离心泵的分类方法，介绍离心泵的性能特点。最后，说明掌握离心泵性能特点是如何帮助泵用户为已知工作参数范围选择最佳离心泵的。

第一节　旋转动力泵

旋转动力泵或叶片泵指的是利用旋转的叶片使液体运动状态发生改变，从而使被输送液体增加能头的一类泵机械。这类泵包括：轴流泵、离心泵和混流泵以及旋涡泵等。本书主要涉及离心泵，但为了便于解释泵基本原理，将采用轴流泵来说明基本原理对泵性能的影响。

一、运动叶片传递的功率

假设叶片完全浸没在液体中，并且叶片和液体是静止的。这时，叶片对液体或液体对叶片都不做功。现在，假设以均速 $-U$ 运动的人观察叶片和周围液体的运动状况。相对于观察者来说，叶片和液体以相同速度 $+U$ 运动。该速度将不会也不可能使叶片和液体之间有能量交换。仅当液体与叶片同向运动，且其速度 C_u 与 U 不同的时候，才发生能量交换。

假设长度为 L 的叶片在液体中运动，液体的运动方向由图 1－1 中的矢量 C 所示。叶片与 U 反方向的夹角为 β，速度 C 的两个分量为 C_u 和 C_m，其中 C_u 与 U 平行，C_m 与 U 垂直。

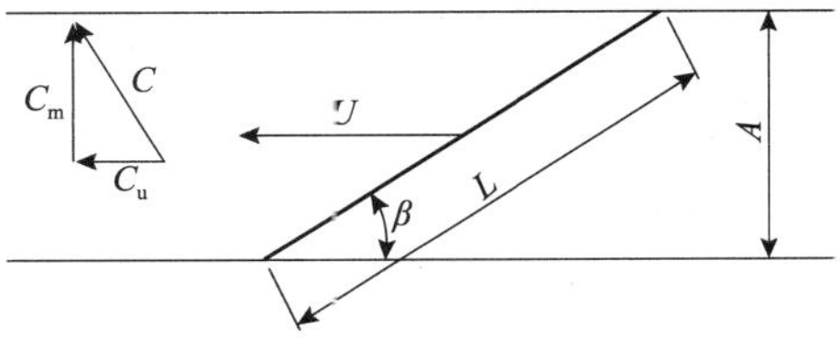

图 1－1　用于解释运动的叶片与其周围流体相互作用的符号，A 表示叶片头部和尾之间轴向距离

若 C_u 小于 U，则单位时间内，叶片排挤的液体容积为

$$Q_b = (U - C_u) bL\sin\beta \tag{1-1}$$

式中，b 为叶片宽度。

当液体开始与叶片表面接触时，液体就必须沿着叶片表面运动。叶片表面方向的改变使液体速度 C_u 由进口处的 C_{u1} 变为出口出的 C_{u2}。根据液体轴面速度大小和叶片表面方向，C_{u2} 由下式计算

$$C_{u2} = U - \frac{C_{m2}}{\tan\beta_2} \tag{1-2}$$

式中，C_{m2} 为叶片出口轴面速度；β_2 为叶片出口角。

为了使 C_{u1} 变为 C_{u2}，叶片对液体沿 U 方向必须有力的作用。该力的作用方向与叶片运动方向相同，且叶片运动时，这个力就存在。换句话说，在某一个确定的距离内，都有力的作用，于是这个力就做了功。单位时间内，叶片对液体的做功量由下式计算

$$\Delta P_b = \frac{\rho g Q_b U(C_{u2} - C_{u1})}{g} \tag{1-3}$$

其中，g 为重力加速度；ρ 为液体密度；故 $\rho g Q_b / g$ 为单位时间内被做功的液体质量，即 $\rho g Q_b / g = \rho Q_b$ = 质量/时间。把该写法用到式(1－3)中，U 用距离除以时间来表示，即

$$\Delta P_b = \left[\text{质量} \times \frac{(C_{u2} - C_{u1})}{\text{时间}}\right] \times \frac{\text{距离}}{\text{时间}} \tag{1-4}$$

其中，表达式($C_{u2} - C_{u1}$)/时间为液体加速度，故质量×($C_{u2} - C_{u1}$)/时间为力。由于 U 方向与 C_{u1} 或 C_{u2} 方向相同，式(1－4)表示单位时间内距离与力的点积。换言之，式(1－4)表示了叶片对液体的做功功率(功率定义为单位时间内力所做的功)。

将 Q_b 表达式代入式(1－3)中，功率为

$$\Delta P_b = \rho g (U - C_u) bL\sin\beta \frac{U(C_{u2} - C_{u1})}{g} \tag{1-5}$$

对于图1－2所示的弯曲叶片，该方程就特别有用。这时可以把叶片分成长度为 ΔL 的短叶片元，然后用式(1－1)计算这些叶片元 ΔL 的排挤流量 ΔQ_b，从而计算出每个叶片元的做功功率，最后把这些功率加起来，得到整个叶片对液体的做功功率。

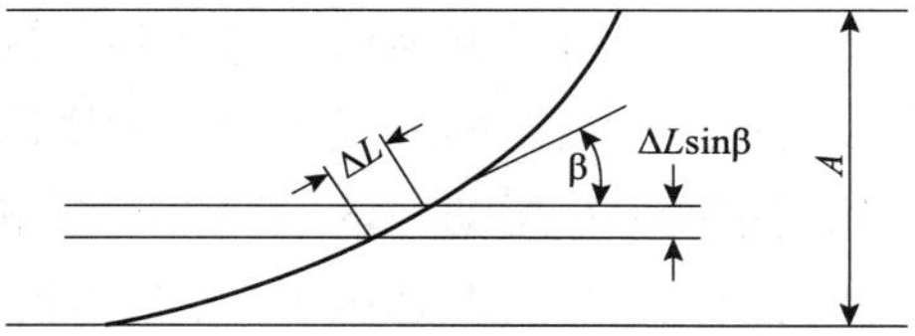

图1－2　用于计算弯曲叶片对其周围液体传递的功率所用的符号

到目前为止，仅讨论了叶片以相同速度 U 运动的情形。那么当叶片每点处的运动速度不相同的时候，结果会怎样?

参考图1－3，假设叶片绕中心点 O 以角速度 ω 旋转。叶片上任意一点的圆周速度取决于到点 O 的半径 R，等于 ωR。

考察叶片元 ΔL 对液体的作用。采用图1－2中所用方法，得到任意给定叶片元 ΔL 的排挤流量 ΔQ_b(图1－3)

$$\Delta Q_b = b(U - C_u)\Delta L\sin\beta = b(U - C_u)\Delta R \tag{1-6}$$

相应地，叶片元 ΔL 传递给液体的功率为

$$\Delta P_b = \rho g \Delta Q_b \left(\frac{U_2 C_{u2} - U_1 C_{u1}}{g}\right) \tag{1-7}$$

式中，U_2 为 $\omega(R + 0.5\Delta R)$，U_1 为 $\omega(R - 0.5\Delta R)$；C_{u1} 为 $R - 0.5\Delta R$ 处的 C_u；C_{u2} 为 $R + 0.5\Delta R$ 处的 C_u。

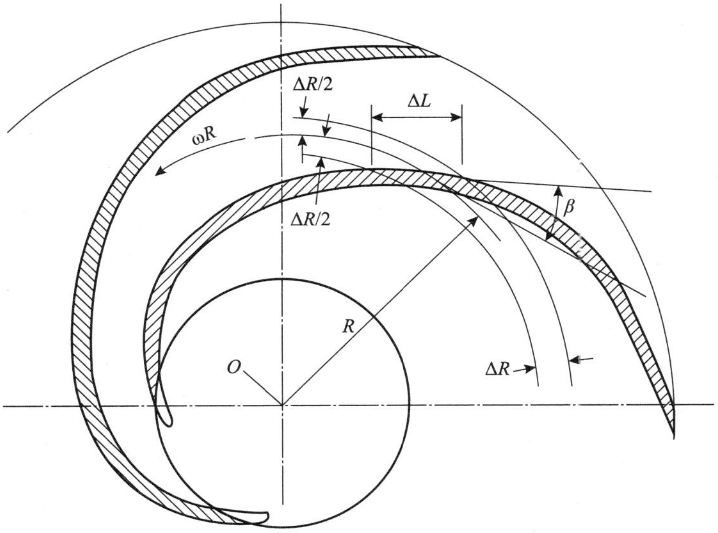

图 1-3 用于计算旋转叶片对其周围液体传递功率的符号

实际中，如何计算泵产生的扬程超出了本书的范围。这是泵设计者关心的根本问题，有关这方面的详细情况见第六章。对于泵用户，了解下面的事实是有意义的。根据式（1-7），一个叶片对液体的做功功率不但取决于叶片圆周速度 U，而且还取决于叶片圆周速度 U 的倾角及面积。另外，叶片对液体做功功率等于多个叶片元的总和。叶片对液体的做功功率取决于整个叶片形状，而不只是叶片进口、出口处的形状。

这个结论与早期普遍接受，即叶片作用于液体的功率仅仅取决于叶片进、出口形状而不受叶片其他部分形状影响的说法截然不同。过去，这个理论经常得出与图 1-4 所示试验结果相违背的结论。在某些场合，深入了解叶片对液体做功功率有助于发现一台具体离心泵存在的问题。

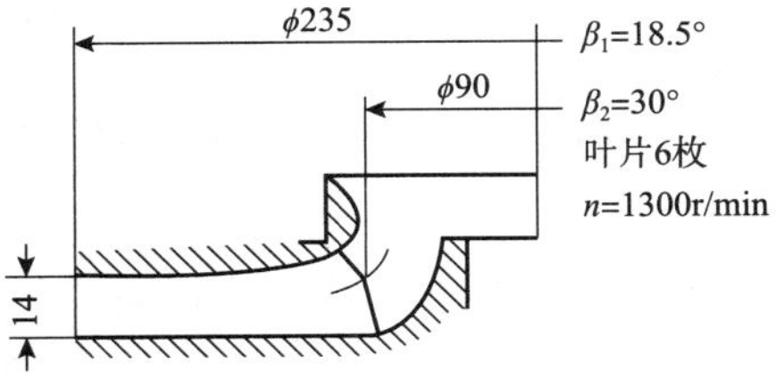

(a)叶轮轴面图

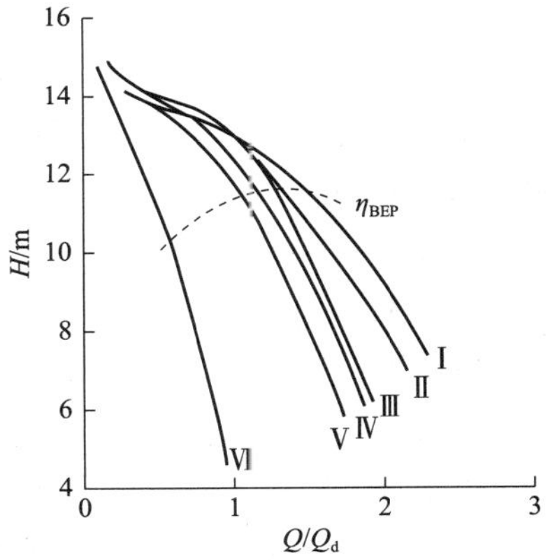

(b)扬程曲线

图 1-4 叶片进、出口角相同，叶片数相等、轴面图一致，但叶片形状各异的六个叶轮水力性能，β_1 和 β_2 分别为叶片进、出口角，n 为叶轮转速，Q 和 H 分别为叶轮的流量和扬程，Q_d 为叶轮设计流量，η_{BEP} 为最高效率，Ⅰ到Ⅵ为叶轮编号

二、离心泵的运行

离心泵基本上由壳体 *C* 和安装其内的旋转叶轮 *I* 组成，由图 1－5 概略表示。叶轮由叶片 *B* 构成，这些叶片通常与后盖板(轮盘)*Sh* 和轮毂 *hb* 连成一体。叶片的另一端通常与第二个轮盘，即前盖板(轮盖)*Ss* 连接在一起。第二个轮盘上开有叶轮吸入口，其外被密封环 *Sr* 包围。壳体 *C* 由静止的蜗壳和吸入管 *Sn* 组成。蜗壳上有扩散管 *Dn*，吸入管与吸入管路 *SL* 相连。如果泵安装位置高于吸入池的液位面，那么吸入管上一般安装有单向阀 *Nr*。

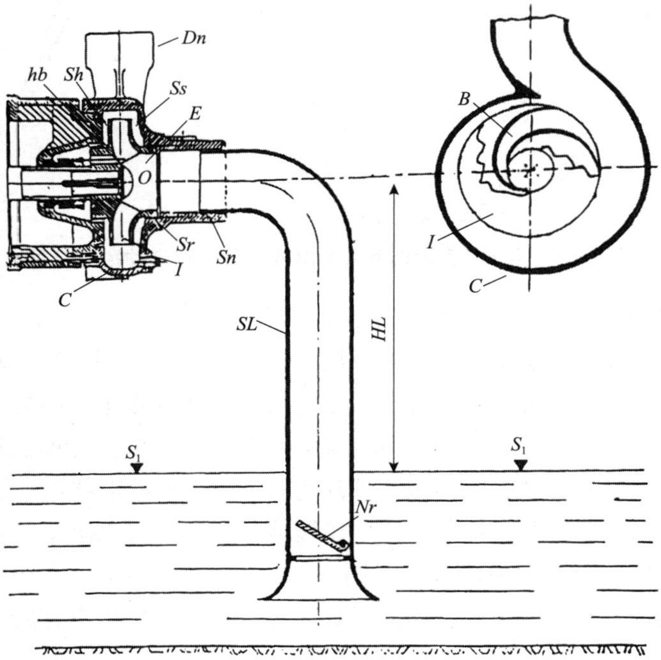

图 1－5　用于描述离心泵泵送功能的符号

现在，用液体充满吸入管路和泵。当泵启动以后，旋转叶片产生的离心力迫使叶轮内的液体向外运动；与此同时，使泵叶轮入口压力下降。叶轮产生的扬程等于叶片数乘以一个叶片对液体传递的功率除以被输送液体质量流量。

为了使泵开始具有输送液体的功能，叶轮产生的扬程必须能够在泵和吸入池之间产生足够大的压力差以便完成下列功能：

(1)克服泵排出管路的压力、地形高程、速度头、摩擦和黏性水力损失；

(2)将吸入口 *Sn* 处的压力降低到低于吸入池液位 $S_1—S_1$ 处的压力。压力降大小应该足够克服由高程差 *HL* 导致的阻力以及吸入管路中的摩擦和黏性水力损失。另外，压力降也该提供使液体加速流入吸入管的额外能头 H_2。

三、吸入高度与空化

对敞开式吸入池箱，液位面 $S_1—S_1$ 处的压力为大气压(图 1－5)。为了使液体到达泵中心线 *O—O*，*O—O* 处的压力必须低于 ρgHL。于是吸入能头 H_s 必须等于

$$H_s = \frac{p_a}{\rho g} - HL \tag{1-8}$$

实际上，所有液体仅能承受挤压力。因此，液体中任意一点的最小压力不能小于零。也就是说，如果吸入箱是敞开的，吸入管路中液体最高几何高程不能高于 $p/\rho g = H_a$。

现实中，吸入高度 HL 必须远低于能头 H_a。首先，一部分有效能头 H_a 必须用于液体加速流入吸入管路 SL。另一部分用于克服吸入管路的流动阻力。最后，若 O—O 处的绝对压力低于液体汽化压力，被输送的液体就变成蒸气，形成充满蒸汽的空穴。空穴在被输送液体内的发展一般认为是空化。在后面的章节中将对这个问题进行更详细的说明。

四、灌泵

一般情况下，除非泵已经灌满液体，否则离心泵不能输送液体。在泵启动前，必须将泵和吸入管路完全充满被输送的液体。灌泵与离心泵的运行密切相关。

离心泵产生的扬程可以定义为叶片传递给液体的功率除以被输送液体的质量流量 $\rho g Q_b/g$，见式(1-3)和式(1-7)。因此，对于给定的叶片形状和叶片运动速度 U，在给定流量条件下，无论液体密度如何，叶轮将产生相同的扬程。例如：假设泵输送水的扬程为 70.4m，压力表读数将为 689.5kPa。现在假设泵输送密度为 750kg/m^3 的矿物油，这时泵的扬程仍为 70.4m，但压力表读数仅为 517.1kPa，这是因为油的密度仅是水的 0.75 倍。

现在回到图 1-5，来描述泵输送液体的过程。首先，假设泵和吸入管路灌满了被输送的液体，泵将要产生的总扬程为 $H_t = H_d + H_s$，H_d 为克服排出管流动阻力的必要能头，而 H_s 是将泵中心线 O—O 处的液体压力降低 $\rho g H_s$ 的能头。该压力降应足够大以便克服几何高程 HL 引起的压力 $\rho g HL$ 和吸入管路流动阻力，并使液体加速流入吸入管路。

然后，假设泵启动前没有灌液体，而是充满空气。当泵启动后，泵产生的总扬程仍为 $H_t = H_d + H_s$。这时，中心线 O—O 处的压力降为 H_s 乘以空气的密度和重力加速度。空气密度是水的 1/650 ~ 1/600，这取决于温度、压力和湿度。泵进口压力将是灌满泵输送水时的 1/650 ~ 1/600。这么小的压力降几乎无法使水提升几何高程 HL，这就是要灌泵的原因。

五、叶片两侧压力差

式(1-3)和式(1-7)给出了叶片对液体的做功功率。这个功率必须通过泵轴传递给叶片，这就意味着叶片必须克服旋转过程中的阻力。换句话说，叶片前面(工作面或压力面)的压力必须高于背面(吸力面)。

将泵轴功率传递给液体的力 ΔF 可以表示为

$$\Delta F = \frac{\Delta P_b}{U} = \frac{\Delta P_b}{\omega R} \tag{1-9}$$

该力作用于面积 $\Delta A = b\Delta L\sin\beta$。于是叶片元 ΔL 前面与背面的压力差为

$$\Delta p_d = \frac{\Delta F}{\Delta A} = \frac{\Delta F}{b\Delta L\sin\beta} = \frac{\rho g(\omega R - C_u)(U_2 C_{u2} - U_1 C_{u1})}{g\omega R} \tag{1-10}$$

式中，C_u 为叶片元 ΔL 平均半径 R 处的液体绝对速度的圆周分速度。

六、旋转坐标系的伯努利方程

旋转叶轮引起液体总能头由 H_1 升高到 H_2，总能头升高可以用下式表达

$$H_2 - H_1 = \frac{U_2 C_{u2} - U_1 C_{u1}}{g} \tag{1-11}$$

利用速度三角形，该方程可以转化成下面的形式

$$H_2 - H_1 = \frac{(U_2^2 - U_1^2 + W_1^2 - W_2^2) + (C_2^2 - C_1^2)}{2g} \tag{1-12}$$

其中，C 和 W 分别为液体的绝对速度和相对速度，下标 1、2 分别表示叶片进口和出口。总能头包括速度头的升高

$$H_{k2} - H_{k1} = \frac{C_2^2 - C_1^2}{2g} \tag{1-13}$$

和压力头的升高 $H_{p2} - H_{p1}$。该值等于总能头升高减去速度头升高，即

$$H_{p2} - H_{p1} = (H_2 - H_1) - (H_{k2} - H_{k1}) \tag{1-14}$$

进一步有

$$H_{p2} - H_{p1} = \frac{W_1^2 - W_2^2}{2g} + \frac{U_2^2 - U_1^2}{2g} \tag{1-15}$$

或者

$$H_{p2} + \frac{W_2^2 - U_2^2}{2g} = H_{p1} + \frac{W_1^2 - U_1^2}{2g} \tag{1-16}$$

式(1-16)就是通常所称的旋转坐标系下的伯努利方程。

第二节　离心泵性能特点

离心泵内部能量传递是依靠液体运动状态改变来完成的。这种状态改变的大小取决于流道尺寸和叶轮转速。对于给定的泵几何尺寸和转速，泵内部液体速度随流量的变化而变化。与此类似，泵效率、轴功率和吸入能力也随流量的变化而变化。

按照一般的说法，用指定流量下的泵产生的扬程来描述一台离心泵的性能特点。与此相反，也经常用指定扬程下的泵输送的液体流量来确定泵性能。

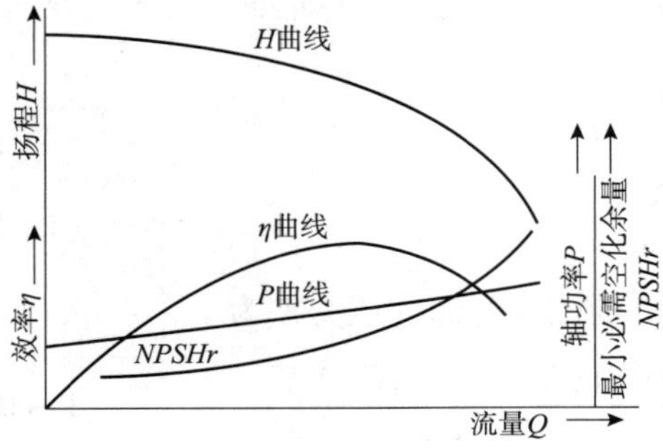

图1-6　典型的离心泵性能曲线

实际上，离心泵很少在一种扬程和一种流量下工作。绝大多数离心泵必须在一定的扬程和流量范围内工作。因此，掌握离心泵性能随流量的变化情况通常是十分重要的。

当泵制造厂开发一种新产品时，泵性能试验是在控制条件下进行的。然后，将试验结果画成曲线，即通常所熟知的泵性能曲线。图1-6是典型的离心泵性能曲线。H 曲线表示泵扬程随流量的变化情况，P 曲线表示泵轴功率随流量的变化，

η 曲线表示泵效率(液体获得的功率与轴功率之比)随流量的变化情况。性能曲线也包括泵吸入口处避免发生空化的最低能头随流量的变化曲线。该能头通常用净正吸入能头来表示。

在正常工作条件下，泵有望在安装现场表现出的性能特征与性能曲线图表所列的性能曲线相同。否则，可能泵本身或泵所连接的管道系统存在问题。

一、运行工况与性能曲线

1. 陡降与平坦的扬程曲线

图1－7表示在流量 Q_1 工况下两台泵的扬程均为 H_1，在该工况点，两台泵的效率也完全相同。在实际中，哪台泵的性能更好？

假设一台泵必须为一组机器的雾化喷嘴供水来清洗生蔬菜。当然，某个时刻启动泵的数量取决于生蔬菜的富裕量，因此，供水量将随收获的蔬菜量而变化。为了获得最好的清洗效果，在整个工作范围内泵的扬程将必须保持几乎不变。在这种情况下，最好选择图1－7中 H 曲线平坦的 A 泵。

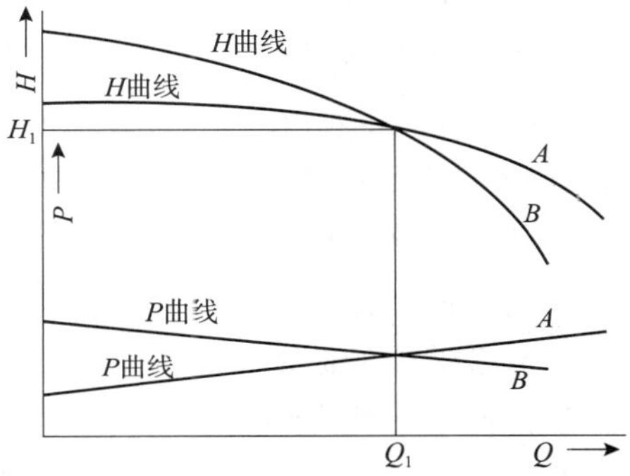

图1－7 陡降与平坦扬程曲线的比较

假设一台从深井抽水灌溉。由于在很短时间周期内深井水位剧烈变化，所以这台泵必须在变扬程情况下运行。为满足这个要求，最好选择图1－7中 H 曲线陡降的 B 泵。

另一个必须考虑的因素是轴功率。H 曲线平坦的泵的轴功率通常随流量的增大而连续升高。当发生排出管破裂或类似事故时，这可能会引起原动机过载。但是，对具有陡降 H 曲线的泵，在小流量工况可能发生原动机过载。

2. 下垂的扬程曲线

另一个与 H 曲线形状有关的问题是经常所称呼的“下垂”曲线。一般地，离心泵的扬程随流量的减小而增加。但对某些泵来说，其扬程在某一个小流量工况下达到最大值，然后，流量的进一步减少将引起扬程下降，如图1－8和图1－9所示。

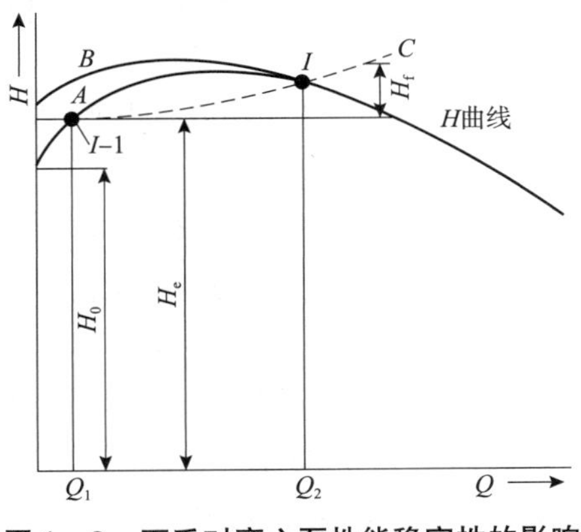

图1－8 下垂对离心泵性能稳定性的影响

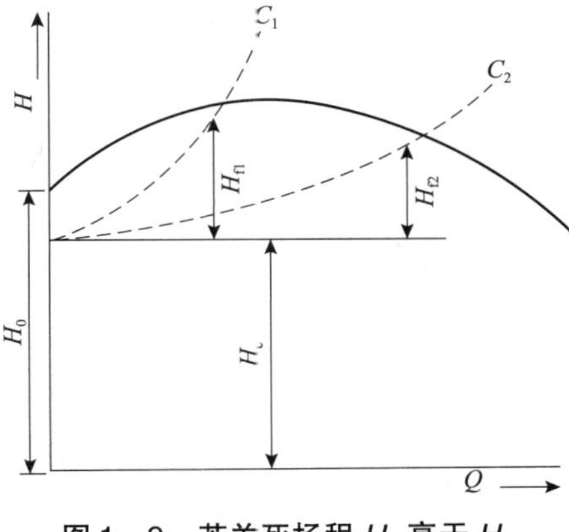

图1－9 若关死扬程 H_0 高于 H_e，下垂曲线不会导致不稳定的性能

一般情况下，高扬程系数的泵最容易出现下垂形 H 曲线。高扬程系数意味着对给定的叶轮尺寸和转速，叶轮产生了较高的扬程。高扬程系数泵的优点有：

(1)泵尺寸小，价格便宜；

(2)由于叶轮圆盘摩擦损失的比重降低，泵运行成本低。

尽管有这两个优点，但是许多泵用户不愿意使用这类泵，担心它们可能成为不稳定性能的祸根。理论上这是正确的，但是在工程实际中，这种性能不稳定情况极少出现。借助图1－8和图1－9，可以很好地解释这个问题。

图1－8给出了两种下垂曲线 A 和 B，同时也画出了泵管路系统的阻力随流量的变化曲线 C。管道阻力由两部分组成：液体必须被提升的高程 H_e 和管道水力损失 H_f。泵运行工况点是 H 曲线与管道系统阻力曲线的交点 I。曲线 C 与曲线 A 有两个交点 I 和 $I-1$，因此泵可以在两个不同流量 Q_1 和 Q_2 工况下运行。甚至一个轻微的扰动可能使泵的流量由 Q_1 跳越到 Q_2，然后再跳越回来。毫无疑问，这种流量跳越可能会引起不稳定的性能。但是，若 H 曲线形状类似于图1－8中的 B 曲线，则由于曲线 C 与曲线 B 仅有一个交点，不稳定性能将不会出现。

作为一般规律，当泵的关死扬程 H_0 高于被输送液体提升高程 H_e 时，下垂的 H 曲线便不会引起泵性能的波动，见图1－9。

额定曲线形状影响泵性能其他情况包括空化性能曲线和效率曲线的形状。空化性能曲线形状的影响将在针对空化问题的章节中讨论，下面简要讨论效率曲线形状的重要性。

二、效率曲线形状

高效率泵的好处是运行成本低。据估计，泵效率平均提高3%，一年节约的运行费用就能补偿买泵的总投资，但是，节约投资并不是高效率的唯一优点。泵效率越高，电动机尺寸越小，其占地面积也就越小。高效率也意味着在摩擦和零件过度磨损等方面消耗的功率更少。

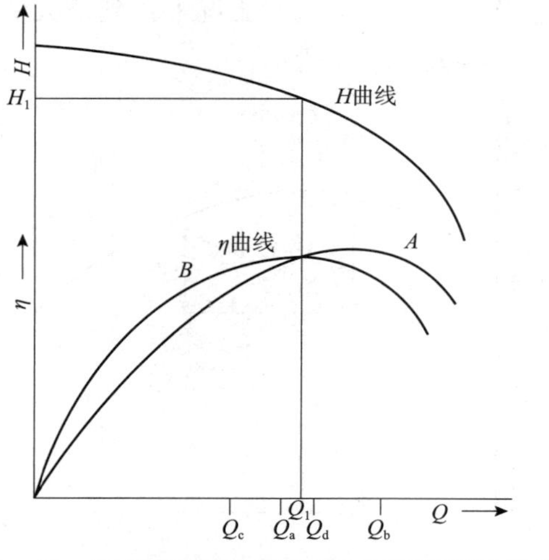

图1－10　离心泵效率曲线形状与运行范围的关系

高效率的重要性是毋庸置疑的。但是，对于具体应用场合，高效率泵并不总是最佳选择，认识到这一点也是重要的。利用图1－10可以很好地说明这一点。

假设选择一台泵，让其在扬程 H_1 下必须输送流量 Q_1。在该工况点，有两台效率相同的离心泵，要从中选择一台。泵 A 的最高效率比泵 B 高，但这并不意味着泵 A 比泵 B 更适合这个工况。

前面已指出，在实际应用中，一台泵几乎很少在额定性能曲线一个固定工况点工作，而是通常在很宽的流量和扬程范围内运行。现在，若泵绝大部分时间内在流量 Q_a

到 Q_b 范围内工作，毫无疑问，泵 A 是较合适的选择；但是，若泵主要在流量 Q_c 到 Q_d 范围内工作，则泵 B 是较好的选择。

虽然这里讨论的例子并不是详尽的，然而这些例子的确说明了额定性能曲线形状如何决定了一台离心泵现场应用性能品质。

第三节　离心泵分类

离心泵应用广泛，包括供水与灌溉、发电工程、排洪、污水输送与处理、食品工业、化工与石油化工、工业流程(纺织与皮革)、家用器械、采矿与选矿、流固混合物输送、环境控制、宇宙飞船、飞机和汽车等，不胜枚举。

由于离心泵应用的广泛性，生产制造的离心泵也具有多种结构形式和各种不同的性能特点。通常，可以根据结构特征、功能和比转速等三种方法对离心泵进行分类。

一、结构特征

(1)单级离心泵(图 1－11 至图 1－16)

单级、单吸或双吸叶轮安装在泵体中，泵体上铸造有吸入管和排出管。

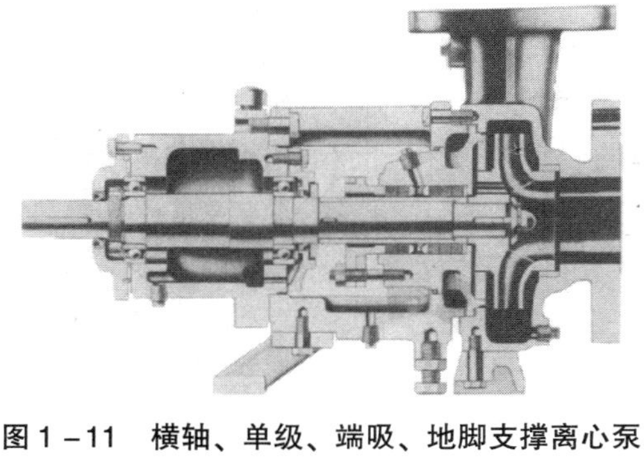

图 1－11　横轴、单级、端吸、地脚支撑离心泵

图 1－12　横轴、单级、中心线支撑离心泵

图 1－13　直联离心泵

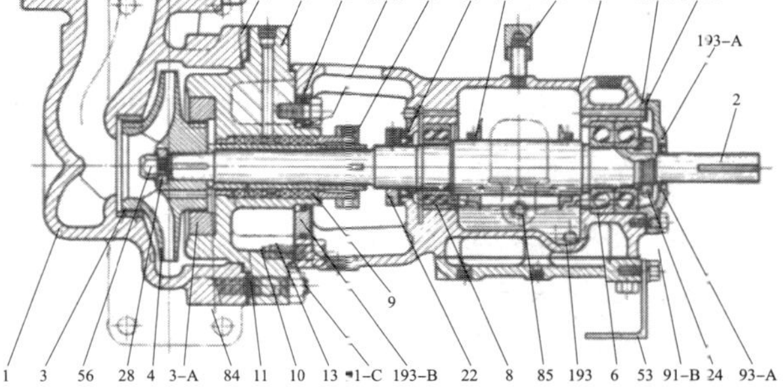

图 1－14　横轴、单级、侧吸离心泵

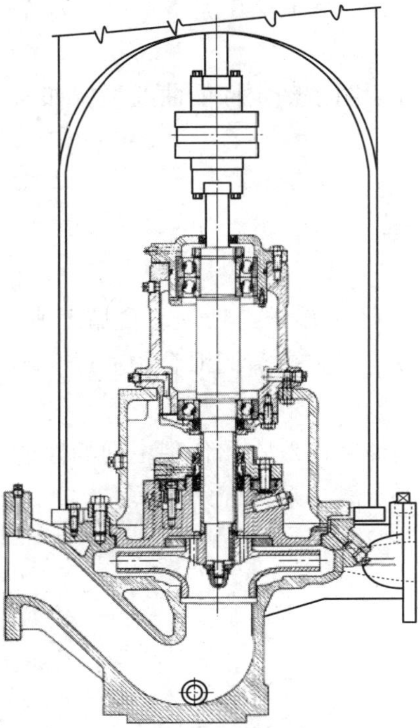

图 1－15　单级、立轴管道离心泵

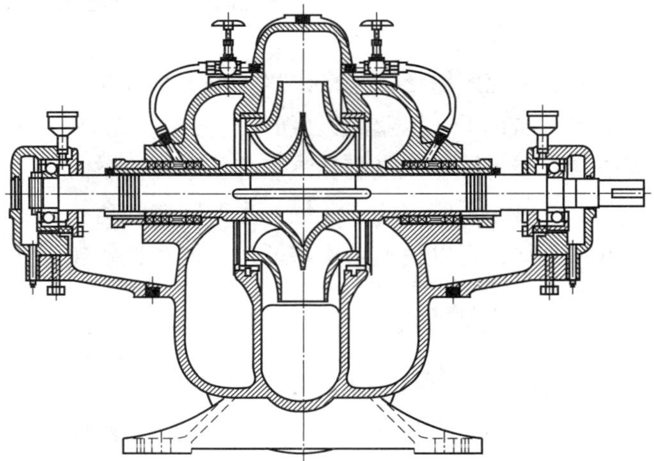

图 1－16　横轴、双吸泵体中开式离心泵

图 1－17　中开式多级离心泵

(2) 中开式多级离心泵(图 1－17)

几个叶轮安装在同一根轴上，置于一分两瓣的泵体中，泵体的剖分面通过泵体中心线。

(3) 节段式多级离心泵(图 1－18 和图 1－19)

多个叶轮安装在同一根轴上，叶轮分别置于各自的泵体中，然后各个泵体由螺杆组成一个整体。

(4) 横轴或立轴离心泵

泵轴可以是水平的(图 1－11 至图 1－14，图 1－16 至图 1－18)，也可以是垂直的(图 1－15 和图 1－19 至图 1－21)。

(5) 蜗壳泵或导叶泵

叶轮的泵体可以是蜗壳或一系列导叶(图 1－18 和图 1－19)。

(6) 端吸或侧吸离心泵

吸入管与泵轴线同心(图 1－11 至图 1－13)，吸入管与泵轴线垂直(图 1－14)。

(7) 闭式或半开式叶轮

叶轮与前、后盖板铸成一体为闭式叶轮(图 1－22)，或仅与后盖板铸成一体为半开式叶轮(图 1－23)。

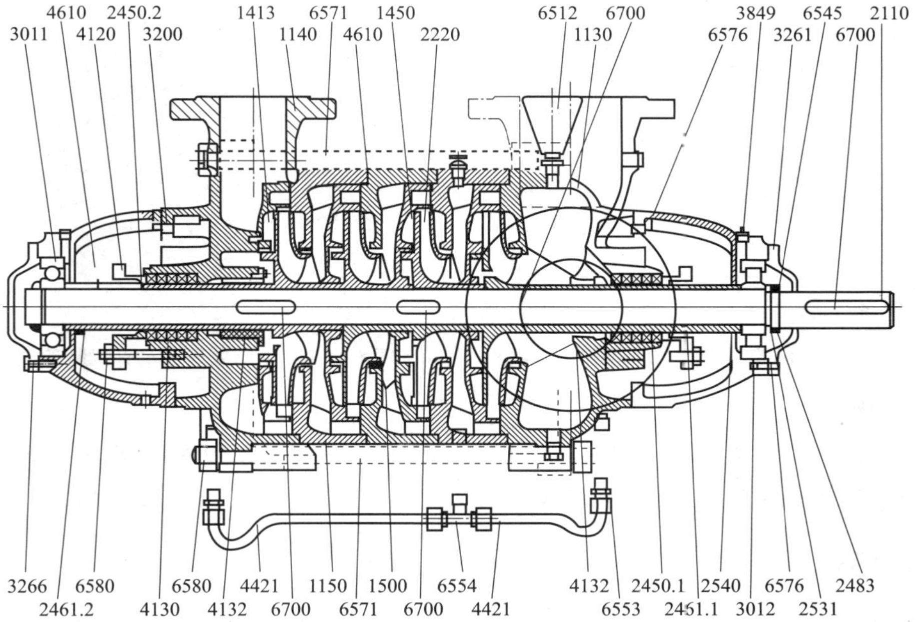

图 1 －18　节段式多级离心泵

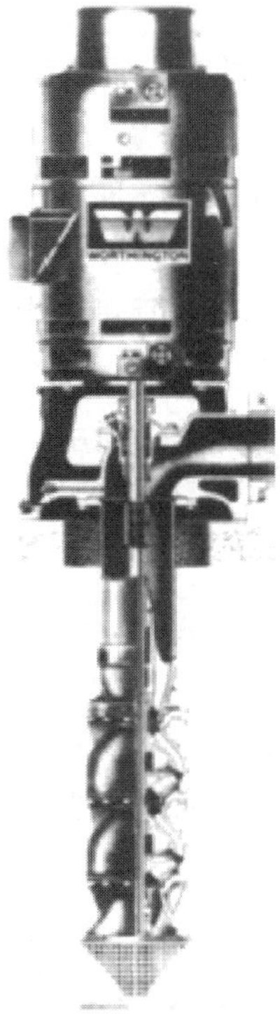

图1 －19　多级、立式深井泵

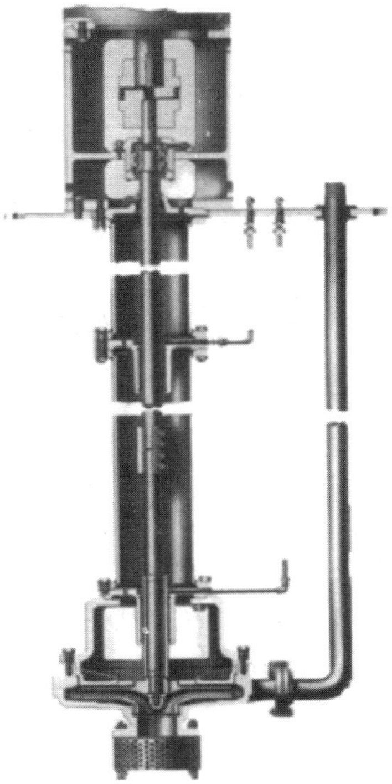

图 1 －20　立式湿坑深井泵

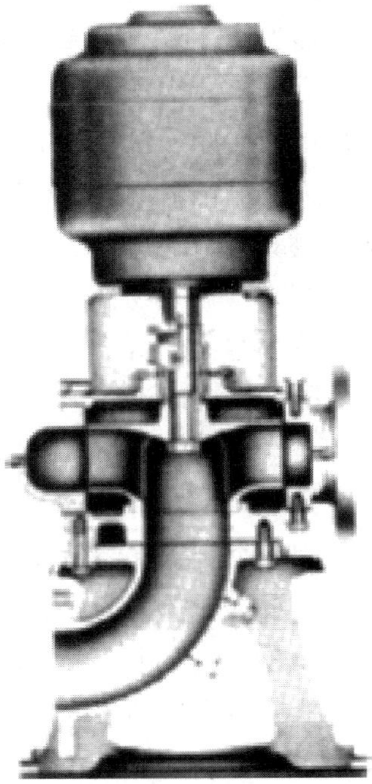

图 1 －21　立式、干坑污水泵

图 1－22　污水处理泵闭式叶轮

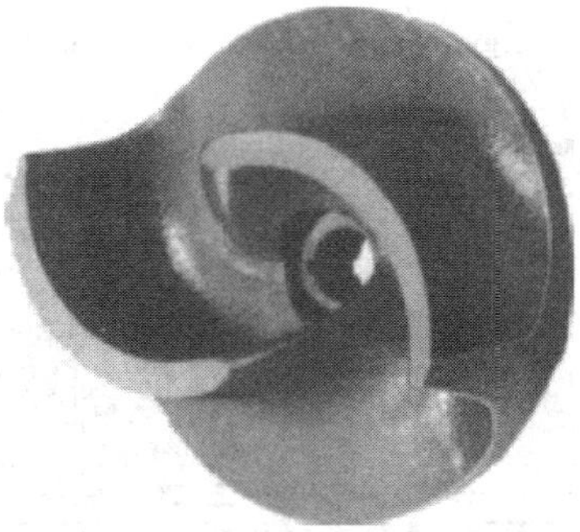

图 1－23　污水处理泵半开式叶轮

(8)单吸或双吸离心泵

叶轮可以有单个吸入口(图 1－11 至图 1－15)，或者有两个吸入口(图 1－16)。

可以不断地罗列下去。绝大多数离心泵至少具有上面所列的一组结构特征。

二、功能

在多数情况下，一台离心泵的结构特征由其应用场合所决定。例如：当需要从地下深处水源提水的时候，一般使用深井泵(图 1－19)。这种泵可以安装在孔径较小的深井中，但有较高的流量。

当需要离心泵输送热的液体时，一般情况下，泵体上的泵脚与底座的安装面的高度应与泵体中线一致，以便补偿泵体与原动机热膨胀的不同(图 1－12)。

立式泵经常用于输送污水(图 1－22)。这种泵安装在地下污水池的上面，泵头淹没在液体中，而原动机位于地面。

为了输送富含大颗粒固体物料的液体，泵通常配有格外宽的叶轮，以便把固体物料堵塞流道的危险降低到最小(图 1－23)。

有时，一些场合对离心泵密封有特殊要求。在其他场合，过流部件流道必须由特殊材料制造以避免被所输送的液体腐蚀或磨损。

同样，可以不断地罗列下去。

三、比转速

用一个例子来清楚地说明这种分类方法。假设有一台流量为 227.1m^3/h、扬程为 61m 的离心泵。受空化的影响，叶轮入口流速不能超过某一界限，而与泵转速无关。当流量为 227.1m^3/h 时，叶轮入口直径很少小于 100mm。

根据给定的扬程确定叶轮直径。为获得 61m 的扬程，当转速为 1770r/min 时，叶轮直径为 400mm；当转速为 3550r/min 时，叶轮直径为 200mm。在第一种转速下，叶片径向长度为(400－100)/2＝150mm；而在第二种转速下，径向长度为(200－100)/2＝50mm。因此，低转速泵叶片径向长度是高转速的 3 倍。

前面指出，叶片传递给液体的功率不但依赖于叶片形状和转速，而且还依赖于叶片面积。为使高转速叶轮的叶片面积大致等于低转速叶轮的叶片面积，其叶片宽度必须比低速的宽。较宽的叶轮需要较宽的泵体，从而引起泵结构的许多改变。这些变化反过来会引起泵性能的显著变化。因此，泵结构和性能对转速、设计流量和扬程之间的关系有很强的依赖性。

在实际中，这种关系定义为比转速。在美国其大小由下式表达

$$n_{sUS} = \frac{n\sqrt{Q}}{H^{3/4}} \tag{1-17}$$

式中，n 为泵转速，r/min；Q 为流量，gal/min；H 为扬程，ft。

在我国，用米制单位表示比转速，这时，泵转速的单位还是 r/min，但流量的单位是 m^3/s，扬程的单位为 m。因为 1gal/min = $6.30903 \times 10^{-5} m^3/s$，1ft = 0.3048m，所以美国单位的比转速 n_{sUS} 与我国米制单位比转速 n_s 之间的关系为

$$n_s = \frac{3.65n\sqrt{Q}}{H^{3/4}} = \frac{n_{sUS}}{14.16} \tag{1-18}$$

经验表明，比转速与叶轮几何形状和性能有确定关系。图 1－24 大致表示了叶轮几何形状、泵效率随比转速变化的大致趋势。

应该指出，图 1－24 中的数据是在半个世纪前汇编的。最近的研究和试验结果已表明与图 1－24 中推荐曲线的偏离不但是允许的，而且也是很希望看到的。这个问题涉及离心泵的设计，超出了本书的范围。

总体上，图 1－24 给出的数据并不总是代表最优的叶轮形状。但是这些数据较好地说明了比转速对叶轮几何形状的影响。

图 1－24 对泵采购者可能是有所帮助的。假设一个泵采购者正在考虑一台比转速为 141、流量为 454.2m³/h 和最高效率为 81% 的泵。图 1－24 表明这个效率值远低于图中的数值。因此，采购者继续挑选泵是明智的。

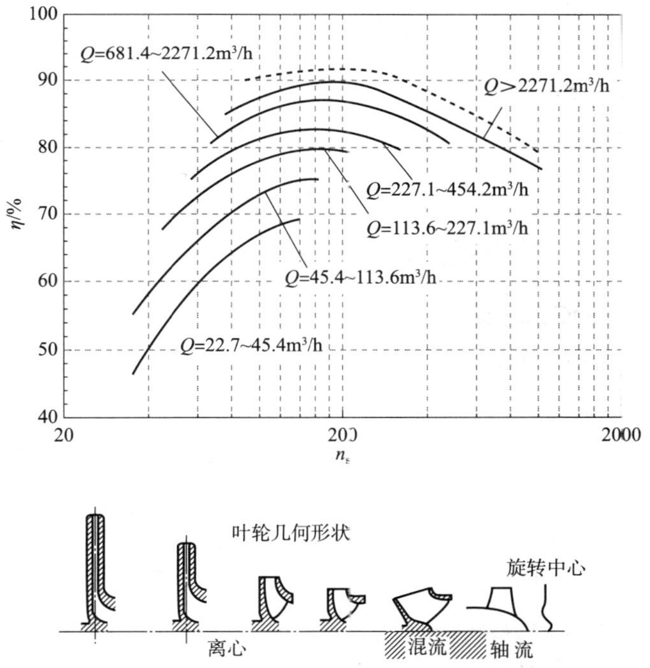

图 1－24　比转速、叶轮几何形状和流量对泵效率的影响

第二章　性能影响因素

许多因素影响离心泵的性能。本章各节解释这些因素对离心泵运行情况的影响，并且在尽可能的情况下，厘清它们的根源。

第一节　被输送液体中自由空气的影响

一般说来，被输送液体中的自由空气或其他气体总是对离心泵性能有不利的影响。在第一章灌泵一节中，已经讨论了自由空气的一种负面影响。虽然有时灌泵无误，但是泵运行过程中自由空气可以出现，从而影响泵的性能。

当液体与空气混合物流入叶轮时，旋转叶片产生的离心力把密度较高的液体甩在外面，致使空气聚集在叶轮中心。在某些情况下，过多的空气聚集在叶轮入口处，将吸入管的液体与叶轮处的液体完全隔离开来，这样使泵失去输送液体功能。泵功能是否丧失取决于空气进入泵的来源、空气流入流量和叶轮入口处液体温度和压力。

一、自由空气的来源

下面是几种最常见的自由空气来源：

(1)空气通过孔、裂纹或其他破裂之处进入泵管道系统的低压区。这些孔、裂纹或破裂之处将低压区与大气中的空气接通。

(2)空气或气体可能溶解于被输送液体中。气体在液体中的溶解度随液体温度升高和压力降低而减小。因此，当液体流到压力最低的叶轮入口处时，空气易于从液体中析出。

(3)当水中含有腐败或发酵的有机物时，将有空气泡逸出。空气泡也有可能是由某些化学反应而产生的，这些化学反应是在液体被输送过程中进行的。

在空气囊形成以前，液体中的空气一般呈小气泡状。只要气泡的尺寸较小，同时又在叶轮的停留时间较短，泵就将之作为密度较小的混合物来输送(见前面灌泵内容的讨论)。

二、叶轮形状与输送空气能力

图 2－1 表示一台比转速 $n_s=160$ 的 6in 离心泵输送空气和水混合物的性能。图 2－1 中每条曲线旁边的数字表示空气对水的容积百分比。当容积百分比达到 10% 时，泵就无法灌满，进而停止液体输送。

对一台比转速为 $n_s=42$ 的离心泵进行了类似的试验，结果表明，当容积百分比为 6% 时，泵就无法输送液体。

这些试验突出了叶轮几何形状在离心泵输送空气能力方面的重要性。由图 1－24 可知，比转速为 42 的叶轮吸入口直径小，叶片宽度也很窄，小的空气容积就能完全阻断液体在泵内的流动。除此以外，叶轮径向尺寸较长，因此，叶片产生的离心力有足够的时间将空气从液体中分离出来。

与此相反，比转速为 160 的叶轮吸入口直径很大，叶片也很宽，于是需要很高的空气容积来阻断液体流动。另外，叶片径向长度也很短，致使叶片对液体施加作用的时间较短。这些因素使泵在空气体积百分比达到 10% 时才无法输送液体。

一般说来，叶轮输送空气的能力随比转速增大而增强。对于轴流叶轮，只要在叶轮内有些液体，它就能输送气液混合物。

在多数场合，特别是空气通过溶解析出进入泵时，试验结果就更依赖于液体温度和压力。图 2－1 和其他文献中的数据仅仅用于说明被输送液体中存在自由空气对泵性能的影响。

尽管被输送液体中含有的空气对离心泵性能有不利影响，但是，有时允许在被输送液体中含有少量空气是有好处的。例如：当泵经受严重空化时，液体中含有少量空气会产生缓冲作用，从而减弱蒸汽泡溃灭时产生的冲击。

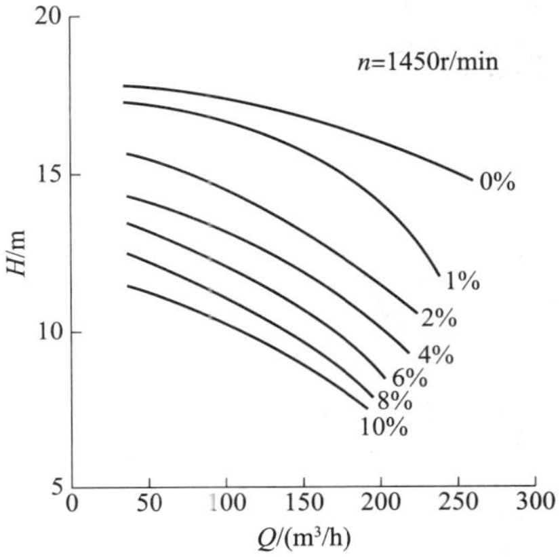

图 2－1　液体中自由空气对比转速 n_s＝160 的 6in 离心泵扬程的影响，每条曲线旁边的数字表示空气对水的容积百分比

第二节　空化

区分空化和沸腾是困难的。空化最准确的定义或许是非沸腾状态下液体中的局部沸腾。可以用茶壶烧水来很好地说明这个定义。当水被加热时，在水未沸腾前的一段时间内，能听到水煨的声音和噼啪响声。当水与壶底接触的水开始沸腾而其余水的温度仍旧远低于沸点时，就出现这些噪声。壶底产生的蒸汽泡，由于密度比水轻，所以穿过未沸腾的水而上升到水面。当这些气泡到达较凉部分水的时候，气泡强烈地溃灭，产生噼啪响声。

当水温升至 100℃时，蒸汽泡开始在热水中到处生成。当气泡遇到较凉的空气后，蒸汽在热水上面的空气中凝结。这时，该现象简单地定义为沸腾。

叶轮入口处的压力降产生了使液体进入叶轮的推力，这个推力是液体进入叶轮的唯一动力。每当下降的压力低于被输送液体汽化压力时，在液体中开始出现充满蒸汽的空穴。

通常，叶轮入口压力降是不均匀的，随叶轮入口处部位不同而变化。在叶片进口边的某些部位，蒸汽泡较早地出现。因此，在空化初期，没有完全被气泡堵塞的流道中仍旧有液体流动，虽然流量有所减少。在该区域内，气泡猛烈地溃灭。气泡溃灭时，泵出现噪声、振动和流量下降。受气泡溃灭打击的的固体表面也可能有很严重的破坏。

空化通常是由液体温度的局部升高或压力的局部下降造成的。每种液体的沸点温度和压力的关系是确定的。以水为例，在一个大气压下，其沸点为100℃。在10个大气压下，沸点为179℃，而在0.024个大气压下，沸点为21℃。

对于静止液体，任何水平面内的压力在各个方向都是相同的。但是，当液体流过离心泵时，液体的局部流速可能有很大差别，从而导致液体中存在很大的压力差。

当叶轮叶片对液体做功时，也出现压力差。为传递功率，叶片工作面(前面)与背面必须存在压力差。压力差的存在意味着泵的某些部位的压力比其他部位的低。某些区域的压力可能低于液体汽化压力，从而导致出现空化。

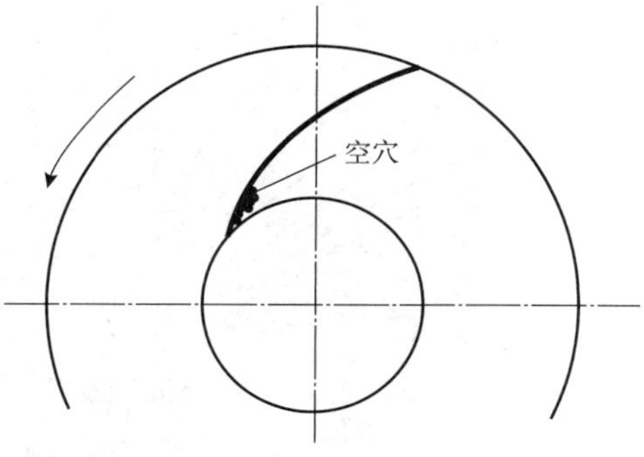

图2-2　最有可能发生空化的部位

除非在特别大的流量工况，否则空化通常出现在叶片进口边附近的背面(图2-2)。在特别大的流量工况，空化还经常出现在蜗壳的隔舌或导叶叶片的头部或叶轮叶片的工作面。

空化对离心泵性能的影响有两种途径。第一种，叶轮流道中产生的气泡阻碍被输送液体的流动，引起流量的减小。气泡阻塞往往致使泵扬程和效率出现完全断裂。第二种，当气泡在压力较高的区域溃灭时，在被溃灭打击的固体表面上产生相当大的局部应力，导致表面损坏。有时，空化可在几小时内毁坏一台泵。外表上，空化表现出噪声、振动和泵流量的下降。

一、净的正吸入能头

净的正吸入能头或空化余量(*NPSH*)指的是泵入口处有效的总绝对能头与对应于被输送液体汽化压力的能头的差值。根据泵入口处的绝对压力和速度头，依照下式计算 *NPSH*

$$NPSH=\frac{p_s-p_v}{\rho g}+\frac{C_s^2}{2g} \qquad (2-1)$$

式中，p_s 为泵入口处液体绝对压力；p_v 为输送温度下液体汽化压力；C_s 为泵入口处液体绝对速度；g 为重力加速度；ρ 为液体密度。

对于离心泵，有两个 *NPSH* 值：有效空化余量 *NPSHa* 和最小必需空化余量 *NPSHr*。有效空化余量由式(2-1)定义，它代表泵入口处实际吸入压力，简写为 *NPSH*。

最小必需空化余量 *NPSHr* 是在已知转速下一台泵正常工作时的有效吸入压力。但是，确定一台泵是否满意地工作在很大程度上取决于选择这台泵时的工作参数。

一台泵很少在一个流量或一种扬程或一个吸入条件下工作。通常，它必须在宽的流量、扬程和 *NPSHa* 范围内运行。由于泵依赖于其运行工作条件，对一种应用场合是最佳选择的泵，对另一种应用场合可能完全不适用。

甚至经常不能确定一台泵的 *NPSHr*，运用图 2－3 和图 2－4 说明这种情况。在图 2－3 中，确定 *NPSHr* 几乎没有问题。图中，当 *NPSHa* 小于 2.13m 时，扬程和效率突然下降。因此，2.13m 就是这台泵在该流量下的 *NPSHr*。

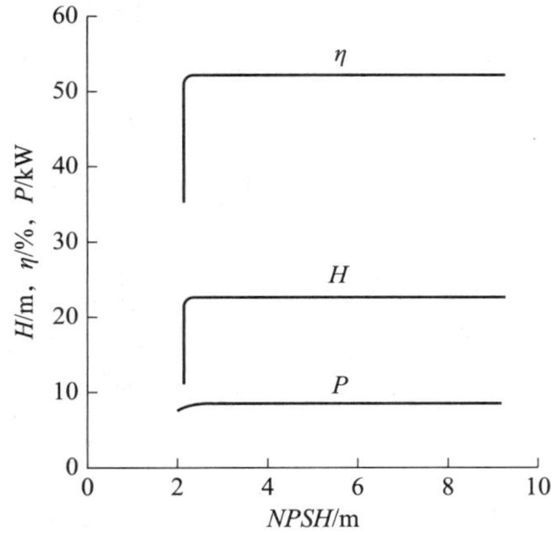

图 2－3　明确指明空化发生的 *NPSH* 曲线

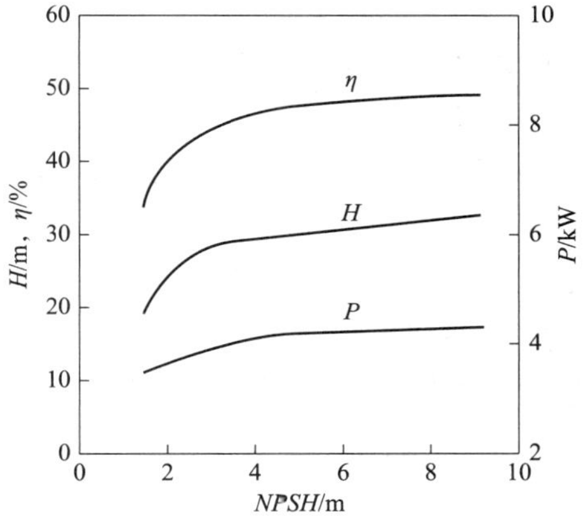

图 2－4　未明确指明空化发生 *NPSH* 曲线

在图 2－4 中，情况完全不同。当 *NPSHa* = 9.14m 时，扬程就开始下降；而效率直到 *NPSHa* = 5.49m 时才开始减低。只要 *NPSHa* > 2.74m，扬程和效率继续逐渐下降。只有当 *NPSHa* = 2.74m 时，扬程和效率才出现剧烈下降工况。

不存在确定这种情况下应该有的 *NPSHr* 的绝对准则。有些泵专家把泵扬程和无空化时的泵扬程作比较，将扬程下降 3% 时的有效 *NPSH* 定义为 *NPSHr*。另一些认为下降 5%、8% 或甚至 10% 是显著值。还有些认为对应的效率或轴功率的下降也要作为显著指标。另外，许多泵专家把泵性能出现断裂工况的有效 *NPSH* 值作为 *NPSHr*。麻烦的是这些方法都是正确的，具体情况取决于泵的工作参数。

二、吸入特性

1. 空化强度的定义方法

一般通过测量确定一台离心泵的 *NPSHr*。测量时，保持液体温度和泵转速恒定。测量过程中，给定流量，改变 *NPSHa*，得到泵性能随 *NPSHa* 的变化关系。为方便计算，通常用水作为工作介质，比较图 2－3 和图 2－4。

这些试验获得的数据是确定泵吸入性能是否符合泵实际运行条件的唯一有效条件。在实际中，这些数据不总是充分的。这是因为泵必须经常在与试验条件完全不同的条件下运行。

有些应用场合要求泵的扬程和 *NPSHr* 符合事先指定的曲线。有些可能要求泵能够在空化发生的情况下工作。有些可能要求泵不能出现空化，尽管当空化出现时不影响泵的水力性能。

当泵在非定常流动状态运行时，会引起其他方面的问题。流动的非定常性可能是直接由吸入罐内的压力波动或液面上下浮动引起的，也有可能是由泵转速的变动、被输送液体温度及流量变化引起的。

离心泵空化表现下述现象的一种，即过大的噪声与振动，流量减小或过流部件的损坏。但是，这些现象也可能是由其他与空化无关的因素引起的。

NPSH 试验是确定上述现象是否由空化引起的唯一方法。这些试验数据是泵在完全不同的运行条件下实测得到的。这些不同的运行条件可能包括液体温度、泵转速、被输送液体物理和化学性能的不同，也可能包括液体中气体或空气的含量以及液体中杂质性质和含量的差别。同时，被输送液体的热力学参数和黏度可能与 *NPSH* 试验所用的介质完全不同。在这些复杂条件下，只有对离心泵内部空化过程有深入的了解和掌握才可能得出正确结论。

在建立定量刻画泵吸入性能的通用定义方面已经做了许多工作。做这些工作的起因是必须预测或估算以下四种情况下泵的吸入性能：①泵转速与试验用转速不同；②只有模型试验数据；③被输送液体黏度与试验的不同；④比较不同泵的吸入性能。

(1)托马空化数

人类使用水轮机要比离心泵早许多。在其发展初期，离心泵被看作逆旋转的水轮机。因此，很自然地把描述水轮机性能的概念应用到离心泵。对离心泵，托马空化数为

$$\sigma = \frac{NPSHr}{H} \tag{2-2}$$

其中，H 为泵的总扬程。将托马空化数应用于离心泵是很不自然的，可能经常引出不正确的结果。例如，当叶轮直径切割以后，虽然泵扬程下降了，但是吸入性能并没有改变，除非在很大的流量工况下(在该工况下，空化可能在蜗壳隔舌或导叶叶片入口发生)。因此，变化了的 σ 并不意味着泵的吸入性能也发生了变化(图 2-5)。

对离心泵来说，托马空化数明显存在不足之处。但是仍旧给出了 σ 与泵比转速的关系曲线(图 2-6)，该图取自美国水力学会 1947 年发布的标准。实践中，这些数据有时产生荒谬的情况，正如下述过去发生的事情那样。

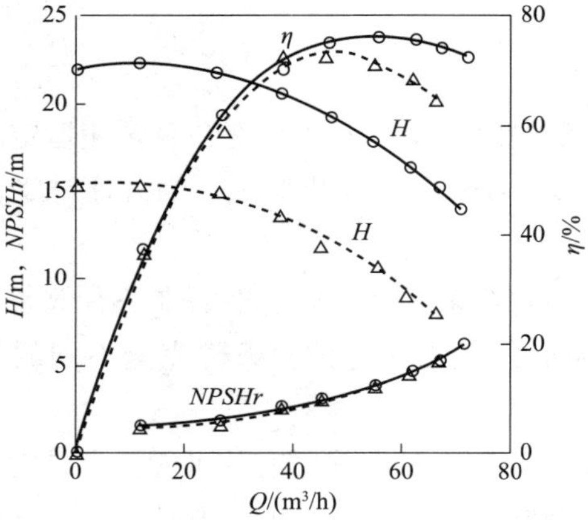

图 2-5　叶轮切割前、后的泵试验结果表明托马空化数对泵吸入性能没有影响，实线 - 叶轮直径为 107.95mm，虚线 - 叶轮直径为 95.25mm

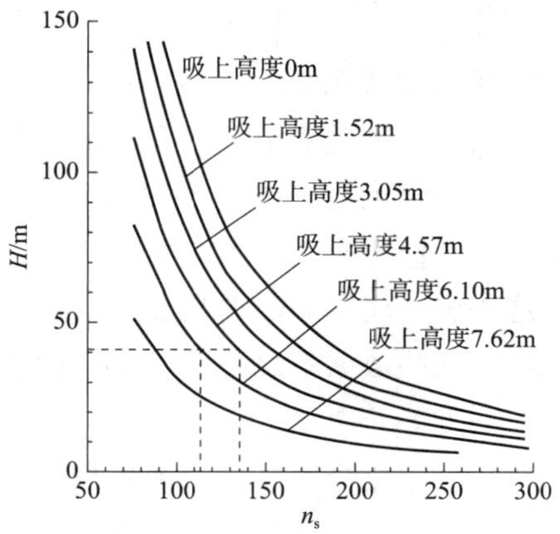

图 2-6　根据托马空化数决定离心泵吸入性能假设画出的泵吸上高度图，取自美国水力学会 1947 年标准

某客户订购了一台离心泵，要求泵的扬程为 41.1m，并能从泵中心线以下 4.57m 处提

水。该客户还要求通过试验降低集水井水位来验证泵的吸入性能。在试验过程中，该泵不但满足了上述吸入条件，而且当水位降低至6.10m时泵还能正常工作。

令厂家不解的是，该客户拒绝接受该泵。这台泵的比转速刚好等于135。客户争辩道根据美国水力学会标准（图2－6），135比转速的泵只能从4.57m深处提水。若当扬程为41.1m时泵能从6.10m深处提水，则其比转速只能112。厂家费劲口舌说服客户这台泵的吸入性能比美国水力学会标准规定的好得多。

仅仅对那些极个别的情况，如两台相同转速、扬程和流量的泵，托马空化数确实可以比较它们的吸入性能的好坏。但是，在这种情况下，可以直接比较*NPSHr*。

根据托马空化数，*NPSHr*正比于泵转速的平方。这是另一个限制托马空化数应用的原因。

（2）吸入比转速

吸入比转速的数学表达式为

$$S_{US}=\frac{n\sqrt{Q}}{NPSHr^{3/4}},\quad S=\frac{5.62n\sqrt{Q}}{NPSHr^{3/4}} \tag{2-3}$$

式中，S_{US}是美国使用的吸入比转速，计算时泵转速n单位为r/min，泵流量Q的单位为gal/min，*NPSHr*的单位为ft；S是我国使用的吸入比转速，对应的n的单位为r/min，Q的单位为m^3/s，*NPSHr*的单位为m，$S=S_{US}/9.20$。总的说来，一台泵的S越大，其吸入性能越好。但是，当S用于比较不同泵的吸入性能时，某些缺点是存在的。

一个缺点是根据式（2－3）S随流量Q而变化。在关死工况下，$S=0$。然后其迅速升高，在一个较小流量下达到最大值，随后开始逐渐减小，最后渐进趋向于零。

现在假设泵用户要从两台泵中选一台泵。一台泵的最高$S=2391$，另一台泵的最高$S=1956$。当泵运行在低吸入头工况时，并不意味着第一台比第二台好。一方面，第一台泵最大S处的流量不在给定的运行工况范围内。第二台泵最大S处的流量在给定的运行工况范围内，并比第一台泵有更好的吸入性能。

另一个缺点是式（2－3）中采用了最小必需空化余量*NPSHr*。在某些情况下，没有绝对的方法确定*NPSHr*的大小，所以可能导致存在许多不同的S值。这些S值无法证明有较高S值的泵的吸入性能好于较低S名义值的泵。为了避免这些不足，需要认真考察*NPSHr*是如何确定的以及给定的S值是何流量下的。

（3）无量纲空化数K

将*NPSHr*与叶轮入口处的某个速度相联系的做法有增加的趋势。为此，许多泵专家使用空化数。目前，还没有这个概念的精确定义。在文献中，有几种形式的空化数。一些作者将之表示成*NPSHr*与叶片进口处液体相对速度头之比，即

$$K=\frac{NPSHr}{W_t^2/2g} \tag{2-4}$$

式中，W_t为叶片进口处液体相对速度，其他作者使用叶片进口圆周U_t。一般地说，相比其他空化参数，空化数K使用并不普遍。大多数局限于偏理论的会议或学位论文和期刊学术论文中使用。

吸入比转速、托马空化数等都证实可用于离心泵吸入性能的比较以及不同试验工况下吸入性能的预测。但是，这些方法似乎仅适用于它们各自的应用场合。托马空化数最适合水轮机，而吸入比转速似乎更适合离心泵。尽管如此，如果忽略其他因素，如：泵尺寸、转速、液体的比热容、汽化潜热和热传导系数等的影响，那么也可能导致不正确的结果。

2. 吸入特性的图形表示方法

为了衡量一台泵不同的吸入特性，将吸入特性用图形来表示是方便的。可以采用下面几种图形表示方法。

(1)定流量下，扬程、轴功率和效率随 *NPSH* 的变化

图2－3和图2－4给出了定流量和定转速条件下泵扬程、轴功率和效率随 *NPSHa* 的变化曲线。一套完整的曲线给泵设计人员提供了离心泵吸入性能的有价值的数据。然而，这些曲线较复杂，对泵用户是不方便的。较为方便的是把所有数据组合到一张图上，从而给出不同流量下离心泵吸入性能总的概括。

(2) *NPSHr* 和吸入比转速随流量的变化

图2－7表示 *NPSHr* 随流量比的变化。这些数据是在实验室条件下测量得到的。不推荐在泵低于 *NPSHr* 条件下运行。当泵在现场运行时，流动条件可能不会太有利。因此应该设定安全系数，应当给泵提供比图中高些的 *NPSH*。依据图2－7，利用式(2－3)可计算出不同流量的吸入比转速。有时可以把吸入比转速画在图中。

(3)扬程、轴功率、效率和 *NPSHr* 随流量的变化

这是表示离心泵吸入性能的最普遍的方法。在所有销售的泵图书和各个泵制造厂发布的泵样本中，几乎唯一地使用该方法表示离心泵的吸入性能(图2－8)。

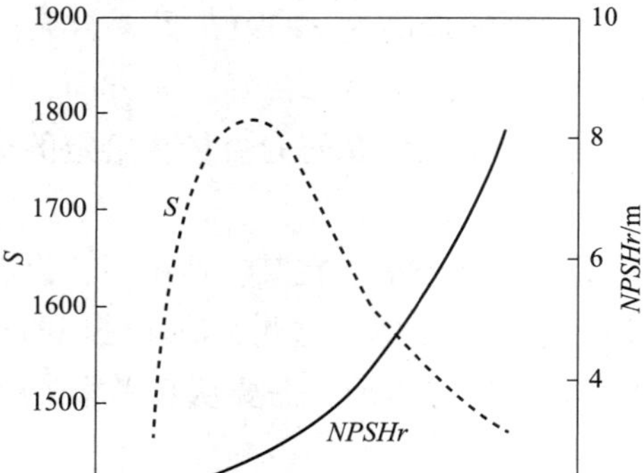

图2－7　*NPSHr* 和吸入比转速随流量比的变化，Q_d 为泵的设计流量

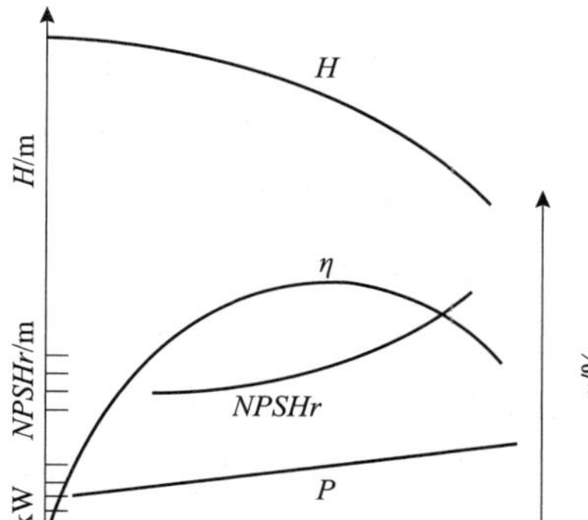

图2－8　扬程、轴功率、效率和 *NPSHr* 随流量的变化

(4)吸入比转速随流量比的变化

为了分析不同转速下泵的吸入性能，将吸入比转速画成关于流量某个无量纲的比。选择最高效率处的流量 Q_{BEP} 作为流量比的基础，然后将 S 画成关于 Q/Q_{BEP} 的曲线(图2－9)。当利用这种图时，假设 Q_{BEP} 直接随转速变化而变化。因此，在一定的转速范围内，对于给定任何一个 Q/Q_{BEP} 比，S 为常数。这就可以计算出与试验转速不同的转速下的 *NPSHr*。虽

然这是目前预测不同转速下 *NPSHr* 的唯一方法，但是它也是不安全的。经验表明，这种方法时常给出不正确的结果，特别是计算低转速的 *NPSHr* 的时候。因此，在给定 Q/Q_{BEP} 下，为泵提供高于按 *S* 等于常数计算的 *NPSHr* 总是可取的。

(5)不同 *NPSH* 下的一组扬程 – 流量曲线

图 2 – 10 给出了使用不普遍但有用的表示泵吸入性能的方法。图中扬程 – 流量曲线随 *NPSH* 而发生变化。这种曲线可以通过直接测量不同 *NPSH* 下的扬程 – 流量曲线而得到，也可以根据不同流量下 *H* – *NPSH* 曲线测量数据而画成。

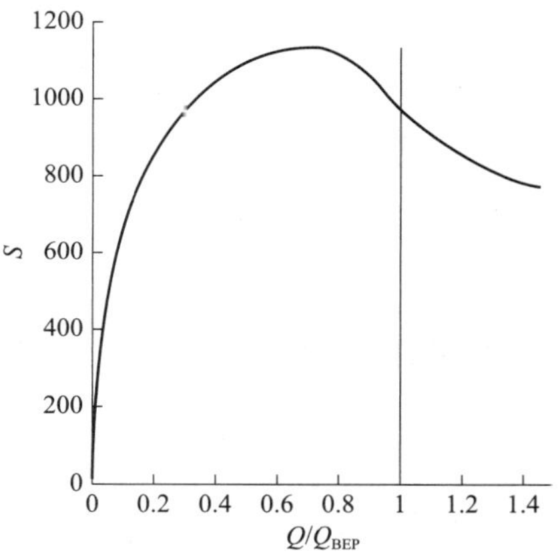

图 2 –9　吸入比转速 *S* 随流量比 Q/Q_{BEP} 的变化

这种 *H* – *NPSH* 曲线类似于图 2 – 3和图 2 – 4。为了把这些曲线转化成图 2 – 10 所示的扬程 – 流量曲线，把所有 *H* – *NPSH* 曲线画在一张图上，形成 *H* – *NPSH* 复合曲线(图 2 – 11)。在不同 *NPSHa* 值处画一系列垂线，在图 2 – 11 中，这些值分别为 7. 01m、5. 47m、3. 66m、2. 74m 和 1. 52m。将图 2 – 11 中 *H* – *NPSH* 曲线与 *NPSH* = 7. 01m 处的垂线的所有交点画在图 2 – 10 中，并用一条光滑曲线连接。这条曲线刚好与泵非空化工况下的扬程 – 流量曲线重合。若上述过程在 *NPSH* = 5. 47m 处的垂线上重复一遍，当流量等于 78. 7m^3/h 时，扬程开始剧烈下降。与此相类似，可以重复画出其他垂线上的流量 – 扬程曲线。

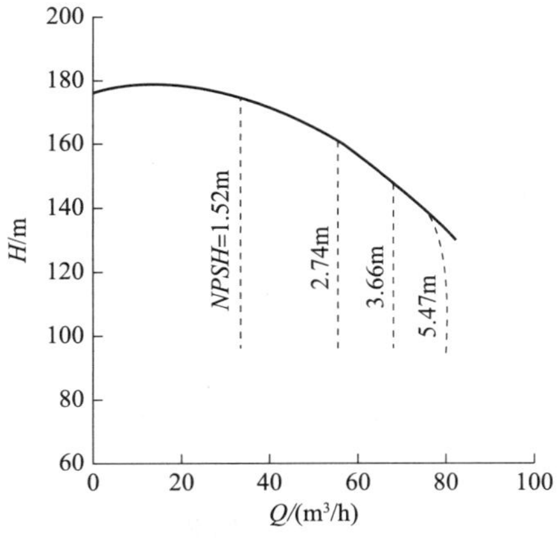

图 2 – 10　不同 *NPSH* 下带畸变的扬程 – 流量曲线

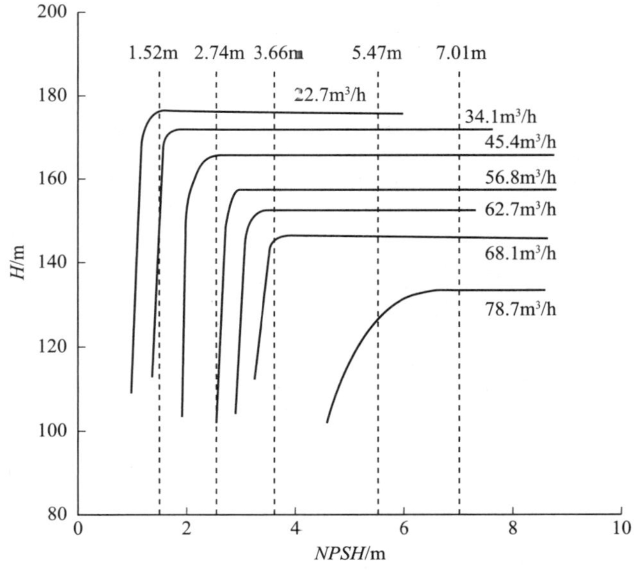

图 2 – 11　不同流量下 *H* – *NPSH* 复合曲线

当分析一台泵在吸入条件变化的管道系统中工作状况时，类似于图 2 – 10 的性能曲线就很有用。当泵无空化发生时，利用像图 2 – 12 中的曲线就容易确定泵最终流量。曲线 *A*

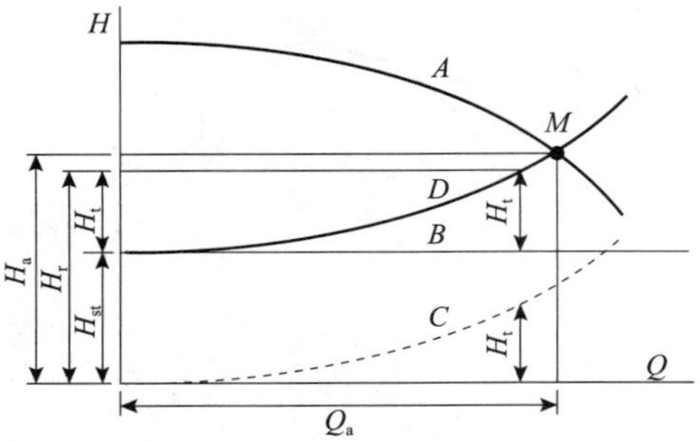

图 2－12　输送系统阻力对泵输送流量的影响

表示泵的扬程－流量曲线。平行于 Q 坐标的直线 B 表示泵必须克服的静止水头 H_{st}。曲线 C 表示管道系统各个流量下的水力损失 H_f。它在关死工况时为零，然后随流量的平方的增大而增大。曲线 D 是静止能头 H_{st} 和水力损失 H_f 之和，它表示泵管路系统总的阻力 H_r。曲线 A 与曲线 D 的交叉点 M 是泵工况点。该点处的流量 Q_a 就是泵在当前条件下净输送的流量，该点处的扬程 H_a 就是泵的工作扬程。现在设想降低泵吸入压力，直到泵内出现空化。根据图 2－3 和图 2－4，随着空化的发生，泵的扬程将下降或出现断裂工况。于是泵将不能克服流量 Q_a 处的管道系统阻力，流量将减小。

现在的问题是如何事先确定减小的流量值。将不同 *NPSHr* 值下的扬程－流量曲线和泵管道系统阻力曲线画在同一张图上，见图 2－13。点 A、B 和 C 是不同 *NPSH* 条件下扬程－流量曲线与阻力曲线 L 的交点。这些点处的流量就是泵发生空化后，泵流量的最终值。

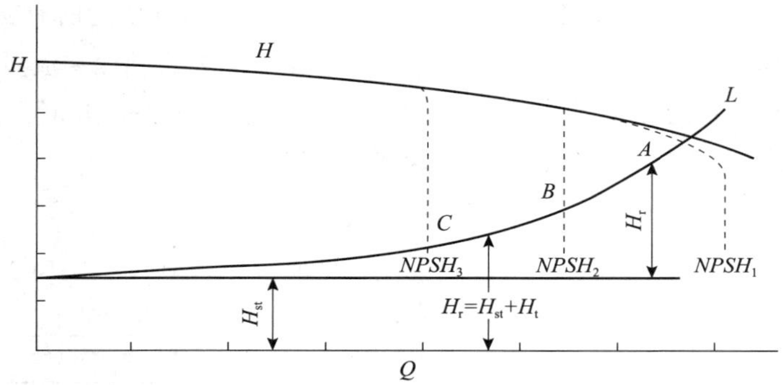

图 2－13　不同有效 *NPSHr* 下泵管道系统的最终流量

第三节　离心泵内的空化

一台泵的吸入性能是通过泵转速等于常数时进行一系列试验测量得到的。然而，泵往往不在该试验转速下使用。另外，一些泵可能因尺寸过大而无法在现有试验台上进行测试，所有试验不得不在缩小的模型泵上进行。在这两种情况下，必须借助模型律来估计泵在实际工作条件下能否正常运转。

解决这个问题的早期方法是估算离心泵的吸入性能。在该方法中，假设某一流量比 Q/Q_{BEP} 的吸入比转速为常数。但是，最近的试验结果揭示某一流量比的吸入比转速不总是常数。吸入比转速明显地随泵尺寸和转速而变化。这个问题在为低 *NPSH* 应用场合选择正确泵方面是重要的，所以这里重复叙述一遍。这个问题首次由文献[1]在美国机械工程师研讨会上提出。

一、设计工况的空化

当泵在设计工况运行时，最有可能在叶轮叶片的背面发生空化。空化通常在比液体汽化压力头 $p_v/\rho g$ 高出许多的 *NPSH* 下产生，其中 p_v 为液体绝对汽化压力，ρ 为液体密度。这是因为一部分 *NPSH* 能头将用于补偿流动流体与固体接触的摩擦损失和死水区的旋涡能量损失。另一部分 *NPSH* 能头将转化为液体速度头，这是因为液体流入叶轮是加速的。另外，当叶片对液体做功时，叶片背面的液体压力要下降，存在局部高速区。

在设计得当的常规离心泵中，在设计工况下，叶轮入口的摩擦损失和旋涡能量损失相对较小，对 *NPSHr* 几乎没有多大影响。因液体速度的局部升高而引起的压力降要给予更多的关注。假设平板 *P* 以均匀速度 *W* 沿平行其表面的方向在液体中运动，见图 2－14。

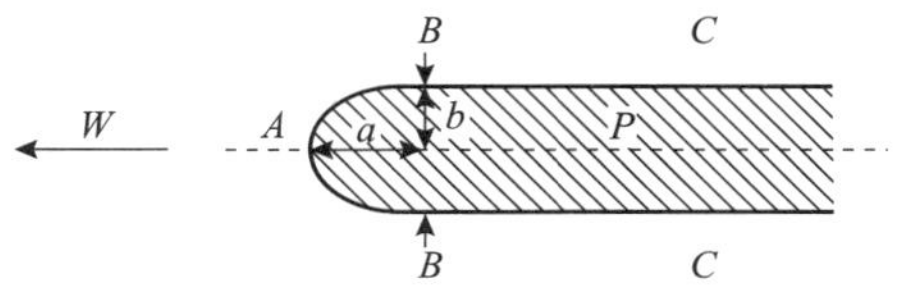

图 2－14 叶片进口处剖面

让未扰动处的液体绝对压力等于 *NPSH*。相对于位于平板上的观察者，液体总能头 *H* 为

$$H = NPSH + \frac{W^2}{2g} \tag{2-5}$$

上、下表面 *C*，相对于观察者，液体以均匀的速度流动。但是在平板的前缘有一个速度等于零的滞止点，其总压等于式(2－5)表示的总能头乘以液体重度 ρg。

在点 *A* 与点 *B* 之间，液体相对速度不断增加。相对速度大小很大程度上取决于点 *A* 与点 *B* 之间的曲线形状。如果曲线是 1/4 圆弧，则点 *B* 处的速度是 $2W$，即 $W_b = 2W$。如果曲线是 1/4 椭圆，则 W_b 可近似为

$$W_b = W\left(1 + \frac{b}{a}\right) \tag{2-6}$$

由于 $W_b > W$，*B* 点处的液体绝对压力远低于 *NPSH*，这是因为一部分压力转化为速度头 $W_b^2/2g$。对于很钝的头部(b/a 很大)，理论上 W_b 将趋于无限大。因此，叶片进口边形状将对泵的 *NPSHr* 有显著影响。根据式(2－6)，叶片进口边应该是尖锐的(b/a 很小)，以降低 *NPSHr*。

对于大多数常规离心泵，叶片进口边头部是半圆的。主要原因是便于加工制造，同时使叶轮在较宽流量范围内满意地工作。因此，对于普通离心泵，在所有情况下叶片进口边形状对 *NPSHr* 的影响几乎是相同的。

叶轮入口处的 *NPSH* 由绝对压力和速度头两部分组成。由于液体流入泵时需要一定的速度以便满足要求的流量，所以液体要有一定的速度头。速度头降低了用于抑制液体汽化压力的有效压力。因此，液体流入叶轮的速度头大小对 *NPSHr* 产生严重影响。但是，基于许多设计方面的考虑，在设计流量下，该速度大小的选择范围相当窄。所以，该速度对不同泵的 *NPSHr* 的影响程度变化不是很大。

不同泵的吸入性能差别大的主要原因是叶片工作面与背面的压力差。在设计流量 Q_d 下，压力差 Δp 正比于叶轮旋转角速度与流量平方根之积[1]

$$\Delta p \propto \omega \sqrt{Q_d} \tag{2-7}$$

离心泵的最低设计流量小至 2.3m³/h，最高可达 23000m³/h，甚至更高。设计转速介于 200～20000r/min。因此，不同泵之间，Δp 的变化范围很宽。

在叶片进口附近，叶片传递给液体的能量很少。所以叶片工作面压力仅比叶轮吸入口高一点。于是压力差就表现为叶片背面的压力降低，叶片背面的压力低于叶轮吸入口压力。图 2－15 给出了阿科斯塔和鲍曼于 1957 年完成的测量结果[2]。图中 C_p 为压力系数，$C_p=(p_{stat}-p_{tot})/\frac{1}{2}\rho U_2^2$，$p_{stat}$ 为叶片表面静压，p_{tot} 为叶轮入口总压，ρ 为液体密度，U_2 为叶轮圆周速度。

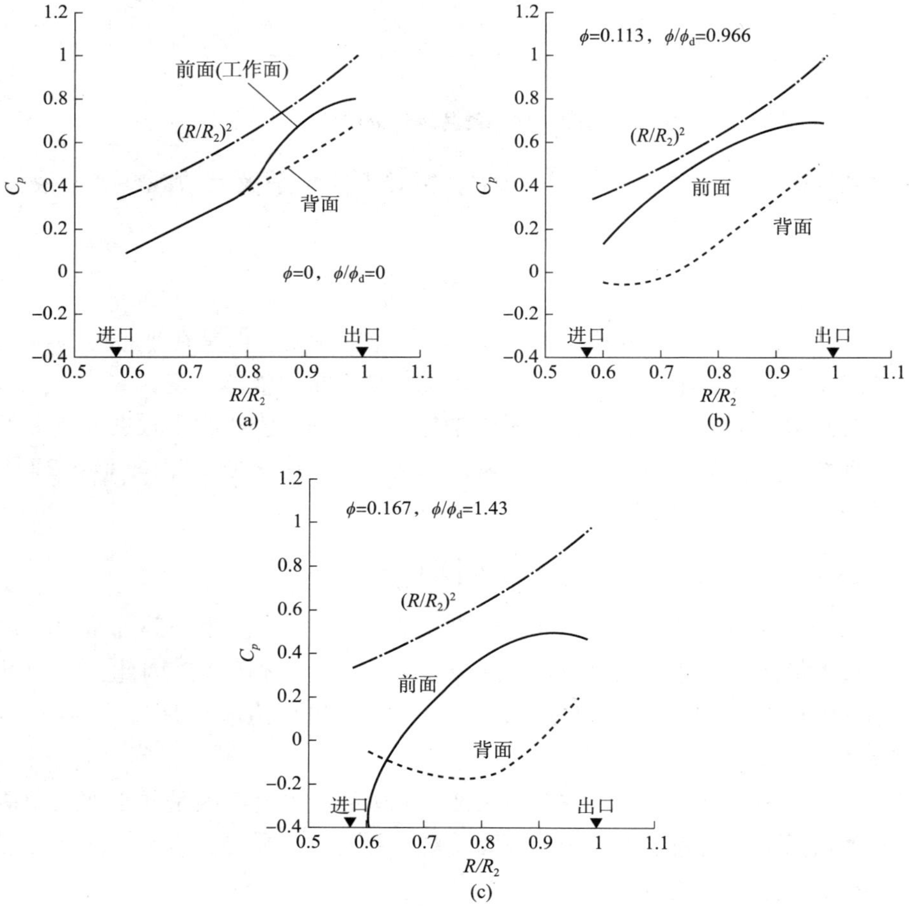

图 2－15 叶片表面压力分布，R/R_2 为叶片表面到叶轮轴心半径与叶轮半径之比，ϕ 为流量系数，$\phi=Q/A_2U_2$，A_2 为叶轮出口面积，ϕ_d 为设计工况流量系数

$C_p=0$ 指的是叶片未对液体施加作用前的叶轮吸入口压力，图 2－15 中 ϕ 是流量系数，ϕ_d 是设计工况流量系数。由图 2－15 可见，当流量高于设计工况流量时，叶片背面压力明显低于叶轮吸入口处的压力。

二、设计流量与转速对 NPSHr 的影响

叶片工作面与背面的压力差是引起不同泵吸入性能出现差别的最主要因素。因此，根据式(2－7)，泵的 $NPSHr$ 也与 $\omega\sqrt{Q_d}$ 成正比，即

$$NPSHr \propto \omega\sqrt{Q_d} \tag{2-8}$$

经验和理论研究表明，某些最优参数支配着普通离心泵的设计。这些参数集中在式(2－8)反映的设计特征上。所以该式能够说明泵 $NPSHr$ 随设计流量和转速的变化情况。于是，可以把式(2－8)的精度与各种常见的反映泵流量、比转速和最高效率的曲线的精度作比较(图 1－24)。市场上销售的离心泵的效率或高或低于图 1－24 的效率值。因此，图 1－24 的统计数据代表了普通离心泵最高效率的平均值。

当泵在某一固定名义转速时，式(2－8)可以重写为

$$NPSHr = K\sqrt{Q_d} \tag{2-9}$$

式中，K 为常数。该式表示在给定转速下泵的 $NPSHr$ 取决于泵设计流量。实际上，对同一个转速，设计流量的变化就意味着泵的尺寸发生了变化。因此，式(2－9)建立了泵尺寸与 $NPSHr$ 之间的关系。根据该式，$NPSHr$ 应该随流量的平方根的变化而变化。但实际上，空化的尺寸效应使得与上述规律发生偏离。于是产生了两种后果：①泵的实际 $NPSHr$ 数据很分散；②$NPSHr$ 不再随设计流量的平方根的增大而增大，而是随一个更小的幂次变化。

图 2－16 和图 2－17 分别表示 600 多台不同尺寸离心泵的 $NPSHr$ 值。它们代表了世界上 12 个最大、最有声望泵制造厂制造的泵的吸入性能。正如预期的那样，数据分散大。$NPSHr$ 与设计流量的 0.424 次方成正比，该值小于理论值 0.5。

图 2－16 和图 2－17 反映出另一个重要细节。图 2－17 中 $Q_d^{0.424}$ 前的系数 0.67 几乎是图 2－16 的 0.34 的 2 倍。而图 2－17 中泵的转速也是图 2－16 的 2 倍。

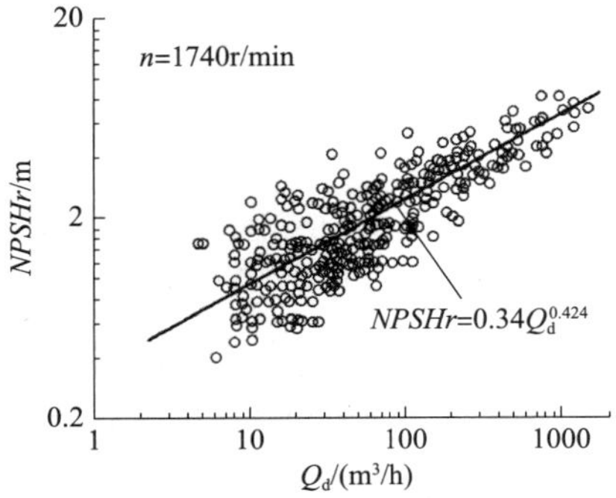

图 2－16　1740r/min 转速下不同尺寸泵的 $NPSHr$

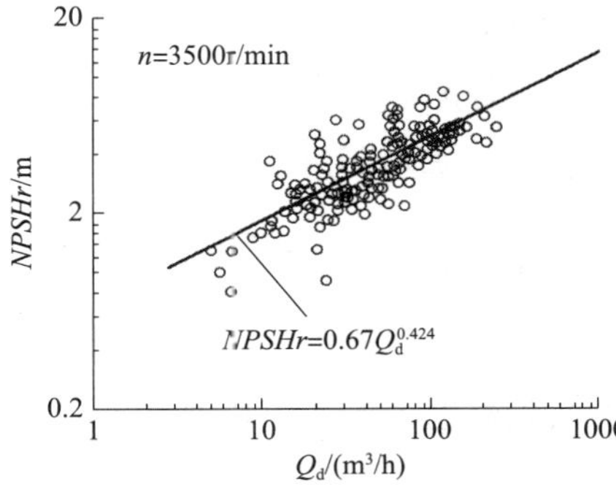

图 2－17　3500r/min 转速下不同尺寸泵的 $NPSHr$

在前面的讨论中，似乎质疑过一个较过时的说法，即设计流量不影响泵的吸入性能。据此，泵的 $NPSHr$ 只受比转速的影响。图 2－18 中的试验数据明确表明这种说法远非如此，因为不同比转速泵的 $NPSHr$ 数据有可能落在同一条曲线上。

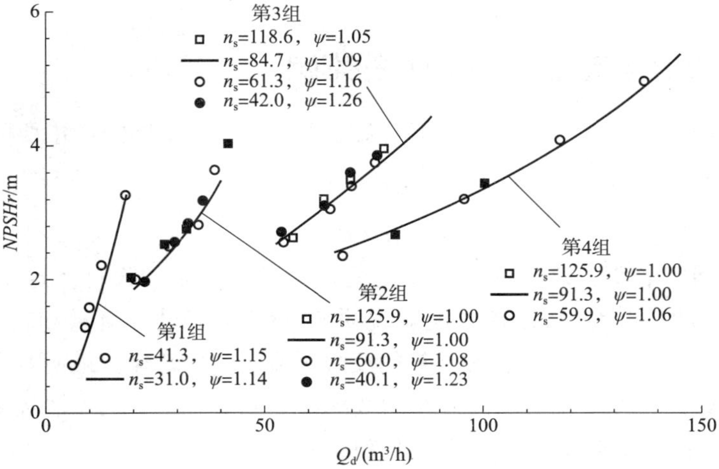

图2－18　泵 *NPSHr* 与比转速无关的试验证据，ψ 为设计工况泵的扬程系数

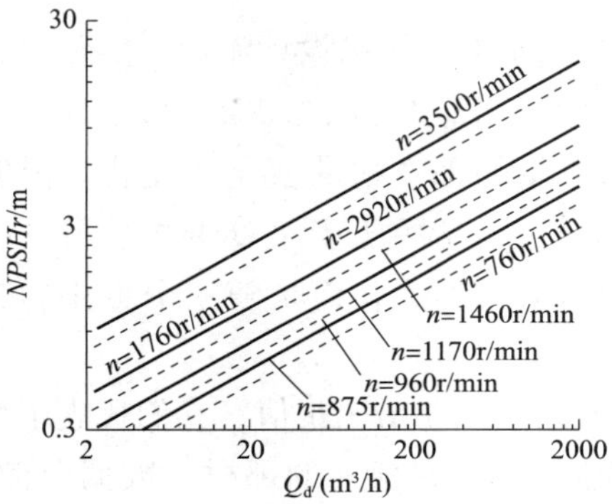

图2－19　某一转速下按具体流量设计的离心泵 *NPSHr* 的曲线

通过修改式(2－8)，可以得到设计流量为 Q_d 不同转速下泵 *NPSHr* 的曲线，见图2－19。实践中，具体一台泵的实际 *NPSHr* 可能与图2－19的数据不同，但是，这些曲线确实提供了转速和泵尺寸对吸入性能影响的一个不错的总体情况，特别是对设计一般的常规端吸式离心泵。对于初步检查指定的端吸离心泵在某吸入条件下是否能正常工作来说，这张图也许能提供指导。当没有具体试验数据时，更是如此。当然，泵能否正常工作最终取决于实际测试。

通过下面的例子说明直接使用图2－19另一种情形。假设泵的设计流量为 $182m^3/h$，转速为1750r/min，该泵空化问题严重。如果空化发生在 *NPSHr*＝2.6m 处，那么就有许多吸入性能更好的泵待选。如果空化发生在 *NPSHr*＝2.1m 处，那么待选的吸入性能的泵就少了，或许转速为1150r/min 的泵合适。

三、尺寸和转速对吸入比转速的影响

吸入比转速通常用于计算与现有试验条件不同的情况下泵吸入性能，也常用它利用现有泵的试验数据计算几何相似的另一台泵的吸入性能，但计算很少是准确和可靠的。其中的原因是吸入比转速受泵尺寸和转速的影响。把式(2－9)代入式(2－3)，则吸入比转速 S 就仅仅依赖于转速 n 和设计流量 Q_d。利用图2－16和图2－17中用于拟合 *NPSHr* 曲线的数学表达式，得到下面吸入比转速公式[1]

$$S=\begin{cases}1618.6Q_d^{0.182}, & n=1740\text{r/min}\\ 1927.7Q_d^{0.182}, & n=3500\text{r/min}\end{cases} \tag{2-10}$$

为了检查上述式子表达的关系与端吸离心泵实际吸入比转速能否良好地吻合，计算图 2－16 和图 2－17 中泵的吸入比转速，并画到图 2－20 和图 2－21 中。吸入比转速的实际值和拟合值的分散程度比 *NPSHr* 要小。

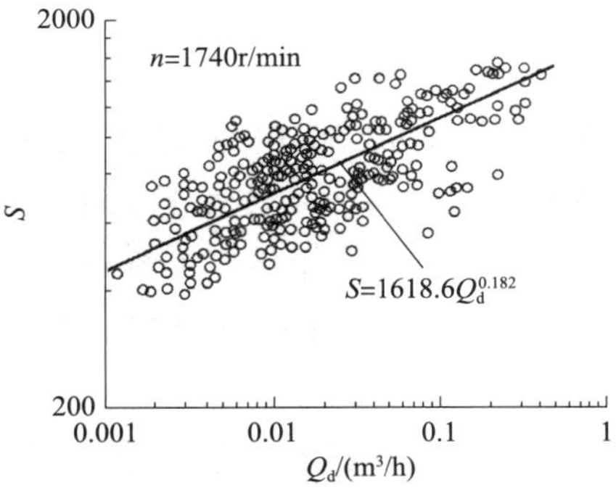

图 2－20　转速为 1740r/min 下离心泵吸入比转速

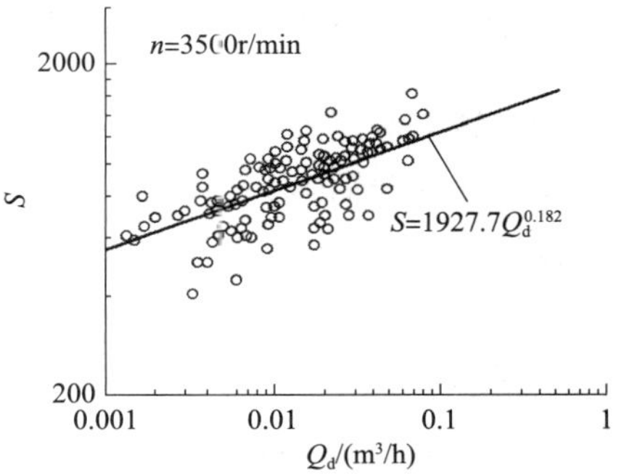

图 2－21　转速为 3500r/min 下离心泵吸入比转速

根据上述两式，可以得到吸入比转速随流量和转速变化的通用曲线，见图 2－22。同样，个别泵的吸入比转速值可能与曲线出入较大，但该曲线较好地表示了吸入比转速总的变化趋势。

对于泵用户来说，这张图是重要的，因为熟悉这张图将防止某些常见的对于泵吸入比转速的误解。从而避免为低 *NPSH* 应用场合选泵时出现严重错误。

为低 *NPSH* 应用场合选泵时，许多泵用户被提高吸入比转速就意味着好的吸入性能的说法所误导。图 2－22 表明这种说法并不总是正确的。例如，一台泵的流量为 227.1m^3/h，转速为 3500r/min，吸入比转速为 1087。根据图 2－22，这台泵的吸入性能低于平均水平。现有另一台泵的流量为 22.7m^3/h，转速为 1750r/min，吸入比转速为 761。虽然其吸入比转速低于第一台泵，但其吸入性能高于平均水平。也就是说，第二台泵的吸入性能优于第一台。

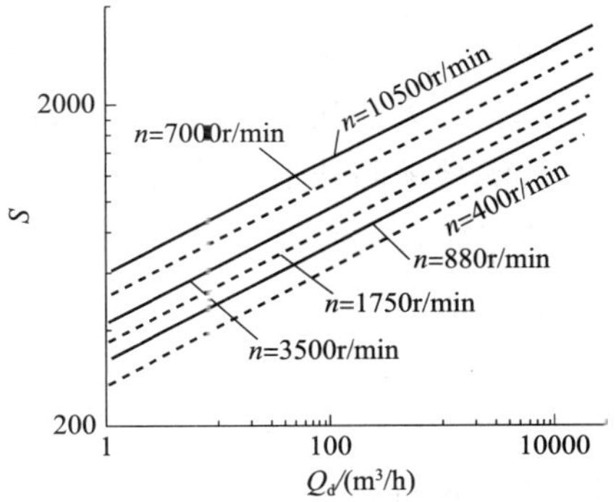

图 2－22　某一转速下按具体流量设计的离心泵的预期吸入比转速

图 2－22 对于几何相似泵的吸入性能换算也是有用的。过去，在吸入性能换算时通常假设 $S=$常数。图 2－22 表明这是错误的。

根据上面的讨论以及图 2－16 到图 2－22 中的数据，可以得出几何相似泵之间吸入性能换算公式

$$\frac{NPSHr_{\mathrm{p}}}{NPSHr_{\mathrm{m}}}=\left(\frac{n_{\mathrm{p}}}{n_{\mathrm{m}}}\right)^{1.424}\left(\frac{D_{\mathrm{p}}}{D_{\mathrm{m}}}\right)^{1.727} \tag{2-11}$$

和

$$\frac{S_{\mathrm{p}}}{S_{\mathrm{m}}}=\left(\frac{n_{\mathrm{p}}}{n_{\mathrm{m}}}\right)^{0.432}\left(\frac{D_{\mathrm{p}}}{D_{\mathrm{m}}}\right)^{0.546} \tag{2-12}$$

式中，下标 p 和 m 分别表示实型泵和模型泵，D 为泵的某个线性特征尺寸，如叶轮直

径。虽然影响泵吸入性能的因素不仅仅是泵尺寸和转速，但是上述方程给出的结果比按吸入比转速不受尺寸影响的假设得出的结果更有意义。这些公式可望比 S = 常数假设得出换算公式更为准确。

四、泵尺寸固定时转速的影响

流量和转速对泵吸入性能的影响与叶轮入口几何形状和尺寸密切相关。虽然在泵设计阶段，泵是在一定的转速下输送一定的流量，但是泵也经常在另一个转速下工作。例如，某台泵设计在 3500r/min 转速下，输送 $454m^3/h$ 的流量。这台泵可能用在 1750r/min 转速下输送 $227m^3/h$ 的流量。这时，叶轮吸入口明显比按原始 1750r/min 转速和 $227m^3/h$ 流量设计的大很多。

图 2－22 表明，转速为 3500r/min、流量为 $454m^3/h$ 泵的吸入比转速比转速为 1750r/min、流量为 $227m^3/h$ 的高。也就是说，按转速 3500r/min、流量 $454m^3/h$ 设计的泵在 1750r/min 转速下运行的 *NPSHr* 将低于按转速 1750r/min、流量 $227m^3/h$ 设计的泵。因此，在特别低的吸入头应用场合，采用高转速泵在 1750r/min 低速下运行比采用低转速下设计泵可能更好些。

泵设计结束以后，在较宽的转速变化范围内，泵的吸入比转速接近常数。对多台泵进行不同转速下的 *NPSHr* 测量证实了这一点。虽然对一台泵来说，吸入比转速通常为常数，但是也有例外[3]。在许多情况下，吸入比转速随泵转速做无规律变化。但尽管如此，还是有一定规律，即吸入比转速随泵转速增大而增大。

目前，不太清楚为什么吸入比转速随转速变化规律出现差异。但是，明显的迹象表明这些差异简单地归结于测试的不足。绝大多数泵的试验证实在较宽的转速变化范围内吸入比转速等于常数的假设是对的，但也存在某些例外情况。随着泵转速的降低，*NPSHr* 变得很小。在小的 *NPSHr* 情况下，保证泵管路系统不漏气是困难的。另外，利用普通仪器精确测量很小的 *NPSH* 也存在困难。当这两困难克服以后，每台泵的吸入性能变化规律则又变成 S = 常数。因此，对一台给定的离心泵，吸入比转速可能是常数。然而，假设吸入比转速随转速下降而减小总是比较可靠的。

五、*NPSHr* 测量数据插值

泵转速不变时，*NPSHr* 随流量的变化规律可以用下式表示[4]

$$NPSHr = KQ^2 + L \tag{2-13}$$

式中，K 和 L 为常数。当已知至少两个流量下的 *NPSHr* 时，可以确定 K 和 L。于是，可以利用式(2－13)计算泵某流量下的缺少试验数据的 *NPSHr*。

假设试验数据的最大流量 Q_a 对应的 *NPSHr* 为 $NPSHr_a$，最小流量 Q_b 对应的 *NPSHr* 为 $NPSHr_b$，这时，常数 K 和 L 分别为

$$K = \frac{NPSHr_a - NPSHr_b}{Q_a^2 - Q_b^2}, \quad L = \frac{NPSHr_b Q_a^2 - NPSHr_a Q_b^2}{Q_a^2 - Q_b^2}$$

根据两常数，有

$$NPSHr = \frac{NPSHr_a - NPSHr_b}{Q_a^2 - Q_b^2}Q^2 + \frac{NPSHr_b Q_a^2 - NPSHr_a Q_b^2}{Q_a^2 - Q_b^2} \tag{2-14}$$

利用式(2-14)，可以计算整个试验流量范围内的 *NPSHr*。但是，利用它计算特别大或特别小流量的 *NPSHr* 是危险的。在大流量工况下，*NPSHr* 随流量按高于式(2-13)的次幂而增加。在小流量工况下，特别是在关死工况附近，叶轮内流体与吸入管中的流体存在强烈的相互作用，见第二章第四节。这种相互作用在低 *NPSH* 条件下导致泵性能不稳定。在小流量工况下，纵然没有性能不稳定，式(2-14)也可能导致令人误解的结果。在小流量工况下，泵的效率很低。额外消耗的轴功率主要用于提高被输送液体的温度，于是 *NPSHr* 升高。

六、特大流量工况的 *NPSHr*

当泵流量远远大于设计流量时，*Q-NPSH* 曲线不再服从式(2-13)，而是随流量快速升高，见图 2-23。其中的原因有两个。一是过大流量下叶轮产生的低扬程引起的蜗壳或导叶喉部的空化。二是在蜗壳喉部，液体的速度提高，一部分压力转化为速度头，压力下降，在过大流量下可能会引起空化。

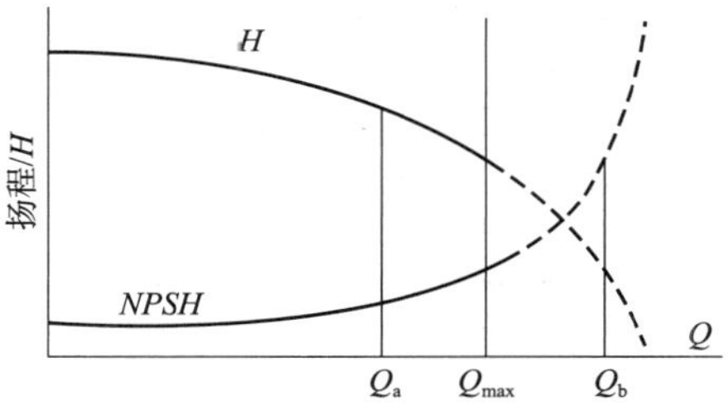

图 2-23　当泵在固定转速下泵 *NPSHr* 随流量的增加而增加

当泵安装未切割的叶轮时，仅在很高流量下蜗壳喉部才产生空化。当泵安装切割后叶轮时，*NPSHr* 在明显较低的流量下增大。这是因为切割后叶轮在泵中产生的扬程明显比未切割叶轮的低。

泵制造厂公布的泵 *NPSHr* 通常是安装未切割叶轮的测量结果。在小流量和中等流量下，只要这些数据应用于切割后的叶轮，泵通常会运行良好。但是，当安装切割后的叶轮的泵工作在大流量下，在蜗壳喉部或导叶入口处可能会发生空化。

通常，根据泵设计流量 Q_d 和设计扬程 H_d 来选择蜗壳或导叶喉部面积的大小 A_t。喉部面积大小依赖于许多设计参数，如：扬程系数、蜗壳断面形状等。但是，一般地，喉部面积可能与流量 Q_d 和扬程 H_d 存在下面的关系式

$$A_t = \frac{Q_d}{K\sqrt{2gH_d}} \tag{2-15}$$

式中，K 为考虑所有相关设计参数的系数。

蜗壳喉部处的液体总能头 H_t 包括速度头 $C_t^2/2g$ 和压力头 $p_t/\rho g$，即

$$H_t = \frac{p_t}{\rho g} + \frac{C_t^2}{2g} \tag{2-16}$$

总能头 H_t 应等于叶轮扬程 H_i 减去蜗壳内部水力损失 h_L。于是蜗壳喉部的液体压力为

$$\frac{p_t}{\rho g} = H_i - \frac{C_t^2}{2g} - h_L \tag{2-17}$$

在其他流量 Q_c，蜗壳喉部的液体流速为

$$C_t = \frac{Q_c}{A_t} = \left(\frac{K\ \sqrt{2gH_d}}{Q_d}\right)Q_c \tag{2-18}$$

于是，蜗壳喉部液体压力为

$$\frac{p_t}{\rho g} = H_i - \frac{1}{2g}\left(\frac{K\ \sqrt{2gH_d}}{Q_d}\right)^2 Q_c^2 - h_L \tag{2-19}$$

式(2－19)表明蜗壳喉部的液体压力随泵实际流量 Q_c 与设计流量 Q_d 比的平方的减小而减小。另外，切割后的叶轮产生的扬程 H_i 随叶轮直径的减小和流量的增高而迅速减低。这就得到一个结论，即在装有切割叶轮的蜗壳内发生空化要比在装有未切割叶轮的来得早。

大流量工况下，*NPSHr* 迅速增大的另一个原因是叶片传递功率的方式。叶片传递给液体能量的过程远比下面讨论的情况复杂[比较式(1－1)到式(1－7)的讨论部分]。就研究大流量对 *NPSHr* 影响而言，下面给出的方法既简单又易于理解。

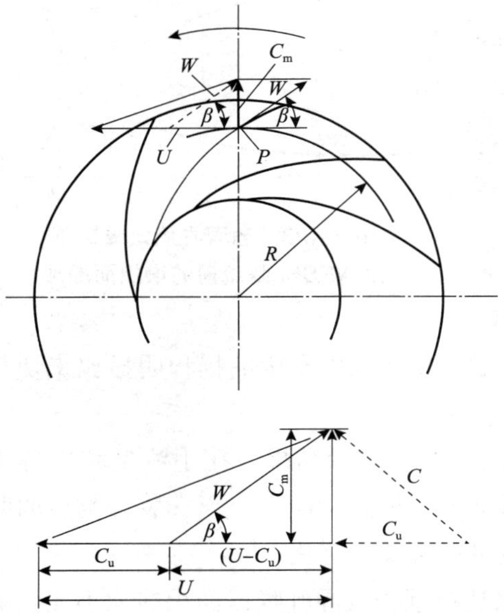

图2－24　沿旋转叶片运动流体微团 *P* 的速度分量

图2－24简要表示了以相对速度 *W* 沿叶片运动的流体微团 *P*。如点 *P* 处的叶片角度用 β 来表示，液体沿叶片表面流动，则可建立下面一系列关系式

点 *P* 处的叶片圆周速度

$$U = \omega R \tag{2-20}$$

其中，ω 为叶轮旋转角速度；*R* 为点 *P* 处的半径。

径向速度分量 C_m

$$C_m = \frac{Q}{2\pi kRb} \tag{2-21}$$

式中，*b* 为叶片宽度；*k* 为叶片厚度排挤系数。

相对速度 *W* 的圆周分速度

$$U - C_u = \frac{C_m}{\tan\beta} \tag{2-22}$$

式中，C_u 为绝对速度 *C* 的圆周分量。

根据式(2－21)和式(2－22)，当流量从 Q_a 增加到 Q_b 时(图2－23和图2－25)，$U-C_u$ 值变为

$$(U - C_u)_b = (U - C_u)_a \frac{Q_b}{Q_a} \tag{2-23}$$

为简化后面的讨论，假设液体流入叶轮前的绝对速度圆周分量 C_{u1} 为零。则液体在半径 *R* 处的总扬程为

$$H_R = \frac{(UC_u)_R}{g} \tag{2-24}$$

每当液体无预旋流入叶轮时，就存在某个流

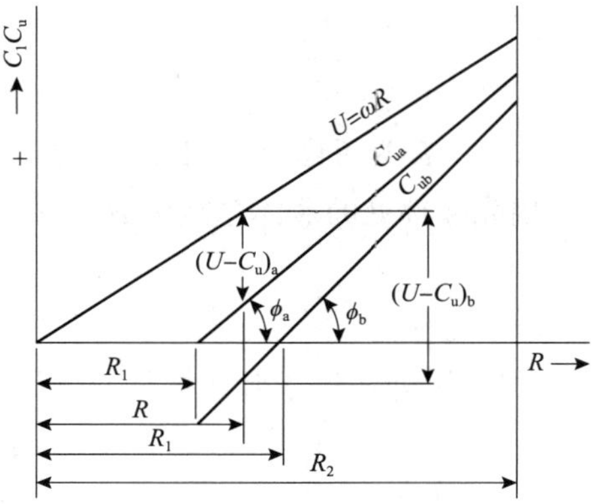

图2－25　速度分量 C_u 大小随流量的变化情况

量，使得 U_1 和 C_{m1} 之间有下列关系

$$C_{m1} = U_1 \tan\beta \tag{2-25}$$

式中，下标 1 表示叶片进口边。

在流量 Q_a 工况下，式(2－25)成立，C_u 随 R 的变化曲线由 C_{ua} 表示(图 2－25)。C_{ua} 从叶片入口处的零开始随半径不断地增大。实际上，C_{ua} 曲线形状依赖叶片几何形状。但为了易于理解，在图 2－25 中用一条直线表示 C_{ua}。

假设流量由 Q_a 增大到 Q_b，则在所有半径处 $U-C_u$ 将是原有值的 Q_b/Q_a 倍，于是在叶片入口处将产生负的 C_u。因此，叶片进口部分像是水轮机而不是泵，见图 2－15 中的测量数据。也就是说，叶片进口部分是从液体吸收能量而不是增加能量，于是降低了叶片入口处的 *NPSHa*。这就是远高于设计流量工况下 *NPSHr* 迅速升高的一个主要原因。

在图 2－25 中，在流量 Q_b 工况下，半径 R_I 处也存在 $C_u=0$ 的点。在理想状态下，该半径处的 *NPSHa* 等于泵入口处的值。在该处，叶片相当于水轮机的作用也消失了。就 *NPSHr* 而言，半径 R_I 处的流动条件仍旧比叶片入口处的不太有利。

叶片前、后压力差 Δp 与半径 R、液体旋转速度 C_u 之间的关系可以表示为

$$\Delta p = \frac{\rho g Q\left(\frac{dC_u}{dR}+\frac{C_u}{R}\right)}{gZb} = \frac{\rho g Q\frac{1}{R}\frac{d(C_u R)}{dR}}{gZb} \tag{2-26}$$

式中，Z 为叶片数。

当 $C_u=0$ 时，由于$(dC_u/dR)_b > (dC_u/dR)_a$，所以流量 Q_b 下的 Δp 大于 Q_a 下的 Δp。因此，Δp 增加使得 *NPSHr* 又有所增大。

以上两个因素使得流量超过某个临界值时，泵的 *NPSHr* 值迅速增大。

第四节　能量损失

一、流动阻力引起的能量损失

当泵必须将一定流量液体输送到高程 H_e 处时，由于一部分扬程要消耗于克服管道对流动施加的阻力，所以泵产生的扬程 H 比 H_e 高。阻力是由液体与管道湿润表面之间的摩擦和流体方向改变引起的。阻力也可能是由管道直径变化以及各种管道附件引起的。

深入的研究表明，摩擦损失与管道长度成正比，与管道的直径成反比。对长度和直径确定的管道，其摩擦阻力随液体在管道内的速度平方而增加(在实际中，绝大多数情况下)。摩擦阻力还依赖于液体黏度和湿润表面粗糙度。液体黏度越高，或湿润表面越粗糙，阻力也越大。

对非圆形截面管道或敞开流道，摩擦损失计算公式中的管道内直径由水力直径代替。水力直径等于 4 倍液体过流断面面积除以管道横断面的湿周。

过去，采用计算管道摩擦水力损失的方法计算离心泵水力损失。其结果往往令人失望，因为离心泵中的摩擦损失远比静止管道中的复杂得多。

1. 叶轮摩擦损失

(1)圆盘摩擦

当推动浸没在液体中的圆盘让其旋转时，只要有功率提供给圆盘，它将持续旋转下去。过去，一般假设这个功率完全是能量消耗，对泵的性能没有影响。后来发现，这个结论不对。当旋转圆盘是叶轮的一个盖板时，圆盘消耗的功率能够并且常常以扬程增加的形式反馈给被输送液体[5]。

图2－26和图2－27表示在叶轮盖板粘贴沙子使圆盘摩擦损失增加[6,7]。盖板粗糙度的增加消耗了较多轴功率，引起泵效率的下降。然而，并不是所有额外消耗的功率都完全消耗在效率的下降，它们中的一部分以扬程增加的形式反馈给被输送液体。

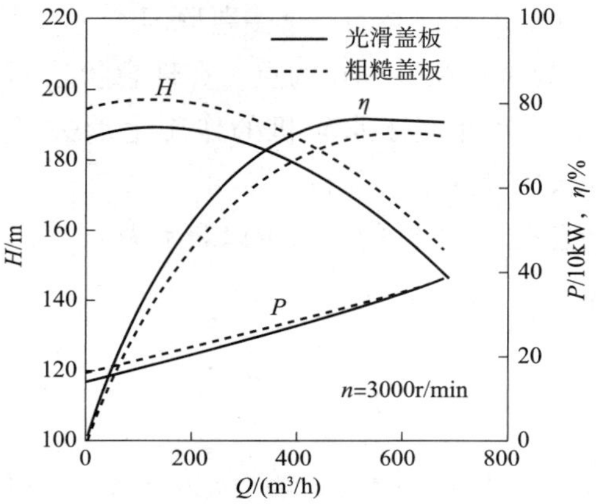

图2－26　粗糙叶轮盖板对泵性能的影响，最优工况比转速为88，数据取自文献[11]

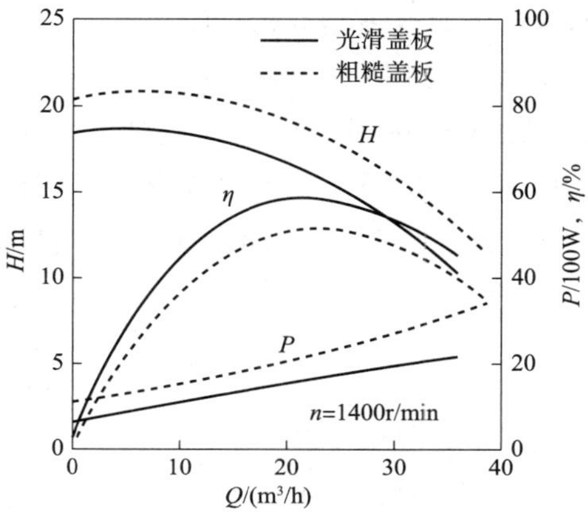

图2－27　叶轮盖板黏附平均名义直径为0.9mm沙粒对泵性能的影响，叶轮为双吸式，最优工况比转速为38，数据取自文献[12]

图2－28说明旋转圆盘对其周围流体的作用。由于液体与圆盘表面之间黏着力的作用，液体只在旋转方向上获得了一个速度分量C_{uf}。但是，某半径处R_2的C_{uf}大小不是常数，而是沿轴向z从圆盘表面到静止壳体表面发生变化[5,6]。在旋转边界层内，当轴向距离z增加时，C_{uf}迅速减小。介于旋转边界层和静止边界层之间的液体速度C_{uf}随z的增加而连续减小，但下降速率很小[5,6]。旋转和静止表面附近的C_{uf}之差引起液体回流[7-10]，如图2－28所示。

当把圆盘换成叶轮时，见图2－29，一部分受到盖板作用的液体开始与叶轮流出的流体产生相互作用，引起一个次环流或回流。这个次回流如图2－29中的虚线所示。

采用下面的简化模型说明次回流的成因及影响[7]。在叶轮出口处，叶片作用过的液体圆周分速度的平均值由下式给出

$$C_{ui}=\frac{gH_i}{U_2} \tag{2-27}$$

式中，H_i为叶轮产生的扬程，U_2为叶轮圆周速度。

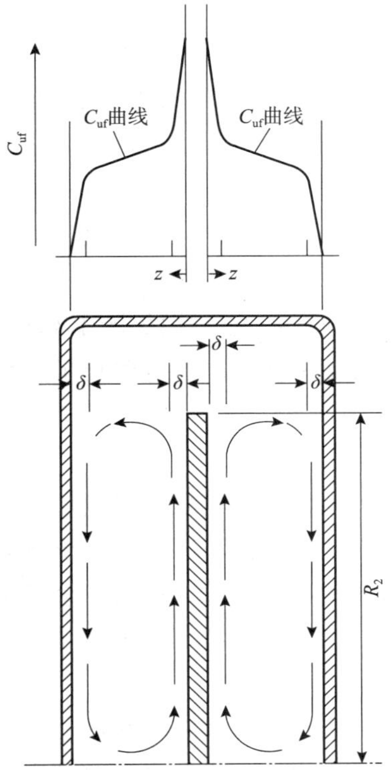

图 2－28　旋转圆盘与静止壳体空腔内半径 R_2 处的 C_{uf}分布

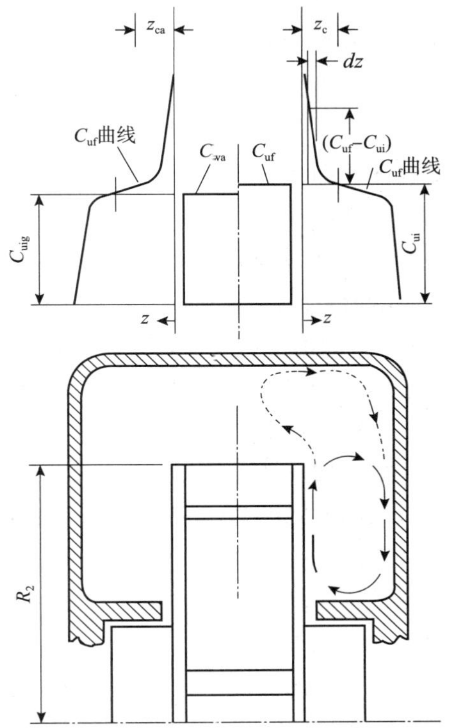

图 2－29　C_{uf}变化对摩擦回收功率大小的影响

在叶轮盖板于壳体间隙的某一段上，叶轮出口外侧的液体 C_{uf}将高于叶轮内侧的液体 C_{ui}，两者的速度差将引起从该部分区域流向叶轮出口的流动。

从宽度为 dz 的圆柱表面流向叶轮出口的径向速度 C_R 由下式给出

$$C_R = F\sqrt{2g(H_f - H_i)} = F\sqrt{2U_2(C_{uf} - C_{ui})} \tag{2-28}$$

式中，F 为计及实际流体效应的系数。因此，从宽度为 dz 的圆柱表面流出的液体流量为

$$dQ_f = 2\pi R_2 C_R dz = 2\pi R_2 F\sqrt{2U_2(C_{uf} - C_{ui})}dz \tag{2-29}$$

由该表面流向叶轮出口的能量流功率为

$$dE_f = M\rho dQ_f C_{uf} U_2 = 2\pi F M\rho C_{uf} U_2 R_2 \sqrt{2U_2(C_{uf} - C_{ui})}dz \tag{2-30}$$

式中，ρ 为被输送液体密度，M 为考虑各种水力损失及一部分 dQ_f 直接流到泵壳体并没有与叶轮流出液体发生相互作用的事实的系数。由一侧盖板传递给被输送液体的总能量（功率）为

$$E_f = \int_0^{z_c} dE_f = 2\pi F M\rho R_2 \int_0^{z_c} U_2 C_{uf}\sqrt{2U_2(C_{uf} - C_{ui})}dz \tag{2-31}$$

于是，两个叶轮盖板作用过的液体与叶轮流出的液体相互作用产生的扬程等于

$$H_f = \frac{2E_f + \rho g H_i Q_i}{\rho g(Q_i + 2Q_f)} \tag{2-32}$$

其中，Q_i 为通过叶轮的流量。

讨论全部参数对 C_{uf} 沿轴向距离 z 的分布超出了本书的范围。但是文献[11,12]给出的结果暗示 C_{uf} 随盖板的相对粗糙度增大而增加。这似乎是图 2－26 和图 2－27 所示的扬程提高的原因。

图 2－26 和图 2－27 表明，盖板功率回收随流量增大而增大。例如，在图 2－16 中，流量 Q_d 工况回馈给液体的水力功率是 $0.5Q_d$ 工况的 2 倍。

当流量增加到 Q_{ia} 时，叶轮产生的扬程降低到 H_{ia}，圆周分速度 C_{ui} 减小到 C_{uia}，见图 2－29。这就使得速度差 $C_{uf}-C_{ui}$ 变大，$C_{uf} \geq C_{ui}$ 的轴向宽度加宽。这两个因素使 E_f 增加，见式(2－31)，即由圆盘摩擦损失回馈到被输送液体的功率增多。这就解释了为什么回馈到被输送液体的能量随流量增大而增大的现象。

(2) 流道表面粗糙度

叶轮内部流道粗糙度总降低泵效率。对扬程来说，结果还不确定。根据作者在中、高比转速泵方面的经验，打磨叶轮流道总是提高泵效率和扬程。但是，对一台极低比转速泵，打磨叶片出口附近的叶片工作面引起了泵扬程和效率剧烈下降。需要更多的佐证性试验数据来确认这些结果的合理性。

2. 壳体内的摩擦损失

理论上，泵壳体内部摩擦损失效果应该与任意其他静止流道的完全相同，扬程和效率都应该随壁面粗糙度增大而下降，这已被试验所证实。事实上，为了提高泵效率，采用陶瓷或环氧类涂料涂刷深井泵流道表面差不多已成为工业标准。虽然这种实践对中、高比转速的泵通常是成功的，但是对低比转速泵，铸造粗糙度对其性能的影响还需要做更多的研究。

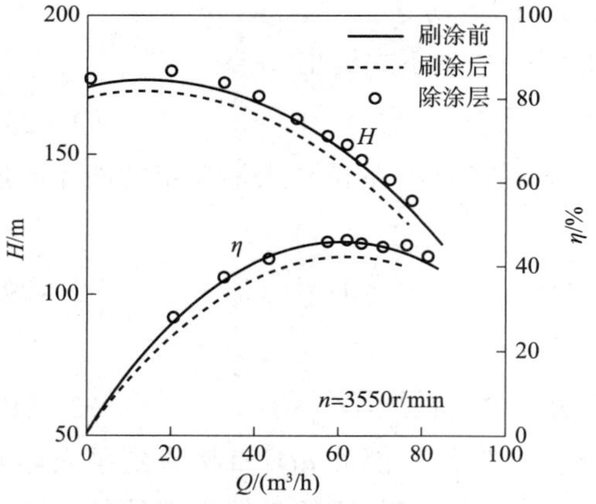

图 2－30　刷涂蜗壳流道对一比转速为 30 的低比转速泵性能的影响

图 2－30 给出了泵出口直径为 1.5in、叶轮直径为 286mm 的单吸蜗壳式离心泵3550r/min 转速下的性能测试结果。图中的实线表示原始蜗壳情况下的泵扬程和效率曲线。为提高泵的性能，采用环氧涂料刷涂蜗壳流道。令人惊奇的是泵的扬程和效率下降了。仔细检查了试验回路和泵，未发现异常。将试验重复了几次，结果总是相同。由于没有找到涂刷涂料后性能变差的其他原因，于是采用喷砂方法清除了涂料，结果泵性能恢复了(图 2－30)。根据这单个事例下结论还为时尚早，这个例子只是表明这个问题有待进一步研究。

二、间隙泄漏损失

图 2－31 是装有闭式叶轮的单吸蜗壳式离心泵的典型剖面图。液体由吸入管流入叶轮 I。旋转的叶轮对液体做功，然后流入静止的壳体 C。绝大部分液体从壳体流入排出管道，

少量液体通过旋转叶轮与静止壳体之间的间隙 G 流回到泵吸入管。

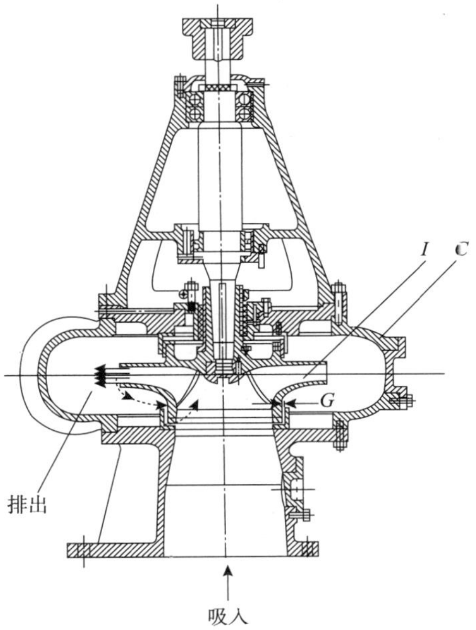

图 2－31　带有闭式叶轮的单级、端吸离心泵中的间隙

通过该间隙泄漏的液体流量取决于间隙 G 两侧的压力差、间隙宽度 a、间隙长度 l、间隙形状、间隙的偏心度和液体黏度等，见图 2－32。一般地，液体流量可以表示为

$$q = k\pi a D_{W} \sqrt{\frac{2g(p_{c} - p_{s})}{\rho g}} \tag{2-33}$$

式中，k 为上述影响因素决定系数；D_W 为间隙环空的平均直径；p_c 为间隙入口处的泵壳内压力；p_s 为吸入管压力。

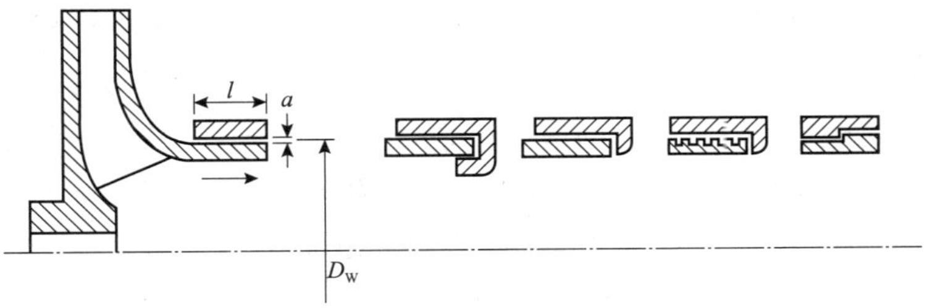

图 2－32　不同形状的口环

根据式(2－33)，液体泄漏量应该与间隙宽度 a 直接相关。经验告诉我们，这是仅在一定间隙界限内是正确的。每当间隙减小到 0.25～0.50mm 时(取决于泵的尺寸)，间隙再减小似乎对泵的性能没什么影响。这可能是密封间隙的动、静表面的相对旋转在间隙的两个壁面上形成了边界层。在泵正常工作条件下，每当间隙小于 0.25mm 时，两个边界层的厚度完全堵塞了泄漏。

一旦间隙增加到使泵效率下降 25%～35% 时，间隙再增加似乎对泵性能没有进一步的影响。在这种情况下，从间隙流入吸入管内的液体与流入叶轮的主流液体混合将其在流入间隙前获得的部分能量回馈给流入叶轮的液体。当流入的泄漏液体与被输送液体的比例足够大时，间隙泄漏引起的能量损失与回馈给来流的能量之间就建立了平衡关系。

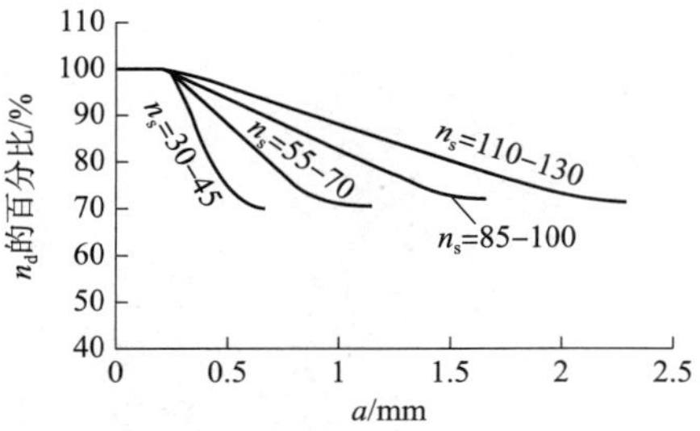

图2-33 口环间隙宽度对泵效率的影响，η_d为设计工况效率

图2-33表示圆柱间隙长度 $l=12.5\sim25\text{mm}$ 时，不同间隙宽度 a 对应的泵效率相对下降。当然，实际中，受其他因素的影响，这些值会有所变动。但是，总的来说，这些曲线可以作为粗略计算的有益指导。

图2-34和图2-35的试验结果支持图2-33给出的数据。回馈给来流的能量的相对量将有望随泄漏量 q 与被输送流量 Q 的比的增大而增大。根据式(2-33)，通过口环的泄漏量与泵产生的扬程的平方根成正比。在实践中遇到的大多数情况下，这意味着泵在不同流量下产生的扬程变化不会对由口环泄漏而导致的回馈给来流液体功率产生显著的影响。

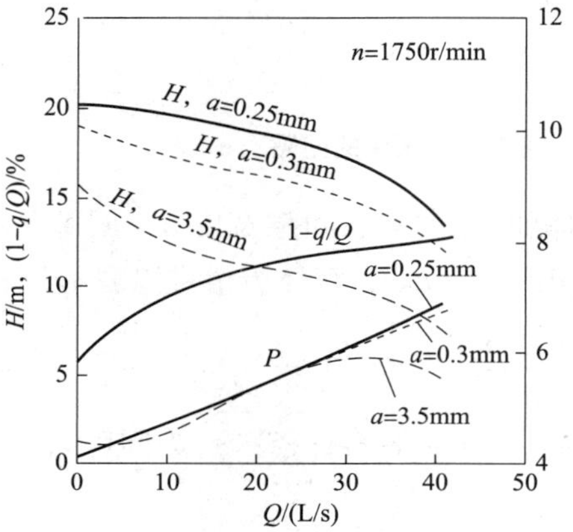

图2-34 口环间隙对泵性能的影响

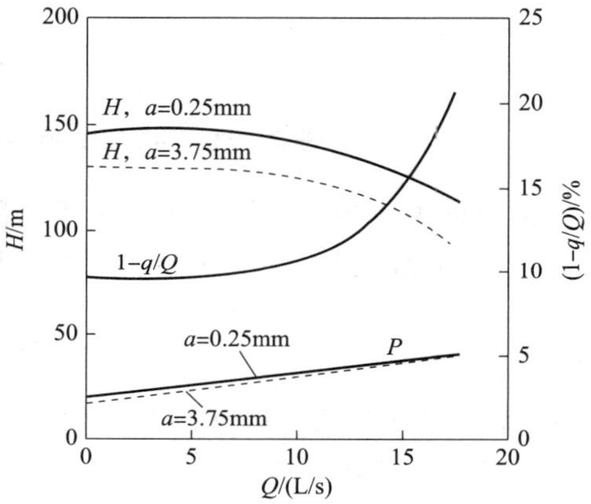

图2-35 口环缺失对泵性能的影响

因此，泄漏反馈功率与被输送液体水力功率之比，即相对水力功率，将基本随液体泄漏流量 q 与泵所输送的流量 Q 之比的增大而增大。

$(1-q/Q)$ 与流量的关系曲线告诉我们 q/Q 对相对水力功率损失的影响。图2-34和图2-35表明，相对水力功率的损失确实随流量的减少而下降。

1. 泄漏量对扬程曲线形状的影响

一般地，泄漏量对泵扬程曲线形状的影响应类似于图2-36。在给定扬程下，流量应该减小 q，q 就是由口环泄漏引起的流量损失。同一台泵不同间隙下试验已经肯定了这个规律。实际上，作者经常利用这些数据来估算由口环间隙增宽引起的泄漏量的增加量。但是，这种方法仅在设计流量的 ±30% 范围内是可靠的。在较小的流量工况下，存在扬程的下降，这可能不是由泄漏量而

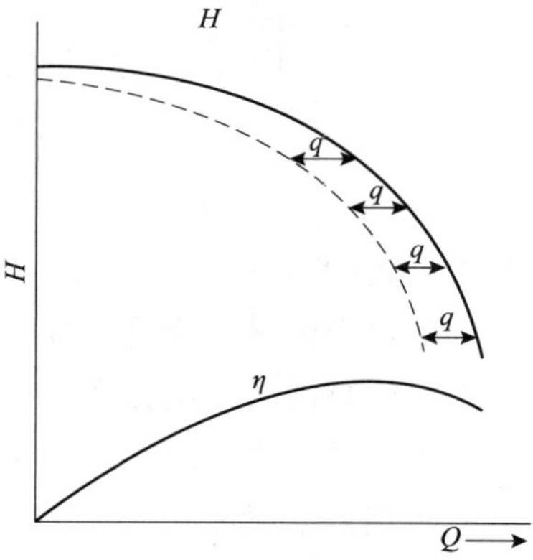

图2-36 口环泄漏对泵扬程曲线形状的影响

是由其他因素造成的。到目前为止，还没有大流量工况的试验数据。

2. 泄漏量对 *NPSHr* 曲线的影响

当泄漏量有相对适度增加时，泄漏量对 *NPSHr* 的影响类似它对扬程曲线的影响。*NPSHr* 曲线向小流量方向移动一个泄漏量大小，如图 2－37 所示。当口环间隙由 0.12mm 增宽到 0.25mm 时，*NPSHr* 曲线向小流量方向移动 $8m^3/h$。

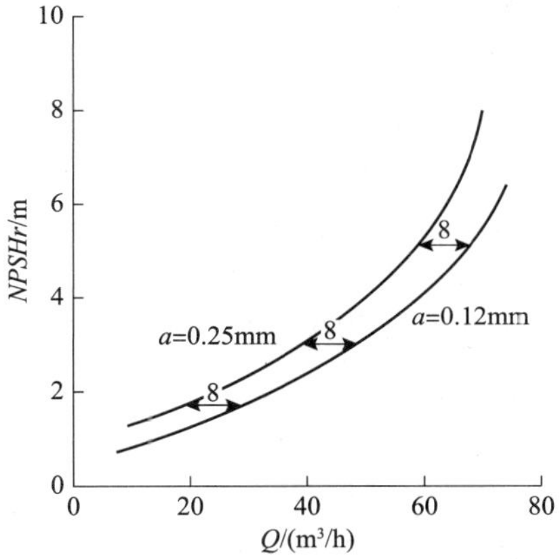

图 2－37　口环间隙对 *NPSHr* 曲线的影响

3. 半开式叶轮的泄漏量

实践表明，叶轮叶片与泵壳体磨损表面间的间隙的增大会引起泵性能很显著的改变。除了下述的三个方面的差别外，通过该间隙的泄漏与通过闭式叶轮口环间隙的泄漏有某种程度的相似性：

(1) 必须考虑由式(2－26)定义的叶片两侧的压力差，而不是式(2－33)中的压力差 $p_c - p_s$。

(2) 从叶片工作面到背面的泄漏并不总是垂直于叶片，而是沿最小阻力方向流动。最小阻力方向不但取决于叶片几何形状，而且沿叶片长度发生变化。

(3) 除了叶片两侧压力差引起泄漏以外，沿切线方向也有另一种泄漏。这种泄漏是由于与静止壳体接触的液体有静止趋势，而与旋转叶片接触的液体有旋转的趋势。

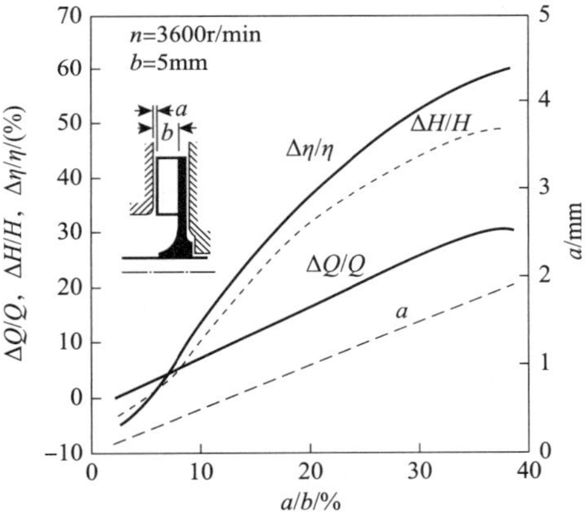

图 2－38　叶片侧面间隙对半开式叶轮性能的影响，ΔQ、ΔH 和 Δη 分别是闭式叶轮最优工况的流量、扬程和效率与相同的半开式叶轮不同侧面间隙的最优工况的流量、扬程和效率之差，Q、H 和 η 分别代表闭式叶轮最优工况的流量、扬程和效率，数据取自文献[13]

理论上已做过许多研究以便解决这个泄漏问题，但成功的不多。图 2－38 给出了叶轮性能随间隙宽度 a 与叶片宽度 b 之比而变化的情形。当间隙小于 0.25mm 时，像闭式叶轮一样，泄漏似乎停止了。当间隙超过某个界限时，间隙不再影响泵的性能。事实上，有一类特殊泵，即所谓旋流泵。在这种泵中，叶轮叶片完全位于被输送液体路径之外。

三、时间的影响

下面关于流道表面粗糙度和间隙泄漏导致的泵能量损失的讨论揭示一个常被忽略的细节，即没有一台泵在其寿命期内能保持原有的水力性能。随着时间的推移，腐蚀和磨损会使泵湿润表面变得较为粗糙。这通常会增加泵的功率消耗。对中、高比转速泵，通常将引起泵扬程的下降。液体中可能含有能磨光流道的细磨料颗粒。在某些情况下，这些磨料颗粒甚至使流道尺寸变大。这两种效果可能使泵性能提高。

口环表面磨损总是会引起泄漏量增加，从而降低泵性能。最后，湿润表面粗糙度和泄漏量能够并且经常影响泵的吸入性能。与时间相关的其他可能影响泵吸入性能的因素有：

(1)当一台泵直接从河流或湖泊提水时，滤网经常填满水生植物或青草，这将堵塞流动。

(2)固体物可能聚积在底阀中，从而增加对流动的阻力。

(3)水位可能下降，从而降低 *NPSHa*。

没有办法阻止泵变得陈旧。就这方面而言，间歇运行的泵比连续运行的泵更有可能遭受磨损和流道表面材料组织的变化。当泵停机时，本来悬浮在液体中的固体物可能分离出来并沉积在流道里，导致过流面积的减小。如果泵输送浓缩溶液，溶解在液体中的化学成分可能结晶析出。当泵重新启动时，这将引起流道严重磨损。

然而，为泵湿润部件选择特殊材料有可能推迟加剧的磨损。一般情况下，某种材料的抗磨性取决于许多因素：如温度、被输送液体的化学亲和力等。总体上，离心泵所用材料的抗磨性按下面次序增加：

(1)铝及其部分合金；

(2)塑料(一些特殊的除外)；

(3)铸铁；

(4)铸钢；

(5)某些青铜；

(6)锰钢；

(7)低铬合金钢；

(8)高铬合金钢；

(9)某些橡胶(与不锈钢配对使用)；

(10)某些陶瓷；

(11)某些特殊合金；

(12)某些金刚石。

上面所列的顺序只作为很粗略的参考。一种材料的抗磨性不但取决于其成分，而且还取决于其成型方法。为了安全起见，总是向材料已经用于泵的材料生产厂请教是有益的。

某材料的抗磨性不是决定泵寿命的唯一尺度，其他因素包括抗腐蚀性和抗研磨性。第一种性质指的是被输送液体的化学反应及两种不同材料浸没在电解液中经常发生的电池反应。研磨指的是当两种材料的表面相互摩擦时，一种材料从另一种材料上磨掉微粒并溶解各自母体的趋势。

其他与时间相关并影响离心泵性能的因素包括泵基础或泵管路其他支撑结构件的布置以及由泵系统需求量改变引起的泵工作条件发生变化等(另见第三章第八节)。

第五节　温度和黏度对泵性能的影响

一、温度升高的影响

与温度升高相关的问题可以分成两类：一类是由机械故障引起的部件过热；另一类是泵输送过热的液体。

1. 泵部件过热

十分频繁处于过热状态的泵部件有轴承、轴承体(另见第三章第五节)、填料函和机械密封(另见第三章第六节)。引起过热的常见原因是在泵运输、安装、装配和机加工过程中存在不妥之处(另见第三章第四节)。另外，当轴承或轴封要求冷却时，冷却不充分也有可能引起过热。

因为过热能触发一个或多个链式反应，所以过热是危险的。过热的轴承可能使润滑剂失去润滑性。这可能使轴承温度上升更高，引起轴承表面氧化和烧焦以及完全失效。过热的轴承也可能使轴承体过热膨胀，使它们失去对中性，最终导致损坏。

过热的填料或机械密封能引起泵多个零件的不均匀膨胀。然后，可能导致与填料接触的泵轴表面的烧焦或机械密封动、静贴合面的损坏。在这两种情况下，轴封的密封能力显著下降，由此引起过量的泄漏或空气的进入。

2. 输送热的液体

当泵输送热的液体时，有5个常见的问题：

(1)材料强度下降；

(2)最靠近热的液体的部位热膨胀较厉害；

(3)填料或机械密封接触不严；

(4)可能需要特殊的法兰垫片；

(5)与液体接触的泵零件抗腐蚀能力变差。

这里所列的问题是不全面的，但突出了一点：绝不能不与泵制造厂核实就用购买适用于常温的泵输送热的液体。

尽管泵是专门为输送热的液体而设计和制造的，但是泵将经受“热冲击”。当泵部件被快速加热时，它将突然膨胀，对相邻较冷的部件施加很大的应力。热冲击可能是有害的，这取决于温度升高速率和最高温度值、被加热材料的热传导性及机械性能。

例如，如果向凉的玻璃杯快速倒入热水，玻璃杯将破裂，这是一个最极端情况。对于塑性材料，热冲击会使部分材料变形超出其弹性范围。在另外情况下，热冲击可能引起材料疲劳。

热冲击的严重性随加热速度、温度和泵尺寸的增加而加重。对尺寸较小的泵，热冲击引起的负面效应常常能够通过合理的设计和正确的材料选择加以消除。对于大尺寸的泵，很难，往往不可能消除热冲击效应。唯一的措施是依据泵制造厂的建议缓慢加热泵。

但输送热的液体时，另一个碰到的问题是温度变化引起泵所接触的管道膨胀与收缩。管道膨胀与收缩可能使泵壳体产生高的应力。管道产生的力也可能使泵和电动机不对中。在这种情况下，必须在加热前和加热后检查两者的对中性。

当泵在输送封闭有压循环回路中的过热液体时，可能遇到另一类特殊问题。循环回路破裂有可能使液体变成蒸气，并把泵变成汽轮机。这可能使转子部件的转速升高超过安全极限，导致轴承、泵结构零件的损坏以及轴封过热和黏合。在极端情况下，离心力足以摧毁叶轮。

二、黏度的影响

1. 对性能的影响

黏度定义为真实流体对流动的阻力。黏度越大，使流体流动需要的作用力就越大。黏度通常表示为每秒使单位面积的液体平面沿另一个相同面积的液体平面相对运动而需要的力。

通常采用称为黏度计的仪器测量液体黏度。然而，各个行业采用各自标准表示黏度大小。按这些不同的标准标定刻度来制造黏度计。经常采用换算表把某一具体黏度计的测量结果换算出某个行业的黏度标准值。

在美国，最常用的黏度单位是厘沲(cSt)和赛博特通用秒(SSU)。作为对比，15.5℃水的黏度为1.1cSt或31.5SSU。

泵制造厂公布的所有性能试验曲线是根据水作为介质进行性能测试给出的。图2－39

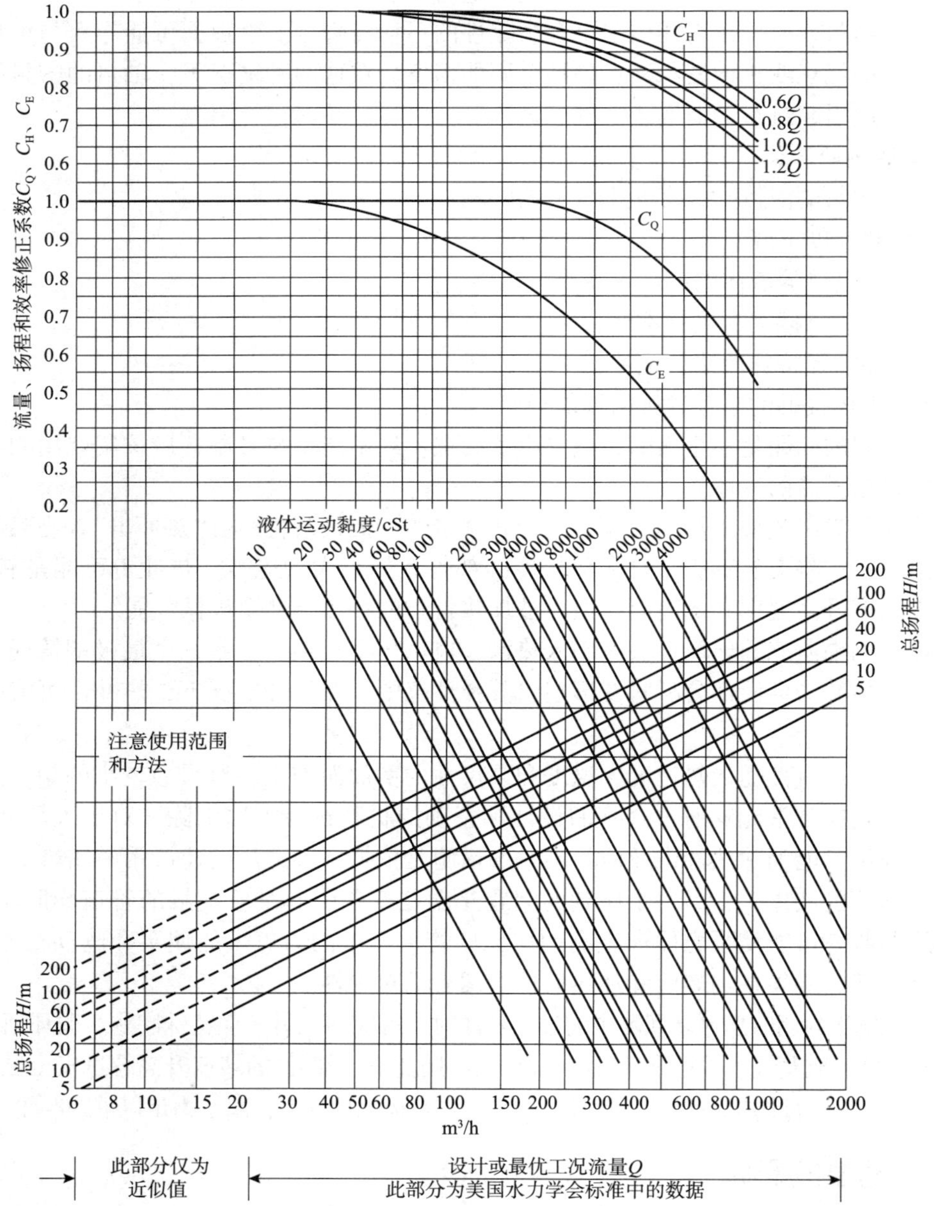

图2－39 液体黏度对离心泵性能的影响

此图取自 http://www.hankia-pump.com/technology/viscosity-correction.html

表示的是泵输送黏性液体与输送水的性能对比。为了利用这些数据，首先找到泵具体流量的直线与代表扬程的直线的交叉点。然后从该点做一水平直线直到与指定的黏度线相交。再向上做垂直直线直到分别与 C_Q、C_H 和 C_E 曲线相交。这些交点的 C_Q、C_H 和 C_E 表示泵制造厂发布的泵性能因液体黏度增大而引起的下降值。由于图 2－39 的数据是根据数目有限的试验情况给出的，所以应该仅用于预测一台泵性能的大致变化情况，不能作为定量预测。

液体黏度随温度升高而降低。在用泵输送前，通常要把很黏的液体预热。如果泵处于间歇工作状态，就有必要采取一些预防措施。首先，为了避免每次泵重新启动时液体的突然冷却，即液体与已经变凉的泵部件接触，即使泵处于停机状态，也有必要保持泵热的温度。如果泵要停用较长时间，就必须在液体温度下降且其黏度增加未超过允许值前将泵内的液体放出。

2. 对 *NPSHr* 的影响

通常认为黏度对离心泵的 *NPSHr* 没有显著影响。找出与该观点相矛盾的任何数据是困难的，但是研究齿轮泵性能的时候，作者偶然发现一组数据。当黏度等于 100SSU 时，*NPSHr* 随黏度升高而增大。作者所研究的这些泵的生产厂家并没有指明这些数据是源自试验结果，抑或是由某种理论得到的，还是借用了其他泵制造厂已公布的数据。因此，这些数据是否真的正确或者它们的正确性是否仅限于这 7 台泵不得而知。

根据这些数据，泵输送黏性液体的 *NPSHr* 是输送黏度低于 100SSU 的 *K* 倍。泵制造厂给出了 100～70000SSU 黏度范围内的数据。该组数据在以 10 为底的对数坐标下不是直线，其拟合曲线为

$$\frac{NPSHr}{NPSHr_{\nu_1}} = 0.4776\left[\lg\left(\frac{\nu}{\nu_1}\right)\right]^4 + 3.8681\left[\lg\left(\frac{\nu}{\nu_1}\right)\right]^3 - 9.875\left[\lg\left(\frac{\nu}{\nu_1}\right)\right]^2 + 8.1772\lg\left(\frac{\nu}{\nu_1}\right) + 1 \tag{2-34}$$

式中，$NPSHr_{\nu_1}$ 为黏度 $\nu_1 = 100\text{SSU}$① 的最小必需空化余量；ν 为被输送液体的实际黏度。目前，作者知道没有试验数据会肯定或否定这个式子的合理性。

第六节 回流

多年来，回流被看作导致每个不能解释的问题的某种神秘的因素。照此，回流没有适用于分析讨论的确切定义。正像本节列举的案例那样，这种情况有时会得出不准确或错误的结论。把任何一个不能解释的问题归咎于回流的习惯让人们相信回流和叶轮设计扬程系数有直接关系。

文献[14]表明(另见本章第二节)，高扬程系数的叶轮比低扬程系数的叶轮更容易产生下垂形扬程曲线。这种结果是由水力损失直接造成的，而与回流无关。遗憾的是，许多人

① 根据 ASTM D2161－19，当 $32 < SSU < 100$ 时，$cSt = 0.226SSU - 195/SSU$，否则，当 $SSU \geq 100$ 时，$cSt = 0.220SSU - 135/SSU$。

对文献[14]的研究感到陌生。对他们来说，下垂的根源有几分神秘，简单地把其归咎于回流。这个信条使旨在建立扬程系数与回流之间关系的研究激增，这些研究通常是很昂贵和费时的。

现在，我们明白回流只是间接地与下垂形曲线相联系[8,9,15]。我们还知道两者之间的联系与设计扬程系数的大小毫无关系(比较图2-56和图2-57的讨论)。实际上，如果利用得当，回流能把下垂的扬程曲线转化成稳定上升的曲线，正如图2-42的讨论指出的那样。这也被图中曲线*A*以及成百个实际应用实例所确认。

事实上，多亏回流，工业界能够提供一个另一类旋转动力泵，即所谓旋涡泵。这种泵能够产生不寻常的高扬程系数和到关死工况一直稳定上升的、十分陡峭的扬程曲线。这些特性是利用回流效应得到的[16]。旋涡泵在市场上销售已接近60年，并总是展示上述特性。

在现实生活中，作者知道一些例子，其中把不能理解的问题归于回流的做法已经使许多问题无法得到解决。在另一些例子中，这种做法唯一地导致毫无必要地拆除昂贵的设备，因为它已被确诊为“无可救药的回流晚期癌症”。

首先，把精确定义术语回流的含义作为开始。回流是液体从叶轮流出，然后掉转方向又流回叶轮的现象。一般地，把回流分成两个区域：一个是在叶轮入口，另一个在叶轮出口。也将考虑这两种回流某些组合情况。

一、泵入口回流

图2-40和图2-41可以很好地说明泵入口回流的主要原因。参考图2-40，关注下述几个要点：

(1)控制体*B*的液体直接受到旋转叶片头部的作用；

(2)有两个平均直径分别为R_a、R_b，厚度为dR的圆柱壳；

(3)盘形控制体*A*位于叶片旋转影响区上游的很远处。

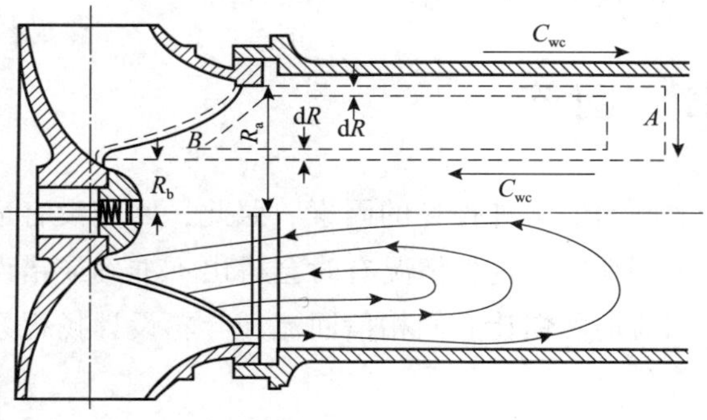

图2-40 离心泵入口回流

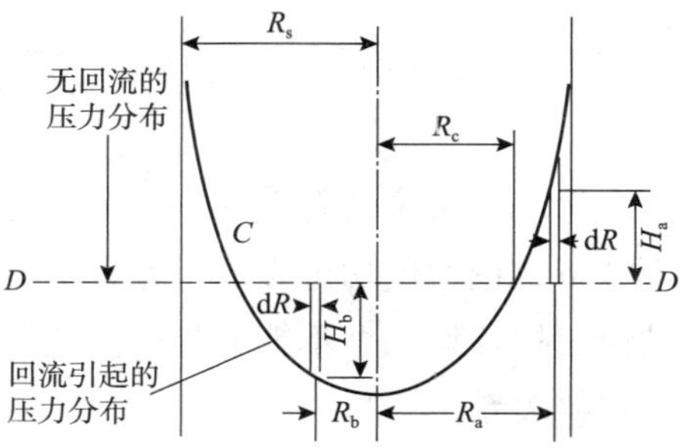

图2-41 回流对吸入管压力分布的影响

首先，假设泵在关死工况下运行。在叶片头部的作用下，控制体*B*的液体获得的绝对速度圆周分速度C_u与半径有关，从而在半径方向上产生压力梯度，压力梯度与离心力相等，即

$$\frac{\mathrm{d}p}{\mathrm{d}R}=\frac{\rho g C_{\mathrm{u}}^{2}}{gR} \tag{2-35}$$

文献[21,22]的扬程测量指出可以采用下式近似表示控制体 B 中压力沿半径的分布

$$p=p_0+\rho K R^2 \tag{2-36}$$

其中，K 为已知 R 处的考虑影响 C_{u} 大小因素的系数，不一定是常数；p_0 为吸入管中心处的压力。

一开始，假设在控制体 A 没有预旋。因此，在控制体 A 中的压力是常数，并等于启动前的吸入管压力。在控制体 B 中的压力曲线呈抛物线分布，见图 2－41 中的曲线 C。图中基准压力 $D-D$ 就是无预旋时控制体 A 中的压力。

图 2－41 表明，在无预旋条件下，控制体 B 中离中心较远处的液体压力高于控制体 A 的压力。与此类似，在离中心较近的吸入管中，控制体 A 的压力高于控制体 B 中压力。因此，在这两个压力差的作用下，外层液体开始由 B 区流向 A 区（离开叶轮）；在离吸入管中心较近的区域，液体由 A 区流向 B 区（向着叶轮）。这两种流动在叶片上游形成图 2－40 所示的回流流动。

当叶片将圆周速度传递给液体使之具有圆周分速度 C_{u}，控制体 B 中就产生了压力差。由于惯性，当液体离开 B 区流向 A 区以后，仍保持一定大小的 C_{u}。这就产生了众所周知的预旋现象（效应），这是回流的先天性特征。

由图 2－41 可知：当半径大于 R_{c} 时，B 区压力高于 A 区。在 $[R_{\mathrm{c}},R_{\mathrm{s}}]$ 半径范围内，液体离开叶轮的流量为

$$C_{\mathrm{ba}}=\sqrt{2gH_{\mathrm{a}}} \tag{2-37}$$

式中，$H_{\mathrm{a}}=p_{\mathrm{a}}/\rho g$，是已知半径处 B 区与 A 区压力差的能头。通过平均直径为 R_{a}、厚度为 $\mathrm{d}R$ 的吸入管内圆柱壳的液体流量为

$$\mathrm{d}Q_{\mathrm{a}}=2\pi R C_{\mathrm{ba}}\mathrm{d}R \tag{2-38}$$

从叶轮流到吸入管的总流量为

$$Q_{\mathrm{a}}=2\pi\int_{R_{\mathrm{c}}}^{R\mathrm{s}} R C_{\mathrm{ba}}\mathrm{d}R \tag{2-39}$$

类似地，在半径从 0 到 R_{c} 的范围内，液体以平均轴向速度 $C_{\mathrm{ab}}=\sqrt{2gH_{\mathrm{b}}}$ 流回到叶轮，总的流量等于

$$Q_{\mathrm{b}}=2\pi\int_{0}^{R_{\mathrm{c}}} R C_{\mathrm{ab}}\mathrm{d}R \tag{2-40}$$

在关死工况下，流动连续方程迫使

$$Q_{\mathrm{a}}=Q_{\mathrm{b}} \tag{2-41}$$

因此，一旦已知 C_{u} 的大小，就有可能利用式（2－35）～式（2－41）计算回流流量，即回流强度。稍后，我们将看到叶片入口几何形状影响回流强度的情况。

到目前为止，我们的研究仅限于泵处于关死工况下。现在让我们观察一下出口阀打开时发生的情况。

只要泵工作流量小于设计流量，式（2－36）中的系数 K 就减小[8,9]。另外，液体以下式表示的平均轴向速度开始流向叶轮吸入口

$$C_0 = \frac{Q_p}{\pi R_s^2} \tag{2-42}$$

式中，Q_p 为被输送液体的流量。

现在，因为 C_0 的方向与 C_{ba} 相反，所以因预旋引起的流向吸入管的液体速度将下降，新的回流速度现在等于

$$C_R = C_{ba} - C_0 \tag{2-43}$$

式(2-43)表明：回流强度随速度 C_0 的增加(泵流量的增大)而下降。一旦被输送液体的流量增大，并在叶轮进口所有半径处满足下式

$$C_0 \geqslant C_{ba} \tag{2-44}$$

从叶轮到吸入管的回流就完全消失。

回流对离心泵产生扬程的影响可以类比于多级离心泵的作用。在多级泵中，因为液体受到一个叶轮作用以后，又进入下一个叶轮，在这个叶轮中液体能量又得到增加，所以液体可以获得很高的扬程。在回流过程中，一些液体已经受到一次叶片的作用，返回同一个叶轮后，又再一次受到叶片的作用，因此液体的能量增加。

回流的流体与被输送液体的主流混合，于是被输送液体总的流动的能量增加。传递给主流的流动能量的多少取决于回流流量与被输送液体流量之比。该值随被输送液体流量减少而增加。这个结论可以像下面那样从数学角度加以证明。

流量为 Q_p 的液体，经过叶轮一次作用，扬程为 H_p。现在假设流量为 Q_R 的液体又流回到叶轮，于是液体扬程增加到 $H_p + H_R$。当回流液体与泵输送的主流液体混合时，流入叶轮的流体能量为 $Q_R H_R/(Q_p + Q_R)$，因此，叶轮产生的总扬程为

$$H = H_p + \frac{Q_R H_R}{Q_p + Q_R} \tag{2-45}$$

或者

$$H - H_p = \frac{Q_R H_R}{Q_p + Q_R} \tag{2-46}$$

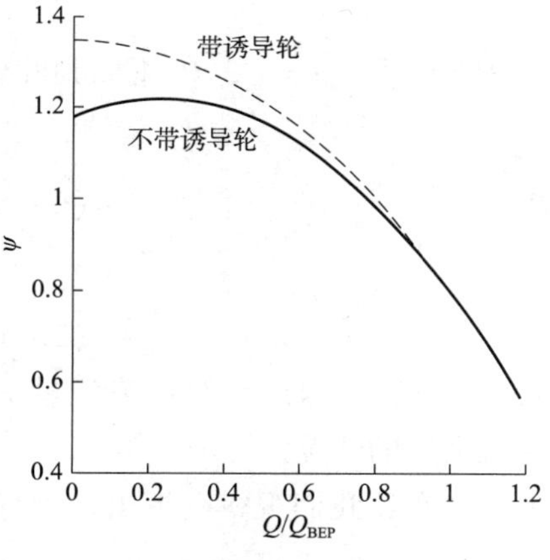

图2-42　安装诱导轮(虚线)对3in端吸式离心泵性能的影响，ψ 为扬程系数，$\psi = 2gH/U_2^2$，Q_{BEP} 为最优工况的流量

式(2-45)表明，当 $Q_p = 0$ 时，即关死工况，回流引起的总扬程的增量最大，以后随着泵流量 Q_p 的增加而减小。这个论断已被安装在叶轮前面的诱导轮的试验间接证实(图2-42)。

用下面的实例来透彻说明入口回流与泵扬程的关系。图2-42表示比转速为99的端吸式离心泵性能试验结果。叶片是圆柱形(单曲率)的，进口边与泵轴线倾斜约为10°。泵吸入管内径为105mm，水平安装。泵中心线位于吸入罐液位以下500mm处，试验转速为3560r/min。

在关死工况，压力计显示吸入管中心线的压力为正1050mmH$_2$O。这意味着吸入能头比淹深高出550mm。出现这个过高能头的唯一可能原因是

叶轮的作用。也就是说，吸入管取压孔附近的液体受到叶片的作用后，又流回到吸入管。

下一步，在叶轮前面安装了一个诱导轮。这时，在关死工况，压力计显示正压力 4150mmH_2O，回流使吸入管能头增加 3560mmH_2O。

现在我们分析显著增强的回流是如何影响总扬程的(图 2－42)。在大流量工况，回流不存在，安装的诱导轮对泵性能没有什么影响。然而，在小流量工况，带诱导轮的泵扬程已经超过没有诱导轮的扬程。正像前面讨论的那样，两者的差别随流量的减小而增大。

回流对扬程的影响的正确性还用另一种方法得到验证[20]。在这个研究中，图 2－42 中试验叶轮进口部分被切成图 2－43 所示的样子，然后重新进行试验。去掉伸入叶轮入口的部分叶片直接地减弱了回流强度，见图 2－44。但是，与此同时，这也大大减低了小流量工况下的扬程，并足以产生下垂的扬程曲线，见图 2－45。

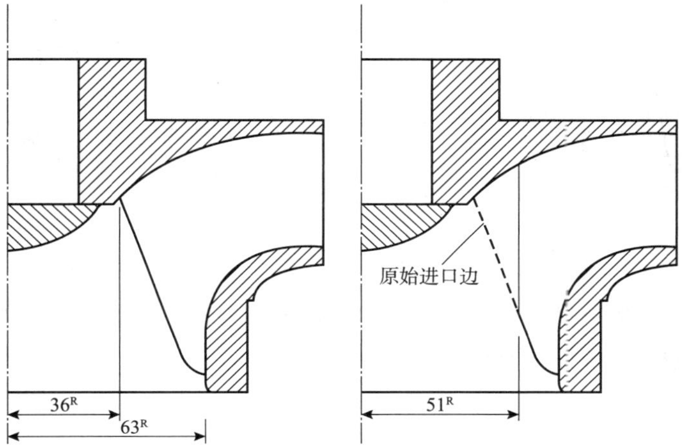

图 2－43　原始和机加工过的叶轮

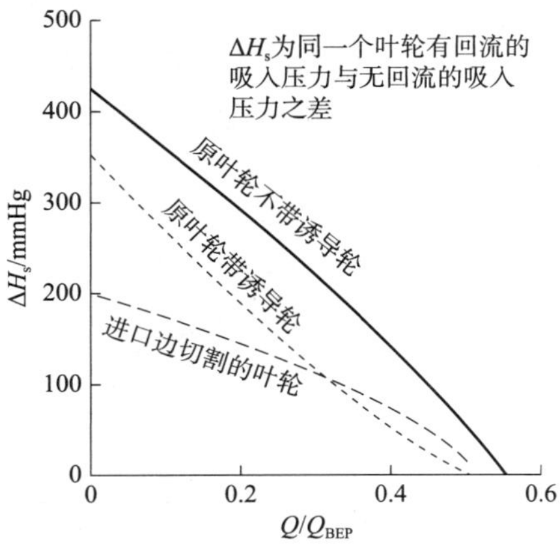

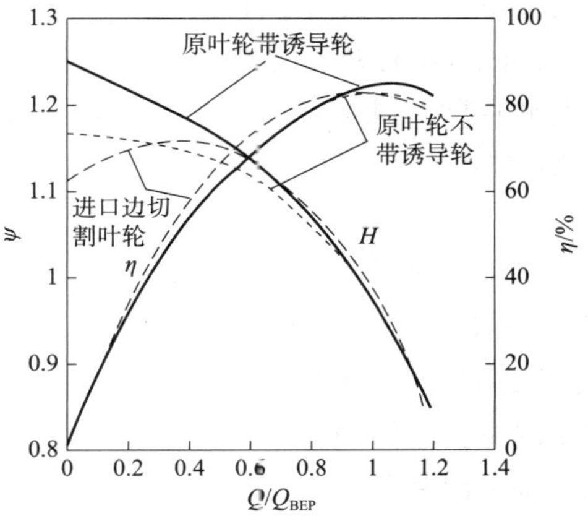

图 2－44　叶轮进口边形状对回流的影响　　**图 2－45　叶片进口改动对泵扬程和效率曲线的影响**

值得注意，为了比较诱导轮的回流强度，我们采用了下面的准则。正如前面提到的，当没有回流时，泵吸入管中最高绝对能头等于大气压加上或减去吸入罐液位相对于泵叶轮轴线的几何高程。对于前面的情况，这个几何高程是正的 500mm。每当测量的吸入管内液体能头超过这个值，我们承认回流发生了，并把它作为衡量回流强度的尺度。这种推断还用流动可视化方法加以验证。这时，在吸入管安装透明管段，并在泵入口上游管内壁拴上细线。根据这些细线与平行于吸入管轴线方向的偏离程度来判断回流的出现以及强度的增强。偏离程度的大小与吸入管压力升高值的增量多少一致性较好。

这不是一个孤立的例子。作者已经在上百个割裂的和无关联的实例中观察到了类似现象。

二、滞后和其他形式的不稳定性

式(2－44)表示，当泵流量增大使得轴向液体来流速度 C_0 超过某一界限时，回流就消失了。实际上，回流可能在两个流量下消失。

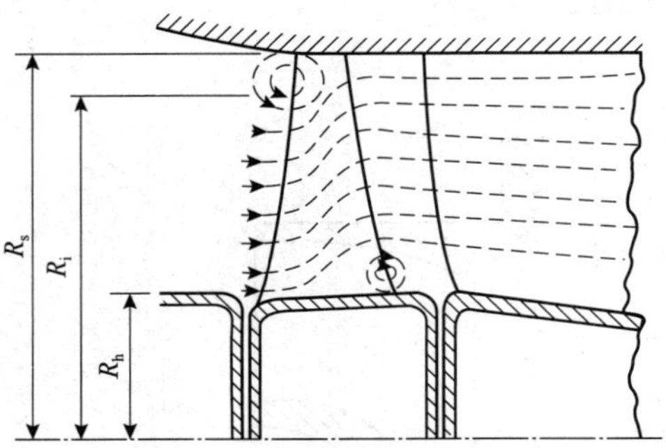

图2－46　轴流泵进口发生回流[23]

图2－46表示了当回流首先开始出现时，液体在吸入管入口处的流动状态[23]。如果从关死工况开始测量泵的性能，那么泵将肯定从有回流的状态下开始工作。当逐渐开启排出阀门时，泵流量慢慢增大直到某一流量 Q_0，这时来流速度已经足够大，使得回流消失。流量 Q_0 为

$$Q_0 = C_{ai}\pi(R_i^2 - R_h^2) \qquad (2-47)$$

现在，从开着的阀门开始，重复相同的性能试验。同样，假设液体流速降低到相同 C_{ai} 值时，回流出现。这时，回流出现时的流量等于

$$Q_1 = C_{ai}\pi(R_s^2 - R_h^2) \qquad (2-48)$$

由于 $R_s > R_i$，所以 $Q_1 > Q_0$。

还有重要一点要引起注意，像文献[8,16－18]指出的，回流总是使泵扬程升高。因此，阀门由关闭到逐渐打开开度时，回流最终在某个流量 Q_0 停止。这时扬程在该流量处突然下降。与此相反，当阀门由大的开度逐渐关小直到关闭时，扬程在流量 Q_1 处突然上升，见图2－47。

当然，实际情况很少有这么简单。回流的出现还受到其他因素的影响，如泵的几何形状、进口边位置[20]以及阀门开启和关闭的速度等。另外，R_s 和 R_i 之间的差别并没有图2－46所示的那么大。在绝大多数情况下，它们的差别相当小。因此 Q_0 和 Q_1 之间的差别并没有图2－47所示的那么大。很多时候，这种差异非常小，以至于测试显示只有很小的下沉（驼峰）[17]（图2－48）。很少有泵产生图2－47所示的扬程。作者只是在流道很宽、进口边平行于泵轴线的污水泵试验中观察到这种形状的扬程曲线。

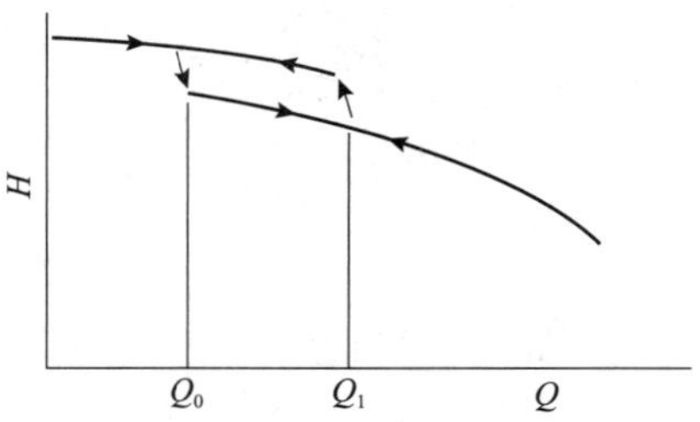

图2－47　入口回流引起的扬程曲线滞后

有时，由回流的出现和消失引起的不稳定不在扬程曲线表现出来，而是在泵的 *NPSHr*

曲线上出现突然跳越[19]，见图2－49。目前几乎不清楚回流如何使 *NPSHr* 曲线出现跳越。这好像与由有限叶片数引起的叶轮对周围流体的周期性作用的事实有关。偶然地，这种周期性频率与泵内其他周期现象产生了共振，导致了跳越。在第三章第九节中，将分析这种情况。

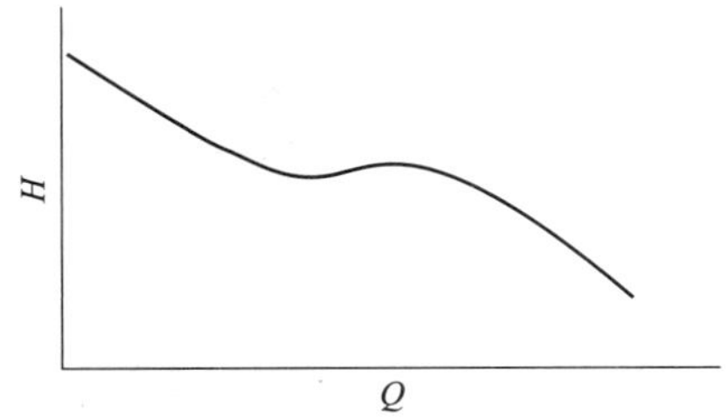

图2－48 入口回流引起的扬程曲线下沉

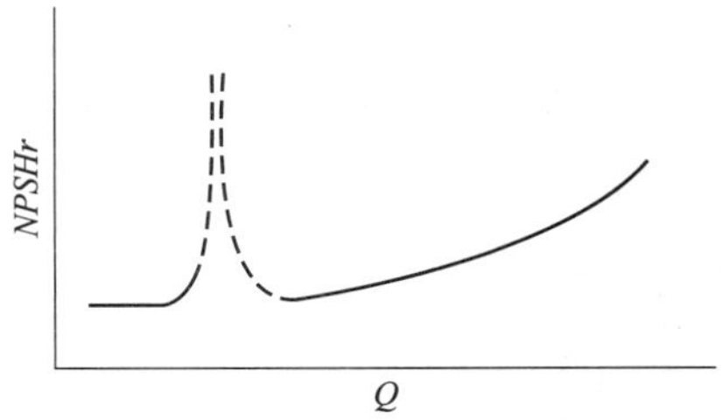

图2－49 入口回流引起的泵 *NPSHr* 曲线跳越

三、叶轮出口的回流

相对地，几乎不怎么了解叶轮出口处出现回流的原因和影响。但目前所掌握的会有助于解决一些须认真对待的问题。一般地，在叶轮出口处，下面几种回流可能是存在的：

(1)由叶轮出口到叶片中部的回流；

(2)由叶轮出口到叶轮进口的回流；

(3)由泵出口到叶轮出口的回流。

我们已经知道回流能提高叶轮产生的扬程，见图2－42。借助诱导轮增强回流来提高小流量工况泵的扬程。通过强迫一部分受过叶片作用已流到泵壳里的液体流回到叶轮，使之再一次受到叶片作用的办法也能产生类似效果。在实践中，这个办法通过在叶轮盖板上适当位置开孔(图2－50)或切去部分盖板(图2－51)来实现。

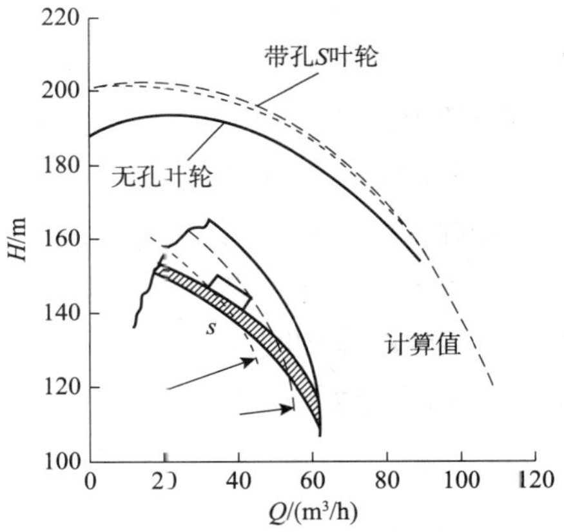

图2－50 盖板上开孔 *S* 对泵性能的影响

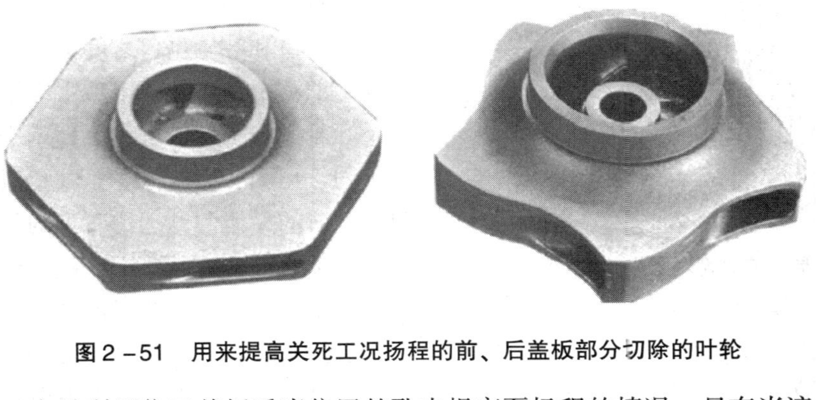

图2－51 用来提高关死工况扬程的前、后盖板部分切除的叶轮

图2－50表示利用位于盖板适当位置的孔来提高泵扬程的情况。只有当液体流回到能

接受额外能量的叶片之间的某一区域时，扬程才能提高。如果回流孔大小和位置选的不对，就有可能使回流的液体流到叶轮进口，全部损失掉第一次流过流道时已获得的能量。图 2－52 说明了这种情况。

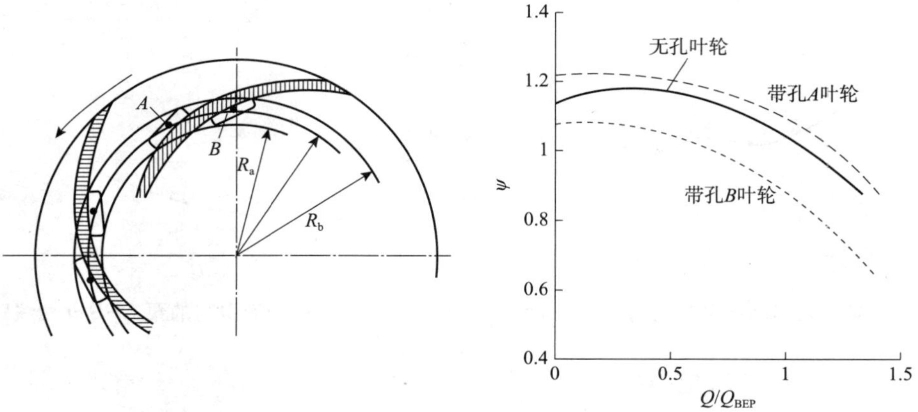

图 2－52　盖板上开孔位置对泵性能的影响

在半径 R_a 和 R_b 之间，在叶片工作面附近，已经开设了一系列孔 A。由图 2－52 可见，在所有流量下，泵扬程有大幅度的提高。随后，用环氧树脂将这些孔堵上，在 R_a 和 R_b 之间相同的半径处，在叶片背面附近开设同样尺寸的一系列孔 B。这时，在整个流量范围内，泵扬程大幅度下降。

在对式(2－26)的讨论中，可以找到扬程出现巨大差别的原因。业已表明，叶片背面的压力比工作面低。当回流的液体流回到某半径处的叶片工作面时，叶轮内的该处压力加上叶片产生的作用刚好抑制了液体流回到叶轮入口。于是，这部分液体受到叶片的第二次作用，从而导致泵扬程的提高。

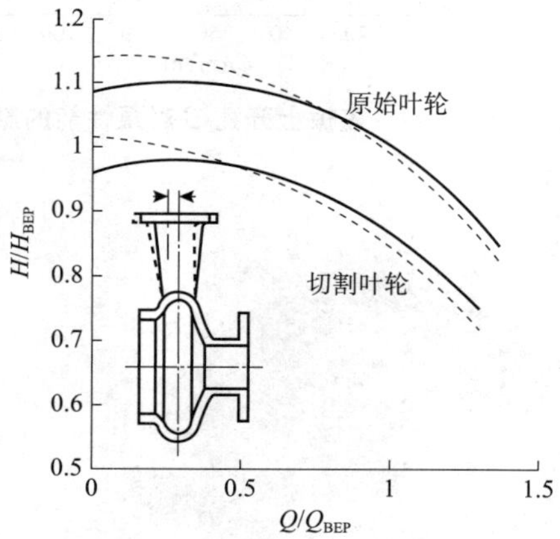

图 2－53　泵壳扩散管对泵性能的影响，Q_{BEP} 和 H_{BEP} 分别为原始叶轮下的泵最优工况流量和扬程

沿叶片背面压力明显较低，见图 2－15，因此回流的液体几乎没有遇到什么阻力就流到叶轮入口。在流向叶轮入口的过程中，液体将其第一次流过叶轮时获得的能量全部耗散掉。这就导致了泵扬程的大幅度下降。

泵出口和叶轮出口之间的回流通常与下垂形扬程曲线有关。文献[15]对两种泵壳分别配一个叶轮进行了性能试验，这两个泵壳仅扩散管不同，见图 2－53。这个试验似乎表明这个观点是对的，但问题远比看到的复杂。

文献[24]指出，泵关死工况扬程的大小经常由排出管路系统布置或液体被阻止流动的方式等因素决定。根据该文献的说法：“零流量工况扬程 H_0 取决于流动是如何被阻止的，如出口阀是否关闭，阀位于何处，在泵与出口阀之间何处测量排出压力。”像下面的例子说明的那样，作者自己的经验间接地证实了这些言论。

一台 2in 标准化生产的泵往往表现出下垂形的扬程曲线，见图 2－54。这台泵已经上市销售超过了 12 年，在许多场合下做过测试。然而，在许多其他场合，当叶轮直径进行大范围切割时，相同的泵却表现出稳定上升的扬程曲线（图 2－55）。

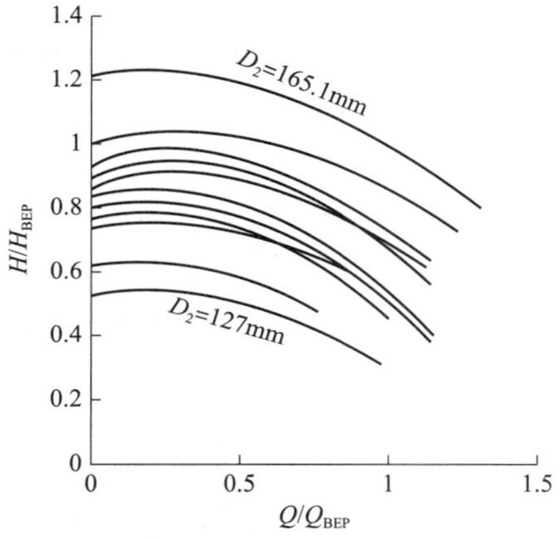

图 2－54　叶轮外径 10 次切割后的扬程试验结果，Q_{BEP} 和 H_{BEP} 分别为叶轮直径 D_2＝165.1mm 下的泵最优工况流量和扬程

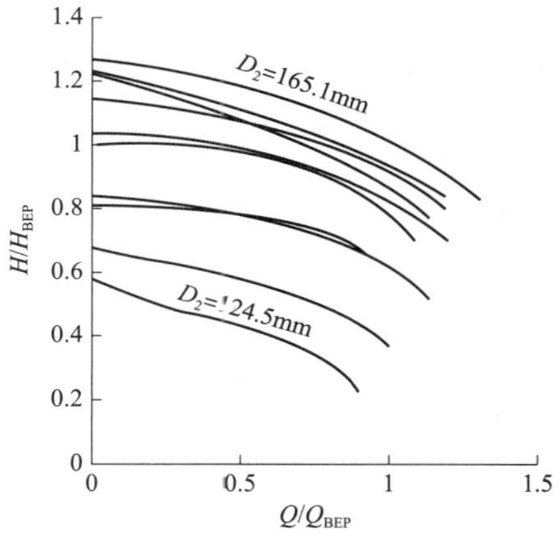

图 2－55　另一台泵的叶轮外径 9 次切割后的扬程试验结果，Q_{BEP} 和 H_{BEP} 分别为叶轮直径 D_2＝165.1mm 下的泵最优工况流量和扬程

曾经观察到某一台泵通常出现下垂的扬程曲线，而装有相同叶轮的另一台泵经常出现稳定上升的曲线。两台泵的蜗壳设计流量和扬程完全相同，但第一台泵的蜗壳基圆直径比第二台泵大约小 6%。希望能找到性能存在如此差别的原因，作者用有机玻璃制作蜗壳，并用闪频仪来观察蜗壳内的流动，结果令人相当失望。这两台泵每次停机和重新启动，蜗壳内的流动状态都不相同，而且每次重新启动的关死工况扬程也不相同。

更糟的是，这些现象好像是非定常的。每次泵在关死工况运行 5～10min，流态要改变几次。随着流态的改变，关死工况扬程也在变化。

尽管试验结果存在这些不一致性，但是可以得到下面的一般性流态。在有下垂的扬程曲线的蜗壳中和当其他蜗壳产生了下垂形扬程曲线时，关死工况的流态与图 2－56 类似。液体流到扩散管中一小段距离后，就返回到蜗壳和叶轮中。

稳步上升扬程曲线似乎与图 2－57 所示的流态有关。液体穿过扩散管后，又进入了排出管路。从排出管路液体流回到蜗壳，没有任何清晰迹象显示液体流回到叶轮。

图 2－56 和图 2－57 给出的流态示意草图可能寻找一个蜗壳通常产生稳步上升扬程曲线，而另一个蜗壳产生下垂形扬程曲线提供了一个线索。这些草图也或许持有解释文献[24]提出的现象的关键点。

图 2－56 揭示，由扩散管返回的液体从叶轮背面附近流入叶轮。在图 2－57 中，液体似乎从叶片工作面接近叶轮。这些观察是闪频仪照射得到的，所以不大可能观察到回流的真实本质，但是，回流似乎不是连续的，而是周期性的。

利用图 2－15 的关死工况叶片表面压力分布可以解释回流流态差别所包含的可能的物理意义。在如图 2－15 中，叶片工作面出口处的压力系数 C_p 远大于 0.8，而叶片背面出口处的 C_p 小于 0.65。假设液体微团离开叶轮时的压力系数为 0.8，当它从扩散管返回，接近叶轮时的压力系数为 0.7。如果这个微团从叶片工作面靠近叶轮，它将被叶轮推出来。与此同时，如果该微团从叶片背面附近返回到叶轮，那么微团将流入叶轮。因为沿着叶片背面向着叶轮进口压力是逐渐下降的，所以微团将连续加速流向叶轮中心。一旦液体开始向内运动，它就沿着叶片背面一直流到叶片进口边为止。在此过程中，它的能量几乎损失殆尽，转化为热量。因此，可以合理地认为该能量耗散过程降低泵扬程，并使扬程曲线出现下垂。图 2－52 的试验结果也间接支持上述解释。

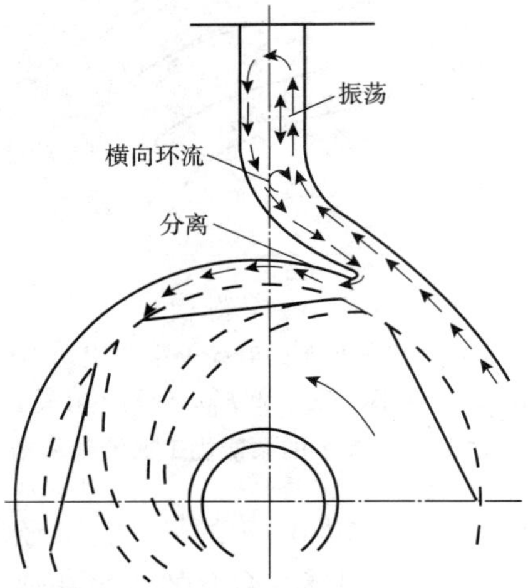

图 2－56　与下垂扬程曲线相关的流态

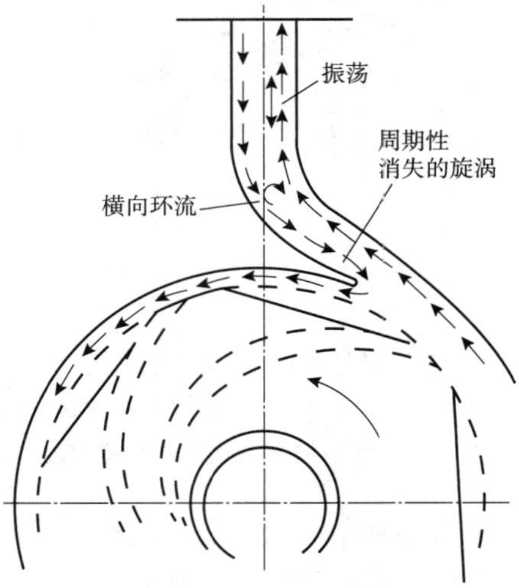

图 2－57　与稳步上升扬程曲线相关的流态

上面的假设解释了文献[24]发现的一些现象。在叶片出口边液体流回到叶轮的位置取决于液体被阀门完全切断时叶轮的位置。因此，完全切断液体的方式和时机决定关死工况扬程大小。

液体流回叶轮相对于叶片的位置还取决于回流的频率是否等于叶片相对于蜗壳隔舌的通过频率的倍数。这可以解释关死工况扬程的非定常性。

目前，没有试验数据将直接或间接肯定或否定上述假设。但是图 2－52 所给的试验结果间接地肯定了上述假设。这些数据明确地说明液体流回叶轮的圆周位置如何影响泵产生扬程的大小。

第七节　轴向力、径向力及其平衡

当液体受到叶轮作用时，它的能头增加到 H_2，该能头包括静压能头 H_{p2} 和速度头 $C_2^2/2g$，C_2 为叶轮出口处液体绝对速度。叶轮出口液体压力为 $p_2=\rho g H_{p2}$ 该压力作用于各个方向，其中包括泵壳与叶轮前、后盖板之间的空腔。但是，因为空腔中的液体是旋转的，所以作用在前、后盖板上的压力随半径的变化而变化。

为实用起见，可以假设空腔中液体的旋转角速度等于叶轮的 1/2，于是闭式叶轮前、后盖板上的压力分布可由下式表示

$$p = p_2 - \rho g \frac{U_2^2 - U^2}{8g} \qquad (2-49)$$

式中，U_2 为叶轮出口圆周速度；$U = \omega R$ 为任意半径处的叶轮圆周速度。图 2－58 表示闭式叶轮前、后盖板上的压力分布。

在叶轮的后盖板，液体压力作用面积从叶轮半径 R_2 一直扩展到泵轴半径 R_s 处。而在前盖板，压力作用面积只是扩展到口环半径 R_w 处，因此，在叶轮后盖板上存在未平衡掉的压力。这个是由作用于半径 R_w 与 R_s 之间的压力引起的力，其大小等于

$$T = 2\pi \int_{R_s}^{R_w} pR\mathrm{d}R \qquad (2-50)$$

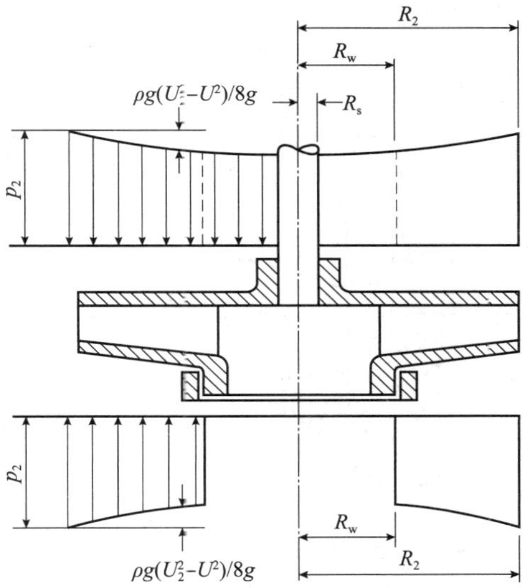

图 2－58　闭式叶轮前、后盖板上的压力分布

一、作用于半开式叶轮的轴向力

作用于半开式叶轮后盖板上的轴向力与闭式叶轮完全相同，见图 2－58。但是，在半开式叶轮中，这个力被一个很小的力抵消。在闭式叶轮中，作用于叶轮前、后盖板上轴向力在半径 R_2 到 R_w 范围内大小相等、方向相反。

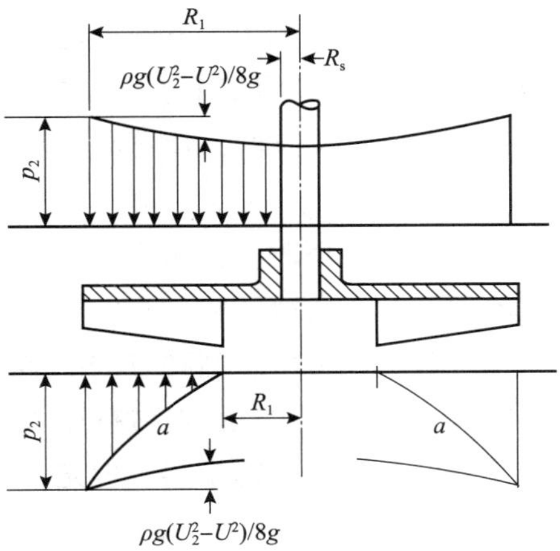

图 2－59　半开式叶轮前后盖板上的压力分布

在半开式叶轮，作用在叶轮前盖板上的轴向力直到半径 R_2 都处于不平衡状态。在叶轮后盖板上压力分布服从式（2－49）。在前盖板上，压力分布随图 2－59 的曲线 a 变化而变化。

该曲线形状很大程度上取决于叶轮流道结构。理论上，可以采用式（1－7）计算液体在叶轮内能头升高来决定曲线形状。实际上，某一半径处的流道内压力不是常数，而是沿两相邻叶片之间的圆弧而变化［比较式（1－10）］。因此，假设叶轮流道内压力随半径一次或二次方增加而增加似乎是更实际一些。作者尝试过这两种方法。虽然计算结果避免了轴承过载，但是都不能使轴向力完全得到平衡。在第六章第一节将给出一种可以更准确计算半开式叶轮轴向力的方法。

二、轴向力的平衡

补偿轴向力最直接的方法是让推力轴承承担轴向力。在绝大多数情况下，这也是最经济的方法。但是，在某些情况下，由于推力轴承需要较笨重的轴承支架等原因，故这种方法会提高泵造价。在另一些情况下，轴向力可以很大以至于只能采用特殊设计的轴承才能平衡。这就可能大幅度提高泵造价，从而失去产品竞争力。因此，经常采用其他方法来平

衡轴向力。

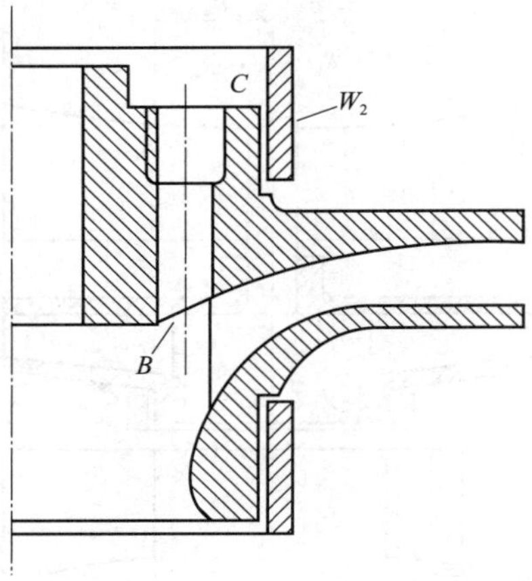

图 2-60 利用后口环 W_2 和平衡孔 B 平衡轴向力

1. 单级泵的轴向力平衡

平衡单级叶轮轴向力最常用的方法是在叶轮后盖板安装第二个口环 W_2，并用平衡孔 B 将口环内部空腔 C 与叶轮吸入口相连，见图 2-60。这个步骤是基于平衡孔 B 将使空腔 C 的压力等于叶轮吸入口压力的假设。因此，若 W_2 的直径等于前盖板上口环的直径，则轴向力就完全被平衡。

实际上，这个假设不完全正确。口环动、静面之间的不可避免的间隙让液体由口环的高压侧流到叶轮入口。在前盖板，流体直接流到吸入口。但在后盖板，液体先从口环高压侧流到空腔 C，然后由平衡孔 B 流到吸入口。由于液体通过平衡孔 B 时存在压力降，所以空腔 C 内的压力一定比叶轮吸入口高。然而，通过合理选择平衡孔尺寸和数量有可能使两者之间的压力差控制在可接受的范围内。

对于半开式叶轮，情况有所不同，该叶轮前、后盖板两侧的轴向力有显著差别。为了使轴向力得到补偿，口环半径 R_w 必须足够大，以便使半径 R_w 和 R_2 之间圆环上作用的轴向力与作用半径 R_1 和 R_2 之间的轴向力大小相等，方向相反，见图 2-61。但是，这样做引出了另一类问题。市场上销售的泵一般装有各种切割后的叶轮。如果半开式叶轮的口环是针对未切割叶轮的，那么当叶轮被切割后，将会产生很大的不平衡轴向力。例如，当叶轮直径切割到口环半径 R_w 时，轴向力方向可能沿叶轮吸入口的反方向，依赖于口环半径 R_w 之内空腔的残余压力大小和叶片之间压力分布。

可以采用一种方法避免上述现象发生。这种方法就是设计口环时，让未切割叶轮的轴向力不能完全得到平衡。这样口环的直径就小，为叶轮切割留有余地。

另一种平衡轴向力的方法是在叶轮后盖板安装背叶片（图 2-62）。这种方法在输送泥浆和磨损物料的泵中应用特别普遍[25,26]。这是因为背叶片还可以阻挡固体物料进入填料函。另外，对于半开式叶轮，背叶片容易使切割后的叶轮保持轴向力的平衡。但是，这种背叶片一般要增加泵的功率消耗，从而降低泵总效率。

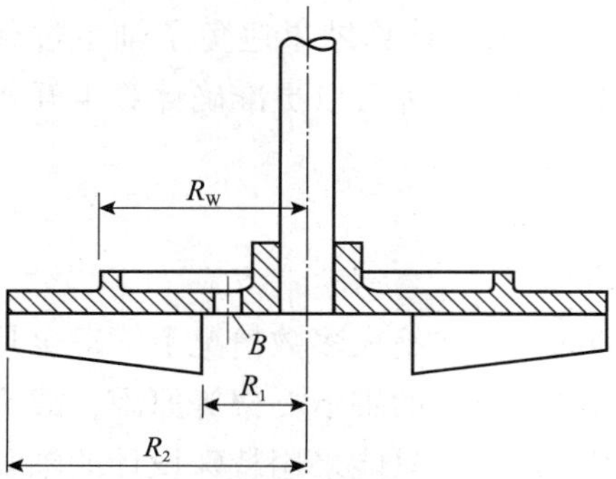

图 2-61 利用口环平衡半开式叶轮轴向力

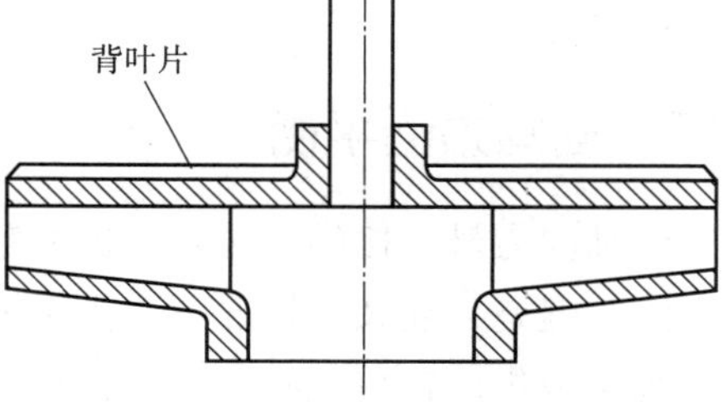

图 2-62 利用背叶片平衡半开式叶轮轴向力

最后，通过把叶轮设计成双吸式(图 1－16)可以避免单级叶轮产生轴向力。理论上，这种叶轮的轴向力是完全平衡的。但是，实际中，由于制造加工过程中的误差或吸入管路布置不当等，轴向力的平衡可能会受到严重破坏。

2. 多级泵的轴向力平衡

一种平衡轴向力的方法是在每个叶轮的后盖板都装上口环(图 1－18)。另一种方法是将叶轮沿相反方向安装，如图 2－63 所示。若叶轮数目为偶数，则这种布置能完全消除轴向力。但是，这种布置需要一级到下一级有复杂的流道。这样就增加了水力损失并使铸造工艺复杂化。当级数很多时，会明显提高生产成本。另一个缺点是该方法要求有正向和反向两种叶轮。它们外观一模一样，常常引起叶轮装配错误。反复装配，费时费力。

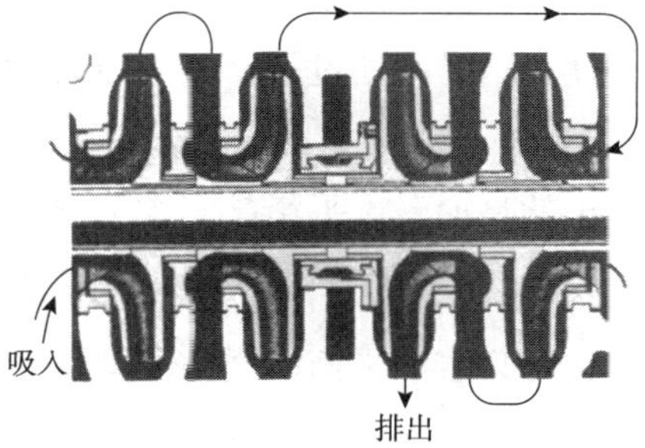

图 2－63　利用反向安装叶轮平衡轴向力

另一种平衡轴向力的方法是采用平衡鼓(图 2－64)或平衡盘(图 2－65)。在这种情况下，轴向力由一个鼓或盘承担。该零件的一侧承受泵的总压力，另一侧承受首级叶轮入口吸入压力。

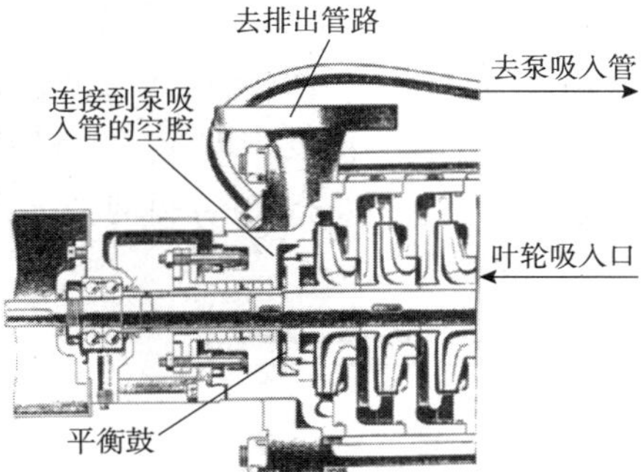

图 2－64　利用平衡鼓平衡轴向力

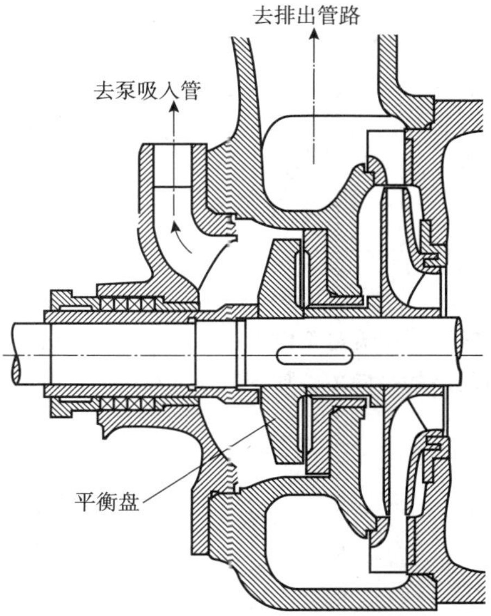

图 2－65　利用平衡盘平衡轴向力

3. 多口环与单一平衡装置的比较

给每个叶轮后盖板安装口环以后(图 1－18)，增加了泄漏损失。根据式(2－33)，通过口环的泄漏量可表示为

$$q_1 = KA\sqrt{2gH_d} \tag{2-51}$$

式中，K 为常数，其值取决于间隙长度与宽度之比等因素；A 为间隙的过流面积；H_d 为口环两侧压力能头之差。

因泄漏引起额外总的功率消耗等于一级泄漏功率消耗的 i 倍，即

$$\Delta P_1 = i\rho gHq_1 \tag{2-52}$$

式中，i 为泵级数；H 为泵单级扬程。

现在假设使用一个平衡鼓而不是后口环来平衡轴向力。平衡鼓的直径和间隙与口环完全一样。这时，通过平衡鼓间隙的泄漏量等于

$$q_2 = KA\sqrt{2giH_d} = q_1\sqrt{i} \tag{2-53}$$

也就是说，由平衡鼓间隙引起的额外功率损失等于 $\rho giHq_2$，或者

$$\Delta P_2 = \rho gq_2 iH = \rho gq_1 iH\sqrt{i} = i\rho gq_1 H\sqrt{i} = \Delta P_1\sqrt{i} \tag{2-54}$$

这意味着由平衡鼓间隙泄漏引起的功率损失比由后口环引起的功率损失大 $\sqrt{i}$ 倍。

但是，采用单个平衡鼓装置有某些优点。安装在泵一端的平衡鼓装置比安装每个叶轮上口环更容易拆装。在后一种情况下，为修理或甚至更换一个口环都必须将整个泵解体。显然，这会显著增加维护和修理成本。

三、径向力

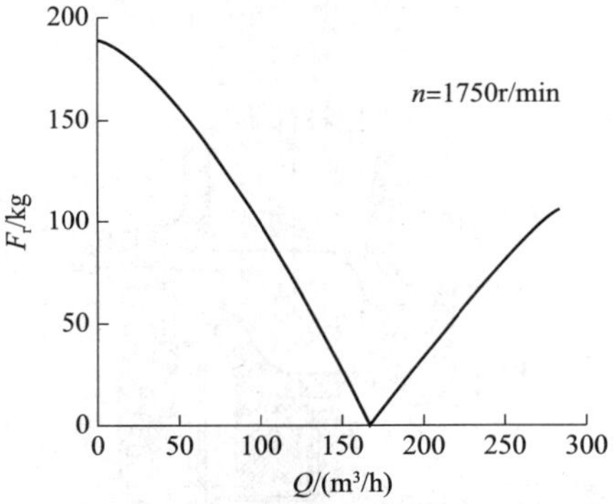

图 2-66　不同流量下作用在 6×4in 离心泵叶轮上的径向力，数据取自文献[33]

除轴向力以外，被输送液体还在垂直于泵轴线方向上作用于叶轮一个推力。当然，该推力的大小取决于泵尺寸和扬程。除此之外，泵壳体结构特点、被输送液体流量 Q 与设计流量 Q_d 之比等许多因素也影响其大小。

若泵壳体是一个普通蜗壳，则径向力在 $Q/Q_d=1$ 工况最小，然后随着与该工况的偏离程度加大而增加，见图 2-66。在下流量工况（$Q/Q_d<1$），径向力方向一般位于隔舌下游 30°~100°范围内某个角度，即图 2-67 中箭头处。在大流量工况（$Q/Q_d>1$），径向力方向通常与小流量工况的相反。

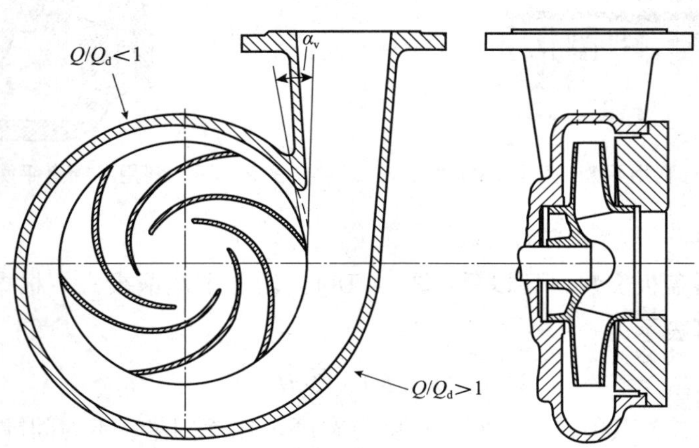

图 2-67　文献[26]中试验用、几何尺寸未修改的蜗壳，α_v 是蜗壳形线与叶轮圆周的夹角

实际上，离心泵很少在设计工况下工作。在这种情况下，从图 2－66 可知，在关死工况，径向力最大。正像前面提到的，径向力大小能随蜗壳几何形状发生显著变化。因此，为了定性研究各个设计参数对径向力的影响，泵工业中，一致把径向力同叶轮出口投影面积 B_2D_2 和关死工况扬程 H_0 相关联（图 2－68）。在美国，最被广泛接受的径向力计算公式为

$$F_{r0}=\frac{K\rho gB_2D_2H_0}{132969.3} \tag{2-55}$$

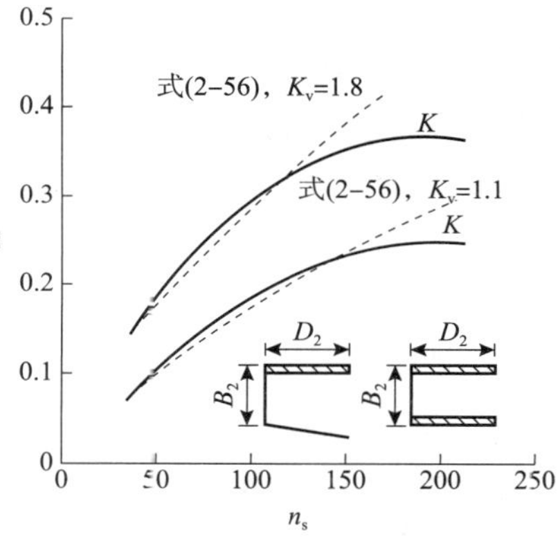

图 2－68 美国水力学会 1965 年推荐的 K 值与式（2－56）的 K 值对比

式中，F_{r0} 为关死工况总径向力，kg；B_2 为叶轮总出口宽度，mm（图 2－68）；D_2 为叶轮直径，mm；K 为具体结构相关的系数（图 2－68）；H_0 为关死工况扬程，m；ρ 为液体密度；g 为重力加速度，m/s^2。

1. 蜗壳几何形状对径向力的影响

经验表明，系数 K 的大小随比转速而增大。换句话，该系数随比值 $\sqrt{Q}/H^{3/4}$ 而增加。该比值增大对普通蜗壳几何形状的影响是蜗壳螺旋角 α_v 的增加（图 2－67）。系数 K 可表示为

$$K=K_v\sin\alpha_v \tag{2-56}$$

式中，K 为系数，其大小依赖于泵几何特征。

文献[27]已经给出了 α_v 随比转速 n_s 的变化曲线。根据该曲线，由式（2－56）计算出 K 并与美国水力学会 1965 年发表的试验数据画在一起。由图 2－68 所示，一直到比转速等于 140，两者都一直吻合良好。但是，径向力受许多几何参数的影响，图 2－68 仅作为粗略的估算。

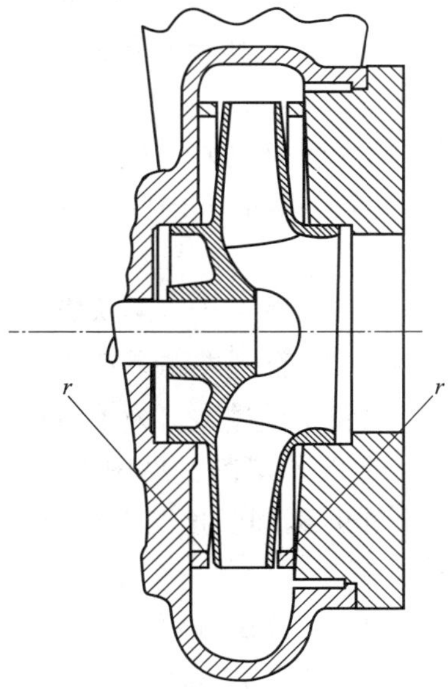

图 2－69 轴向间隙减小的壳体

文献[28]所做的试验很好地说明了蜗壳几何参数对径向力的影响。测量完作用于普通蜗壳内叶轮上的径向力以后，在蜗壳内侧再安装两个圆环 r 以减小叶轮两侧的间隙（图2－69）。后续的测量表明，间隙的减小使径向力增大 3～4 倍。最后，将蜗壳隔舌延长以减小隔舌与叶轮之间的间隙（图 2－70），这时径向力增大 10 倍以上。这些测试表明，通过增大隔舌与叶轮之间的间隙有可能减小径向力。

从文献[29]所做关于蜗壳几何形状与径向间隙对径向力影响的试验可以得到许多启示。在给定叶轮和转速条件下，测量了 4 个不同形状蜗壳产生的径向力。其中一个是普通蜗壳，其余 3 个是同心环形蜗壳。环形蜗壳宽度与普通蜗壳相同，但环形蜗壳直径 D_c 叶轮

直径 D_2 的比值不同。

图2－71给出了这些试验结果。首先，肯定了从式(2－56)得出的结论，即同心蜗壳(蜗壳螺旋角 $\alpha_v=0$)产生的径向力比普通蜗壳小。其次，揭示了叶轮与蜗壳径向距离对径向力的影响。

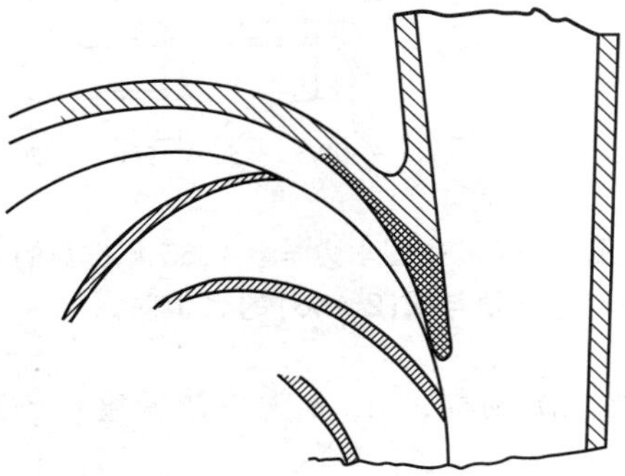

图2－70　径向间隙减小的壳体

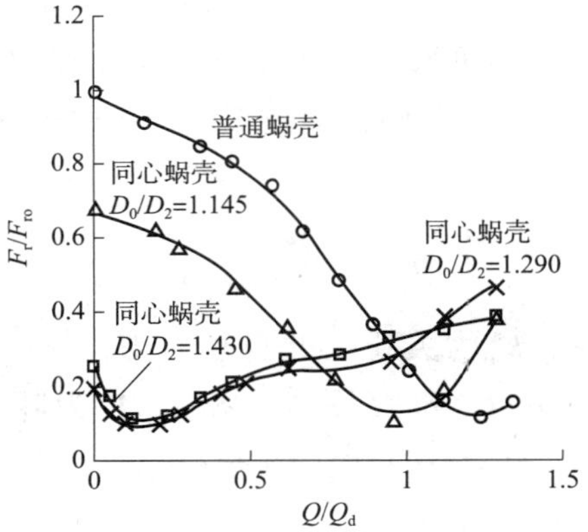

图2－71　一个叶轮在4个不同壳体内的测量的径向力，F_{r0} 为普通蜗壳关死工况扬程，$n_s=63$，数据取自文献[29]

当 $D_c/D_2=1.145$ 时，关死工况的径向力大约为普通蜗壳的68%。但是径向力随流量的变化趋势与普通蜗壳没有多大差别。

当 $D_c/D_2=1.290$ 时，关死工况的径向力大约为普通蜗壳的25%。而且，径向力随流量的变化曲线与普通蜗壳或 $D_c/D_2=1.145$ 的同心蜗壳完全不同。当 $D_c/D_2=1.430$ 时，径向力大小和分布形状有稍许变化。由于特别熟悉这些试验所用的设备及其标定方法，作者有理由相信后两个蜗壳的径向力差别可能是由测试不准确造成的。

图2－72　为减小径向力而重新车削的蜗壳

从这3个同心蜗壳的径向力试验结果可得出这样的结论，即叶轮与蜗壳径向间隙在一定范围内能影响径向力。

最后，给出另外一个蜗壳几何形状影响径向力的例子。试验指出，新开发的泵产生的径向力对于轴承支架来说显得过大。为了减小径向力，对蜗壳重新进行了车削，见图2－72。车削使得隔舌附近20%圆周长度与叶轮同心，结果径向力减小60%。

2. 减小径向力的其他方法

减小径向力的另一种常见方法是把蜗壳分成两个小蜗壳，它们的隔舌相距180°。每个蜗壳按泵输送流量的一半设计，蜗壳出口在扩散管内部某处汇合或一直延伸到扩散管出口。这种蜗壳被称为双蜗壳。

从理论上说，双蜗壳应该在各个流量都能使径向力得到平衡。然而，设计人员无法避免两个蜗壳在形状和扩散管长度上出现差别。因此，双蜗壳残余径向力为普通单蜗壳的10% ~20% 。

第八节 影响泵性能的次要因素

一、出现下垂扬程曲线的原因

目前，已知出现下垂扬程曲线的原因有两个。第一个是叶轮出口的回流。结合图2 –56和图2 –57，在本章第六节中对这个原因进行了讨论，图2 –54 和图2 –55 给出支持这个论断的试验数据。第二个原因是当叶轮扬程系数较高时离心泵的水力损失。

图2 –73 表示一条典型泵效率曲线。如果没有能量损失，泵效率将是100%，图中的直线 $A-B$。但是，由于各种损失的综合影响(图中的细的垂直线)，就假设效率曲线为图2 –73 表示的那样。

效率曲线上表示的总损失包括机械损失，如轴承和填料函中的摩擦损失；泄漏损失、圆盘摩擦损失和泵流动阻力引起的能头损失。在这些损失之中，只有能头损失受流量的显著影响。因此，图2 –73 中所示的效率曲线形状表明能头随流量按类似于图2 –74 所示的曲线变化。利用这条曲线，我们现在知道高扬程系数(理论扬程曲线平坦)如何能够产生下垂扬程曲线。

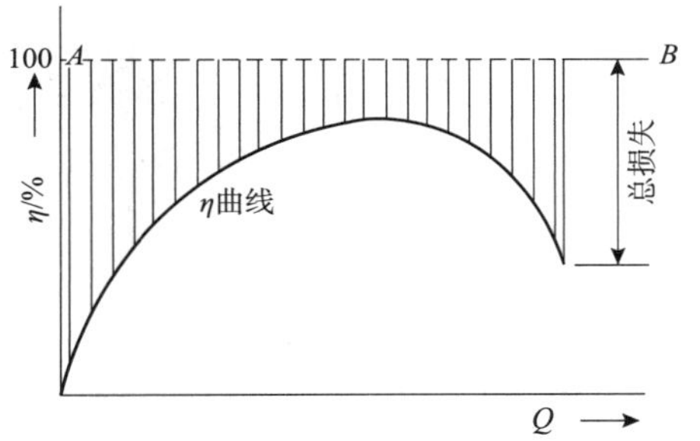

图2 –73 总的损失和效率曲线

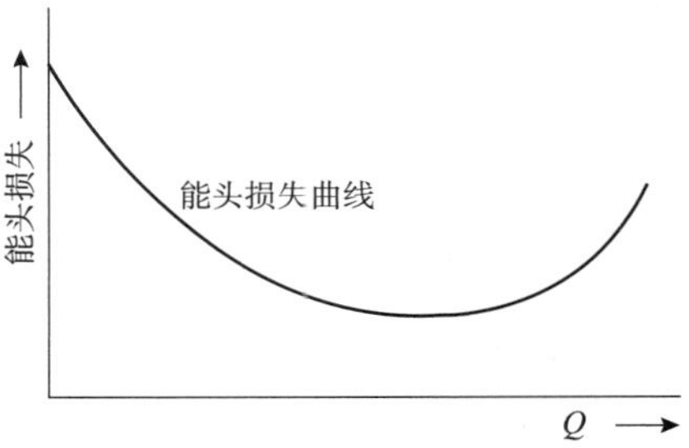

图2 –74 能头损失随流量的变化

现在考虑两个转速、设计流量和叶轮直径完全相同的叶轮。但是，在设计流量 Q_d，一个高扬程系数叶轮产生的理论扬程为 H_{d1}(图2 –75)，另一低扬程系数(理论扬程曲线陡降)叶轮产生的理论扬程为 H_{d2}(图2 –76)。

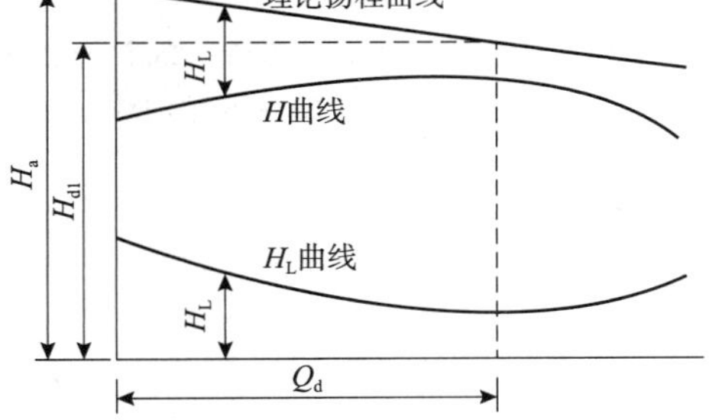

图2 –75 能头损失 H_L 对设计的高扬程系数(理论扬程曲线平坦)离心泵的影响

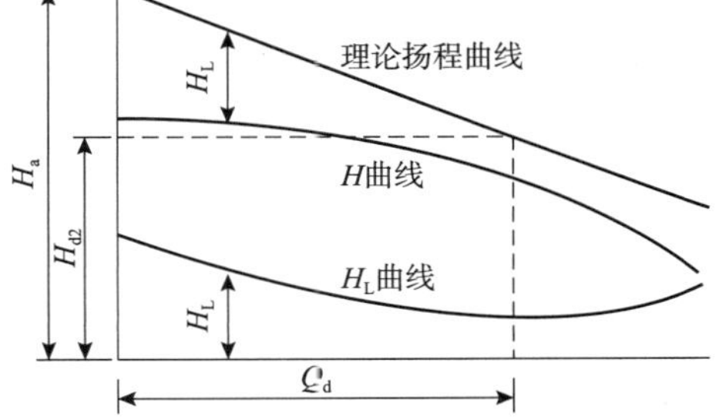

图2 –76 能头损失 H_L 对设计的低扬程系数(理论扬程曲线陡降)离心泵的影响

为了便于解释，假设理论扬程为直线。这是基于已经过时的理论，即叶片出口角是确定扬程的主要参数。这个问题将在第六章第一节进行详细的讨论。另外，还假设两个叶轮任意流量下的能头损失完全相同。如果从理论扬程曲线减去能头损失，就会得到下面两种扬程曲线。高扬程系数叶轮产生下垂的扬程曲线，而低扬程系数叶轮更有可能产生稳步上升的扬程曲线，但这并不保证总产生这样的曲线。在对图 2-54 和图 2-55 的相关讨论中，我们知道其他因素也可能导致下垂曲线。另外，低扬程系数泵的尺寸较大，较笨重，因占地面积较多而成本较高。同时，低扬程系数泵往往因圆盘摩擦损失过大而效率较低。

二、扬程曲线下沉的原因

本章第六节中已经讨论了引起扬程曲线下沉的原因（图 2-48）。现在讨论第二种情况。当叶片出口边不平行于泵轴线时，泵的扬程曲线一般出现下沉。图 2-77 简要画出了这样一个叶轮。可以把叶轮看作由无数个宽度为 Δb 子叶轮组成，这些子叶轮并行工作。

设计这样叶轮的方法很多。其中最普遍的做法是在设计流量 Q_d 下，所有子叶轮产生的相同的扬程 H_d（图 2-78）。由于子叶轮直径不同，所以每个子叶轮的扬程曲线也互不相同，这些曲线相交于流量为 Q_d 的 I 点。

出口直径大的子叶轮 A 的扬程系数低，产生稳步上升的扬程曲线，即图 2-78 的 $A-I-A$曲线。但是，出口直径小的子叶轮 B 的扬程系数高，产生下垂的扬程曲线，即图 2-78 中的曲线 $B-I-B$。

当两个子叶轮并行工作时，它们产生的总的扬程曲线为 $A-I-C$。在该曲线上，任意一扬程下的流量等于相同扬程下通过这两个子叶轮流量之和。图 2-78 所示的扬程曲线下沉出现在设计流量 Q_d 附近。

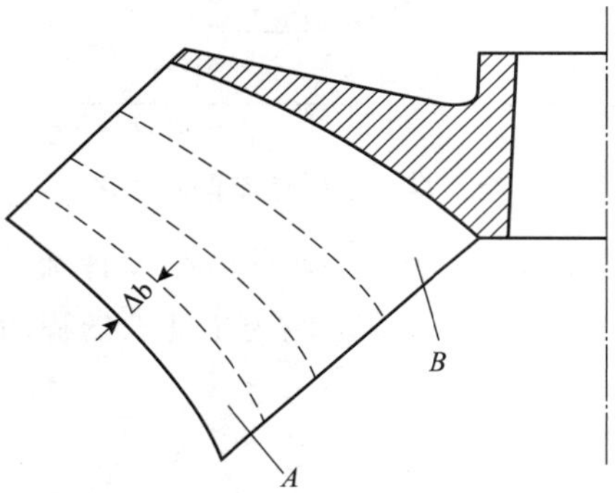

图 2-77　宽度为 Δb 的子叶轮

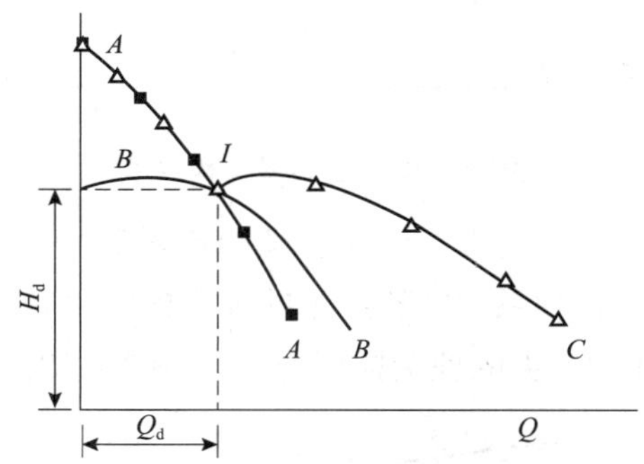

图2-78　按相同扬程和流量设计的并行工作的两个子叶轮产生的总扬程曲线

第三章　离心泵遇到的问题

泵输送系统的布置型式、泵输送机组制造、安装、测试和维护的执行人员的资格影响泵的运行。本章概述一些可为和可不为的事情，讨论实践中碰到的种类繁多的问题。最后，给出过去我曾碰到几个特别困难的事故案例。

第一节　测试

第二章讨论了离心泵性能曲线以及它们在为某一具体工况选择合适的泵方面的重要性。这些性能曲线通常是在泵的研制阶段由泵制造厂通过测试得到的。对于泵用户有实际意义的是这些测试必须准确无误。

另外，常常需要在安装现场对泵进行测试，以便确定它们是否真正地满足了预定的工况条件。现场测试结果与规定的泵性能曲线偏离过大通常反映了泵本身或管路或两者都存在问题。寻找这些问题的根源和解决办法往往是费时、费力的。

错误的测试可能报告了实际不存在的问题，或者把寻求解决问题的方法引向错误的方向。为了使现有的离心泵适应新的或变化了的工况条件，需要对其进行修改的情形可能是存在的。错误的测试可能显示采取的修改是妥当的，而实际上，这些修改是错误的；或者测试结果表明修改是不妥的，但是实际是正确的。这些只是证明遵循正确测试程序重要性的几个例子。

理论上，我们能区分两类问题：

(1)与泵水力性能相关的问题，例如：额定的与测量的性能曲线的差别、高于额定的*NPSHr*、高于额定的轴功率(即较低的额定效率)。

(2)与机械属性相关的问题，如：运行中出现噪声或振动、泵的轴承或其他零件过热、许多泵零件频繁损坏。

实际上，所有这些现象本质上是孪生的，往往不能辨别这两类问题。有时一个机械故障会引起链式反应。例如，固体物堵塞泵叶轮的一个流道会导致泵与电动机不对中、管道在泵壳体施加应力或转子部件出现不平衡。在每种情况下，机组振动和动、静部件之间的摩擦经常是联系在一起的。摩擦可能扩大口环间隙，引起泄漏损失的增加。摩擦还会引起轴功率增大，使泵效率下降更多。另外，输送介质导致的过流部件磨损会引起空化。

振动还会使泵机组与地基之间、泵不同零件之间的联接螺栓松动，从而引起不同零件的不对中，产生其他扰动。

引起泵零件发热的因素也会产生类似的链式反应。这些因素包括轴承安装不当、轴承润滑不充分、填料函或机械密封太紧、填料函或机械密封的润滑剂不足或冷却不充分、填料或机械密封型号不对、轴承中的润滑脂太多、润滑剂型号不对。

这些因素可能引起泵某些零件出现过热，也有可能使润滑剂失效，导致更高的过热，直至不同零件抱死和烧焦。在绝大多数情况下，过热零件的寿命将缩短。

某些泵零件的过热也会导致不均匀膨胀。这可能使不同零件之间失去对中性，引起振动，零件的不均匀磨损等后果。由安装、装配和机加工不当引起故障繁多，无法完整列出。通常，只有深入掌握和理解影响泵性能的因素，才能有助于解决具体问题。更糟的是，可能猜想一台泵运行状态不理想，但实际上，这台泵性能没有任何问题。此类情况比想象的更为普遍。在种这场合中，是泵测试中存在的问题导致的结果。

一、测试与测试过程

几个官方或半官方组织，如美国水力学会，发布的标准规定了离心泵测试方法。但是这些标准都不能保证测试将正确进行。影响测试结果的因素太多，这些标准无法囊括它们。虽然不同组织发布的测试标准相互有些不同，但是所有测试标准都基于某些共同的原则。

测试时，要同时记录泵的轴功率，以便画出图 1 -6 所示的轴功率曲线。用轴功率除传递给液体的功率就得到某一流量下的泵效率。

单位时间所做的功定义为功率。根据该定义，1hp(美国单位制)的功率等价于在 1s 内将 550lb 质量的物体提高 1ft 高度或 110lb 的物体提高 5ft，等等。在米制单位中，1hp(米制)等于在 1s 内把 75kg 质量的物体提高 1m。据此，得到计算泵效率的公式(美国单位制)

$$\eta = \frac{\rho g Q H}{3966P} \times 100\% \tag{3-1}$$

式中，Q 为流量，gal/min；H 为扬程，ft；ρ 为液体密度，磅/立方英尺；P 为轴功率，马力。

当采用米制单位时，泵效率有下式给出

$$\eta = \frac{\rho g Q H}{P} \times 100\% \tag{3-2}$$

式中，Q 的单位为 m^3/s；H 的单位为 m；ρ 的单位为 kg/m^3；P 的单位为 W。

二、错误测试的后果

错误测试的坏处可能比好处多。它可能错误地指示泵的性能不合格。这常常导致花费大量的人力和财力去寻找实际不存在的问题的根源。假使泵存在一些问题，但是错误测试可能使真实原因表现不明显，这又将浪费时间和金钱。

一般地，泵作为系统的一部分而工作。泵水力性能方面的问题是通过显示整个泵系统有问题来表现的。但是，反过来，就不对。泵系统故障并不总是意味着泵本身的故障。故障的根源可能在系统的其他部分。

确定一台泵是否是故障根源的最直接方法是对它进行测试。但是，只有正确地进行了测试，测试才有实际意义。错误的测试不可避免地引出错误的结论，而错误的结论经常导致大量时间和金钱的浪费。

虽然不同组织颁布的泵测试标准有所不同，但是这些标准都是基于某些通用原则。首先，应该采用可靠和准确的仪器进行所有测量。为保证测量精度，对这些仪器每隔一段时间就要检查和标定。例如，一些测试标准要求每次测量前、后都要检查弹簧压力计的精度。

不过，仍旧可能出现问题。能够分析测试和决定采用其他测试程序来保证测试的可靠性是重要的。

三、轴功率的测量

轴功率是泵本身消耗的功率。对于与电动机直联的泵，泵轴功率等于电动机的输出功率。该输出功率等于电动机的输入功率乘以电动机效率。因此，为了可靠起见，只有标定过的电动机才能用于测试中。若电动机没有标定过，则经常使用电机制造厂的同型号电动机的效率曲线。在这种情况下，轴功率测量精度不会超过3%。

更有甚者，即使标定的电动机也不总是可靠的。不同的测试标准规定了不同的标定方法。虽然其中的某些标定方法能得到一致的测量结果，但是有例外的情况。相同的电动机，采用不同测试标准标定产生的效率误差高达3%[30]。

在皮带传动中，必须将皮带打滑和连续弯曲引起的功率损失从原动机输出功率中扣除。一般假设皮带弯曲损失占总功率的0.25%～0.5%。

为了计算皮带打滑引起的功率损失，首先要测量出主动皮带轮的工作转速。然后，计算从动皮带轮的理论转速。该转速等于主动皮带轮转速乘以主动皮带轮有效半径与从动皮带轮有效半径之比。对于平皮带，有效半径等于皮带轮半径加上皮带厚度的一半。对于三角皮带，根据皮带制造厂给出的方法计算有效半径。现在，测量从动皮带轮的实际工作转速。由于皮带打滑，这个转速将比计算的理论值低。最后，从从动皮带轮理论转速中减去实际转速。因打滑引起的功率损失百分比等于转速损失百分比。

测定皮带打滑的大小对避免皮带驱动的某些故障也是有益的。为了使皮带能够传递功率，必须给皮带进行预张紧。通常，采用特殊张紧轮来张紧皮带。也可以在带孔的导轨上安装驱动装置，然后在某位置固定，以确保皮带被适当张紧。

一旦张紧过量，可能产生两个后果。一是使轴承负荷过大，从而降低轴承寿命。二是导致原动机、泵或两者的轴发生弯曲。这可能会引发一整个系列问题。

另一方面，皮带过松将引起皮带抖动。抖动过大的皮带不但引起过大功率损失，而且也很容易因严重磨损和过热而断裂。

在正常张紧条件下，平皮带的打滑率应该大约为3%，而三角皮带应该约等于1%。与这些数据相偏离就表明皮带张紧不妥。

在长筒深井泵中，一般要把长轴消耗的功率从电动机输出功率中扣除。电动机推力轴承所消耗的功率也要从该功率中扣除。这些计算要利用泵制造厂提供的轴向推力数据以及电机厂提供的功率消耗数据。对于带有齿轮泵头的皮带传动深井泵，齿轮箱和皮带的功率损失也要从原动机输出功率中扣除。

所有这些方法都包含有一定误差，而且主要用于泵现场测试。只有与标定过的电动机直联的泵才保证有一定的精度，适用于认证的现场测试。然而，错误也有可能发生。最常见的错误是功率表触头不洁，一条或多条导线不能与功率表紧密连接，功率表与主电缆之间存在断路以及功率表与动力线连接错误。

由于功率表可能存在这些故障，所以有时在泵和原动机之间安装扭矩仪以取代功率表。另外，有时也采用与泵直联的测功机测量轴功率。

实际上，测量机是一台安装在滚珠轴承上的电动机。在电流产生的扭矩作用下，电动机的外壳可以自由转动。利用连接到电动机定子外壳的杠杆、悬挂在杠杆上的钢丝和加载重物组成的系统来防止电动机外壳转动。为了使定子处于静止状态，所配重物产生的扭矩必须与电流产生的扭矩大小相等，方向相反。

扭矩大小等于重物重力乘以重物悬挂点到电动机轴线的距离。该扭矩与电动机转速之积就是输入到泵轴上的功率。

测功机是测量轴功率最可靠的方法。但是，不准确的测量仍有发生。最常见的原因有：支承电动机外壳的轴承不洁或润滑不当，轴承对中不佳或损坏，杠杆支点弯曲，供电导线重量引起的附加扭矩以及阻止电动机外壳自由转动的导线刚度。

四、流量测量

最准确、可靠的流量测量的方法是瞬间将排出管内流动的液体引导到已知容积的容器中。在给定时间内，让液体流入到了容器内，然后瞬间将流动引导到旁通管路。液体产生的波动消失后，计算容器内液体的容积。容积除以液体流入容器的时间就是流量。

为了获得准确结果，必须采用大的容器，否则引导流动转向所需的时间可能使测量产生很大误差。然而，大的容器是昂贵的，且受空间限制。因此，经常采用流量计测量流量。市场上有几种流量计出售。

流量计应该安装在能够保证通过流量计的流动速度为均匀分布的位置。这就要求在流量计前、后有确定的最短直管段长度。在任何一个有效的测试标准中，通常规定了最短直管段长度和流量计标定时间间隔。

这些预防措施并不能消除错误的测量流量的出现。最常见的原因是固体物流入流量计，堵塞流动。另一个循环管路中特别常见的原因是流量计内部的空化。

当采用文丘里和孔板测量流量时，必须采取预防措施。在这种情况下，流量通常是利用差压计来间接测量流量的。要求特别关注流量计到差压计的测压管路。管路的松动和泄漏将导致错误的结果。

类似地，当流量计安装在吸入管路时，压力将低于大气压，测压管路应充满空气。在测试过程中，也不应该有液体进入测压管路。

最后，测压管路中的污垢和管路堵塞经常使读数发生错误。测量特别大的流量时会碰到特殊问题。绝大多数测量大流量的仪器设计是基于下面事实，即通过某给定面积的液体流量正比于液体速度。特别大的流量往往意味着过流面积很大，在这样大的断面面积上，流速不可能是均匀的。因此，大流量测量准确度很少有高于3%～5%。

五、扬程测量

或许最弱的测量是离心泵扬程的测量。通常不能直接测量扬程，而必须采用间接的方法。泵产生的总扬程等于完成以下事项所要求的能头：克服吸入和排出管路中的阻力损失，克服作用泵吸入口和排出口上的压力差，克服静止的高程差和补偿速度头之差。

为了考虑吸入管的阻力，通常在泵吸入口上游短距离处测量吸入压力。但是，为了准确起见，在测压处，液体流动必须是均匀的。往往只有在安装长的等直径直管或带有整流器的短直管的情况下才能获得均匀流动。

尽管那样，流入吸入管的空气和产生在吸入管中心的低压区也能影响测量结果。每当吸入罐布置不当或吸入管上有几个连续安装的肘管或弯头时，就可能出现低压区。虽然吸入罐和吸入管路布置妥当，但是也只有当流量接近泵设计流量时，压力测量才是正确的。

在特别小的流量工况，已经流入叶轮的液体与在吸入管中流向叶轮的液体存在相互作用(见第二章第六节)。已经受到叶轮作用的一部分液体流回到吸入管。在吸入管中，该部分液体与来流混合，并将已经获得的能量传递给来流。这种能量交换使来流旋转起来，增加吸入管内周围的液体总能量。因此，吸入管中测量的压力将比实际值高。

泵的总扬程定义为叶轮传递给液体的总的有用能量。当没有预旋时，总扬程等于在泵排出口测得的总能头减去在吸入口测得的总能头。然而，当预旋存在时，叶轮也把有用能量传递给上游液体。

因为当液体还在吸入管内的时候，就已经获得了一定的能量，所以吸入管的压力将等于实际吸入压力加上由叶轮产生的上游能量增加而引起的压力。在这种情况下，在吸入管内测量的压力等价于在泵本身内测量的压力。

测量有预旋真实吸入压力的唯一正确方法是在吸入罐中无旋涡和过大流速的液体表面测量压力，然后减去或加上该表面与泵中心线的高程差。当流量不等于零时，还应减去速度头和管路摩擦损失。速度头是可算的，根据大流量无预旋时的摩擦损失插值算出摩擦损失。但是，由于在发生预旋的流量下，速度头和摩擦损失一般都比较小，所以它们往往被忽略。

另一个在预旋存在的条件下测量吸入压力的方法是依据无预旋时的吸入管水力损失随流量平方成正比的物理事实。如果画出吸入管能头与流量平方的关系曲线，就得到图 3－1 所示的直线 *AB*。当不存在预旋时，该直线一直可以延伸到关死工况点 *C*。但是，由于受预旋的影响，关死工况压力计读数较高(见图 2－41)，而得到曲线 *BD*。当流量低于点 *B* 处的流量时，假设实际吸入压力沿直线 *BC* 变化，而不是曲线 *BD*。由于没有考虑吸入管中液体旋转引起的摩擦损失，所以该方法也有一定误差。

也无法避免排出管压力读数出现误差。虽然排出管管道布置和其他缺陷并不常见，但是它们可能也影响到排出管压力读数。排出管管道布置及安装情况可能以无法预知的方式影响压力读数。由于这些情况随机发生，所以影响情况复杂。在若干情况下，小的垫片缩入到排出管法兰 *A* 内时，最多可以使出口压力读数降低 18.3m(图 3－2)。但是，在其他情况，尽管缩入管内更多，但是丝毫不影响压力读数。

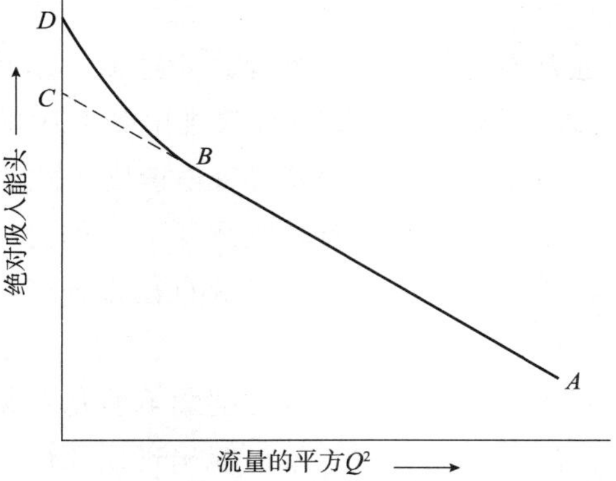

图3－1　回流对吸入压力读数的影响

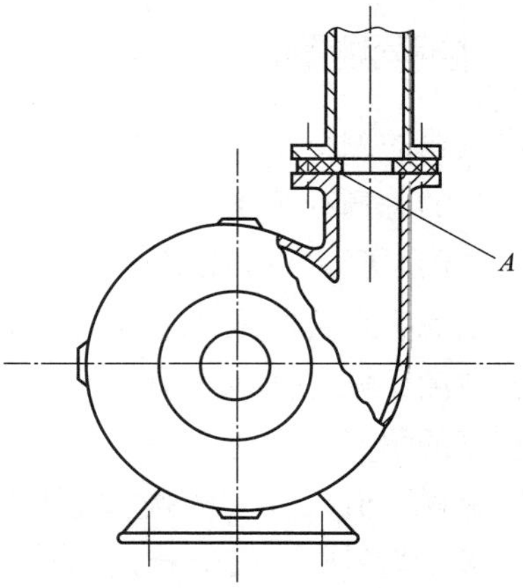

图3－2　垫片缩入排出管内

在图3－3中，被测试的泵是一台中开式双吸离心泵。由于某个莫名其妙原因，尽管弯头E处有水力损失和两个压力表有$h=0.91\text{m}$的高程差，但是B处的压力读数总是比A处的高。

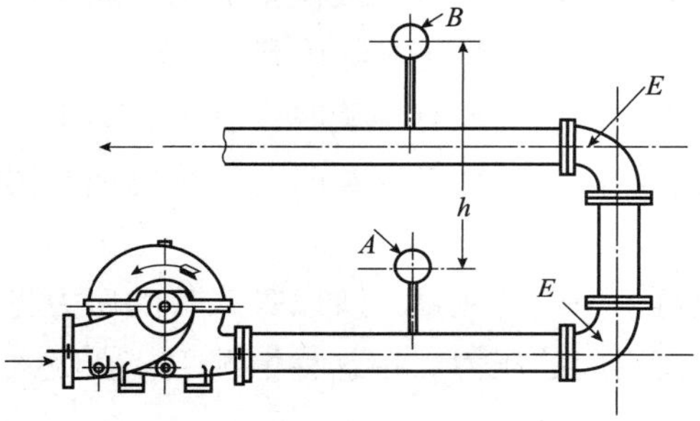

图3－3　压力表位置对压力读数的影响

参考图3－4，假设连接吸入压力表G_1的测压管路中液位高于泵中心线为A，连接压力表G_2的液位高于泵中心线为B。这时，泵的总扬程为

$$H=\frac{p_2-p_1}{\rho g}+\frac{C_2^2-C_1^2}{2g}+h_{ab}+h_L \quad (3-3)$$

式中，p_2-p_1为压力表G_2与G_1的压力读数差；$(C_2^2-C_1^2)/2g$为液体出口、进口速度头之差，h_{ab}为测压管内的液位差，h_L为吸入压力孔到泵吸入口的水力损失。

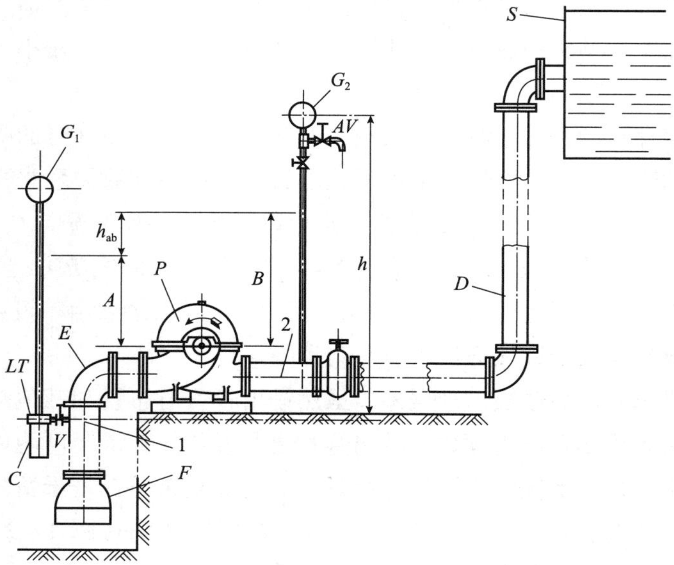

图3－4　开式试验回路的典型管路布置

然而，实际上，一旦测压管不透明时，不可能测出测压管内的液位差 h_{ab}。尽管测压管透明时，可以测出 h_{ab}，但因测压管中的空气容积随压力的变化而变化，所以测出液位差是费时的。

为了消除这些麻烦，必须保证连接压力表 G_2 的测压管路中始终充满液体。为此，在压力表入口处安装一个三通空气阀 *AV*。泵启动后，让测压管路中的空气流入外面的空气中。在排气过程中，最初只有空气从 *AV* 放出。然后空气和液体间歇式流出。最后，一股稳定的液体从阀门流出。为稳妥起见，让这股液体维持几分钟。最后，关闭阀门 *AV*，压力表 G_2 就连到了泵排出管。这时压力表 G_2 才能使用。

当吸入压力高于大气压时，吸入压力测压管中的空气排出过程与上述的过程完全相同。但是，当吸入压力低于大气压时，像如图 3－4 所示的那样，必须采用不同的方法排出吸入压力测压管中的空气。

吸入管路的压力降低将引起溶解在液体中的空气析出，并聚积在吸入测压管中。除了上面谈到的几个因素外，吸入压力的变动将引起液柱高度 *A* 的明显变化。

为了避免这些问题，保证吸入压力测压管中充满空气是通常的作法。为此，在吸入压力测压管上安装一个直线状收集器 *LT*(图 3－4)。收集器装有可拆卸的透明容器 *C* 以收集因压力升高而溢出的多余液体(为了减小流量，在关小出口阀过程中，出现吸入压力升高是不可避免的)。小阀门 *V* 用于把收集器 *LT* 从吸入管路断开，以便在不影响泵运转的情况下，排空收集器 *C*。

一旦吸入压力测压管中充满空气，就必须用图 3－4 中的 *h* 代替式(3－3)中的 h_{ab}。*h* 表示排出管压力表 G_2 的中心同吸入压力测压管与吸入管连接处中心的高程差。

在吸入管路中出现气囊是最常见的错误。当吸入管路轴线出现负斜率(图 3－5)或形状类似于倒置的 U 形管(图 3－6)时，就易于出现气囊。

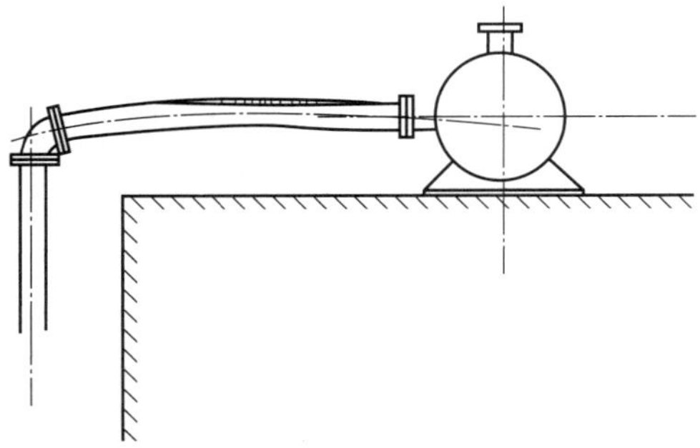

图 3－5　带有负斜率轴线的吸入管路

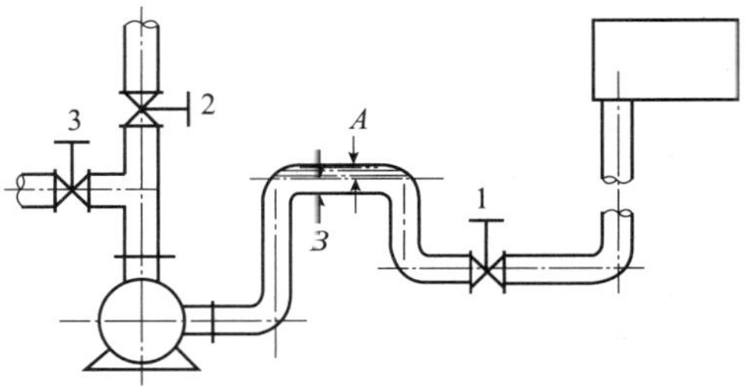

图 3－6　带有倒置的 U 形管的管段

一个常见错误是测压管与吸入管连接处尖锐的棱边或毛刺。为了得到正确的压力测量结果，这些棱边应仔细倒圆，见图 3－7 的点 *A*。

另一个引起错误压力读数的常见原因是管路测压断面的液体压力分布不均匀。很少有可能测量出该非均匀压力的平均值。为了减小测量误差，在该测量断面上，沿圆周等间隔打几个测压孔，并将它们并行连接到相同的压力表上。图 3－8 表示测压孔数量对泵测量值的影响情况。

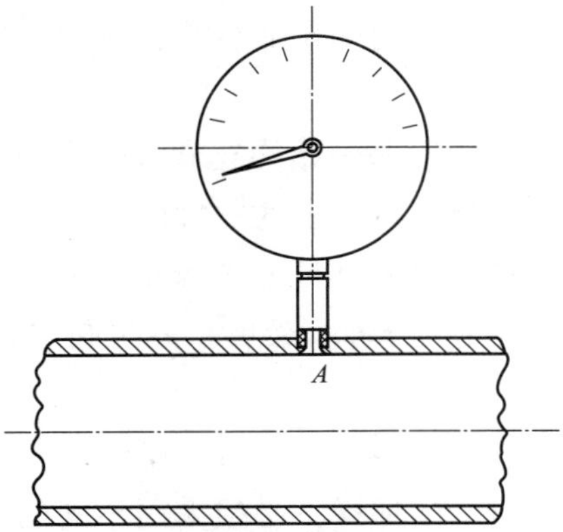

图3－7　可能影响压力读数的有毛刺的部位

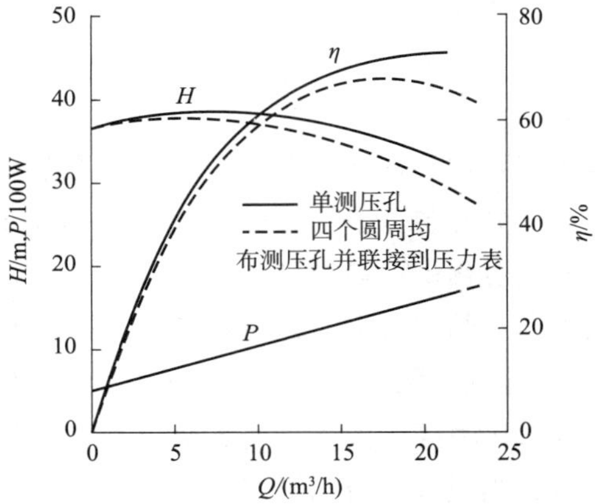

图3－8　测压孔数量对压力读数的影响

另一个影响压力读数的重要因素是压力计的损坏。在安装过程中，受振的弹簧压力表可能受到损坏。

有时，减震阀引起错误的压力读数。通常，减震阀安装在压力计上游，以减小读数脉动。这种阀一般是通过允许压力计和被测管路之间有少量液体流过来起到减震效果的。由于阀门的运动零件和静止零件之间的间隙很小，压力脉动可能使阀的某些零件位置发生变动，以致于阻断了压力计与被测管路之间的连接流道。这可能锁定当连接流道断开时压力计中一个中间压力值，从而引起错误的压力读数。

另一种经常忽视的引起不正确压力读数的因素是测量仪器与泵管路连接处或仪器本身发生了空化。当空化发生泵排出管路时，这个问题就特别容易被忽视。例如，当泵作为循环回路的一个部分时，循环回路中的压力可能较低。

在这种情况下，当采用文丘里或孔板测量流量时，文丘里或孔板的喉部是最容易发生空化的部位之一。在这些发生空化的部位，存在可观的压力降。如果管路中未收缩部位的压力已经较低，那么文丘里或孔板喉部的额外压力降很容易引起空化。

其次易于发生空化的部位是控制液体流回吸入罐的最后一个阀门或管件。在阀门下游，由于其与吸入罐相连，压力通常很低。因此，这个部位很容易发生空化。

另一个在测量实际泵性能中的误差是试验数据处理引起的，特别是速度头和某些水力损失的计算。一般采用现成的图表计算给定公称直径的标准管路的速度头和摩擦水力损失。然而，这些图表忽略了一个事实，速度头和摩擦损失是管道内径（ID）的函数，而管道公称直径是指的是管道外径（OD）。根据管道设计工作压力，管道内径可能变化很大。

有时，与内径的变化相比，速度头和摩擦损失的变化是可忽略的，并且是能够忽略的。但是，对小口径高压管道，内径的差别能使速度头和摩擦损失有显著增加。应该认真测量管道的实际内径，并在计算中注意。

六、非规定转速下的测量

有时，泵必须在与规定转速不同的转速下进行测试。例如，试验地点和时间段内电网功率的限制，或找不到标定过的合适型号的电动机或测试设备有些其他限制时，就要发生这种情况。

这时，可借助下面的方程计算规定转速下的泵性能参数：

$$\frac{Q_s}{Q_t}=\frac{n_s}{n_t},\ \frac{H_s}{H_t}=\left(\frac{n_s}{n_t}\right)^2,\ \frac{P_s}{P_t}=\left(\frac{n_s}{n_t}\right)^3,\ \eta_s=\eta_t,\ \frac{HPSHr_s}{HPSHr_t}=\left(\frac{n_s}{n_t}\right)^2 \quad (3-4)$$

式中，Q_s、H_s、P_s、η_s 和 $HPSHr_s$ 分别为规定转速 n_s 下的流量、扬程、轴功率、效率和必需空化余量；Q_t、H_t、P_t、η_t 和 $HPSHr_t$ 分别为非规定转速 n_t 下的流量、扬程、轴功率、效率和必需空化余量。

式(3－4)是广泛接受的，通常能得到正确结果。但是，也不是万无一失的。当测量在低于规定转速下进行的时候，最常见出现偏离，即换算的效率比规定转速下的率测量值低，而换算的必需空化余量则比规定转速下的测量值高。同样，由低转速换算的最大流量也高于规定转速下的最大流量测量值。当泵在高于规定转速进行测量时，换算的扬程比实际的小，换算的效率也比实际的低。

七、*NPSHr* 测量

1. 试验回路分类

基本上，有三种进行 *NPSHr* 测量的试验回路(图 3－9 到图 3－11)。在图 3－9 中，泵从液面恒定的吸入池中抽取液体。由吸入管路上的阀 *A* 控制吸入能头大小，由排出管路上的阀 *B* 控制泵的流量。为了消除来流的扰动，在阀 *A* 与泵吸入口之间安装一个整流器。这种管路布置测量的 *NPSHr* 可能比实际值高。其原因是阀 *A* 引起的紊流会使溶解在来流中的气体或空气加速释放出来。

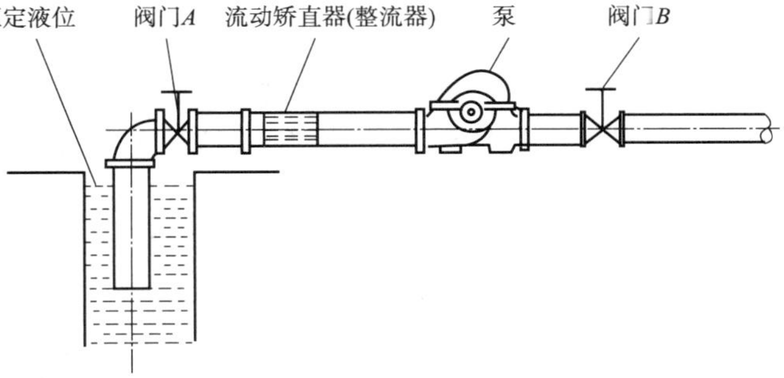

图 3－9　由阀 *A* 控制的 *NPSHr* 测量开式试验回路

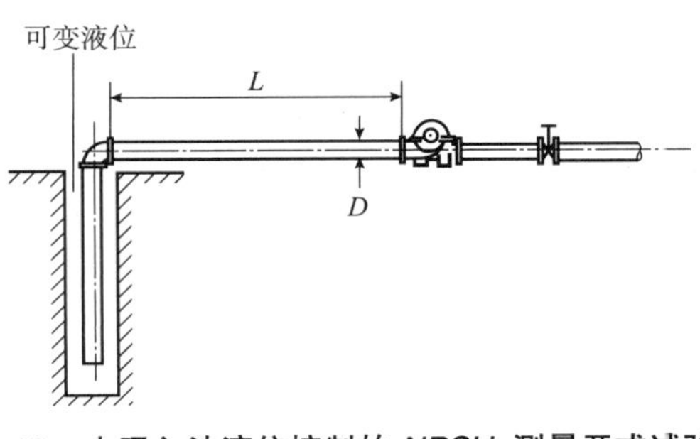

图 3－10　由吸入池液位控制的 *NPSHr* 测量开式试验回路

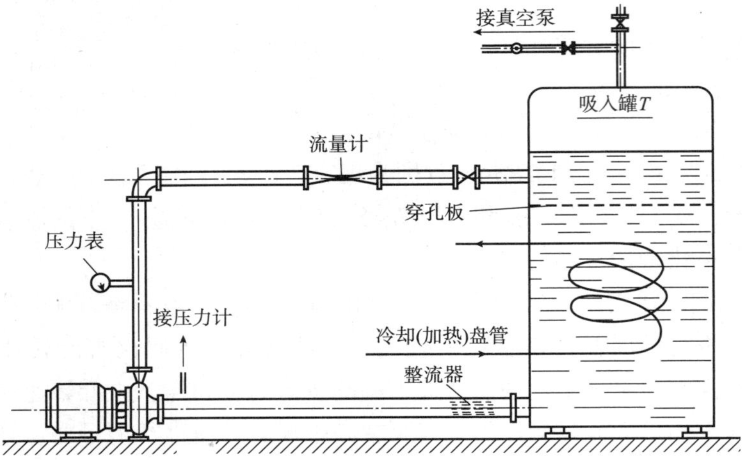

图 3－11　闭式试验回路

在图 3－10 中，泵从液位可变的吸入池中抽取液体。吸入能头由液位调整，流量由出口阀控制。这种试验装置经常采用较短的吸入管路，管路上也没有节流元件。这种装置可能使测量的 *NPSHr* 比正常工作条件下的 *NPSHr* 小。这是因为吸入管路短，降低了从来流液体析出过量气体或空气的可能性。装有长吸入管路的泵表现出较高的 *NPSHr*，因为长吸入管路为气体的析出提供了充裕的时间。

图 3－11 为 *NPSHr* 测量闭式试验回路布置。利用真空泵降低吸入罐 *T* 内的压力或通过盘管加热或者冷却被输送液体来调整 *NPSH*。当采用真空泵时，可以去除大部分溶解的气体或空气。对于同一台泵，闭式试验回路测量的 *NPSHr* 将比图 3－9 或图 3－10 的开式试验回路的小，这是因为液体中任何气体的掺入提高泵的 *NPSHr*。

实际上，这三种试验装置都有广泛应用。但是仅仅使用闭式试验回路装置测量 *NPSHr* 的情况是存在的。这种情况特别与低扬程泵有关。对于这种泵，其产生的总扬程加上最小的 *NPSHr* 可能低于一个大气压。

例如，假设在流量为 Q_d 下某台泵的 *NPSHr* 为 1.2m，在该流量下，泵产生的扬程为 6.1m。如果泵在开式试验回路上进行测试，那么只要 *NPSHa* 高于 4.3m，就能够调节出口阀使泵输送的流量为 Q_d，这是因为相对于大气压来说，泵的能头大约为 10.4m。假如 *NPSHa* 低于 4.3m，那么泵将必须产生高于 6.1m 的扬程以克服大气压。一旦 *NPSHa* 降低到 4.3m 以下，在开式试验回路进行 *NPSHr* 试验时，泵将不能输送流量 Q_d。

当在开式试验回路试验时，这台泵流量 Q_d 下的最小 *NPSHa* 似乎将不能低于 4.3m；在闭式试验回路试验时，尽管 *NPSHa* 低于 4.3m，但该泵仍能输送流量 Q_d。

2. 空气析出时间对 *NPSHr* 测量的影响

在过去的几十年中，已经知道了在 *NPSHa* 减小的工况下液体中溶解的空气对泵性能有不利的影响[31]。

在经验中，液体中的空气把剧烈下降的 *H*－*NPSH* 曲线（图 3－12 中的曲线 *a* 转化为扬程逐渐下降的曲线（图 3－12 中的曲线 *b*）。另外，与没有空气的性能相比，液体中的空气使扬程在较高的 *NPSHa* 就开始下降。

最近，偶尔得到了清楚地显示溶解的空气影响泵吸入性能的试验数据。某台泵指定在 *NPSHa* 为 0.91m 的情况下，以 50% 最优工况流量运行。在定 *NPSHa* 和变流量条件下已经对泵进行了测试，并发现泵运转情况良好。当泵用户被邀请目睹泵试验时，泵的吸入性能测试完全是失败的。泵在规定的一个流量和变化的 *NPSHa* 情况下进行了复测。试验给出了图 3－13 曲线 *a* 所示的两个突变的扬程曲线。尽管对试验装置的安装情况和试验过程进行了仔细地检查，但是，仍不能发现导致出现两种不同试验结果的根源的线索。

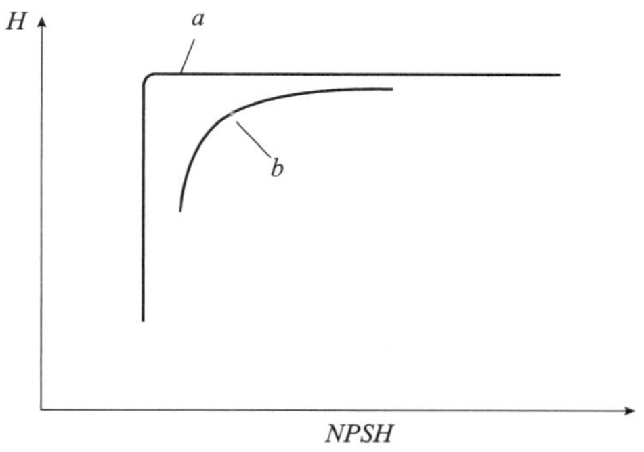

图 3－12　空气对 *NPSHr* 的影响

泵是在闭式试验回路中进行试验的。试验时，真空泵一直在运行，以维持吸入罐内真空，真空度由阀门控制。作为最后一招，我们决定试验前启动真空泵，并让其在真空度为 380mmHg 的条件下运转半个小时，以除去试验回路水中的溶解的空气。这次达到了预期的目标。试验得到了图 3－13 曲线 *b* 所示的令人满意的 *H－NPSH* 曲线。

再次邀请泵用户观看试验，但试验再次失败。这一次，*H－NPSH* 曲线形状类似于图 3－14曲线 *a* 所示的形状。进行了其他一系列试验，但是试验结果都不一致。其中有一个试验的 *H－NPSH* 曲线呈现图 3－14 中曲线 *b* 的形状。

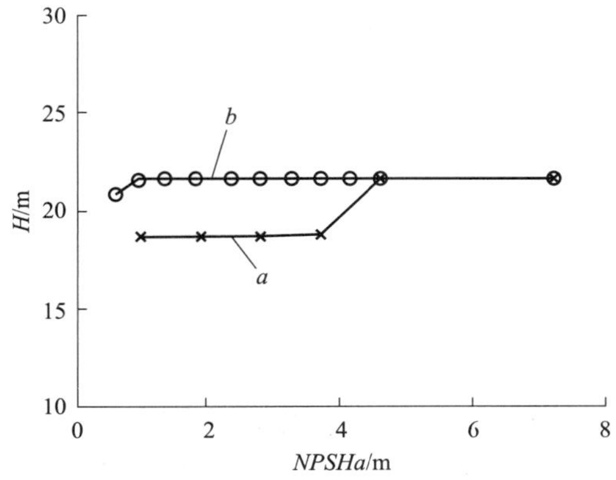

图 3－13　时间效应对 *NPSHr* 的影响

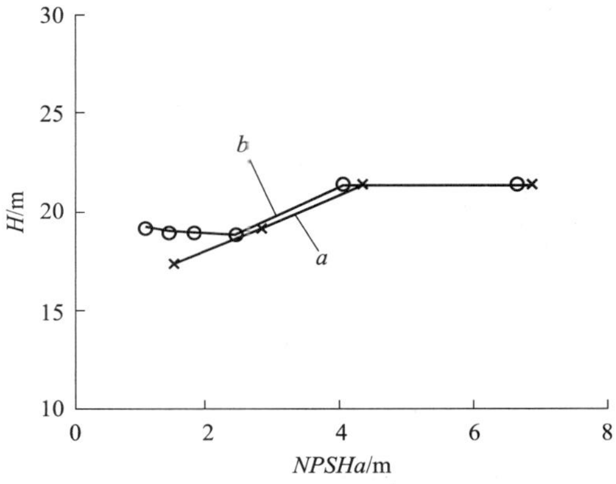

图 3－14　空气的时间效应

进行大量尝试测量以后，最终找到了这个神秘现象背后的原因。液体中溶解的空气使测试结果出现不一致。测试结果还取决于把 *NPSHa* 降低到 0.91m 的步数和仪表读数的时间间隔。

在试验室中，在定 *NPSH* 和变流量条件下进行了初始试验。测试前，吸入罐抽真空至 685mmHg，维持该真空度直到试验人员读取仪表读数。有足够时间让真空泵抽掉从水中逸出的过量空气。于是，泵达到了预期的吸入性能。

对于定流量和变 *NPSH* 情况下的测试，时间效应可以做如下解释。开始时，在 380mmHg 真空度下抽取空气。于是，当压力低于该真空度所对应的压力时，多余的空气将逸出。这时，空气以分散的大量微小气泡的形式出现在水中。气泡的出现使被输送液体密度下降，从而引起上述测量结果。当然，每次压力下降将引起的空气的逸出量取决于压力下降的大小。压力下降越大，空气析出就越多。

当分小步测量时，如图 3－13 的曲线 *b* 所示，每次吸入压力下降时，只有少量空气析出，使得真空泵有充裕的时间排出析出的空气。因此，泵给出了满意的测试结果。

当分大步测量时，如图 3－14 的曲线 *a* 所示，空气析出率超过了真空泵排出空气的速率，结果导致水中自由空气的含量不断增加，从而使扬程连续地下降。

有时，当以中等步长进行测量时，空气的析出率等于真空泵的空气排出率。这时压力表读数不变，但压力值下降了。只是因为水中存在的空气，空气泡部分堵塞了叶轮入口（第二章第一节），或两者兼而有之使水和空气的混合物密度减小所致。

在某些条件下，空气初始的析出量高于后续测量时的析出量，使得开始时压力下降较多，然后下降较少，扬程部分恢复，像图 3－14 中曲线 *b* 所示的那样。

3. 吸入管路的影响

使叶轮进口速度分布不均匀的任何因素将提高泵 *NPSHr*。这些因素包括阀、弯头、扩散管、收缩管、T 型管接头或液体流动路径上的任何不规则的管件。

有两种消除不均匀速度分布的方法，即流动矫直器（整流器）和长的直管。整流器应安装在泵入口和最近的管件之间（图 3－9）。在靠近泵入口之前应该安装长的直管段。为了取得较好效果，直管段长度 *L* 至少是管道直径的 20 倍（图 3－10）。

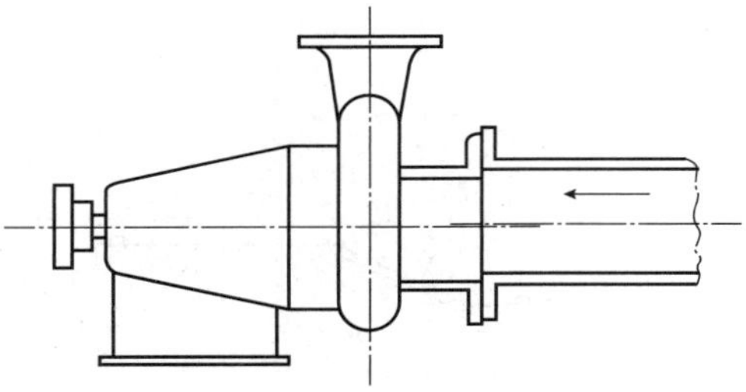

图 3－15　泵吸入口和吸入管不对中

尽管吸入管路选择正确，但是测试结果也有可能不正确。当吸入管路布置或安装有问题时，就发生该现象。一种最普遍的安装不当是吸入管路中心线与泵吸入口中心线发生偏移（图 3－15）。

另一个影响泵 *NPSHr* 和性能的因素是垫片孔太小（图 3－16）或垫片孔与泵吸入口或吸入管路偏心（图 3－17）。在某些情况下，当垫片孔的偏心量 *K* 达到吸入管内径的 3% 的时候，泵的性能和 *NPSHr* 就要受到影响（图 3－17）。为了消除垫片的影响，垫片孔径至少比吸入管内径大 6.4mm。

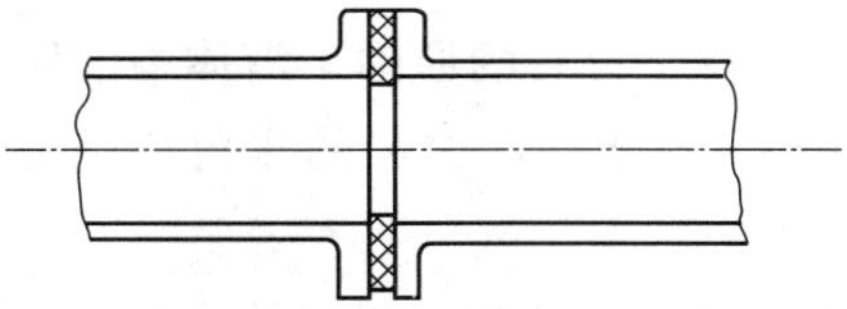

图 3－16　吸入管路孔口小的垫片

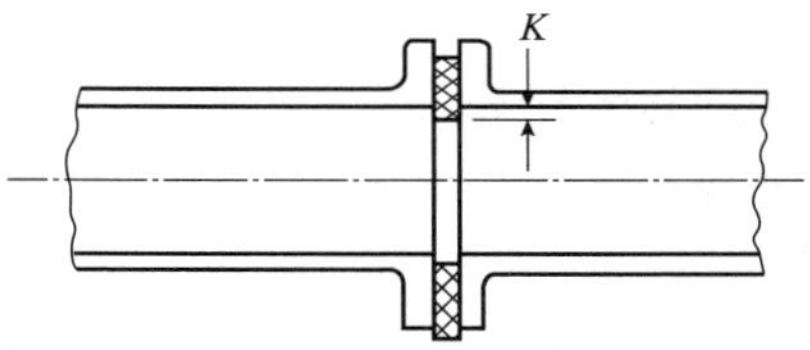

图 3－17　没对中的垫片

4. 排出管路的影响

当闭式试验台用于测量泵 *NPSHr* 时，排出管路的直径能影响测量结果。特别是，当泵的扬程相对较低时，排除管路的绝对压力可能很低。小口径的排除管路，由于液体速度头高，可能会使绝对压力进一步下降。下降的压力可能导致泵下游某处发生空化。安装在排出管路的文丘里流量计特别容易发生空化。

图 3－18 示意表示了文丘里流量计的标定曲线。如果选择的流量计尺寸较大，被测流量就可能介于点 *A* 和点 *B* 之间。这两个流量之间的标定曲线平坦，因此，小的读数误差将使实流量测量产生较大的误差。如果选择的流量计尺寸较小，被测流量位于点 *C* 和点 *D* 之间。在此范围内，标定曲线较陡。但是，流量计喉部压力将比流量计上游压力低一个介于 H_1 和 H_2 之间的某个值。

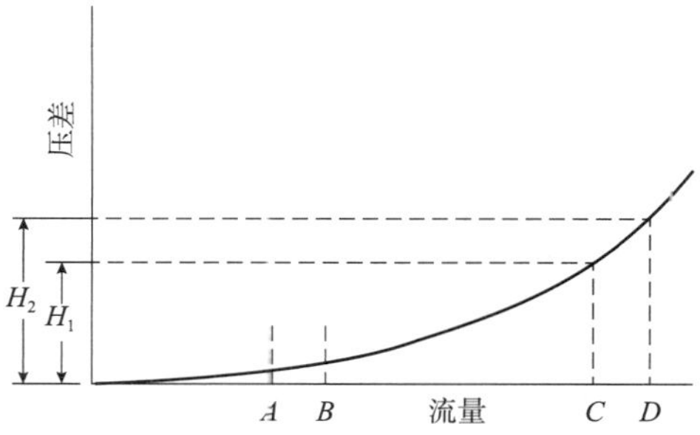

图 3－18　文丘里流量计典型标定曲线

每当泵的扬程较低，例如，在低转速下进行试验，同时 *NPSHa* 也较小时，尽管泵本身不会空化，但是流量计喉部的压力下降可能引起喉部空化。在这种情况下，测量结果与泵本身发生空化的测量结果类似。

采用读数位于标定曲线点 *A* 和点 *B* 之间的过大尺寸流量计可消除喉部空化的可能性，但是测压计必须同时使用密度轻的液体(取代水银)来测量流量计的压差。

在闭式试验台中，排出管路上另一个易于发生空化的位置是排出管回到吸入罐之处(图3－11)。当该位置接近水面时，静压力可能比叶轮吸入口处的 *NPSHa* 低，流回的液体引起的紊流和水力损失会使静压力进一步下降。由此会导致排出管路末端发生空化。充满蒸汽的气囊可能以类似于图 3－34 相关讨论中提到的情形那样堵塞流动。

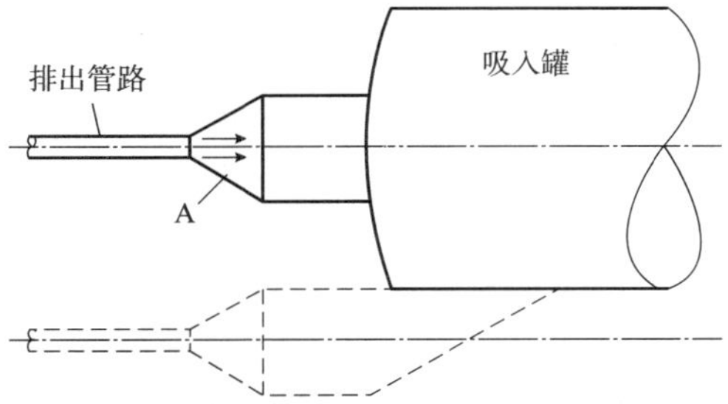

图 3－19　闭式回路排除管路不同的回水管

当吸入罐前面有一个大管径段而排出管路其余部分都是小管径时，可看到类似现象(图 3－19)。在这种情况下，空化可能出现在液体由小管径流向大管径的部位。类似地，部分开启的阀门也可能是空化发生的地方，特别是当阀门下游没有任何管件而直接连接到吸入罐的时候。当阀门位置高于吸入罐液面时，就可能发生空化。

为了消除上述空化，一种措施是选择尽可能大的排出管路直径。另一种措施是把排出管路返回吸入罐的位置安装在液位以下尽可能低的位置(图 3－19)。

5. 干扰试验管路的其他因素

液体从排出管路回到吸入罐的位置也有可能影响到测量结果。该位置应该全部浸入吸入罐液面下面。否则，流回的液体将与周围的空气混合，并流入泵内，导致错误的测量结果。

另一个引起错误 *NPSHr* 测量结果是泄漏到管路内部的空气。泄漏的空气或许比组合在一起的所有其他因素更是错误的测量结果的根源。虽然空气泄漏对 *NPSHr* 试验的影响已经有相当的了解，泄漏位置的寻找和消除并不总是容易的。

测量空气泄漏的最可靠方法是置整个管路于高真空状态30min，并检查真空度是否有减小。如果真空度减小，那么空气正在泄漏到管路系统中，于是下一个问题是寻找泄漏位置。

有时候，可以通过给整个管路系统加压，然后观察液体泄漏情况来寻找泄漏位置。但是，这种方法并不万无一失。有时，管路系统能不泄漏液体，但任能泄漏空气。另外，管路系统有时在内压作用下是无泄漏的，但在外压的作用下却是泄漏的。

若采用加压方法无法找到泄漏源，则可采用另一种方法。这种方法是将整个管路系统抽真空，并对怀疑是泄漏源之处进行紧固和密封，直到真空度得到维持为止。即使管路系统在一段合理时间内能维持真空，但是这并不意味着在测试过程中不会有空气泄漏。当管路系统抽真空时，某些仪器(如压力表)必须关闭或断开连接以免损坏。还有，特别是对于闭式试验回路，空气有可能通过这些仪表与管路的连接部位泄漏到管路中。

6. 泵本身引起的错误测试结果

泵制造厂通常提供同一型号但有不同机械选项的泵。例如，可能提供装有填料密封或机械密封的同一型号的泵。另外，机械密封一般也可以选择的余地(例如，泵可以安装单作用或双作用密封)。这种机械方面的变动也有可能导致错误的测量结果。特别是，当叶轮上开有平衡轴向力的平衡孔(图3-20)或带有背叶片(图3-21)时，情况更是如此。

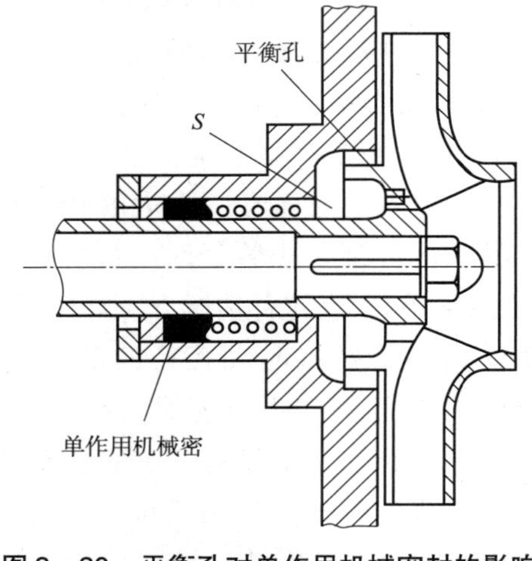

图3-20 平衡孔对单作用机械密封的影响

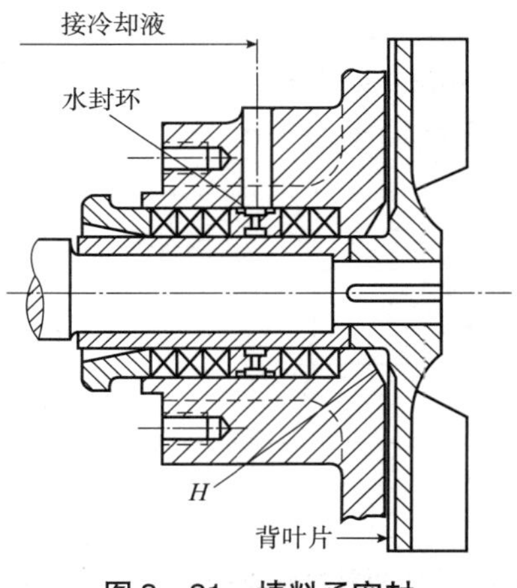

图3-21 填料函密封

当叶轮开有平衡孔时(图3-20)，空腔 *S* 中的液体压力比叶轮入口高出不多。当 *NPSHa* 变小时，空腔 *S* 中的压力可能低于大气压。这时，单机械密封可能张开，从而使空气漏入。

当泵叶轮装有背叶片时(图3-21)，空气也可能通过轴封进入漏入泵内。在这种情况下，当泵在大流量工况运行时，在泵轴附近 *H* 处可能产生真空。在大流量，背叶片产生的扬程往往明显高于叶轮叶片产生的扬程。这将产生一种使叶轮后盖板与泵体之间的液体被甩出的运动趋势，从而在叶轮轮毂附近产生真空。

在这两种情况下，当轴封为填料密封时，空气有可能渗入泵内。但是通过给水封环注入有压液体来密封水封环可以避免空气漏入。

磨损的口环也可能导致错误的 *NPSHr* 测量结果(图 2－37)。当管路出现振动时，*NPSHr* 测量也有可能出现错误。振动可能是由于泵与原动机不对中引起的，也可能是由于支撑管路重量的泵或者泵体对管路产生的应变而引起的。与泵安装妥当，无振动的情形相比，振动经常使泵在相当高的 *NPSH* 下发生空化。

7. 关死和小流量工况下的测试

当在小流量工况下进行 *NPSH* 测量时，会出现特殊问题。当泵在远比设计流量低的小流量工况运行时，液体流动速度变小。这就使得液体有更充裕的时间在通过低压区域时析出溶解其中的气体。析出的气体的增多会与蒸汽泡类似的方式影响泵的性能，即降低泵扬程和效率。对于不是水的其他液体，如燃料油，这种现象就特别严重。

空气在一些燃料油的溶解度远远比在水中的高，见图 3－22。因此，同一台泵用水和燃料油的进行试验表明，在小流量工况下，燃料油的 *NPSHr* 远远高于水[32]。

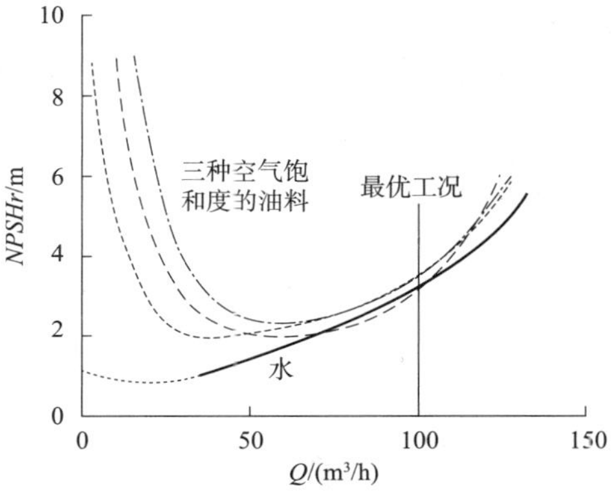

图 3－22 溶解的空气对 *NPSHr* 的影响

影响泵接近关死工况的吸入能力的另一个因素是很小流量下特别低的泵效率。由于效率低，所以消耗的绝对大部分功率用于加热泵所输送的液体。于是，降低了泵能够正常工作的真空度。当泵在闭式试验回路进行测试时，液体被反复加热，这种现象就特别明显。解决这个问题的最好的方法是在管路中安装一个冷却盘管 *C*(图 3－11)，以维持被输送液体温度的恒定。

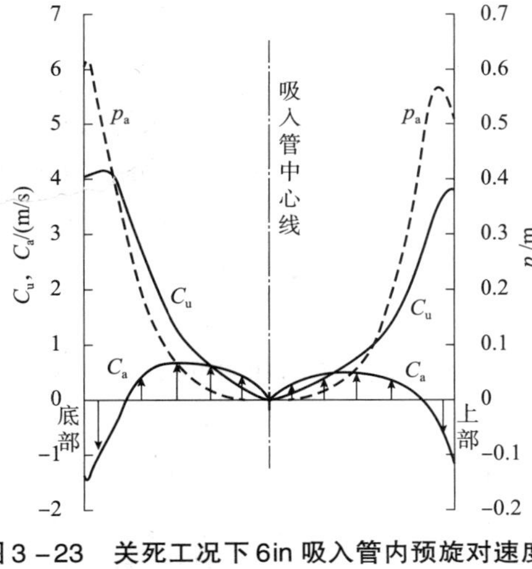

图 3－23 关死工况下 6in 吸入管内预旋对速度和压力分布的影响，C_u，C_a，p_s 分别为液体绝对速度的圆周、轴向速度分量和静压力，数据取自文献[21]

在部分或特别小的流量工况，因为在吸入管内产生预旋，所以在 *NPSH* 测试的时候，会有特殊问题[21]。在特别小的流量工况，已进入叶轮的一部分液体返回吸入管中，从而导致吸入管中的液体旋转起来，见第二章第六节，于是在吸入管横断面内产生压力差(图 3－23)。于是真空表测量的只是测量位置的局部压力，而不是流入叶轮液体的真实绝对压力。

实际上，真空表与吸入管管壁相联，测量的是壁面附近的压力。因此，当存在预旋时，真空表吸入压力读数总是高于泵的实际吸入压力。

一般地，预旋在小流量下发生，然后在关死工况达到最大。因此，在开式回路试验系统中，测量泵中心线与吸入池液位面的高程差，将之加上速度头和吸入管路水力损失得到更为准确的吸入压力。

用流量除以吸入管过流断面面积计算液体速度，得到速度头。对大流量工况下预旋几乎不存在时的吸入管路水力损失曲线进行外插，得到小流量工况下的水力损失。然而，在绝大多数情况下，小流量工况的水力损失和速度头很小，以致于忽略它们也不会产生明显误差。

当在闭式试验回路进行测量时，测量吸入压力的方法有些不同。这不需要测量泵中线与吸入罐液位面的高程差，而是将真空表安装在吸入罐上，并且与泵中线处于同一几何高程上。真空表读数减去外插得到的吸入管路水力损失和速度头就是 *NPSHa*。

尽管采取了所有这些预防措施，但是测量特别小的流量工况的 *NPSHr* 可能是不可能的。

预旋除了致使无法准确和可靠地测量吸入压力外，预旋还经常诱导强烈的不稳定(比较与图 3－41 相关的讨论)和降低 *NPSH* 值，以致于无法测量吸入压力。这些不稳定表现出强烈的噪声和振动以及压力表读数的振荡。在许多情况下，不稳定引起的水锤可以在相当短的时间内破坏一台泵。由于没有泵能够在这些条件下工作，测量特小流量下的 *NPSHr* 几乎没有什么意义。在这么小的流量工况下，只有在高的 *NPSHa* 条件下，才能应该使用泵。

第二节　空化余量降低时泵的性能

为给指定的低 *NPSH* 应用场合选择正确的泵，除了知道已知流量下的 *NPSHr* 值以外，还需要更多有关离心泵吸入性能的信息。一台泵确实很少在固定的条件下工作。实际上，泵往往在宽的扬程、流量和 *NPSHa* 变化范围内运转。这就可能要求泵除满足给定的 *NPSHa* 外，还需要满足更多的其他要求。

以喷气客机为例，在起飞、降落和低空飞行时，由于空气阻力较大，飞机消耗很多功率。在这些条件下，*NPSHa* 没有问题。泵必须输送大量油料，泵没有低 *NPSHa* 的问题。

在空气稀薄的高空飞行时，*NPSHa* 有限。以此相对照，空气阻力比低空飞行时低得多。在这种条件下，飞机发动机需要较少的油料，但是即使在这样的 *NPSHa* 条件下，泵必须能够提供这些油料。

在这种应用场合下，假设我们必须在两台泵中做选择。泵 *A* 和 *B* 的 *H*－*NPSH*、η－*NPSH* 和 *P*－*NPSH* 曲线分别由图 2－3 和图 2－4 所示，它们的 *H*－*NPSH* 曲线对比见图 3－24。在高 NPSH 条件下，两条 H－NPSH 曲线重合。随着 NPSH 的下降，泵 *B* 的 H－NPSH 曲线在泵 *A* 的 H－NPSH 曲线还未受到影响的某个 NPSH 值下开始减小。

泵 *A* 无法工作以后很久，泵 *B* 仍旧输送液体。从这个描述中，很明显，泵 *B* 比泵 *A* 更适合于这个应用场合。

现在，为供水应用场合从这两台泵中选择一台。*NPSHa* 变动一般比喷气式客机小。与此对照，功率消耗一般占泵总运行分用的 80%～90%。由 *NPSHa* 造成的任何很小的效率下降能导致庞大的财务损失。因此，泵 *A* 比泵 *B* 更适合这个应用场合。

图 3－25 表示性能曲线相近的两台不同的泵的 *NPSHr* 随流量 *Q* 的关系曲线。这两台泵中有一台要用于流程工业中的某一应用场合。假设泵要从敞开式吸入罐抽取液体，吸入罐由另一个液体源连续地充液。在正常运行情况下，泵必须周期性地工作，而吸入罐的充液过程是连续的。当泵每次重新启动时，泵必须输送大量液体，一直运行到吸入罐液位回落到正常位置。泵 *B* 比泵 *A* 更适合于这个应用场合。

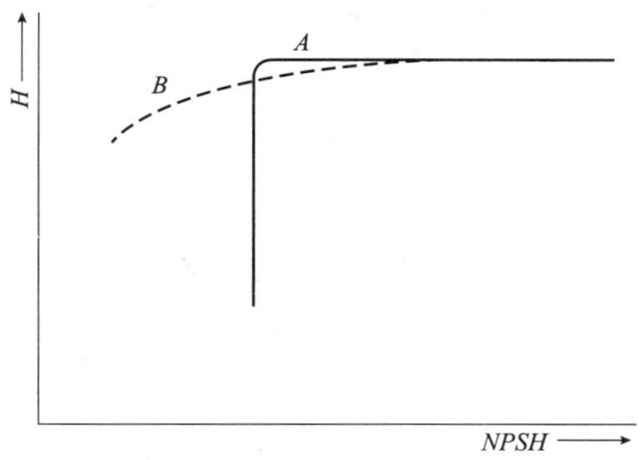

图 3－24　两种不同空化状态可能有的 *H*－*NPSH* 曲线形状

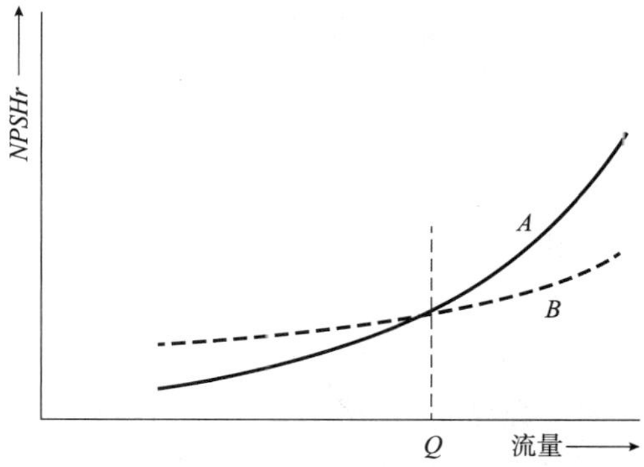

图 3－25　两种不同状态下泵的 *Q*－*NPSH* 曲线形状

现在，考虑泵连续运行，而吸入罐充液是间歇性的应用场合。当液位下降时泵必须仍能正常工作。但是，泵的流量必须相应地减小以消除抽空吸入罐的危险。在这种应用场合下，泵 *A* 明显比泵 *B* 更合适。

值得注意，同一台泵，不同流量下将会出现图 3－24 所示的 *H*－*NPSH* 曲线形状。事实上，*H*－*NPSH* 还有其他另外形状[34]，见图 3－26 到图 3－28 和图 3－33 到图 3－35。

通常，能预见任何一台泵都产生类似于图 3－26 到图 3－28 所示的 *H*－*NPSH* 曲线，这取决于泵运行工况的流量。而图 3－33 到图 3－35 所示的曲线形状往往是由管路或泵中某些异常现象导致的。

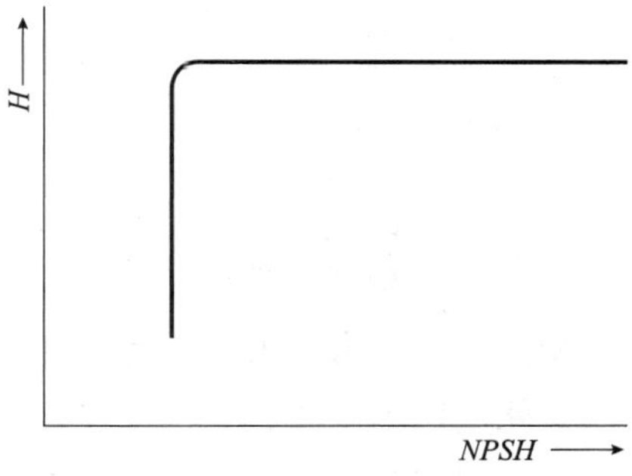

图 3－26　设计流量 *H*－*NPSH* 曲线

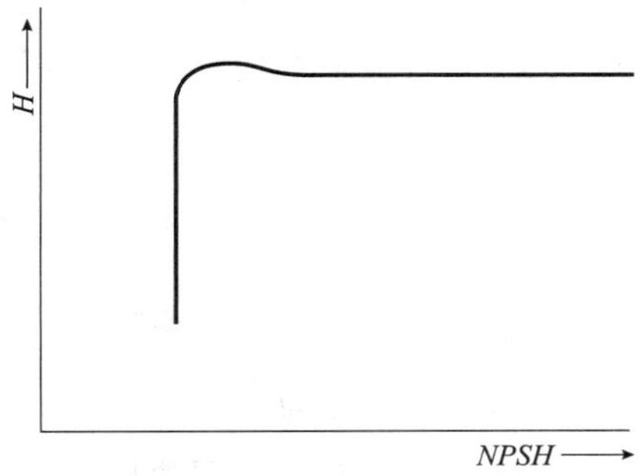

图 3－27　小流量 *H*－*NPSH* 曲线

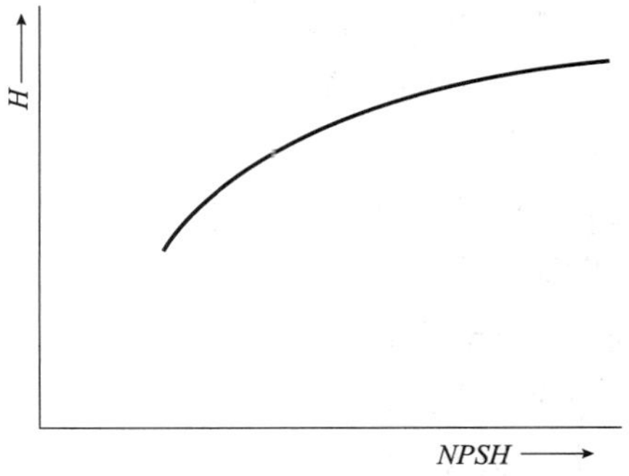

图 3－28　大流量 *H*－*NPSH* 曲线

一、不同工况下 H－NPSH 曲线形状

在普通端吸式离心泵中，当泵在设计或设计工况附近运行时，通常产生图 3－26 所示的 *H－NPSH* 曲线。在这种情况下，液体沿与叶片进口平行的方向流入叶轮中，见图 3－29。

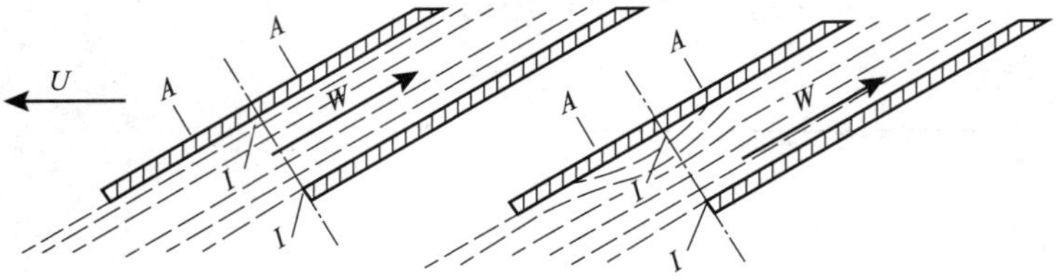

图 3－29　设计流量叶轮相邻叶片之间流动示意图，左图－高 *NPSH*，右图－低 *NPSH*，*U* 代表叶片运动速度，*I－I* 指示相邻叶片进口流道位置

当 *NPSHa* 降低时，在叶片 *A－A* 区域内产生空化。在流动液体和充满蒸汽的空穴之间形成凹形交界面。这个空穴还减小了液体过流面积。因此，液体速度增大，导致在交界面附近压力进一步下降。当空穴变大时，对流道的阻塞增大。于是，一旦空穴发展，它就迅速变大，导致性能的几乎突然的断裂，见图 3－26。

当泵流量远低于设计工况流量时，一般出现图 3－27 所示的 *H－NPSH* 曲线形状。这时，在泵性能发生完全断裂以前，泵扬程和效率随 *NPSHa* 的减小而略有升高。

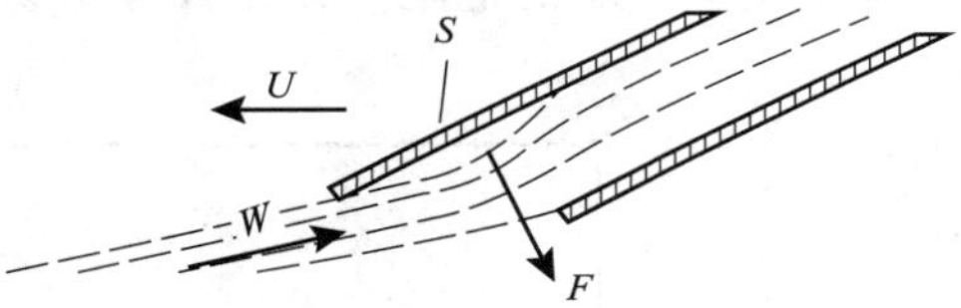

图 3－30　远低于设计流量下的相邻叶片之间流动示意图

在低的小流量工况下，液体比叶片角度小的角度流入叶轮，见图 3－30。结果在叶片背面形成死水区 *S*。通常，在死水区发生空化。只要充满蒸汽的空穴体积不大于死水区，泵的性能就不受影响。实际上，当死水区较大时，空穴甚至减小了，与完全充满液体的死水区本质上相关联的水力损失。因此，空化使泵扬程和效率升高。只有 *NPSHa* 降低到了空穴体积大于死水区的以后，泵性能才发生断裂。

这些现象并不只是理论上的推测，而是经过试验观察而很好证实了的。由于这些现象在流程工业中某些应用场合是重要的，同时对它们缺乏了解，所以给出下面试验。

在有透明吸入管的试验回路中对一台离心泵进行了 *NPSHr* 测试。随着 *NPSHa* 的下降，宽度大约为 6.4mm 的空穴 *A* 出现在叶轮叶片进口边（图 3－31）。泵的扬程及效率都没有受到这个空穴的影响。

随着 *NPSHa* 的进一步减小，逐渐扩大的空穴对泵性能没有什么负面影响。只有当空穴宽度达到 15.9mm 以后，泵的性能才彻底断裂。

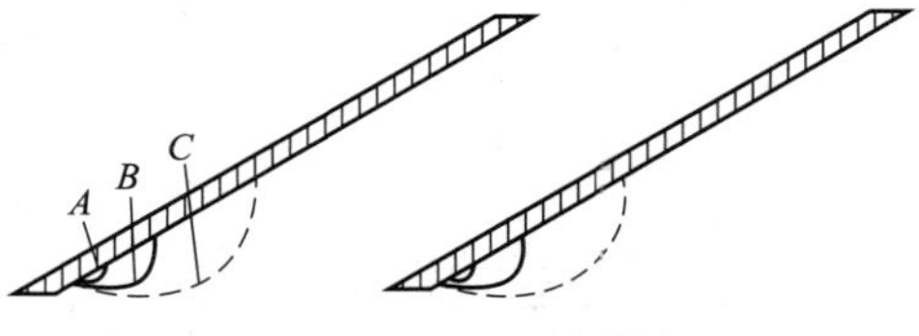

图 3－31　不同流量和 *NPSHa* 情况下空化区

在小流量工况下，重复了相同的试验。在该流量下，甚至当空穴宽度达到 15.9mm 时（图 3－31 中区域 *B*），性能也没有受到影响。只有当空穴宽度膨胀到 35.1mm 以后（图 3－31

中区域 C)，泵的性能才出现断裂。

这个试验表明两点：第一点，在叶轮中可能存在尺寸很大而泵的性能却不受影响的空穴；第二点，未被察觉的空穴的大小在小流量工况增长。

在空化有损于被输送液体的浓度的情况下，上述这些现象是重要的。例如，泵输送某些有机物或胶体溶液时，就可能发生这种情况。在这些情况下，泵可能对被输送的液体产生严重的破坏，而没有表现出任何可察觉到的空化迹象。在此情况下，必须谨慎选择泵。

在第二章第二节中，业已指出一台泵 *NPSHr* 通常由泵性能下降某一百分比的值来确定。但是，这时叶轮内可能存在较大的空穴，而没有任何警示信号。因此，为绝对不应该有空化发生的应用场合选择泵时，要么选择一台将不在低于设计工况流量下运行的泵，要么为泵提供较高的 *NPSH* 裕量。

当泵在远高于设计工况流量下运行时，通常出现图 3－28 所示的 *H*－*NPSH* 曲线。这时，液体以大于叶片角的角度流入叶轮(图 3－32)。当液体流入叶轮时，流动方向偏转至与叶片流道不同的方向。流动偏转产生的作用于叶片进口背面的力 *F*，这个力使最有可能发生空化的区域的局部压力增大。

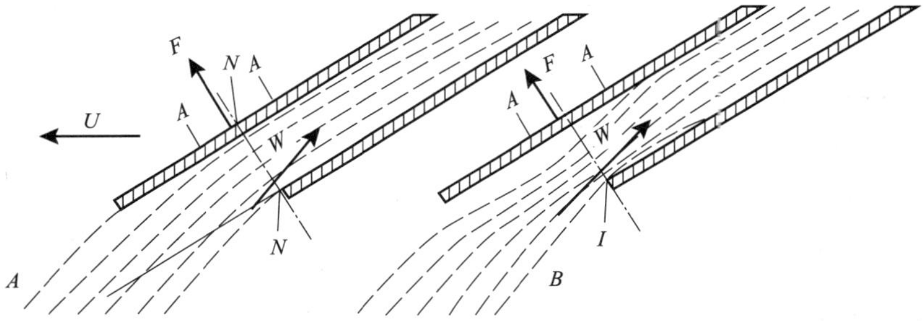

图 3－32　大流量下相邻叶片之间流动示意图，*A*－高 *NPSH*，*B*－低 *NPSH*

根据水力学可知，力 *F* 的大小直接与液体相对速度大小成正比。因此，一旦在 *A*－*A* 处发生空化，由液体速度头升高引起的压力降，就部分由升高的力 *F* 所抵消。于是，与其他两种情况相比，空化状态下产生的扬程较缓慢地下降。

在设计工况，甚至在小流量工况，也有可能出现图 3－28 所示的 *H*－*NPSH* 曲线。目前，并非为所有情况都找到了解释。但是，对这些情况存在现状的了解有助于泵用户选择合适的泵：

(1)对高比转速泵，甚至在小流量工况，其吸入性能经常出现图 3－28 所示的曲线。这主要由叶片进口边位置所致。在高比转速泵中，叶片进口边往往比低比转速泵更明显地向泵轴倾斜。这意味着，叶片进口边前盖板处的圆周速度明显高于后盖板。于是，在较高的 *NPSHa* 条件下，前盖板进口边就开始发生空化，而在后盖板则没有发生空化。这就使得泵继续输送液体，但流量有所减小。

(2)对于低比转速泵，采用特殊的几何形状，也有可能得到图 3－28 所示的 *H*－*NPSH* 曲线，见图 5－2 和图 5－3。

(3)将少量空气或气体通入吸入管，常常可以把图 3－26 所示的 *H*－*NPSH* 变成图 3－28 或图 3－45 所示的曲线。

(4)磨损过的口环的过大泄漏量对 $H-NPSH$ 曲线形状的影响与空气对 $H-NPSH$ 曲线形状的影响类似。

当不希望出现图 3－28 所示的 $H-NPSH$ 曲线形状时，可采用下述预防或校正措施：选择低比转速泵并在低于设计流量下运行；消除任何空气的泄漏；检查和更换磨损过的口环。

二、非性能条件引起的 $H-NPSH$ 曲线形状的突变

图 3－33 至图 3－35 中的曲线往往表示在泵或管路系统存在非正常情况或故障。图 3－33中的曲线指的是一种称为交替叶片空化现象。叶轮的某几个流道完全被蒸汽所堵塞，而其余流道中的流动继续畅通。这种交替叶片空化可能是静止的或旋转的。在前一种情况下，同一个流道总是堵塞的，在后一种情况下，空化造成的堵塞不断地从一个流道旋转到其他流道。在这两种情况下，$N-NPSH$ 曲线都像图 3－33 所示的那样[35]。

在图 3－36 中，曲线 1 表示泵未空化时扬程曲线。当叶轮某几个流道被堵塞以后，泵输送的流量在整个工作范围内变小。于是，扬程曲线看起来像曲线 2。

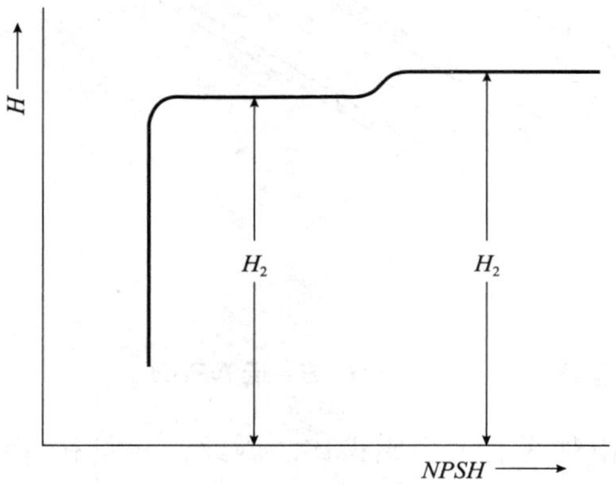

图 3－33　交替叶片空化的影响

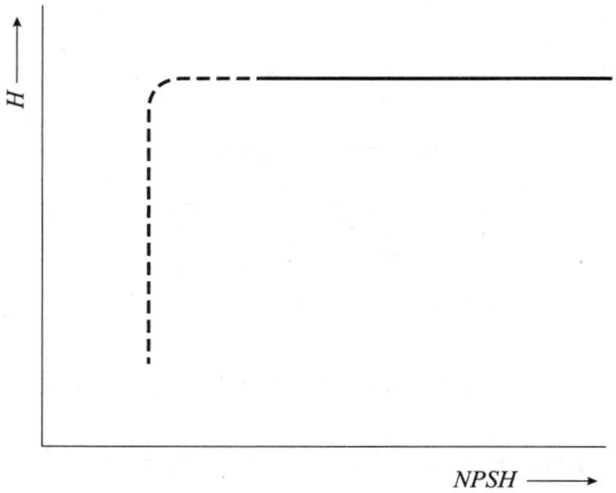

图 3－34　细的排出管道的影响

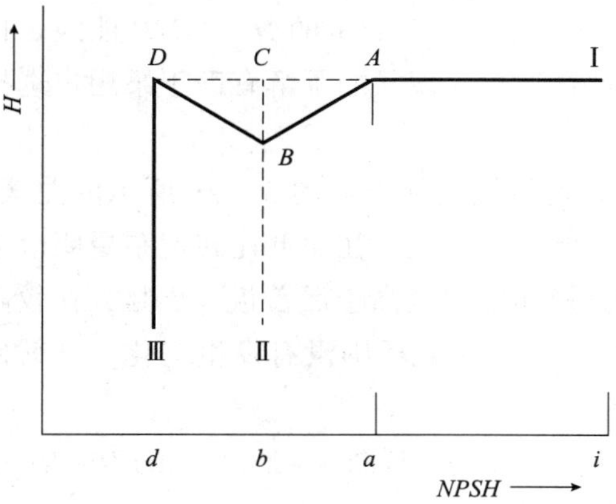

图 3－35　振动的出口阀产生的影响

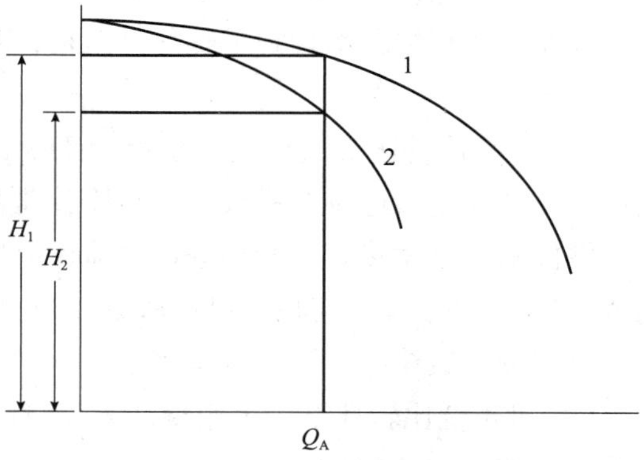

图 3－36　典型的泵扬程－流量曲线

1—全部流道畅通，2—个别流道堵塞

为了查看这种堵塞是如何影响 $H-NPSH$ 曲线的，假设在流量 Q_A 测量泵的 $NPSHr$。只要没有发生空化，泵的扬程为 H_1。但是，当叶轮的某些流道堵塞后，流量 Q_A 对应的扬程为 H_2。

交替叶片空化可能是由叶轮铸造缺陷或者吸入管路布置不当或叶轮分流叶片造成的。当从应用观点看，图 3－33 的 $H-NPSH$ 曲线是要不得的时候，首先应该检查吸入管路是否是根据本节或下一节中的准则布置和安装的。如果吸入管路安装正确，就拆开泵，检查叶片间距是否相等。如果吸入管布置不正确，那么整流器可能消除堵塞问题(图 3－83)。

图 3－34 所示的 $H-NPSH$ 曲线有下面特征，即当 $NPSHa$ 小于某个值时，泵就无法输送规定的流量。当 $NPSHa$ 低于这个临界值时，泵继续输送液体，但流量减小了。

这种情况表明，排出管路或管路中的管件，例如，阀或流量计的直径过小。直径过小可能引起排出管路发生空化。于是，对流动产生的阻力，使泵输送的流量下降。

为了解决这个问题，用直径较大的管件取代这些直径较小的，或者改变排出管路走向，把发生空化的管件的几何高程降低到最可能低的值。

图 3－35 所示的 $H-NPSH$ 曲线似乎由阀板的缺陷造成的。流动的流体可能引起阀板的急速振动，从而引起整个泵系统的压力脉动。推测这种压力脉动将激发泵内的空化。目前，对这个现象机理的解释是不充分的。

图 3－37 简要画出了测量图 3－35 所示的 $N-NPSH$ 曲线的测试回路。试验人员仅用 102mm 的阀从点 I 到点 A 进行试验(图 3－35)。当 $NPSHa$ 降低到 b 时，仍使用该阀调整流量。这时，通过透明的吸入管可看到空化汽泡。这些汽泡好像是在叶轮吸入口产生的，并在叶轮吸入口和吸入管中溃灭。另外，泵扬程从点 A 下降到点 E。

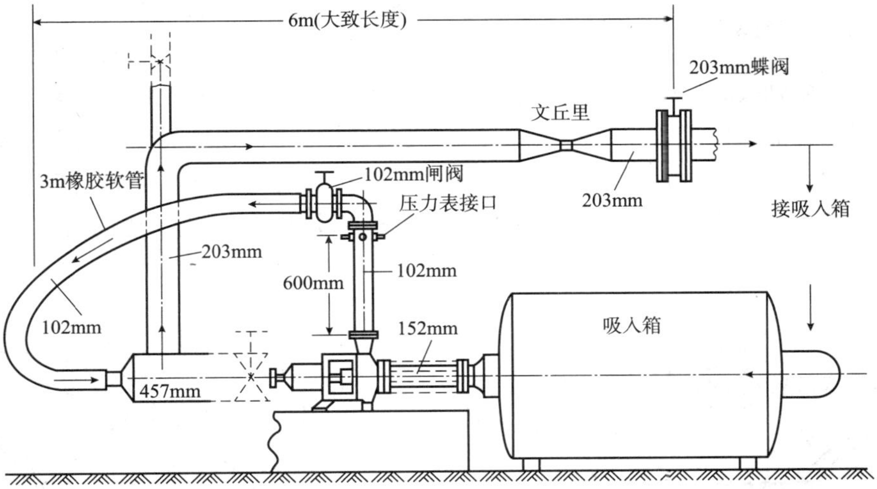

图 3－37　测量图 3－35 所示 $H-NPSH$ 曲线的试验回路，指引线旁的数字为管的内径

下一步，试验人员将 $NPSHa$ 降低到 d 点。但是，试验人员首先将 102mm 的闸阀全开，然后才开始调节 203mm 的蝶阀。泵扬程立即升高到点 D，同时空化汽泡也消失了。只有当 $NPSHa$ 进一步下降以后，泵性能才断裂。

为了更详细地研究该现象，仅采用102mm的闸阀做试验。当*NPSHa*小于*a*以后，以很小的步长减小*NPSHa*，并记录每一步泵的扬程，得到的曲线是*IAC* – Ⅱ(图3 –35)。当*NPSHa*低于*a*时，空化总是以增大了的强度出现在叶轮吸入口。

当102mm的闸阀全开时，又重复了试验，仅采用203mm的蝶阀调节流量。这时，当*NPSHa*大于*b*时，叶轮吸入口没有空化汽泡。泵扬程直到*NPSHa*等于*d*时一直不变。这似乎是102mm闸阀的阀板引起了描述的现象。当阀板伸入到流动液体时，在大流量，阀板似乎发生振动，导致发生空化。当阀门开大时，阀板让液体流动路线畅通，阀板停止振动。

三、低*NPSH*条件下预旋对性能的影响

泵的*NPSHr*随流量的减小而下降[4]。有时候这个一般性规律在特别低的小流量工况下就失效了。已知存在*NPSHr*突然显著升高的情况[36]。该现象好像是由预旋引起的(与第二章第六节比较)。

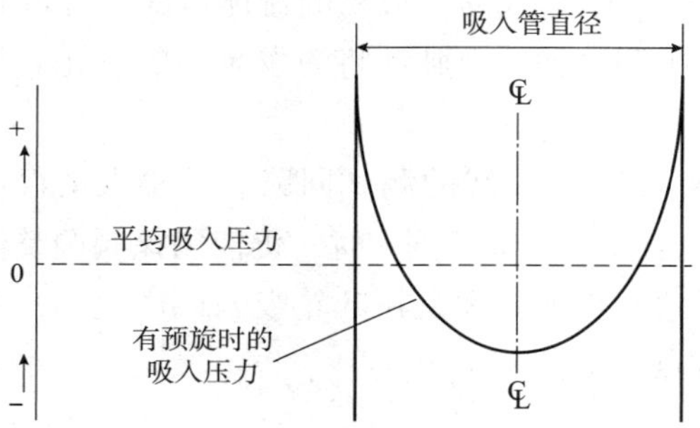

图3 –38　有预旋时叶轮入口压力分布

当存在预旋时，吸入管中的压力分布呈抛物线分布(图3 –38)。吸入管管壁附近的压力高于平均吸入压力，而管路中心附近，压力低于平均值。

预旋强度和对泵吸入性能的影响很大程度上取决于叶轮几何形状与尺寸以及转速。当叶轮进口直径和转速给定时，几何形状是影响预旋强度的主要因素。

对低比转速叶轮，叶片进口边相对较窄，并几乎平行于泵轴线(图3 –39)。在这种叶轮中，预旋产生的低压区离叶轮叶片相对较远，因此对泵性能几乎没有什么影响。与此相反，对高比转速叶轮，叶片进口边相对较宽，并且更倾斜于泵轴线(图3 –40)。这里，预旋产生的低压区与大部分叶片进口边接触。因此，预旋对性能有大的影响。由于预旋使很大部分的叶片进口边的压力下降，所以它提高泵的*NPSHr*。

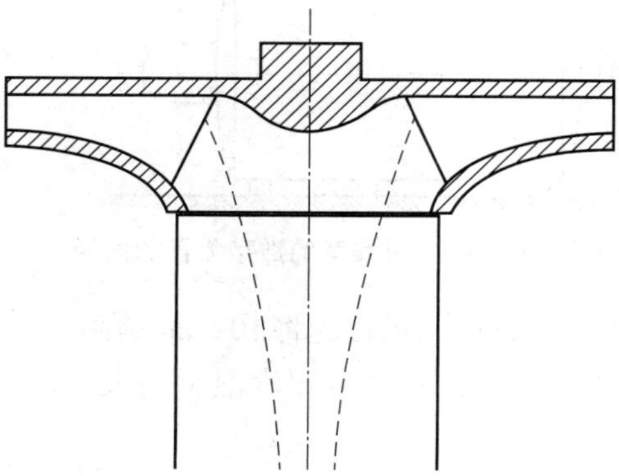

图3 –39　低比转速叶轮进口低压区(虚线以内)

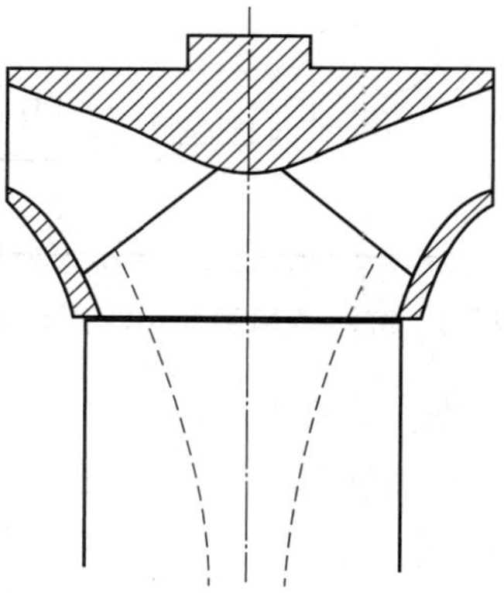

图3 –40　高比转速叶轮进口低压区(虚线以内)

由此可见，当高比转速泵在小流量低 *NPSHa* 情况下运行时，可能会产生许多问题。在极端情况下，整个泵系统可能在高噪声和强振动状态下运行，好像经受着严重的锤子敲击。

透明吸入管的试验观察已经揭示了下述现象。在小流量和高 *NPSHa* 条件下，观察到吸入管中有强烈的预旋。随着 *NPSHa* 的下降，一个大空穴周期性地出现在吸入管中心(图 3－41)，并且强有力地溃灭，使整个泵系统发生振动。在内径为 125mm 的吸入管中，空穴直径介于 50～76mm 之间，其长度超过 600mm。

当 *NPSHa* 进一步下降时，预旋停止，同时大空穴也消失了。取而代之的是在叶片背面出现大面积的充满蒸汽的空穴，泵又开始安静地运转，尽管这时泵的扬程较低(图 3－42)。

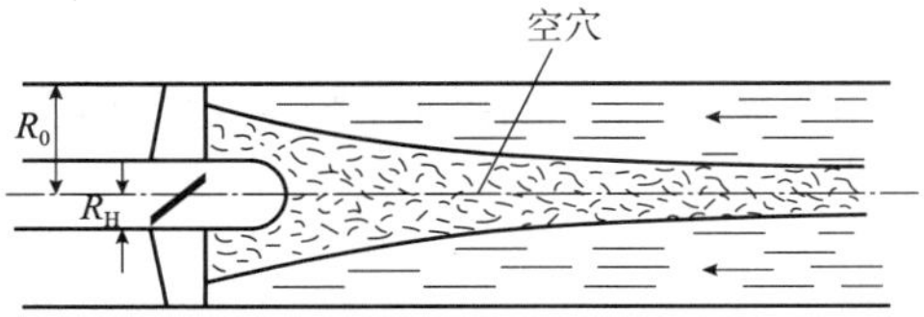

图 3－41 有预旋液体中的中心空穴

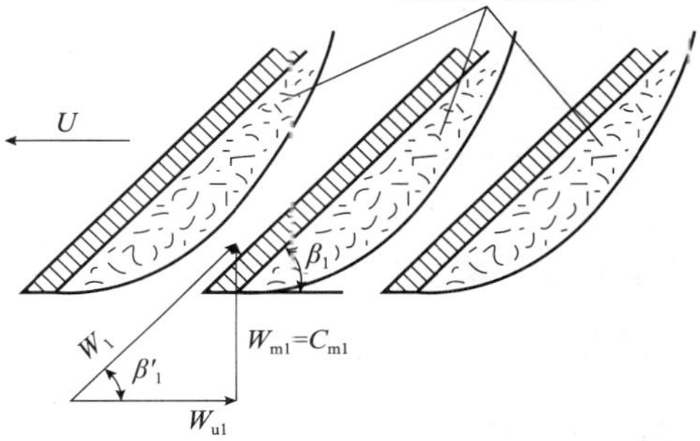

图 3－42 充满蒸汽的空穴消除了冲角

根据我们已知的预旋发生的根源，容易解释这些现象。正象第二章第六节指出的那样，当已经受到过叶轮叶片作用过的一部分液体返回到吸入管时，预旋就发生了。因受到叶片的作用，故液体获得了圆周方向速度分量 C_u。由于惯性的作用，当液体已经离开叶轮并返回吸入管以后，仍保持这个速度分量。

受到理论研究支持的有力试验证据表明，叶片进口部分传递给液体的速度分量大小 C_u 很大程度上取决于冲角的大小，即叶片进口角 β_1 与流入叶轮的液流角 β'_1 之差(图 3－43)。在低于设计流量下，当 $\beta'_1=\beta_1$ 时，冲角和 C_u 大小为最小。C_u 值随着液流角 β'_1，即流量的减小而增加[38]。

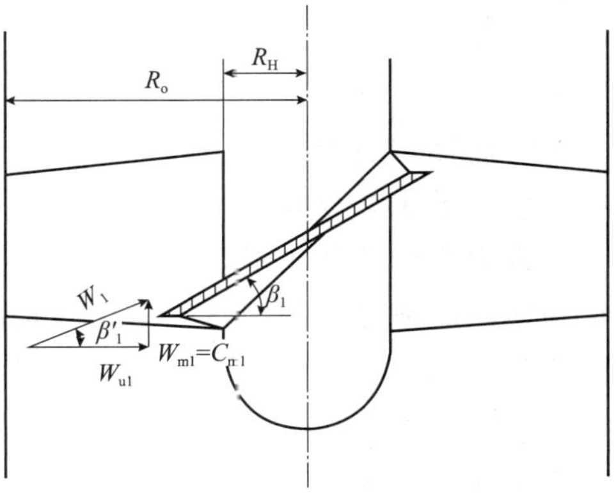

图 3－43 来流角和叶片角的对比

当预旋出现以后，在吸入管中心产生一个低压区(图 3－38)。在发生空化条件下，该压区充满蒸汽，导致吸入管横断面面积减小(图 3－41)。面积的减小又使流入叶轮的液体速度增高。但是，来流速度的增高使液流角 β'_1 增大，消除了发生预旋的根源。因此，整个吸入管内的压力又回到平均值，导致中心部位的空穴强烈地溃灭。

空穴一旦溃灭，吸入管横断面面积对液体来说又变大。于是，引起速度 C_u 和液流角 β_1^* 的下降。因此，预旋出现，又开始了新的循环。

当 *NPSHa* 再进一步下降时，蒸汽泡严重地堵塞了叶片之间的过流通道(图3－42)。通道过流面积的减小提高轴面速度 C_{m1} 和液流角 β_1'。增大了的液流角消除了预旋发生的根源，于是泵又安静地运转。

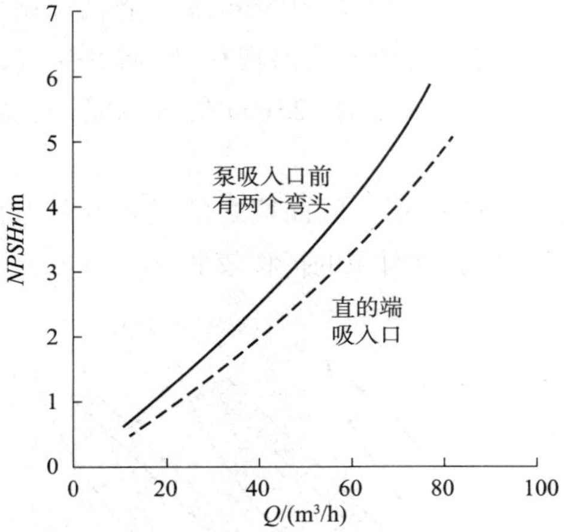

图3－44　吸入管对 *NPSHr* 的影响

四、吸入管路对 *NPSHr* 的影响

当吸入管路装有同向弯曲的几个弯头时(例如，沿右手螺旋方向)，在流入叶轮的液体中可能产生旋涡。

这种旋涡的一个特点是涡的中心压力比吸入管平均压力低。因此，单方向安装的弯头的后果是使泵的 *NPSHr* 增大。图3－44表示泵前面吸入管上安装两个弯头的试验结果。相同的泵后来又采用直的吸入管进行了测试(图3－44)。

吸入管与泵入口不匹配(图3－15)，垫片对来流液体流动造成的阻碍(图3－16和图3－17)也影响泵的吸入性能。

五、液体渗入的空气或气体的影响

当吸入管路漏气，同时其内部压力低于大气压时，空气就进入泵内。空气进入的流量随 *NPSHa* 的减小而增加。而增加的空气泄漏量又使泵的扬程下降量 ΔH 增大(图3－45)。因此 *H*－*NPSH* 曲线形状由 *a* 变为 *b*。

流入叶轮液体中的空气也将比不漏气的吸入管路较早(在较高的 *NPSHa* 值)地完全堵塞叶轮流道。

虽然漏入的空气总是降低泵的扬程，但是，在空化存在的情况下，漏入的空气会有某些有益的效果。当泵发生空化时，少量的空气常常担当缓冲物，降低溃灭汽泡产生的机械冲击。这种缓冲作用减轻空化导致的泵零件损坏。同时，它也减小噪声和振动。有时，有意识地将适量空气引入到必须在空化状态下工作的泵内部。但是，这仅仅是没有其他办法的极端情况下才采用的办法。

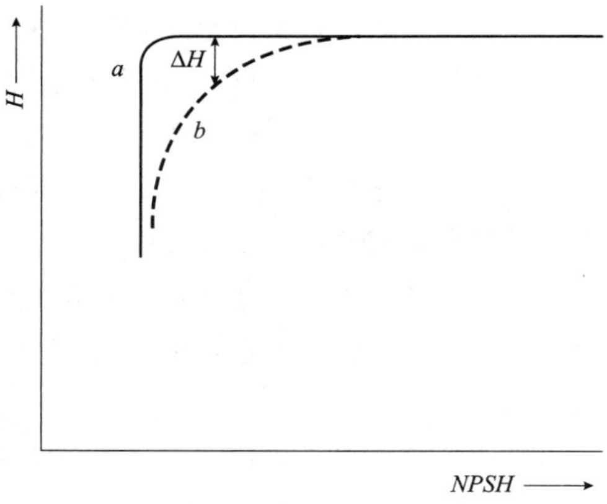

图3－45　空气对 *H*－*NPSH* 曲线的影响

当泵输送含有大量溶解的空气液体时，也将发生类似现象。任何气体在液体中的溶解度都随压力的下降而变小。所以，低的 *NPSHa* 使溶解在液体中的大部分气体释放到吸入管路或叶轮的低压区，效果等同于空气泄漏。

六、时间对吸入性能的影响

泵的吸入性能也受时间的影响。随着泵的长期运行，流道表面光滑性经受着渐进变化。甚至由于磨损和腐蚀，流道形状可发生变化。所有这些因素都影响泵的吸入性能。

磨损口环引起的泄漏可能特别具有破坏性。图3－46表示口环间隙变化是如何影响泵的吸入性能的。在泵的工作范围内，某给定流量下的 *NPSHr* 向小流量方向移动泄漏量 q。除此以外，增大的泄漏量常常将图3－26所示的 $H-NPSH$ 曲线形状变为图3－28。

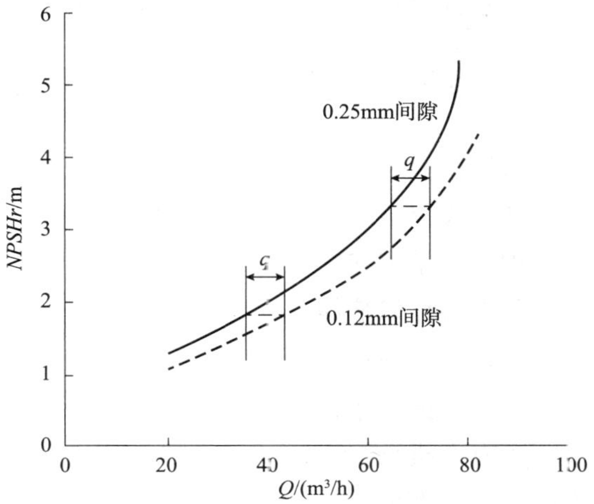

图3－46 口环间隙对 *NPSHr* 的影响

七、温度对吸入性能的影响

式(2－1)可以重新写作

$$\frac{p_s}{\rho g}=NPSH-\frac{C_s^2}{2g}+\frac{p_v}{\rho g} \tag{3-5}$$

对于给定的泵，流量和转速，入口速度 C_s 是常数。假设 *NPSH* 是常数也是合理的。所以式(3－5)可以重写为

$$\frac{p_s}{\rho g}=\frac{p_v}{\rho g}+M \tag{3-6}$$

式中，$M=NPSH-C_s^2/2g=$常数。式(3－6)表明，要求的用于抑制空化的绝对压力 p_s 直接随汽化压力 p_v 而增加。该方程间接表示 p_s 随温度的增加量与 p_v 随温度的增加量相同。然而，实际上，情况并非总是如此。

较高温度下要求的绝对吸入头的增加通常远远低于蒸汽压的增加，好像较高温度下的泵 *NPSHr* 在变小。其原因是温度升高时的液体性质取决于液体热力学特性。

例如，考虑10℃和93℃两种不同温度下容积为 V_a 的饱和蒸汽。在10℃和93℃下饱和蒸汽的比容分别为106.3m³/kg、2.10m³/kg。因此，在93℃温度下，必须比10℃温度下多蒸发50倍的水来充满给定的 V_a。

93℃时的蒸气汽化潜热约是10℃时的90%。这意味着，93℃时，必须比10℃时多传递给液体45倍的热量，以便产生相同容积 V_a 的蒸汽。

流经叶轮的液体往往在低压区停留短的时间。因此，在这段时间内，93℃的蒸汽的容积比10℃小。这表明，在给定 *NPSHa* 条件下，较高温度下的空化强度是减弱的。

较高温度下蒸汽泡的溃灭引起的破坏也比较低温度下的弱。从给定的蒸汽容积排出汽化潜热的时间随热量释放而变长。

这里，请注意，虽然升高的温度蒸汽汽泡溃灭的冲击通常比较低的温度下的冲击有所减轻，但是许多材料的强度在高温下降低，所以损坏可能仍然很严重。

八、掺入杂质的影响

在液体中只有杂质(核子)存在时，空化才能发生[38]。绝对纯净液体的分子间内聚力很大，如果没有核子，在没有发生空化的情况下，液体可以承受甚至很大的负压(张力)。在实验中，科学家在空化发生前已成功产生高达200个大气压的张力[39]。

实际上，任何液体都含有足够的核子使之在汽化压力下发生空化。但是，过多的核子可能引起较高的*NPSHr*。这主要是因为含有大量杂质的液体夹带大量微小气泡。当压力降低时，这些气泡膨胀，引起像空气泄漏产生的相同类型的干扰。

对含有有机物(例如，纸浆)的液体，这种情况就特别普遍。这时，液体可能含有大量由发酵产生的其他气体。

九、输送不同液体时的吸入性能

液体的热力学性质可能对泵的*NPSHr*有显著的影响。因为不同液体往往具有不同的热力学性质，所以，可以预料到泵的*NPSHr*随液体是变化的(图3-22)。

然而，热力学性质并不是使不同液体之间*NPSHr*出现差别的唯一参数。液体表面张力和黏度也起作用(对照第二章第五节)。

由于参数众多，所以采用测量过的液体*NPSHr*几乎不大可能准确预测泵输送其他液体的*NPSHr*。于是，当需要准确掌握泵某液体的*NPSHr*时，唯一万无一失的方法是采用被输送液体进行实际的*NPSHr*测量。

十、尖锐棱边对空化的影响

数十年来，已知流动液体流道上的尖锐凸出物对离心泵性能有负面的影响。然而，直到最近，几乎很少了解有关该现象的根源及机理。

有一次，我偶然发现清晰显示该现象本质的例子。我也为该现象的根源找到了理论解释。文献[41]给出了这个例子的详细情况。这里，我们仅给出例子中的几个要点及其含义。

在带有透明吸入管的试验回路中对一个非常规诱导轮进行了测试。这样，就可以借助频闪灯观察诱导轮的行为。在测试中，小气泡开始出现在诱导轮叶片的各个尖锐的棱边处，并被流动的液体带走。并不清楚这些是充满空气的气泡还是充满水蒸汽的汽泡。整个试验回路被抽成较高的真空，排出可能已经溶解到水中的空气。之后，重新启动泵。但是，像开始的试验那样，在相同的位置气泡又出现了。这时候，可以断定这些气泡是蒸汽汽泡。为了消除这些汽泡，逐渐把吸入压力提高到高于大气压20m，但是没有效果。汽泡继续出现在叶片的各个尖锐的棱边并被流动的液体带走。

最近，我发现这些试验所观察到现象并不是巧合。业已证明，当液体沿固体边界流动时，液体必须在代表该边界的曲线的一阶导数不连续的各个点上分离。尖点或尖锐的棱边构成了一个奇点。这就解释了上述观察到的现象。

当已经和固体壁面直接接触的液体流过尖锐棱边时，液体从壁面分离，在流动液体与固体壁面之间产生空的空间(真空)。这就导致一部分液体蒸发，而进入这个空的空间，并以蒸汽泡的形式被流动液体带走。当这些汽泡进入较高压力区域时，它们猛烈地溃灭，产生典型的空化损伤。

第三节 泵输送系统的布局

液体从吸入池、吸入罐或容器中流入泵吸入管路，它们的尺寸和形状对泵的性能有很大影响。特别是当吸入池和吸入罐的容积与所输送的液体流量相当时，它们的尺寸和形状的选择可能是至关重要的。

作为一个准则，假如泵输送完吸入池中所存的液体容积的时间少于2min，那么就必须对吸入池的设计进行仔细审查。

一、泵吸入池和管路布局的影响

甚至对于大型吸入池，也有可能存在吸入管路入口淹深不够或几个吸入管路相对排列位置不正确等问题。对于灌溉和供水离心泵，在大型工程中，吸入池引起的问题几乎是特有的。随着离心泵在几乎所有工业部门和其他应用场合的广泛应用，由泵吸入池设计不当引起的问题已变得更为普遍。

泵经常必须安装到空间有限的地方。泵吸入池造价随其尺寸的增大而惊人地增加。因此，泵吸入池尺寸应该设计得尽可能的小。在这些条件下，吸入池设计不当可能对泵的性能产生不利的影响。

另一个应用场合是需要巨量冷却水的热电厂，因吸入池设计不当导致的后果可能是灾难性的。这又一次表明，吸入池的设计和建造是极其重要的。显然，在这两方面，都需要对泵吸入池中发生的流动现象有专门的知识和深入的了解。

1. 吸入池中的旋涡

在图3－47中，液体由管道A圆形流入吸入池S，并从管道B流出。这两个管道都与吸入池壁面相切，但它们位于不同的水平面上。因为管道A位置存在偏心，所以进入吸入池S的液体沿圆环形路线流动，产生了一个旋涡。

假设吸入池内的水力损失是忽略不计的，那么液体运动服从能量守恒定律。该定律由伯努利方程表示

$$\frac{p}{\rho g}+\frac{C^2}{2g}+H=\text{常数} \tag{3-7}$$

式中，p为液体压力；ρ为液体密度；g为重力加速度；C为液体绝对速度；H为基准$X-X$以上的高程差(图3－47)。

每当液体沿同心圆运动时，只有当液体切向速度满足下式的条件下，式(3－7)才能满足

$$C_uR = C_{u0}R_0 = \text{常数} \tag{3-8}$$

式中，C_{u0}为某一参考半径 R_0 处的液体切向速度，C_u 为任意半径 R 处的液体切向速度。

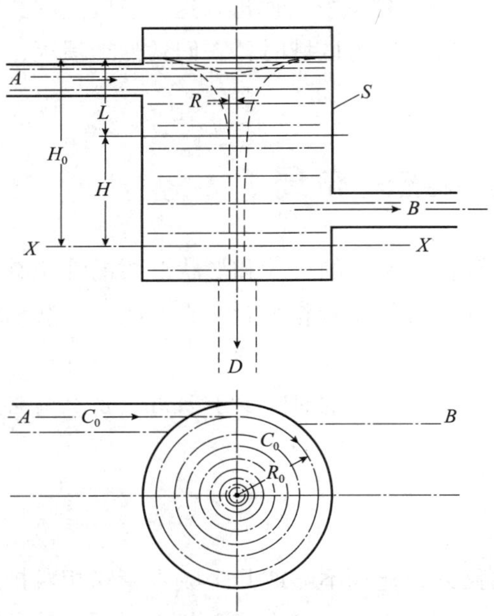

图 3－47　旋涡中空气漏斗的产生

只要关心旋涡的性质及其对泵性能的影响，这些方程就有重要含义。为简化起见，假设吸入池是敞开的，液体向下的速度比较小以致于可以忽略不计。这时，用 C_u^2 代替式(3－7)中的 C^2。考虑到液体表面上的压力为常数(大气压)，由式(3－7)和式(3－8)，得到下面关于旋涡表面形状的方程

$$H = H_0 - \frac{C_{u0}^2}{2g}\left(\frac{R_0^2}{R^2} - 1\right) \tag{3-9}$$

式中，H_0 为参考半径 R_0 处基准 $X-X$ 以上液体自由表面的几何高度，R_0 等于管道中心线到旋涡中心的距离。

式(3－9)表明，任意半径 R 处的液体自由表面高度 H，随 R 减小而降低。因此，旋涡中心呈充满空气的漏斗形状。

实际上，情况并不总是这样。每当出口管道 B 位于进口管道 A 下方深的位置时，漏斗往往是一个像固体一样旋转的液体核。

为了后续讨论，我们采用淹没深度 $L = H_0 - H$，见图 3－47，而不是 H 作为变量。于是，式(3－9)可以重新写为

$$L = \frac{C_{u0}^2}{2g}\left(\frac{R_0^2}{R^2} - 1\right) \tag{3-10}$$

式(3－10)表明，淹没深度 L 越大，漏斗半径 R 越小。但是，漏斗半径的减小导致液体表面张力的增大。这种效应和其他真实流体性质(黏度、沿固体表面的摩擦等)共同作用下，漏斗在液体较深处闭合。于是，就引发了漏斗内的液体与漏斗周围液体的相互作用，并使漏斗充满旋转的核。

现在，假设用管道 D 替代管道 B，直接位于旋涡核的下方。结果，液体不断地被从旋涡核吸走，使得旋涡核充满空气。管道 D 产生了使漏斗充满空气的倾向，但是，使漏斗充满液体的因素也是存在的。一个因素就是表面张力。

表面张力随旋涡半径的减小而增加，而旋涡核半径随淹没深度的增加而减小，见式(3－10)。所以，当管道 D 的淹没深度足够深而产生了充分大的表面张力时，漏斗保持充满液体状态。相反地，当淹没深度不足时，出现空气漏斗(浴缸现象)。

上述分析能够直接应用到离心泵吸入管路上。当液位下方的吸入管路入口淹没深度不够深时，可能因吸入池存在旋涡，而使空气进入泵内。

淹没深度并不是决定在泵吸入管路入口处是否将形成空气漏斗的唯一因素。可以采用某些一般性指导准则来判断给定的淹没深度是否充分(图 3－48)。值得注意的是，这些准

则只适用于正确设计的吸入池。

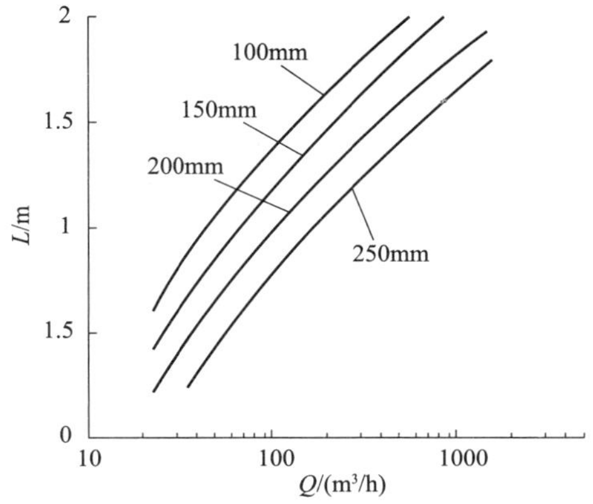

图3－48 吸入管路入口的最小淹没深度，指引线旁的数字为管道内径

实际上，需要的最小淹没深度可能与这些准则偏离很大，这取决于吸入管路入口相对于旋涡的位置，液体进入吸入池的速度以及吸入管路和吸入池组合在一起的形状。

2. 吸入口相对于旋涡的位置

假设吸入管路入口位于旋涡中心附近(图3－49)。流入吸入管路的液体经常将旋涡较低的下端拖入吸入管中。于是，泵就从旋涡核吸入液体。抽吸液体的流量取决于吸入管内液体流速。流速越高，旋涡核变成充满空气的危险就越大。有关吸入管的广泛试验业已表明，吸入管内的液体流速可能是正确设计的吸入池中产生空气漏斗的最具决定性的因素[41]。

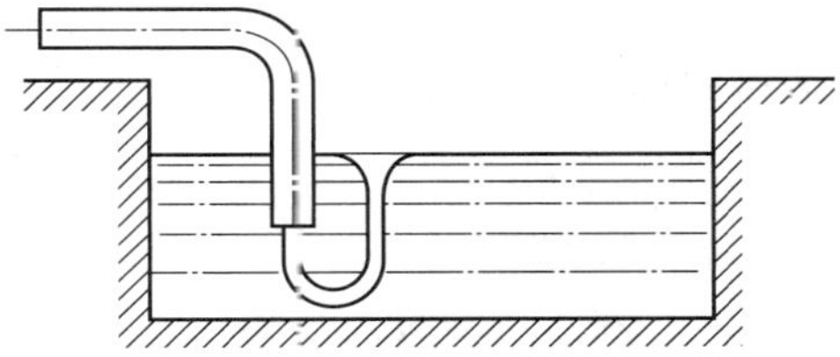

图3－49 空气流到吸入管的入口

旋涡被拖入到泵吸入管中的可能性还依赖于吸入管路入口到旋涡核的距离。两者距离越短，形成空气漏斗的危险性就越大。这就间接地暗示吸入池应该足够大，以便允许使吸入管安装在距离旋涡尽可能远的位置。

对设计良好的吸入池，美国水力学会发布了关于吸入管路入口位置，即尺寸的某些一般性指导准则图3－48和图3－51。

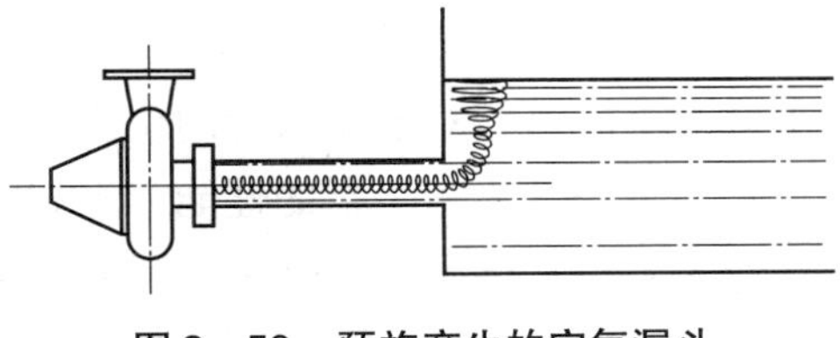

图3－50 预旋产生的空气漏斗

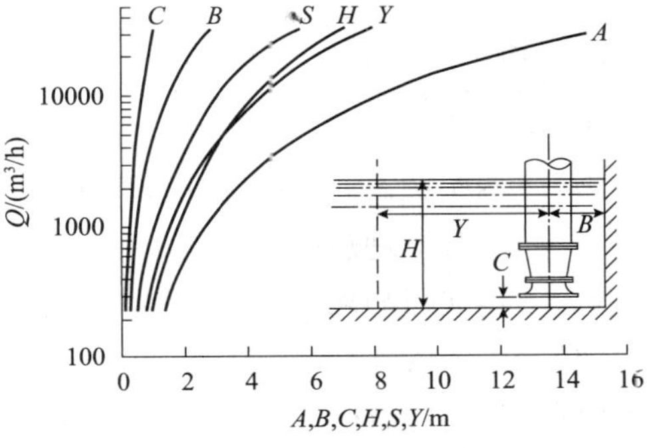

图3－51 美国水力学会推荐的吸入池尺寸，尺寸A、S在水平面内，见图3－53

3. 吸入管内液体流速

吸入管内液体流速对空气漏斗的形成有决定性效果。流速越高，形成空气漏斗的危险性就越大，同时，避免出现此危险的所需要的淹没深度就越深。

虽然，上述指导准则是产生空气漏斗的危险性随吸入管内液体流速而增大，但是，有时相反的情况也是存在的。

第二章第六节指出，在叶轮入口，只有当吸入管流速低时才出现回流。在此流速下，由于预旋的作用，在吸入管路内产生旋涡。在某些条件下，这个旋涡传播到吸入池中，于是形成熟知的空气漏斗(图 3 – 50)。在这类情况下，可能需要比图 3 – 48 和图 3 – 51 更深的淹没深度。

4. 液体流入吸入池的速度

在图 3 – 47 中，R_0 为流入管道 A 中心至吸入池旋涡核中心的距离，C_{u0}为液体在管道 A 中的平均流速。由式(3 – 10)得到的漏斗半径等于

$$R=\frac{C_{u0}R_0}{\sqrt{2gL+C_{u0}^2}} \tag{3-11}$$

对于给定的淹没深度 L 和流入管道 A 到旋涡核中心的距离 R_0，R 随 C_{u0}而增加。大的 R 意味着小的表面张力。这就减弱了形成充满液体的旋涡核的趋势，从而增大产生空气漏斗的可能性。

5. 吸入管路入口与吸入池的组合形状

图 3 – 52 和图 3 – 53 表示吸入管路入口和吸入池组合在一起对旋涡形成的影响。在图 3 – 52 中，液体从与吸入池相同宽度的流道进入吸入池。作为进一步的预防措施，在泵上游距离 Y 处设有一个拦污栅。同时，距离 B、C、H 等是根据图 3 – 51 中的指导准则确定的。在这些条件下，预计液体流入吸入管时没有大的扰动。

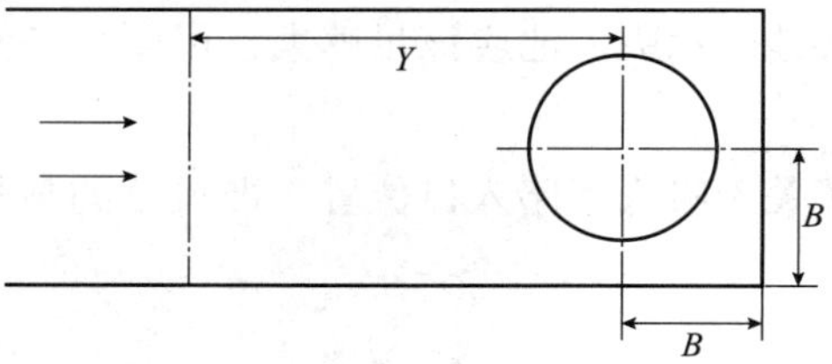

图 3 – 52　推荐的吸入池布局

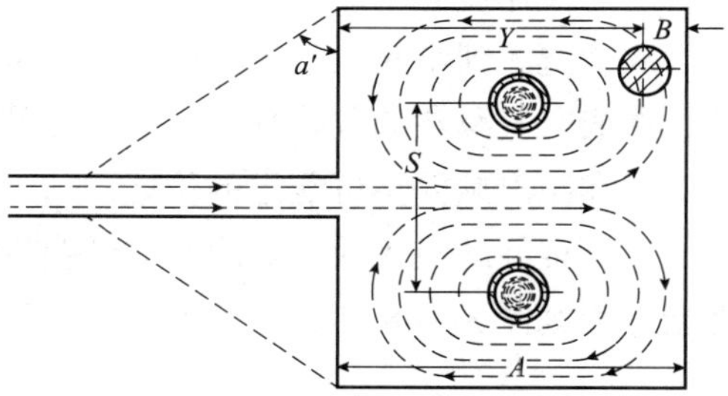

图 3 – 53　不满意的吸入池布局

图 3 – 53 给出了另一种极端的例子。窄的吸入池流入流道使其内液体流速提高，在吸入池中产生两个旋涡。使情况变得复杂的是，泵的安装位置位于这两旋涡的中心。这种布局往往导致十分不理想的泵性能。

吸入池旋涡影响离心泵性能的方式很大程度上取决于旋涡相对于吸入管的位置。当旋涡心中位于吸入管外部时(图 3 – 49)，旋涡将空气卷入泵内，不利于泵的性能。当旋涡中心位于吸入管内部时(图 3 – 53)，虽然没有空气被卷入泵内，但是，这个旋涡可能导致泵运行的不稳定。

旋涡敞开在大气中和旋涡与大气隔绝是存在根本差别的。在前者中，旋涡内的压力绝

不会低于大气压。而在后者中，旋涡内的压力可以低于被输送液体的汽化压力。因此，当旋涡核完全包含在吸入管内时，泵内可能会发生空化。

当旋涡核位于吸入管外面，淹没深度很深而没有空气漏斗存在时，有时也会出现另一种扰动。在该情况下，旋涡核的压力并不低于周围液体的压力，空气也不能进入吸入管。所以，当这种旋涡被吸入到吸入管路时，虽然它不会产生空气泄漏和空化，但是它确实改变了液体流入叶轮的速度分布。于是，这将降低泵的流量和产生噪声。

二、吸入池设计原则

图3－51的属性特征是尺寸B并不是最小的推荐值，而是最大的推荐值。可以用图3－47、图3－53和式(3－8)说明之。

图3－47和图3－53指明旋涡核最有可能在吸入池中心的某个地方出现。一方面，必须让泵吸入管路入口远离这些旋涡核。这就意味着泵吸入管路入口应该靠近吸入池侧壁。这是设定距离B上限的原因。

但是，过小的距离可能让所有液体从吸入管路入口的一侧流入，导致进入叶轮的液体流速分布不均匀(图3－54)。当吸入管路上安装一个与吸入池测面接近的大直径喇叭口时，就特别有可能发生此种情况。为了消除这种扰动，让B的实际值大于图3－51的推荐值。一般地，让吸入喇叭口的边与最近的吸入池的侧壁面的距离X介于$0.25D \sim 0.5D$之间(图3－54)。

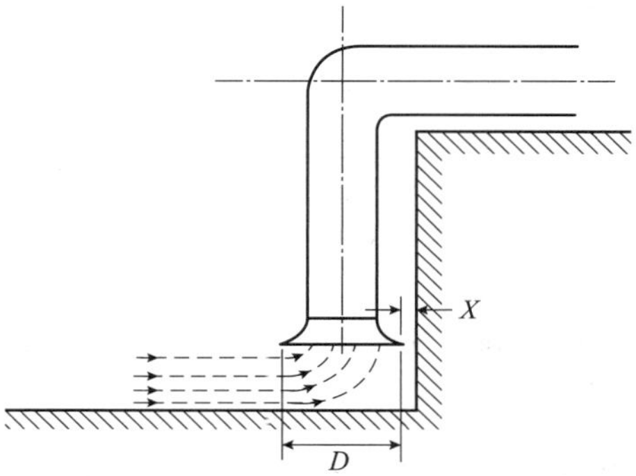

图3－54　吸入池下游侧壁壁面贴近距离的影响

最好让吸入池的流入流道的宽度与吸入池宽度相等。然而，这并不总是可能的，特别是在工业应用场合，当液体从管道流入吸入池时。在这种情况下，让吸入池的流入流道逐渐变宽，见图3－53中的虚线。这时，美国水力学会推荐$\alpha' = 45° \sim 75°$。在此基础上，还推荐在锥形断面的末端安置整流器(杆编拦污栅)以及距离Y的最小值。

虽然在很多情况下图3－52所示的吸入池形状通常给出满意的水力性能，但是一些设计人员更喜欢填充吸入池的两个角(图3－55)。其他设计人员推荐使用两个半圆形壁面(图3－56)。相信这些推荐的结构能够消除吸入池角落里可能出现的旋涡。这些结构可能产生满意的效果，但是实际应用并没有证实它们的优势。事实上，这些设想可能出现直角处的旋涡可能由中心位于吸入管附近的旋涡所代替，这些旋涡中心位于半圆中心O(图3－56)。

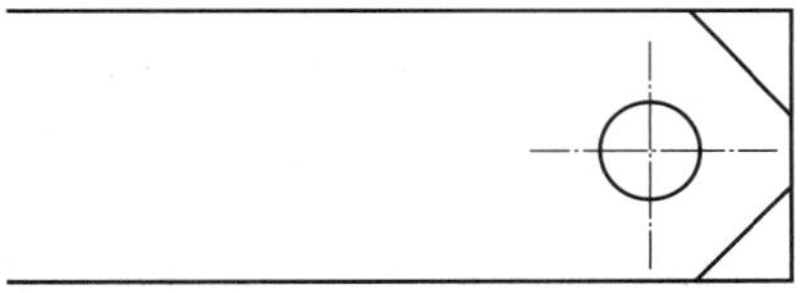

图3－55　推荐的一种吸入池形状

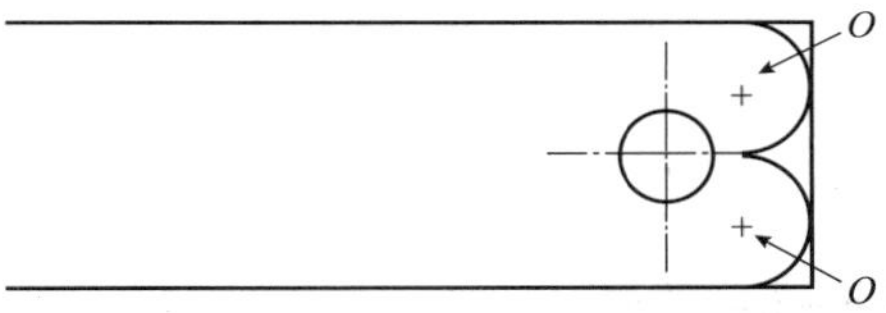

图3－56　推荐的另一种吸入池形状

吸入池平面形状并不是引起旋涡的唯一因素。垂直断面上的形状也可能是重要的。在图 3－57 中，A 处的尖角容易产生旋涡。当距离 Y 相对较短时，就出现这种情况（图 3－57）。为了避免旋涡的形成，让吸入池和流入流道之间高程的任何改变都沿着倾斜的斜坡的变化而变化（图 3－58）。

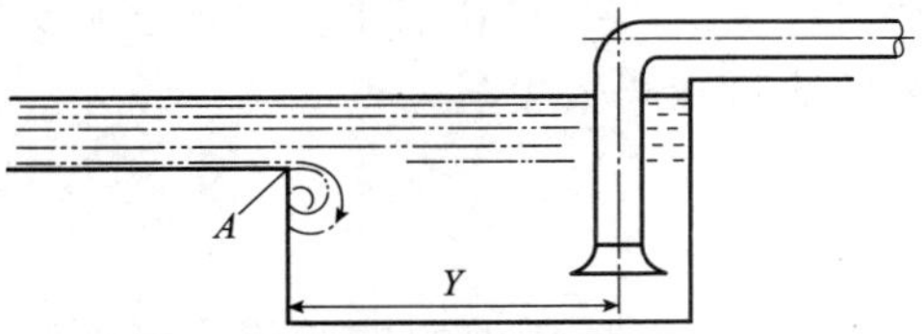

图 3－57　吸入池尖角产生旋涡

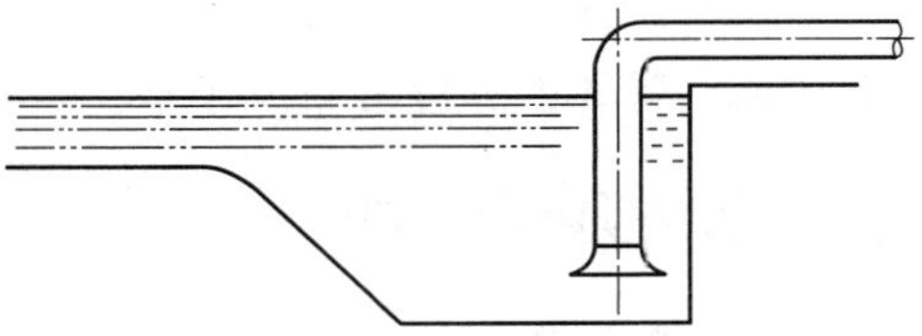

图 3－58　有意避免图 3－57 中的旋涡而设计的吸入池

当液体通过管道 P 进入吸入池时（图 3－59），尖角 E 可能产生旋涡。为了降低出现旋涡的危险，尖角应该尽可能倒圆。

流入管道位于吸入池液面的上面可能产生最坏的影响（图 3－60）。产生的瀑布往往会把空气带进吸入池中，随后空气常常流入到吸入管路中。

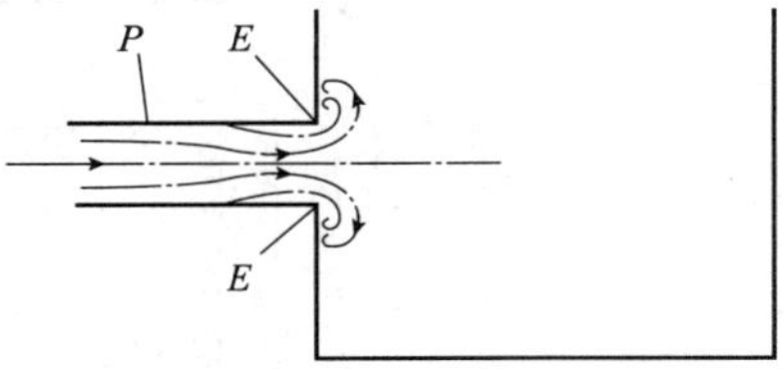

图 3－59　流入流道出口尖角引起的旋涡

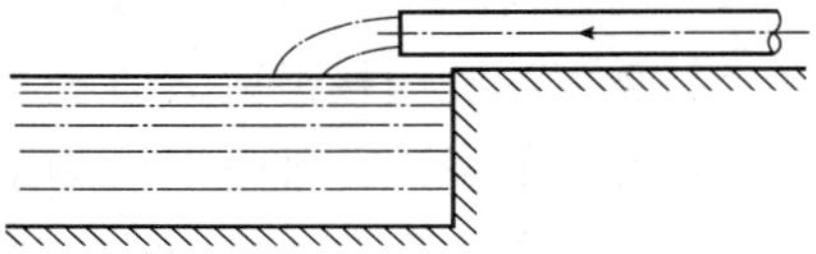

图 3－60　从液位上面喷进吸入池的液体可能把空气带进池中

当多个吸入管路安装在同一个吸入池中的时候，有必要采取特殊措施。不能把一台泵安装在另一台泵的上游（图 3－61 和图 3－62）。当流体流经吸入管路时，会产生旋涡（图 3－63）。上游吸入管产生的旋涡会流入到下游的泵内，引起扰动。

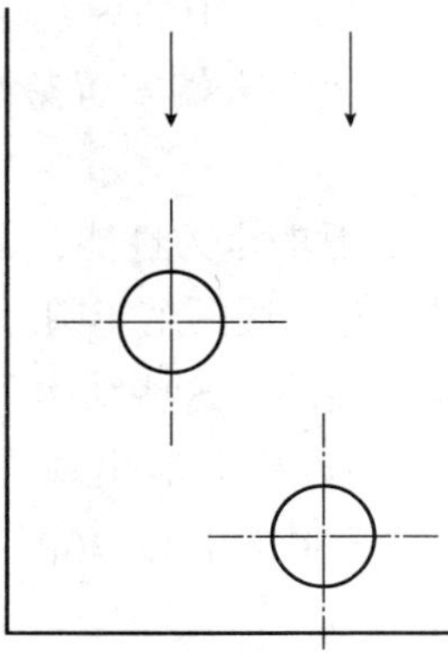

图 3－61　同一个吸入池中两个吸入管入口有害的布局

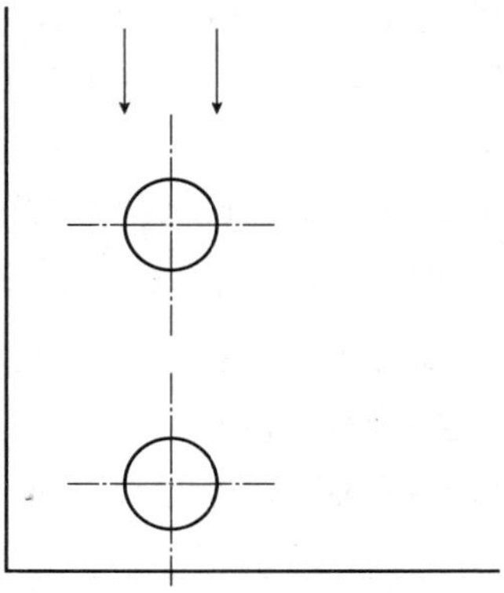

图 3－62　同一个吸入池中两个吸入管入口最差的布局

图 3－64 表示同一吸入池中多台泵的比较好的布局。在该布局中，泵排成一排，并垂直于流动方向。没有一台处于其他泵的上游。但是，只有根据前面推荐指导准则来选取两

台泵之间的距离 S 和其他尺寸，这种布局才能起到良好效果。

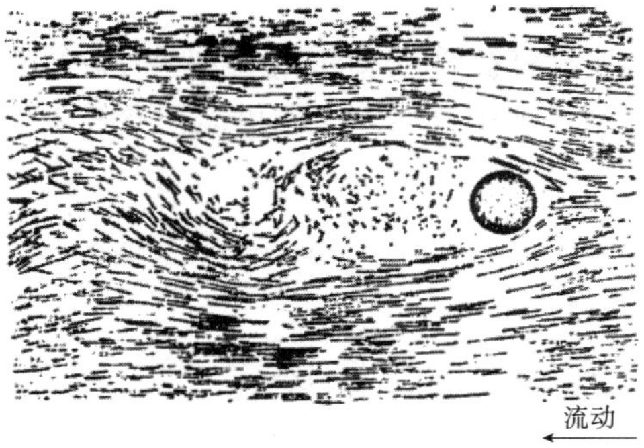

图 3－63　圆柱形物体后方释放的旋涡

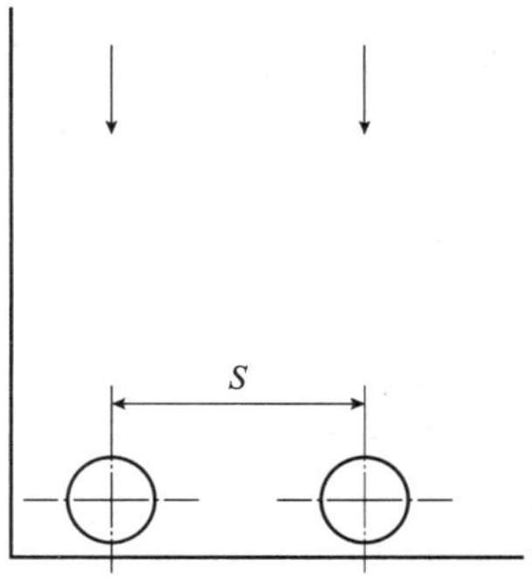

图 3－64　推荐的同一个吸入池中两个吸入口的布局

在某些情况下，甚至图 3－64 所示的布局也会产生问题。这时，在相邻两泵之间设置隔板可能是有好处的。当来流沿吸入池整个宽度分布不均匀，那么隔板与吸入池后壁面之间要留有一定缝隙。在这种情况下，隔板往往是所引起的旋涡的中心（图 3－65）。于是，隔板也是离吸入管最远的旋涡的中心。

当隔板与吸入池后壁面之间没有缝隙时，不均匀的速度分布通常在各个隔间中产生旋涡（图 3－65）。这些旋涡的中心常常在吸入管中心附近，或者甚至与吸入管中心重合（图 3－66）。

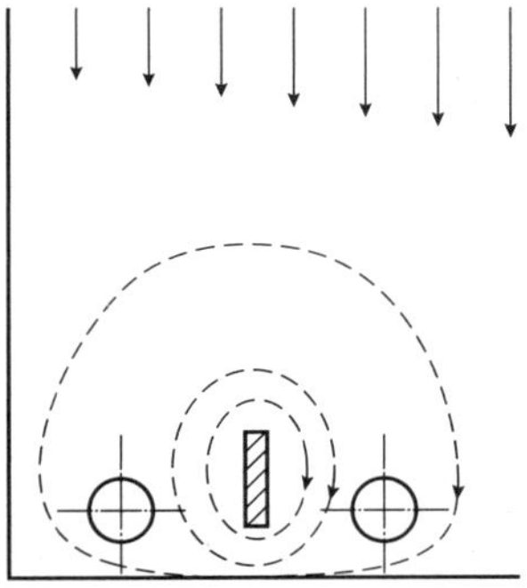

图 3－65　分割两泵的隔板后面留有的缝隙的效果

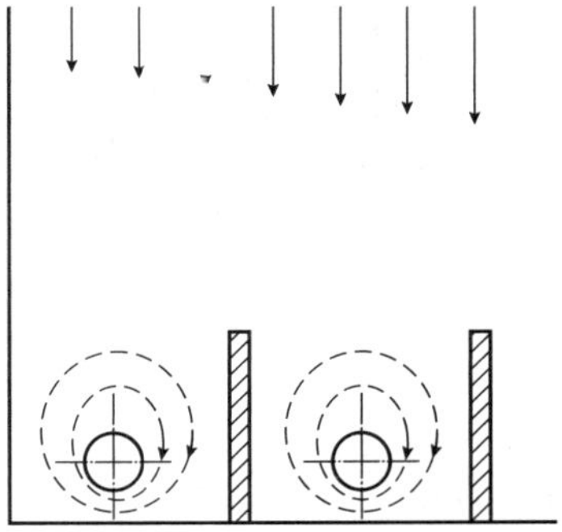

图 3－66　隔板延伸到吸入池后壁面的效果

三、提高吸入池性能的补救措施

建造一个符合所有要求的吸入池并不总是可能的。在某些情况下，存在空间和投资的限制。在其他情况下，泵必须安装在现有吸入池上。也存在设计良好的吸入池因不明原因而产生问题的情况。在这些情况下，补救措施可能解决这些问题。

当吸入管附近存在空气漏斗时，一种措施是用惰性漂浮材料覆盖到液体表面上。例如，当液体是水时，将木头片散布在液面上。这些漂浮物通常可以破坏现有的空气漏斗，并防止其他空气漏斗的形成。

当这些旋涡核进入吸入管内部时，这些漂浮物是无济于事的。在这种情况下，一些整流器，挡板或网筛可以安装在吸入池中。例如，让水连续从悬垂挡板的下面和淹没挡板的上面流过（图 3－67）。采用该方法时，必须遵守下面几点：

（1）悬垂安装的挡板与吸入池底面的距离应该足够大，让液体以相对较低的速度从挡板下部通过。

（2）淹没安装的挡板应低于液面，以便让液体以相对较低的速度从挡板上部流过。

（3）淹没安装的挡板的高度决不应该过高，以致于产生瀑布。瀑布可能把空气带入液体中，然后传递到泵内。

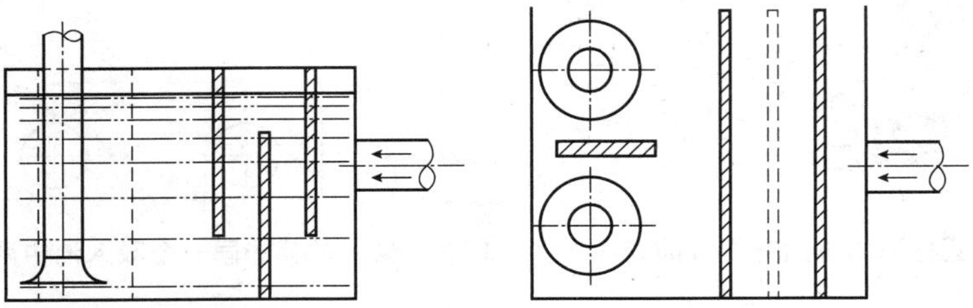

图 3－67　用挡板破坏旋涡

每当液体像图 3－60 所示的那样从液面之上流入吸入池时，可稍稍变更挡板的布置，像图 3－68 那样，避免空气流入泵中。在这种布置中，第一个挡板对流入的气泡产生向上的速度，有助于气泡从液体中逸出。余下的气泡通过悬挂的挡板使流动方向改变而逸出，然后再通过第二个淹没挡板使气泡逸出，如此等等。

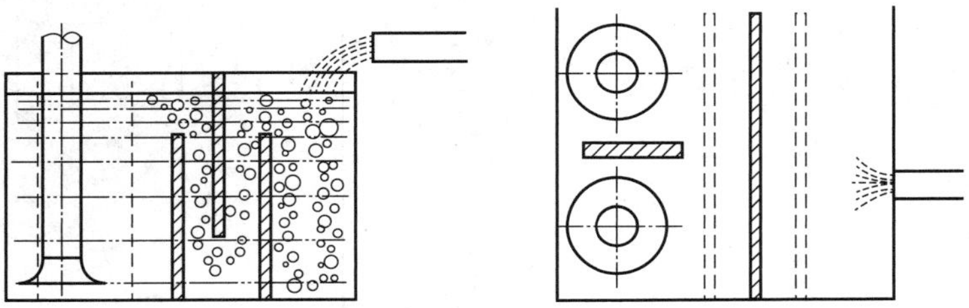

图 3－68　来流带入的空气的分离

可用于消除不正确设计的吸入池产生负面效果的其他补救措施包括：在吸入管入口处安装喇叭口（图 3－54），在吸入管入口下方安装导流锥（图 3－69）以及在吸入管背面安装挡板（图 3－70）。在某些情况下，这些措施已证明是有作用的，在其他情况下，它们是完全无效果的。只有通过尝试才能确定它们对给定的情况是否有作用。

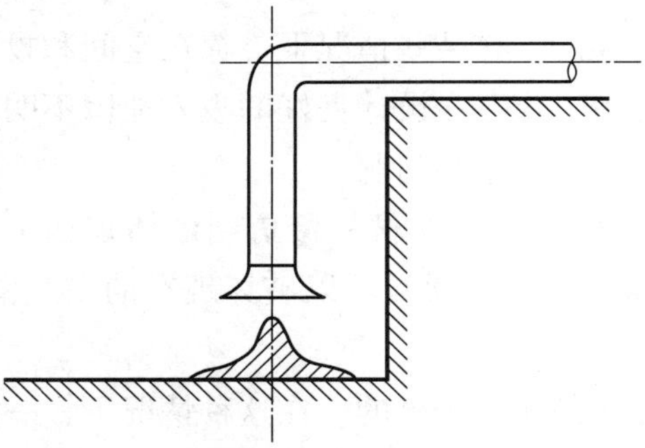

图 3－69　吸入喇叭口下面的导流锥

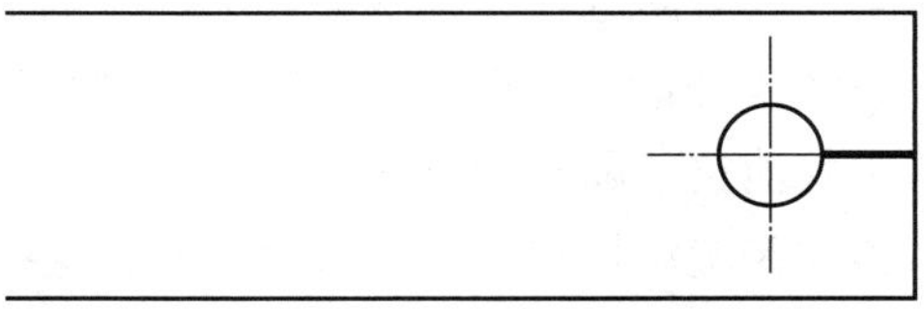

图 3－70　安装在吸入管背面的挡板

四、由模型试验预测吸入池性能

尽管已经了解了有关泵吸入池的情况以及它们对泵性能的影响，但是有关吸入池结构影响的许多方面还是未知的。当泵的安装场地和其他因素需要新的、尚未尝试过的吸入池结构时，尤其如此。

当设计建造大型、投资昂贵的泵装置时，有必要制造原装置的小尺寸模型，并在原装置施工前对模型进行必要的修改。

为了使模型试验产生有意义的结果，必须根据某些模型律进行试验。相信最有意义的条件是模型与原型的弗鲁德数相等。弗鲁德数定义为

$$Fr = \frac{C}{\sqrt{gh}} \tag{3-12}$$

式中，C 为吸入池中液体速度；h 为在某个重要位置的液体深度；g 为重力加速度。

如果模型的所有尺寸都比原型小 m 倍，那么模型吸入池中的液体速度必须按照下式增加

$$C_m = \frac{C_p}{\sqrt{m}} \tag{3-13}$$

其中，C_p 为原型吸入池中的液体速度。

最近的研究表明，吸入池的实际性能还依赖于雷诺数，其定义为

$$Re = \frac{Ch}{\nu} \tag{3-14}$$

式中，ν 为被输送的液体运动黏度。

除非模型尺寸与原型相同，否则不可能建立一个同时满足式(3－12)和式(3－14)的模型。另外，业已证明，弗鲁德数对吸入池水力性能的影响比雷诺数大。所以，只保持模型和原型的弗鲁德数相同。

在关键场合，尽管模型和原型尺寸不同，但是也有可能使两者的弗鲁德数和雷诺数完全相同。这可以通过模型使用的液体黏度与原型使用的液体黏度的不同来实现。

五、水锤的原因与影响

水锤是泵基本上用于输送水的时代的遗留物。它指的是与泵输送系统中的液体惯性密切相关的一系列现象。

当一台泵启动后，管路中的液体必须加速流动，直到最高流速。类似地，当泵停机时，管路中的液体必须减速，直到静止不动。

当被输送液体从一个管路引导到另一个管路时，也发生类似现象。在这种情况下，两种现象可能同时发生：在一个管路中减速，而在另一个管路中加速。被输送液体运动状态的改变可以产生使泵壳体破裂的力。在其他情况下，这些力可能导致严重的空化。

当某一流程要求被输送液体从一个管路迅速转移到另一个管路中或者要求泵频繁而迅速地启动与停机时，水锤特别具有破坏性。在这些情况下，泵损坏甚至比长距离管道中输送水或油料的泵的损坏更频繁。

在长距离管道中，泵的启动和关闭相对不频繁。因此，只有当压力超过泵壳体强度时，泵壳体才破裂。在频繁开机和停机情况下，由于疲劳的原因，泵壳体可能在小的压力波动下就破裂。水锤也有可能通过诱导空化使泵损坏。在这种情况下，泵发生故障的频率与发生空化的频率成正比。

1. 水锤发生原理

根据牛顿第二定律，只有当一个物体受到力的作用时，它的运动状态才发生改变。如果这个力不存在，以一定速度运动的质量将继续以保持相同的速度运动。同时，静止的物体将保持静止。改变任何物体运动状态所需的力与物体质量、速度改变的大小和速度变化率成正比。

关闭长距离管路末端的阀，整个管路内的液体将突然停止运动。只有在力的作用下，这种运动状态的改变才会发生。这个力是局部压力的突然升高。在流动停止的地方，产生压力升高。压力升高导致液体的局部压缩和此高压区周围金属管壁的弹性膨胀。液体和管壁的变形产生在整个泵系统内运动的压力波。

由阀门关闭引起的压力峰值正比于泵系统内总的液体质量和阀门关闭速度。在长距离管路或直径大的管路中，阀门的迅速关闭产生的压力波的强度足够使泵壳体破裂。

2. 避免压力升高引起的破坏

避免因压力升高引起泵壳体破坏的第一个直觉的措施是简单地慢慢关闭阀门。实际上，现场值班人员应该在规定的时间段内缓慢关闭阀门或者安装相同功能的自动关闭装置。

在工业应用场合，由于必须要快速停机和变换流动管路，所以不希望缓慢关闭阀门。在这种情况下，必须采取其他方法。一种方法是在重要位置安装调压井。敞开式调压井部分充满被输送的液体，并与主管路相连。所以，一旦压力波到达连接点，液面就要上升。这样就消耗了波动能量，消除了其破坏性。

第二种方法是在关键位置安装气囊。这些密封的气囊与主管路相连，并充满空气或惰性气体。当压力波到达容器时，气囊中的气体被压缩，部分能量转化为热量，热量通过气囊壁面耗散掉。

第三种方法是压力波动源与泵之间安装减压阀。在压力波的作用下，减压阀打开，允许部分液体从旁通管逸放出。这恐怕是降低压力波动的最有效的方法，但是，这种方法只有在排放液体被允许的条件才能使用。

决定采用何种方法取决于投资、被输送液体的性质、管路尺寸和布置、特殊需要、地形变化、流动阻力、特殊问题以及所有这些因素间的相互影响等。在许多情况下，水锤产生的问题如此之复杂，以致于只有高素质的本领域的专家才能最妥善地处理它们。

3. 避免压力升高引起的破坏

液体惯性引起的泵破坏并不局限于压力的升高，泵破坏也有可能是由压力的瞬时降低引起的。在这种情况下，泵内部某部位的压力可能降至汽化压力以下，引起了空化。

在图 3－71 中，考虑由吸入短管、泵 P 和长排出管 D 组成的泵系统。在吸入管路上安装有底阀 F，排出管路 D 向储液池 S 输送液体。在该系统中，出口阀 V 经常总是打开的，只有当泵检修或其他紧急情况下才关闭。

当泵停机的时候，由于惯性，它的旋转部件继续旋转。在这瞬态时段内，旋转部件不断减速，直到完全停止。与此同时，在惯性作用下，管道中的液体在流动，在 *NPSHa* 作用下，新的液体进入吸入管路来取代已进入储液池 *S* 的液体。这两个现象持续，直到完全停止。

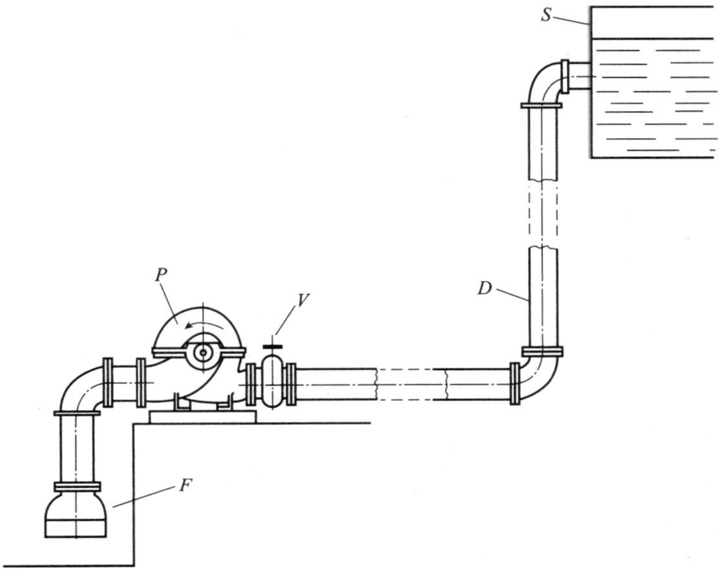

图 3－71　水锤可能引起空化的泵系统型

在图 3－72 中，实线代表转速等于常数时的扬程－流量曲线。最显著的特点是叶轮产生的扬程 H 随流量 Q 的增加而下降。当流量 $Q=Q_0$时，泵产生的扬程等于零。在更大的流量下，扬程变为负值。这表明，泵不是给被输送的液体增加能量，而是在 *NPSHa* 的作用下从液体中吸取能量。于是，*NPSHa* 下降以便抑制叶轮吸入口的空化发生。

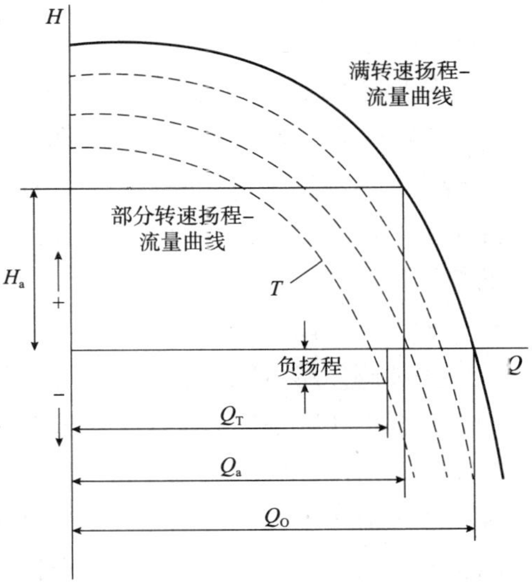

图 3－72　泵停机时空化如何发生的说明

当泵的转速下降时，扬程－流量曲线不断地变化，见图 3－72 中的虚线。转速的下降引起扬程－流量曲线的下移。

现在，假设泵已经停机，其停机前的流量为 Q_a，对应的扬程为 H_a。T 段时间以后，泵转速降到 $n=n_T$，扬程－流量曲线由曲线 T 表示(图 3－72)。与此同时，由于惯性，泵系统中的流动仍在进行，尽管流量是较小的 Q_T。在某些条件下，这个流量仍旧很大，以致于使泵产生负扬程。这时，在叶轮出口产生较低的压力。在某些条件下，该压力在叶轮叶片出口边引起严重空化和损伤。

一种最简单和最节约防止空化的方法是在泵出口处安装空气阀。当泵出口压力低于一个预先设定的压力时，该阀就打开。这就破坏了真空和空化的发生。遗憾的是，这种方法不总能使用。有时，是因为启动过程中的后续问题，不允许空气进入泵内。其他情况下，是因为被输送液体性质的原因，也不希望有空气进入。于是，可以采用下述措施：

(1)提高 *NPSHa*，例如，降低泵的安装高度，同时给吸入罐加压，或者选择其一。

(2)给泵转子部件安装飞轮，使泵的转速缓慢下降。

(3)对于电动机驱动，用电磁阀取代图 3－71 中的阀 *V*，这样一旦电动机停止供电，阀门就关闭。

(4)用压力控制阀取代阀 *V*，一旦出口压力低于某个最小值，阀门就开始关闭。

在泵的启动阶段，也有可能发生空化。当泵启动时，吸入管路和排出管路中的液体必须加速运动。吸入管入口与叶轮入口的总能头之差是使吸入管内液体产生加速运动的力。由于这个能头差不能超过吸入管入口 *NPSHa* 和叶轮入口的 *NPSHr* 之差，所以这个力的最大值受到限制。这个能头差产生的力必须在有限的时间内使吸入管路中的液体速度达到规定转速下的值。这个时间限制等于泵－原动机组达到规定转速所需的时间。当 *NPSHa* 与 *NPSHr* 不足以使液体加速到规定转速的数值时，在叶轮入口将发生空化。

一般地说，下述因素决定惯性力是否在叶轮入口产生空化：

(1)吸入管路长度与直径。吸入管路中的液体越多，在要求的时间内将液体加速到规定转速下的力就越大。

(2)吸入管入口 *NPSHa* 与叶轮入口的 *NPSHr* 之差。这个差值越大，使液体加速的力就越大。

(3)排出管路长度。排出管路越短，使液体加速到规定转速下的值所需时间就越短。如果排出管路中的液体比吸入管路中的液体提前加速到规定值，那么叶轮内就发生空化。

(4)泵旋转部件加速到规定转速的时间。这个时间越短，使吸入管路中的液体加速到规定转速值，而不发生空化的有效时间就越短。

除了上述四个因素外，使液体加速达到规定转速值的时间还受吸入管路不同管段流动阻力的严重影响。

有几种方法可以避免液体惯性在叶轮入口处引起的空化。首先，吸入管路应该尽可能地短，弯头和阀门尽可能地少，口径尽可能地大以减小流动阻力。第二，*NPSHa* 尽可能地大，例如，根据实际情况，泵尽可能安装在低处，或者给吸入罐加压。第三，在阀门部分关闭的条件下启动。阀门应该缓慢开启，使液体在吸入管路中有足够的时间加速。但是，某些泵，如轴流泵，在阀门部分关闭条件下，扬程不稳定，并且轴功率过大。所以，必须在阀门全开的情况下，启动这种泵。第四，某些自动或手动增速装置可逐渐并入。这就使得吸入管路中的液体有足够的时间加速。第五个可能的方法是在泵吸入口附近安装辅助吸入罐，辅助吸入罐装有被输送的液体，并通过压力控制阀与泵吸入管路相连(图 3－73)。每当泵入口压力低于某最小值，该阀就按预先设置开度打开，于是一部分液体就从辅助吸入罐流到低压区。通过选择合适的补液量、辅助吸入罐容积和调整阀门开度，泵启动过程中的空化是可以避免的。

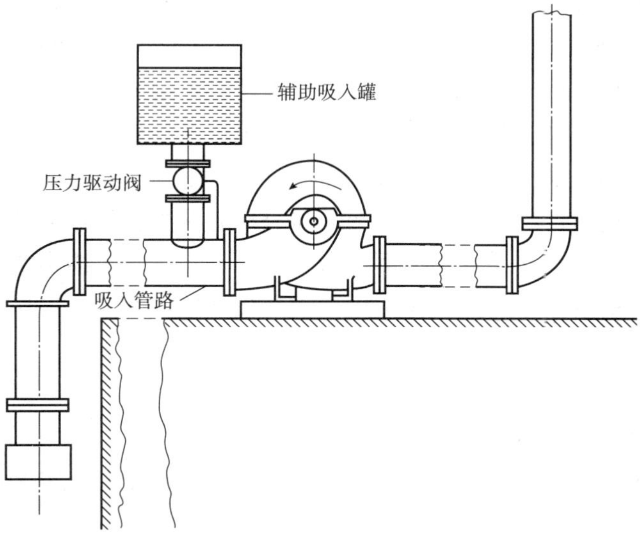

图 3-73 辅助吸入罐避免泵启动过程中的空化

4. 其他惯性效应

泵启动过程中的液体惯性以各种方式影响不同类型的泵。某些泵，当关阀启动时，经受较高的应力。轴流泵在关死工况附近运行时，产生严重的不稳定，并伴随着大的噪声和振动。这种振动可以在较短时间内破坏泵。

为了避免泵破坏，这种泵总是开阀启动。但是，当吸入管路较长时，液体惯性对流动引起的附加阻力，等同于泵在阀门部分关闭的条件下启动。

在泵出口和主排出管路上的逆止阀之间安装一个旁通管可以避免这种破坏(图 3-74)。在装置中，在开大旁通阀的情况下启动泵。旁通阀慢慢关闭，把液体引导到主排出管路中，使得液体在主排出管路中缓慢加速，没有任何严重的惯性效应。

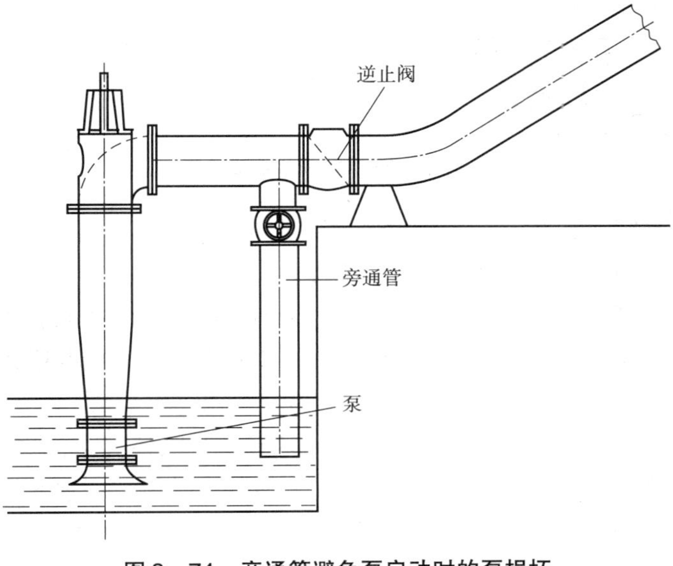

图 3-74 旁通管避免泵启动时的泵损坏

另一负面影响是冲击压力。这种现象的特征是它发生在9～14m长的短管路中。图3－75表示由吸入管路*S*、泵*P*和排出管路*D*以及排出水箱*T*组成的泵系统，其中吸入管路上装有底阀*F*。当泵停机时，在短时间内，液体在系统中流动。在此期间内，底阀是开着的，新的液体流入系统中，替代已经流入到排出水箱中的液体。当这段时间结束时，液体不再流入吸入管，而是从排出管流向泵，形成反向流动。

底阀通常由形状简单的平阀盘组成。当反向流动的液体获得很高的速度时，在阀盘的上面产生高的滞止压力，而在阀盘的下面压力降低。于是，阀盘撞击阀座，突然使液体流动中断。即使在较短的管路中，撞击作用也产生高强度的压力波。该压力波容易使泵体产生裂纹。

一种避免过大撞击压力升高的普通方法是用固着的重物*W*或弹簧对阀盘施加预紧力（图3－75）。预紧力应该足够大，以便使返回的液体获得很高速度之前关闭底阀。但是，只有当有足够*NPSHa*储备来克服底阀增加的阻力时，才能对底阀施加预加力，以防止发生空化。

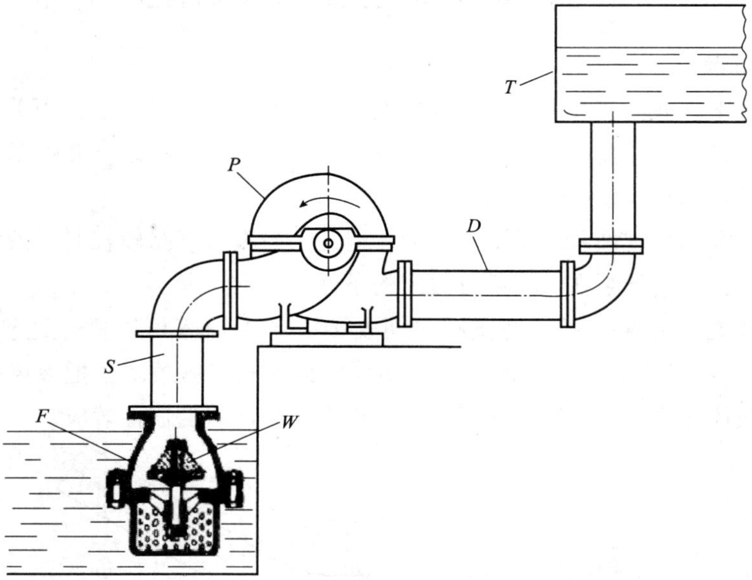

图3－75　预紧的底阀

另一种方法是在吸入管路上安装减压阀。当吸入管路压力超过某一个值时，减压阀就开启，使得液体从旁通管路返回吸入池或吸入罐。

每当在泵排出口安装逆止阀以后（图3－76），即使没有安装底阀，也有可能存在冲击压力引起的破坏。当逆止阀关闭以后，在惯性力的影响下，逆止阀与吸入池之间的液体继续向着泵吸入口流动。这可以使泵内出现真空，引起空化。

为避免这种破坏，逆止阀的阀板应该预紧。这样，当液体停止流动并开始倒流以后，阀就立即关闭。通过把阀板安装在长轴*S*上可以实现这个功能。长轴*S*通过一个填料函伸出阀体之外。杠杆*L*固定在轴的外端，并用重物*W*或弹簧施加预紧力。

另一种方法是在泵出口安装自动空气阀。当泵与止回阀之间的压力低于某个值时，该阀就打开。这就使得空气进入吸入管路，破坏真空。

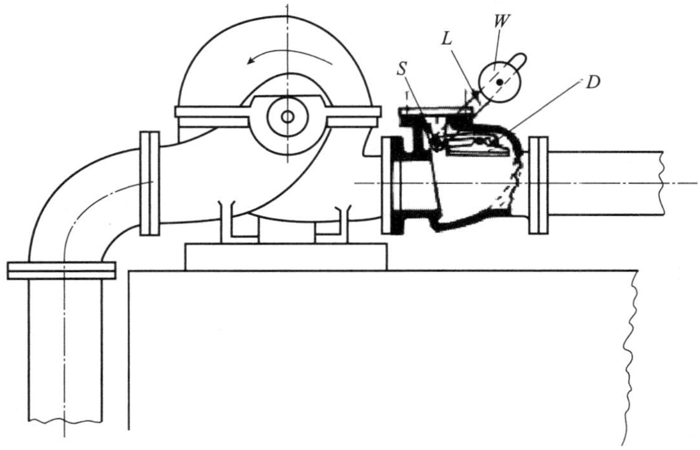

图 3－76　泵出口带预紧力的逆止阀

六、泵串联运行

当几台泵串联运行时，如果上游一台泵关闭或破坏，那么下游的一台或多台泵就无法正常工作。上游泵停止运行降低了下一台泵入口压力，引起空化。若这台泵后面还有多台泵，这些泵也有可能无法正常工作。因为上游的泵发生了空化，所以下游的第一台就不能产生要求的扬程。

在绝大部分扬程用于克服管道阻力的泵系统中，有可能出现另一种泵无法正常工作的情况。在这种情况下，即使一台泵已经坏了，所有的泵合起来的扬程降低了，但是液体仍可能在继续流动，尽管流量可能较小。由于低流量下系统阻力比较小，所以该现象有可能发生。因为泵是串联的，泵输送的液体继续流过停摆的泵，并使叶轮反向旋转。这就有可能使保持轴套与叶轮适当轴向位置关系的螺母松动，严重损坏泵的旋转部件。

七、泵并联运行

每当几台泵的吸入管连接到同一母管时，泄漏到一台泵的空气可能会泄漏到其他的泵中。这将影响所有泵的性能。

空气泄漏可能发生在某一台正在运行的泵的吸入管路，也有可能发生在一台或多台泵的排出管路。但是，在后一种情况下，只有当发生空气泄漏的泵处于停机状态下，泄漏的空气才是有害的。

当一台泵的排出管路扬程剧烈下降时，会出现另一种问题。这将降低泵出口压力，使受到影响的正在运行中的泵的流量明显增加。但是，流量的增加也间接地降低系统中其他泵的 *NPSHa*。因此，扬程的剧烈下降也可能会使其余的泵发生空化。

针对下垂的扬程－流量曲线，并联运行的泵会出现不同类型的问题，但是这些问题并不经常发生。图 3－77 表示安装两台相同型号泵并联运行的系统阻力曲线 H_r。曲线 A 代表每一台泵的扬程－流量曲线。当一台泵运行时，泵的工况点是（Q_1，H_1）。当泵并联运行时，产生两条交叉的扬程曲线 B 和 C。

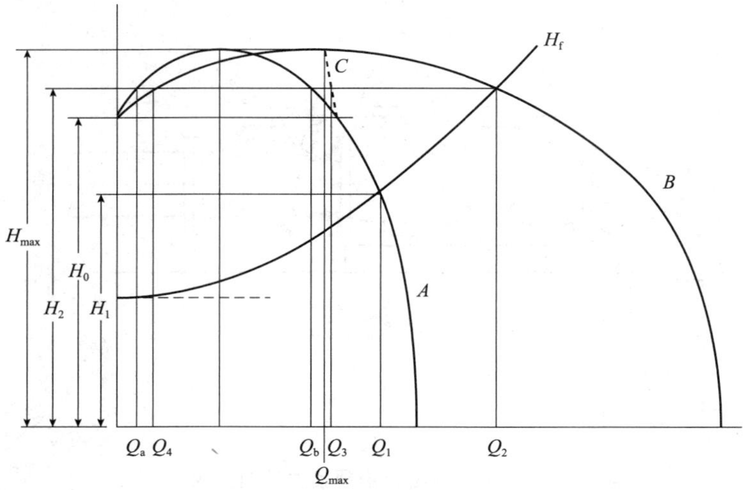

图 3－77　扬程曲线下垂的两台泵并联运行

产生两条曲线的原因是在关死扬程 H_0 和最高扬程 H_{max} 之间一台泵在相同扬程下可能输送两个不同的流量。例如，考虑两台泵在介于 H_0 和 H_{max} 之间的扬程 H_2 下并联工作时的性能。它们可以输送三种不同的流量。第一种是流量等于一台泵流量 Q_b 与另一台泵流量 Q_b 之和，即 $Q_2 = 2Q_b$。第二种流量是等于一台泵流量 Q_a 与另一台泵流量 Q_a 之和，即 $Q_3 = 2Q_a$。第三种流量是等于一台泵流量 Q_a 加上另一台泵流量 Q_b，即 $Q_4 = Q_a + Q_b$。

通过这种方式，把给定扬程下每台泵的流量加起来，得到两台具有下垂形扬程曲线并联运行时的不同性能曲线 B 和 C（图 3－77）。然而，曲线 B 和 C 存在重要差别。

曲线 B 从零流量一直延伸到零扬程。但是曲线 C 仅仅介于最高扬程 H_{max} 对应的流量 Q_{max} 和扬程等于 H_0 对应流量之间。Q_{max} 等于每台泵处于最高扬程工况下流量的 2 倍。当扬程低于 H_0 时，两台泵总的扬程曲线就是曲线 B。

只要系统阻力曲线只与曲线 B 相交，两台泵总的扬程线就唯一确定。因此，下垂形扬程曲线不产生问题。只有当阻力曲线与曲线 B 和 C 同时相交时，才产生问题。这是因为阻力曲线与两台泵并联运行的扬程曲线 B 和 C 都是处于平衡状态。

这时，流量将从一个值跳到另一个值，引起噪声和振动。实际上，这种情况是罕见的。曲线 C 涵盖的流量范围很小（图 3－77 和图 3－78）。这单纯地降低了系统阻力曲线能与总的扬程曲线两个分枝同时相交的可能性。

甚至当系统阻力曲线 H_r 与曲线 B 和 C 相交时，噪声和振动也不会必然出现。当流量脉动频率较高时，通常才产生噪声和振动。但是，流量的迅速变化会遇到管道中由液体性引起的较大阻力。只有当管路短的时候，这个阻力才较小。

另一个下垂形扬程曲线的泵甚至在并联运行时也很少导致问题的原因是当两台泵以 Q_2 和 Q_3 中一个流量运行时，它们处于能量平衡的稳定状态。在稳定平衡状态，当流量稍有变动时，恢复平衡状态的最容易和最简便的方法是恢复原来的流量。

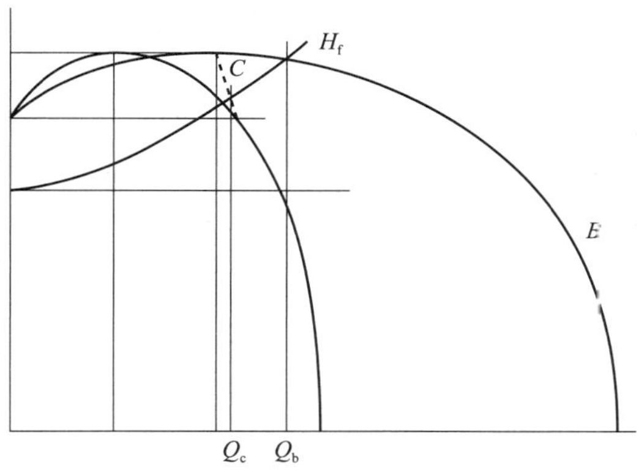

图 3－78 扬程曲线下垂的两台泵可能导致并联运行不稳定性的特例

只有当 Q_3 和 Q_2 之间的差别很小的时候，平衡才是不稳定的。在这种情况下，Q_3 向右有小的偏移，将使流量靠近 Q_2。类似地，Q_2 向左有小的偏移，将使流量靠近 Q_3。实际上，当系统阻力曲线很陡的时候，才发生这种现象。然而，陡的阻力曲线总是由管路中大的摩擦阻力引起的，所以陡的阻力曲线很少受到青睐。同时，陡的阻力曲线意味着大量和昂贵的能量损失。

当下垂形扬程－流量曲线的泵并联运行时，每台泵的关死工况扬程 H_0 可能低于单台泵运行时的扬程 H_1（图 3－79）。当一台泵已经正在运行时，另一台泵或许无法输送液体。但是，在现代工程实践中，这种情况很少发生。泵的扬程－流量曲线上的关死扬程通常是泵在关死工况下运行时一系列波动扬程的平均值（比较第二章第六节）。实际上，实际关死扬程在比名义扬程 H_0 低的扬程与比名义扬程 H_0 高的扬程之间波动。在绝大多数情况下，关死扬程的峰值甚至比最高扬程 H_{max} 还高（图 3－77）。如此高的关死扬程峰值能够让一台泵输送液体尽管这时其他的泵正在扬程 H_1 下运行。然而，对于不同的应用场合，这种可能性会有所不同。

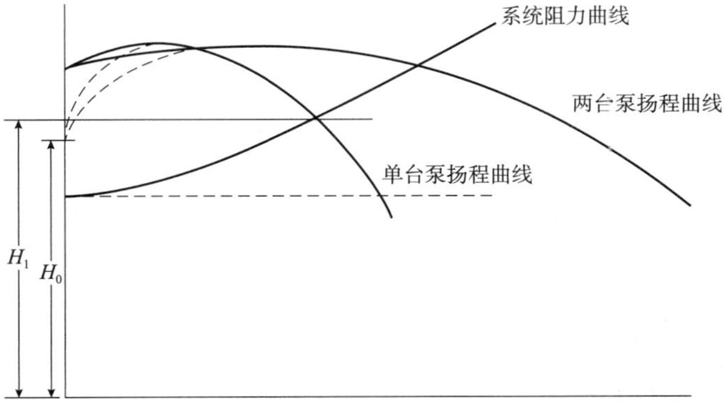

图 3－79 扬程曲线下垂且运行工况扬程低于关死工况扬程的两台泵并联运行

只有当泵有特别严重的下垂扬程曲线时，见图 3－79 中的虚线，才有可能引起问题。这种扬程曲线多见于结构较陈旧的泵中。在现代水泵中，极少有这种扬程曲线。

八、管道引起的应力

三个基本因素可以使管道对泵体施加大的应力。第一个因素是安装过程中的做工差。安装时，在管道连接到泵上以前，管道末端在长度和同心度方面应该总是与泵的进口和出口准确相配。不应该通过拉紧螺栓来使管道的法兰就位。否则会使泵体产生应力，并经常引起故障。

第二个因素是温度变化导致的管道长度的改变。当环境温度变化或输送热的液体时，管道的温度就会改变。管道的伸缩量直接与管道长度和温度变化量成正比。为了避免由温度变化引起的应力问题，管道要求相对于泵有移动的自由。安装于和管道之间的膨胀节、柔性管和 Ω 形管可以让管道有移动的自由。另一种选择是让管道在离泵短距离内转弯 90°，并在管道支座上可以自由滑动。但是，对某些类型的泵来说，这种布局对泵水力性能有影响，所以可能要禁止采用。另一个方案是把泵和电动机安装在特别制作的底座上。底座必须设计有特别大的刚度，泵自由放在底座上，不需要螺栓拉紧固定。泵机组可以自由滑动，而刚性底座保持泵与电动机同心。

泵基础的地基和管道支撑结构也是产生管道应力的根源。由于地基的变化，特别是工程完工的第一年，基础和支撑结构的位置是不断变化的。在这一阶段，土要填充到有挖掘和填埋造成的疏松和空洞处。即使气候和其他力，也影响到地基的变化过程。

通常，周期性地放松泵和电动机与底座之间的联接螺栓，并重新调整它们的对中性，可能矫正基础的变动。在较严重的情况下，需要在泵底座上钻新的孔。有时，唯一的补救措施是调换管道整个管段。

正象前面指出的，为了降低管道对泵产生应力的危险，在泵与管道之间安装一个膨胀节是可取的。但是，在某些情况下，如果安装不当，就很有可能引起问题。图 3－80 给出了这种情况。

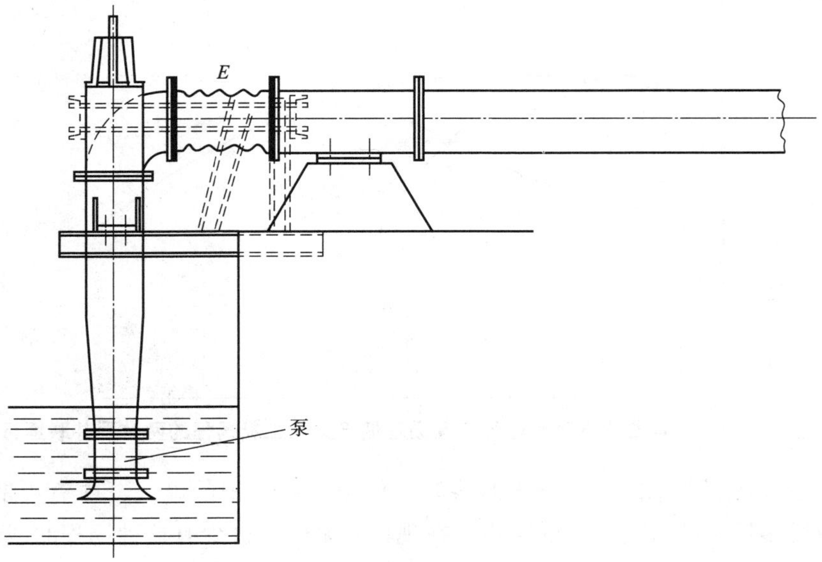

图 3－80　避免流动方向改变在泵头上产生的力导致的振动

如图3－80所示，一个大型立式泵安装在吸入池上面。为了避免管道热膨胀和收缩，在泵与管道之间安装了膨胀节 E。在运行过程中，这台泵产生了严重的振动和噪声。原因证明是膨胀节所致。虽然膨胀节使泵免受管道长度伸缩的影响，但是这使泵承受由液体速度方向改变引起的巨大作用力。这个力作用在泵排出口的泵头上。

找到问题的根源以后，在系统中安装了工字梁以承受液体方向改变引起的力，并将之传递到一个特别的支撑构件上。布置方案如图3－80中的虚线所示。这个方案解决了问题。

九、管道应力的后果

管道应力的直接后果是使泵体产生弹性变形。弹性变形使叶轮口环发生接触，加速口环磨损，使口环间隙扩大，泄漏损失增加，流量减小。

弹性变形也有可能很快使口环报废以及由于金属相互接触摩擦发热引起的空化。弹性变形也有可能使轴相对于填料函和机械密封座发生偏心。偏心将使轴封泄漏或可能报废。弹性变形也有可能使泵与原动机不对中。这将引起轴承过热、产生噪声和振动。振动可能引起空化和泵体破裂。最后，弹性变形可以导致由于动静接触而引起的过大轴功率。这可能使原动机过载，并在轴上施加一个应该禁止的过大扭矩。

十、吸入管路布局对性能的影响

在第三章第二节中，我们说明了泵吸入口前面的双弯头如何影响泵的 *NPSHr*（图3－44）。这不是吸入管路布局影响泵性能的唯一情形。

迄今为止，吸入管路布置型式与泵性能的直接联系绝大部分是未知的。但是，已知的是，当吸入管路安装有使液体向相同方向转弯的多个弯头时，见图3－81，会产生一个很有可能流入叶轮的旋涡。该旋涡总是使来流液体的某个区域产生压力降，引起泵 *NPSHr* 的增高。这个现象已经由图3－44中的测量数据说明了。

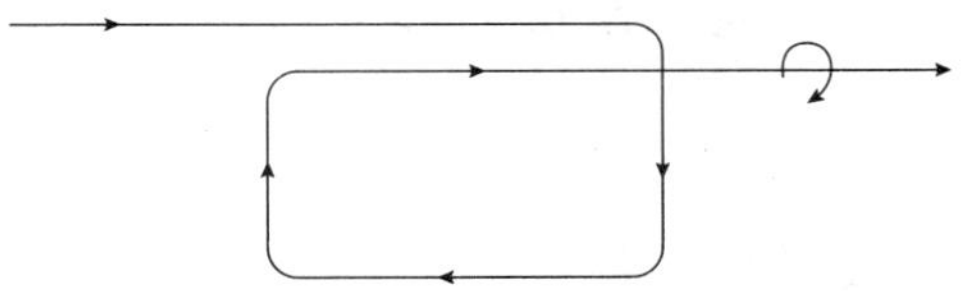

图3－81　四个连续安装的弯头使流体向一个方向转向

弯头对泵性能的影响程度部分取决于弯头之间的间距和相对方向。据我所知，在这方面几乎没有多少研究。下面的个案史可以作为这个方面的一个有用例证。

口径为100×80mm的某一端吸式离心泵持续产生低于样本规定的扬程，即图3－82中的曲线Ⅰ。仔细检查了泵、泵的安装情况和测试过程，没有找到与该扬程相关的原因。但是，仔细检查吸入管路，发现有四个弯头沿相同的方向安装，如图3－81所示。

吸入管路直径为100mm，各个弯头之间的距离很大，范围为1～1.75m。还发现四个弯头使液体向同一方向转向足够导致已测量到的扬程下降。

由于现有当地条件的限制，不得不使用弯头。于是，改变了吸入管路布局，有两个弯头使液体逆时针转向，另外两个弯头使液体顺时针转向，如图3－83（a）所示。这种布局有可能使泵性能恢复到样本规定值。测量的性能曲线见图3－82中的曲线Ⅱ。

为了避免弯头对流动的影响，在吸入管路不要安装弯头。如果无法避免或不切合实际，应该在最后一个弯头与泵之间安装整流器[图 3-83(b)]。

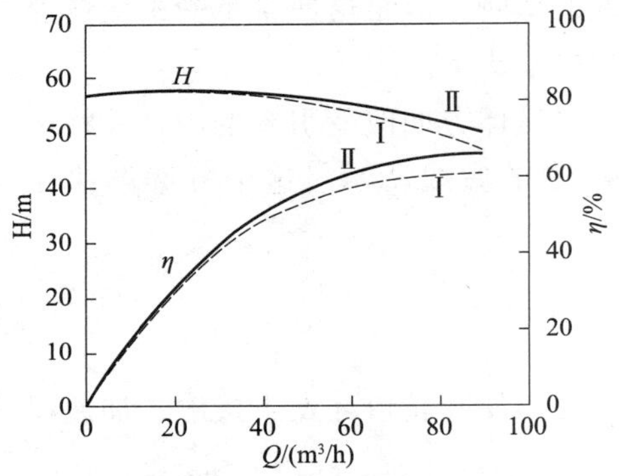

图 3-82　吸入管路布局对泵性能的影响，泵转速为 1770r/min

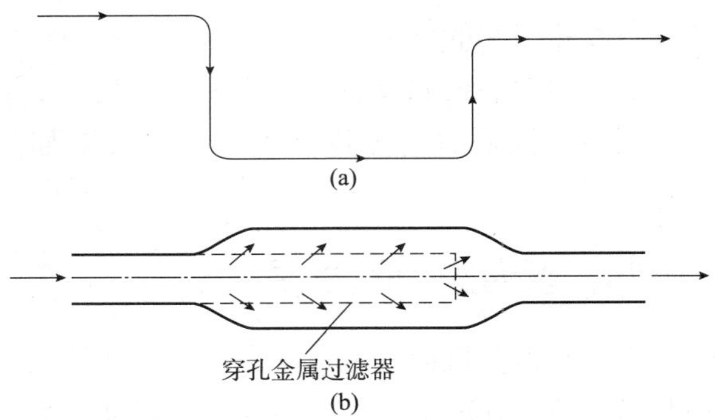

图 3-83　四个连续安装的弯头，两个使流体向一个方向转向，余下的两个使流体向相反的方向转向(a)和典型的整流器(b)

有各种类型和型号的整流器。对于给定的应用场合，整流器的选择依赖于有效的空间、*NPSHa* 和整流器能否及时买到。小尺寸整流器通常对流动产生的阻力，因此，要求较高的 *NPSHa*。另一方面，较大尺寸的整流器可能由于空间限制而无法采用。

尽管可以消除由不合适的吸入管路布置导致的许多问题，但是有时候整流器也会带来问题，特别是当被输送的液体中含有黏性坚固的固体颗粒时。在这种情况下，固体物容易引起整流器堵塞，从而减小，甚至中断被输送液体的流量。

第四节　泵及泵输送系统安装、处置和操作

一、空气或气体的影响

当气体和液体混合物受到旋转叶轮作用时，在离心力作用下，密度较大的液体被甩向外面，排挤气体使之向叶轮中心部位移动。取决于液体中气体含量，受排挤的气体完全或部分堵塞叶轮叶片的入口。当气体完全堵塞时，泵就无法输送任何液体。当气体部分堵塞时，泵输送的流量可能开始减小，这里假设泵产生的扬程能够克服系统阻力。在这种情况下，下述的情形中的一个可能出现：流量逐渐增大直到恢复预期的流量；流量逐渐减小直到泵停止输送液体；或者泵在相同的、减小了的流量下运行。这些泵性能的差别与泵输送原理和流动液体与气体相互作用的性质密切相关。

当叶轮旋转时，叶轮把其内的液体甩向外面。在叶轮入口产生真空。实际上，这种真空从来没发生过，除非在空化条件下。这是因为排走的液体陆续被从泵吸入口流到叶轮的液体所置换。

流入液体置换叶轮内液体的作用力是吸入管路入口与叶轮入口的压力差。只有当叶轮入口压力低于吸入管入口压力时，液体才流入叶轮内。

在压力作用下，几乎所有种类的气体都可溶解于液体中。随着压力的升高，更多气体

溶解于指定容积的液体中，反之亦然。因此，当液体流道叶轮入口时，由于压力下降，溶解于液体中的部分气体将从液体中析出。这增加所聚集的气体容积，导致气体的堵塞作用不断增强，直到液体的流动被完全中断为止。

与此相反，由于黏附力的作用，液体可以携带部分与之接触的气体。这种现象有助于降低叶轮入口处的气体聚集量，直到气体聚集完全消失。这时，泵的流量恢复到原来的满流量。

在叶轮部分堵塞的泵中，上述两种现象同时存在。取决于压力下降引起的气体析出量与受黏附力的作用而被液体带走的气体量之比，会出现上述现象之一。于是，打开泵出口附近的旁通管，以降低泵出口压力，通常可以减小气体堵塞尺寸。这可以提高泵流量，并因此增大了通过黏附作用带走的气体量。

尽管如此，始终建议确保安全并防止气体堵塞。由于相同注意事项适用于空气和其他气体，因此在两种情况下都使用空气堵塞。

二、吸入管路的气囊

基本上，空气进入离心泵有两种来源：气囊和漏气。气囊可能会影响泵性能，并且可能会出现在吸入管路，泵壳体或排出管路中。

当吸入管路的某一部分有负斜率时，气囊可能会出现在吸入管路中(图 3－5)。当吸入管路上游有一些阻挡物时，也有可能出现气囊。例如，吸入管路上游和下游管段不同心，在上游管段形成台阶 *S*，见图 3－84。垫片内孔直径过小(图 3－16)和管路接头处法兰垫片从上面伸进流道(图 3－17)有类似的效果。当吸入管路内径大于泵吸入口内径时，也有可能产生气囊(图 3－85)。当泵系统管路长，*NPSHa* 有限时，经常采用这种布局。这时，必须切实可行地加大吸入管内径以减小水力损失。

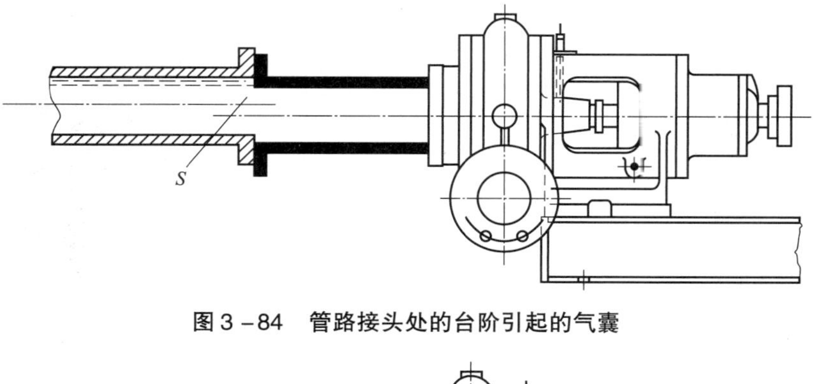

图 3－84　管路接头处的台阶引起的气囊

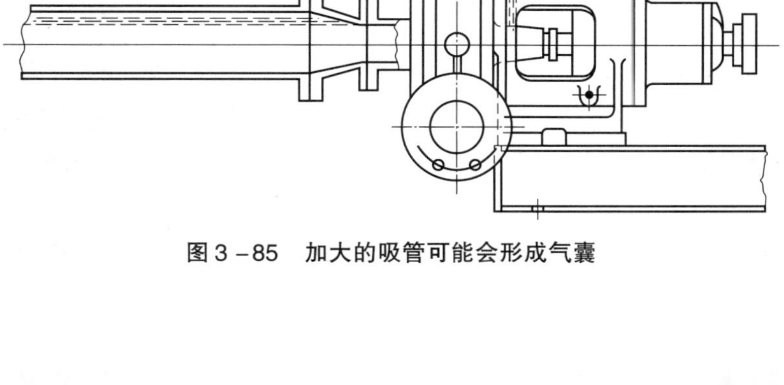

图 3－85　加大的吸管可能会形成气囊

吸入管路的精心设计与安装可以避免由部分管道的负斜率引起的气囊。安装吸入管路时必须排除管道任何部分的负斜率。理论上，完全水平的吸入管路满足这个条件。然而，实际上，吸入管路应该有些正斜率(图 3 – 86)。一般说来，吸入管路应该有不少于 1% 的连续上升的斜率。

只有精心安装的管路才能避免管路中心线不对中引起的气囊。然而让法兰垫片内孔大于管道内孔可以避免因垫片伸到管路中而形成的气囊(图 3 – 87)。

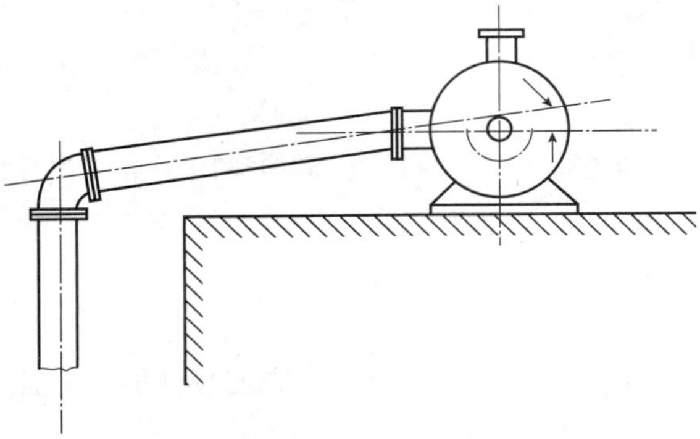

图 3 – 86　等管径稳定上升的吸入管路消除气囊

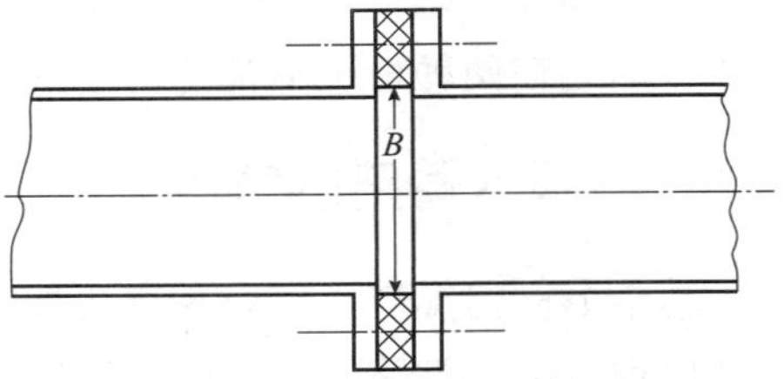

图 3 – 87　垫片内孔径 B 应该大于管道内径

最后，在泵入口安装偏心收缩管可避免吸入管口径大于泵吸入口管径引起的气囊(图 3 – 88)。但是，当吸入管路内径大于或等于泵吸入口内径的 2 倍时，在泵吸入口和偏心收缩管之间安装一个与泵吸入口内径相等的直管段(图中的 a 所示)。这是必要的，因为偏心收缩管可能使液体向叶轮入口的一侧偏移，降低泵流量和扬程。

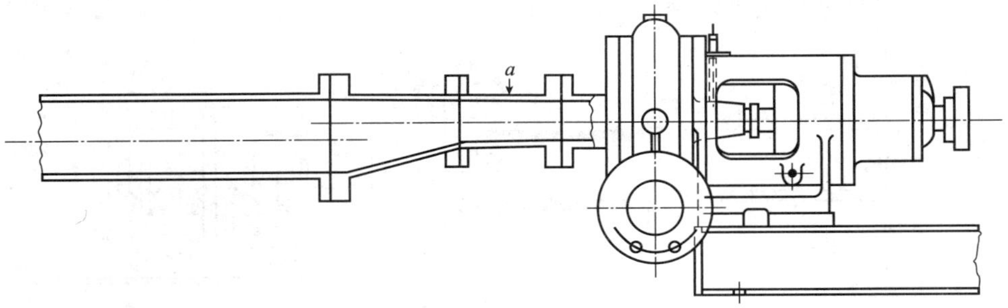

图 3 – 88　偏心收缩管可能防止气囊

当上述方法无法在实际中实施时，可以在气囊处设置排气管。在灌泵的时候，应该打开这些排气管，以便让气体排出。

但是，只有在没有其他方法的极端情况下，才能采用此方法。这是因为气体在液体中的溶解度随压力而下降。于是，在吸入管路通常存在的压力降低的情况下，气体从液体中逸出，聚集在气囊出现的地方。

实际上，当气囊在吸入管路出现时，泵有时也能正常运行。这就使泵用户产生错误的概念，并经常诱导他们忽略要求的消除气囊预防措施。泵用户简单地认为气囊是无害处的。

只要气囊在吸入管路中是静止不动的，气囊就是无害处的。当气囊移动并进入泵内时，问题就出来了。旋转的叶轮把密度较大的液体甩向外面，而把气体困在叶轮吸入口。有时，困住的气体阻断液体在泵内的流动，使叶轮无法工作。在其他情况下，气体可能仅阻塞部分流道，液体以小的流量在泵内部流动。流量减小产生两种现象。首先，由于气体阻塞处的液体速度增大以及吸入管路的水力损失，液体流经气体阻塞处的绝对压力降低，这就使液体中已溶解的气体逸出，提高阻塞处气体的体积。其次，液体流经阻塞区时，液体带走一些气体，减小了气囊的体积。

气囊的体积或者增加或者保持不变，取决于气体体积增加与被带走气体体积之比的大小。偶尔，气囊的体积减小直到气囊消失为止。

在前面两种情况下，气囊会显著影响泵的性能，并经常使泵的流量完全中断。但是，对第三种情况，泵的性能会在较短时间内完全恢复，产生气囊可以容忍的印象。目前，尚无法能预测什么情况将会出现。因此，必须确保安全并消除泵中的任何气囊。

采用下面的例子来说明气囊影响泵性能的方式。在图 3－6 中，位于高处的储液箱向泵供液。连接储液箱与泵之间的管路为位于 *A* 处的气囊提供了空间。为了灌泵，阀门 1 和 3 是打开的，直到泵和吸入管路的空气全被排净，仅留下气囊 *A*。当阀门 3 关闭，阀门 2 打开后，泵开始启动。

在灌泵过程中，可能会发生下面情况。首先，吸入管路直径较大，泵产生的流量较小，导致空腔 B 内液体速度较小。因此，流动的液体将不能从气囊中带走气体到泵内部，于是泵将正常工作。

其次，当泵吸入管路直径较小时，液体流量较高，流动的液体将气囊带入泵中。但是，泵内部液体速度也较高，只要泵没有启动，一些气体就从阀门 3 排走了。如果时间足够长，所有空气将从泵管路中排走，泵又将正常工作。

只有在灌泵和泵运行时液体速度较高并且气体没有从空间 *A* 排净以前就启动泵的情况下，气囊才对泵性能产生不利的影响。这时，当叶轮旋转以后，从空间 *A* 流入泵的空气被困在叶轮入口。

吸入管路布置不正确(图 3－5、图 3－84 和图 3－85)或垫片伸到吸入管路中引起的气囊也会产生类似现象(图 3－16)。

每当气囊位于吸入池液面以上(图 3－5)或位于离吸入管入口很远的位置时，因这种位置或吸入管路水力损失或两者造成的压力降也将影响气囊对性能的影响效果。压力下降将导致溶解在液体中的气体逸出到气囊中，增大气囊体积。这时，泵无法工作的危险性明显高于图 3－6 所示的情形。

三、泵本身的气囊

在单级蜗壳泵中，在泵体最高的地方 *Z* 一般会出现气囊(图 3－89)。在灌泵的过程中，流入的液体逐渐充满泵体，使得空气从排出管 *N* 排走。但是，当液体升至蜗壳隔舌 *T* 时，空气排出路径被切断，形成一个气囊。

与吸入管路上的气囊对泵的性能影响类似，泵体内的气囊并不总是有害的。它的影响主要取决于其大小。泵体中气囊受两种力的作用。泵体内流动的液体有把气体带入排出口，使泵内气体完全被排走的趋势。另一方面，旋转叶轮产生的离心力有把液体甩向外面而把气体排挤到叶轮吸入口的趋势。气囊体积的大小、叶轮几何尺寸与形状决定哪个效应是主要的。这就决定了气囊是否是有害的。

为了消除气囊，在蜗壳最高处安装空气阀 V。在灌泵过程中，该阀要打开(图3－90)。在某些泵结构中，用孔 H 把可能形成气囊的部分与蜗壳排出管连通。但是，只有当蜗壳排出管垂直向上时，这种方法才有效果(图3－89)。当蜗壳排出管水平时，这种方法完全没有效果。

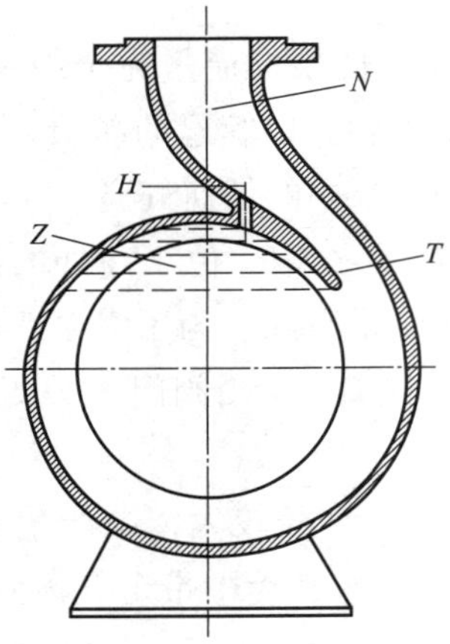

图3－89　蜗壳脱气孔

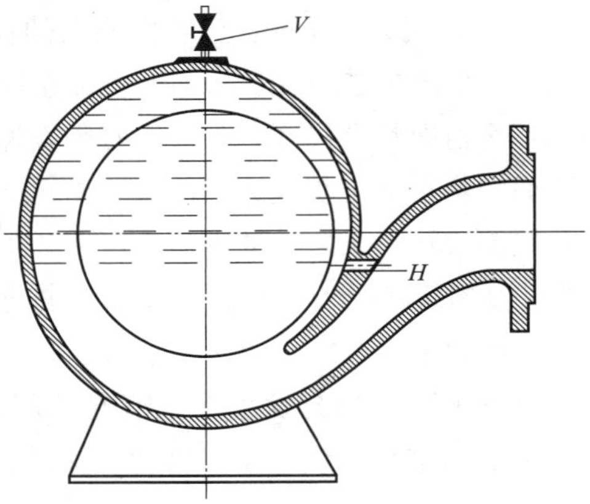

图3－90　蜗壳脱气阀

在侧吸式泵内，在高于叶轮入口的泵吸入管也有可能出现气囊，见图3－91中的 B 处。在节段式多级泵中，静止的导叶 D 通常把泵壳最高 A 处的气囊与旋转的叶轮 I 分隔开(图3－92)。所以，导叶流出的液体不受叶轮产生的离心力的作用。于是，液体不会把气体排挤到叶轮入口，但可以把它带入下一级叶轮入口 E，具有破坏性结果。

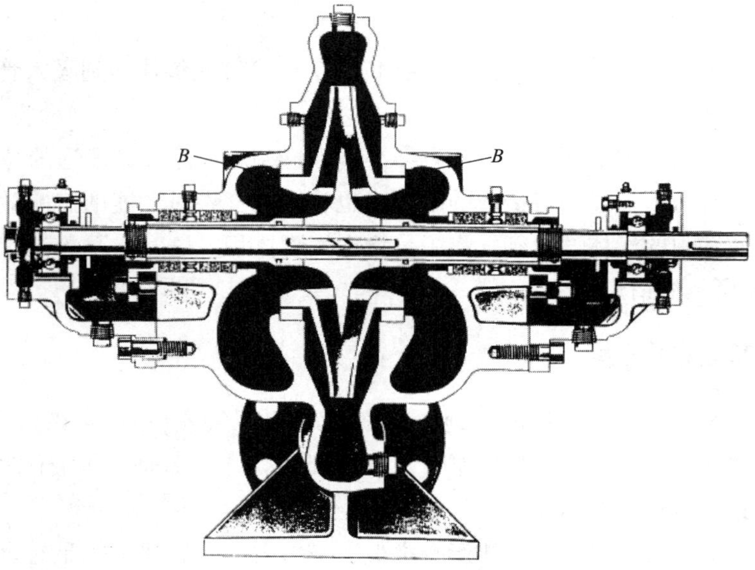

图3－91　在泵吸入管顶部的气囊

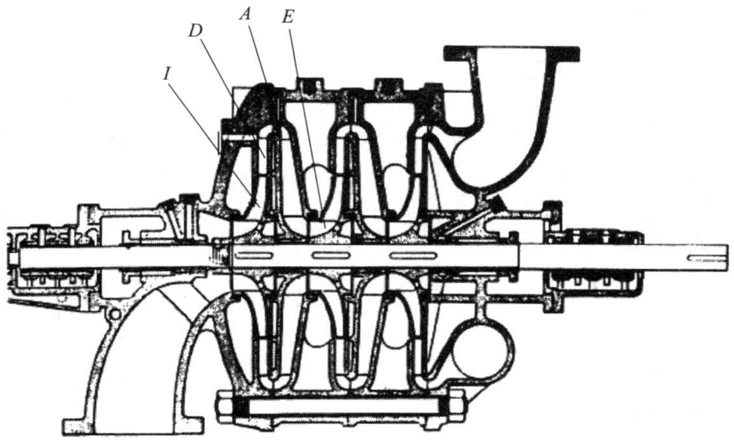

图 3－92　节段式多级泵中气囊

液体流经每一级，压力有显著升高，导致气体在液体中溶解度增大。在高压力的作用下，流动的液体逐渐把来自气囊的空气全部吸收掉。在大多数情况下，第二级以后，压力就可以完成空气的吸收。所以，很少有必要排出节段式多级泵第二级以后的空气。

上面提到的是泵体中最常见的气囊位置。但是，有时铸造缺陷产生的翅片和凸台使气囊在意想不到的部位出现。在卡住的固体物后面也会有气囊。

四、排出管路的气囊

在两种情况下，排出管路的气囊可能影响离心泵的性能。首先，当泵排出管路位于泵中心线以下并且出口阀 *V* 关闭状态下灌泵时，有可能出现气囊(图 3－93)。这时，在出口阀 *V* 和逆止阀 *C* 之间可能存有空气。如果泵启动前，阀门 *V* 打开，阀 *V* 和 *C* 之间的空气就进入泵内，于是对泵性能产生影响。

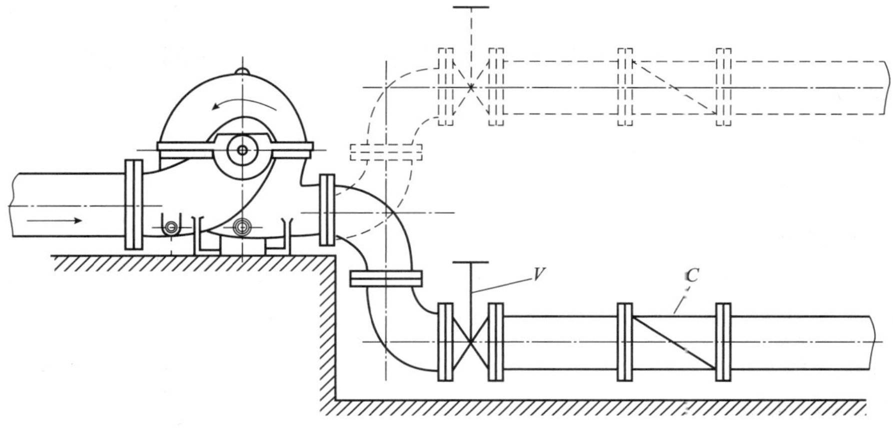

图 3－93　排出管路中的气囊

当排出管路高于泵中心线时，也有可能形成气囊(图 3－93)。在这种情况下，挡在排出管路的气囊可能会导致不同类型的问题。当泵启动时，可能听到突然的冲击声，好像整个泵系统受到了重锤的打击。当作用于逆止阀阀板的背压很大时，打击可能会特别强烈。

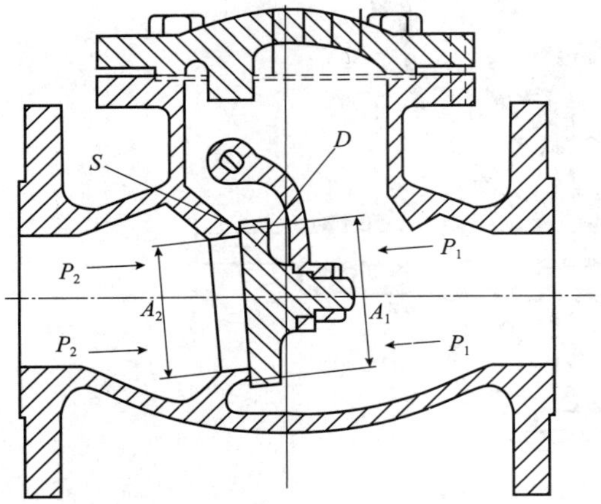

图 3－94 典型逆止阀的剖视图

在图 3－94 中，D 是逆止阀阀板，S 是阀座，A_1 是阀板表面面积，p_1 是作用于阀板 D 的背压，A_2 是阀座的开口面积。当逆止阀关闭时，阀板 D 受到的总关闭力近似等于 $F_1=p_1A_1$。为了打开阀板，必须在阀板前面产生力 $F_2=p_2A_2$，并且 $F_2>F_1$。但是，面积 $A_1>A_2$。因此，p_2 必须大于 p_1，以便使 $F_2>F_1$。当泵启动时，阀板 D 前面的空气受到被输送液体的压缩，致使 p_2 升高，直到 $F_2>F_1$。

阀板 D 一打开，压力 p_2 就作用到整个 A_1 面积上，在空气膨胀的作用下，阀板 D 飞起张开。与此同时，存贮于压缩空气中的过大压力能转变为动能，致使阀板 D 以很高的速度撞击到最近的挡块。

为了消除这种现象，在阀板 D 前面应该安装一个浮子驱动空气排放阀。只要管路中有空气，这个阀就打开，使被困住的空气自由排放。然而，管路一充满液体，浮子就关闭排气阀，防止被输送液体流出。

五、空气泄漏

空气可能从几个渠道泄漏到泵内部。当泵开始运行以后，若供液源的液位低于吸入管路入口，则空气从滤网的孔进入吸入管路，然后充满泵。空气也可以从吸入管路或泵体上松的接头或孔泄漏到泵内。可以采用下面的方法检测第二种类型的空气泄漏：

(1)如果吸入管路有底阀，当泵停机时，吸入管路和泵就要灌满水，并施加一定的压力。例如，给吸入管路安装竖管或把排出管路作为竖管，将吸入管路充满水。有水泄漏将表示吸入管路有漏气。

(2)若泵在非可燃环境中运行，并且输送非可燃性液体，则把点燃的明火，如燃烧的蜡烛，放到有空气泄漏的地方，明火闪烁表明有空气泄漏。

(3)当泵运转时，在吸入管路上怀疑有空气泄漏的地方浇上水或其他液体，然后观察真空表或压力表的读数变化。如果真空表或压力表读数有变化，就说明有空气泄漏。

在以下三个地方最有可能发生空气泄漏：

(1)吸入管路上任何连接处的法兰、衬套、螺纹接头、进人(检修)孔、放水塞等。

(2)泵体吸入侧的孔或空隙。

(3)从泵吸入侧的填料函，或从安装于高压侧但通过平衡孔与叶轮吸入口相连的填料函泄漏(图 3－20)。为此，在填料函上一般配有密封装置(图 3－21)。

但是，这种密封装置容易发生故障。例如，输送密封水的管路有可能被堵住，或者水封环偏离密封水进入填料函的部位。为保证填料函有效地被水封住，填料压盖不应该压得太紧。从填料压盖泄漏的水滴表示水封装置工作正常。在尺寸小的泵中，通常不配备水封装置，必须正确拧紧填料压盖。

空气通过填料函进入泵的另一原因可能是，穿过填料函那部分轴的轴套相对于泵轴偏心或存在严重磨损。其他原因可能是轴本身的弯曲或者过大的径向力导致的偏心旋转，或者由临界转速或轴承箱的过大应变引起的过激振动。

空气一般通过泵吸入侧填料函进入泵内。但是，当叶轮上有平衡孔和密封环(图 3 -20)或带背叶片(图3 -21)时，在高压侧的靠近填料的压盖部位可能出现真空。这就要求采取与吸入侧填料函相同的措施防止空气泄漏。

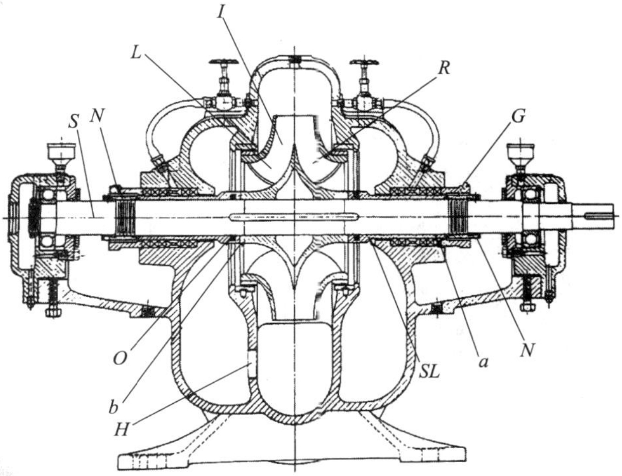

图 3 -95　通过轴套的空气泄漏

当叶轮轴上装有保护轴的轴套时，可能会出现一种特殊的空气泄漏方式(图3 -95)。图中 *S* 是轴，*I* 是叶轮，*SL* 是轴套，*N* 是把轴套压紧在叶轮上的螺母，*G* 是填料压盖。空气有可能由 *N* 与 *S* 之间的 *a* 处进入，通过轴与轴套之间的缝隙进入到叶轮入口 *b*。为了阻止这个泄漏，在轴套上设计安装有 O 型密封圈 *O*。在实际中，如果维修人员在重新装配泵是忘记装 O 型密封圈，空气就可能泄漏。前面提到的吸入池的旋涡也有可能使空气泄漏到泵内部。

六、不同几何形状叶轮输送空气的能力

试验证据表明，与较低比转速叶轮相比，轴流叶轮能够容忍液体中较高气体百分比。虽然只有几个案例支持这个结论，但是这个主张有其逻辑原因。在低比转速叶轮中，叶片流道的部分堵塞经常完全阻断流动(图 3 -96)，而轴流叶轮内的部分堵塞将仍旧为被输送液体留有通过的空间图(3 -97)。

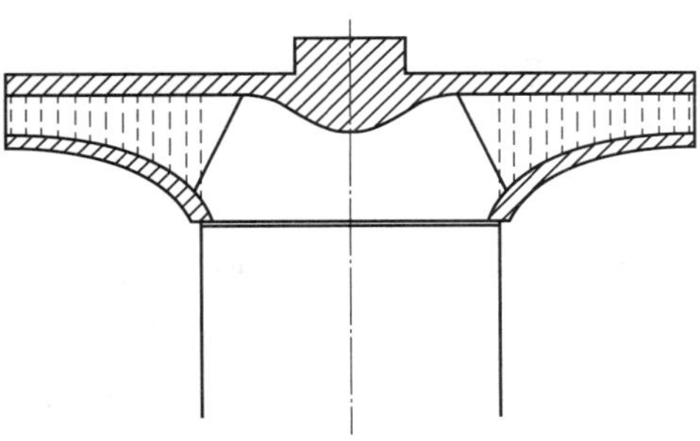
图 3 -96　离心叶轮内的气囊

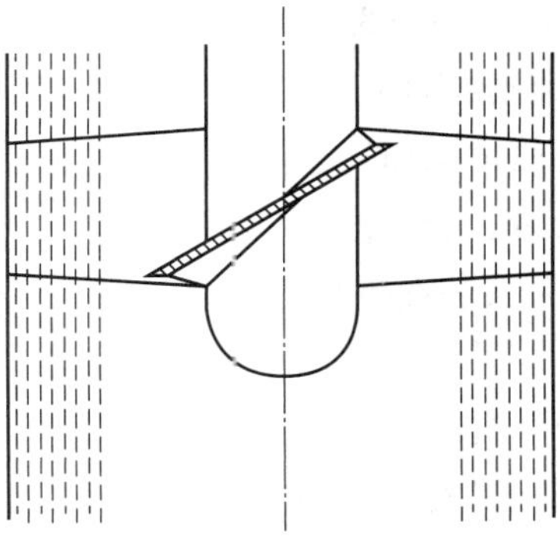
图 3 -97　轴流叶轮内的气囊

七、不当的处置与操作

错误的工艺经常引起机械故障：泵的快速损坏、泵寿命的缩短、噪声污染和泄漏污染。在许多情况下，机械故障也影响泵的性能。例如，泵零件或管路零件的振动可能诱导泵内部产生空化。

与之相反，水力扰动也可能引起机械故障。例如，*NPSHa* 不足引起的空化可能在短时间内破坏泵的某些零件，也有可能产生噪声污染。在小流量工况下，也有可能发生类似现象。

除此之外，泵在小流量工况运行下有可能使泵机组发热，从而导致空化。泵机组发热也可能是由轴的弯曲、轴承故障、润滑不当、联接泵各个零件的螺栓拧紧不均匀以及泵与原动机中心不对正引起的。也有可能出现噪声、振动，偶尔出现填料函泄漏量增大的现象。

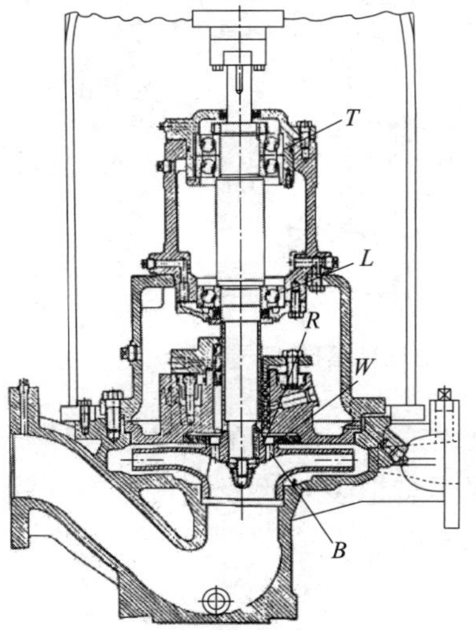

图 3－98　立式管道泵剖面图

叶轮上的轴向力通常由口环 *W* 和平衡孔 *B* 平衡(图 3－98)。腔体 *R* 中的液体压力总比叶轮入口高一点。在许多场合下，*R* 中的绝对压力低于大气压。弯曲的轴使空气通过填料函进入腔体 *R*，然后从这里进入叶轮吸入口。

粗心启动泵会产生不利后果。由于下述粗心的原因，泵启动以后会在短时间内出现故障：

(1)灌泵不充分。泵零件可能处于干运转状态，产生过热或抱死。若某些零件过热比其他零件严重，则可能产生不均匀膨胀。不均匀膨胀将破坏对中性，导致一系列故障。旋转部件抱死能使轴或联轴器断裂。最轻的情况是将保险丝熔化。

(2)每当泵的某些零件要求冷却，在泵启动前，就应该留意保证冷却套内有充足的冷却液流动。否则，受影响的泵零件将过热。冷却液量也影响泵的运行。关于冷却液量多少没有固定准则。甚至，对于同一台泵，冷却液量也随工况和环境的变化而变化。它可能低至 7.6L/h 或者高至几十 L/min。用冷却套出口处冷却液温度来决定冷却液量是否合适。该温度尽可能保持在 60℃ 以下。但是，当被冷却零件要求润滑时，冷却液温度不应该过低以防止润滑剂黏度的升高。

(3)某些液体在室温下很黏，以致于离心泵无法输送。为克服这个问题，这些液体在进入泵前通常压加热，因为液体黏度随温度升高而降低。否则，叶轮的某些叶片或泵轴可能发生断裂。

(4)泵安装在现场以后，当首次启动泵时，需要特殊措施。首先，要检查泵与原动机的对中性。虽然，在发货之前泵制造厂在同一底座上调整了泵与原动机的对中，但是，在运输或安装过程中，它们通常会移动，而失去对中性。其次，用手转动机组转子。在安装过程中，固体物，如螺旋、扳手或其他工具可能掉进了泵内，并把叶轮夹在泵体上。最后，必须检查转向。为了避免轴或叶轮螺母松动，最好把联轴器断开检查。螺母松动往往会损坏整个转子部件。

八、工艺错误及其影响

1. 击打泵零件的影响

当用硬物击打光滑表面时，表面将出现凹痕(图 3－99)。凹痕使一些材料挤出，并高出被影响的表面。如果一个带平面的零件对着这个凹痕被拉紧，则接触的两个表面将不平行(图 3－99)。

在泵中，这种情形并不少见。叶轮轮毂上或安装轮毂的轴肩上的凹痕将使叶轮不再垂直于轴线旋转，引起口环的摩擦，消耗过多的功率。

当泵零件掉落在坚硬表面上时，总会产生使泵性能变坏的危险性。轴可能被摔弯，使轴承发热，导致口环磨损，产生噪声和振动，或者增加功率消耗。击打叶轮可能使叶轮盖板向内弯曲，减小叶轮流道宽度，降低泵流量。恢复泵性能的最直接方法是把盖板拉直。在某些情况下，扩大蜗壳喉部面积可以补偿叶轮宽度的减小。

2. 泵与原动机的不对中

每当泵与原动机直联，两者不对中能使泵在运转过程中产生噪声与振动以及轴承过热。在严重情况下，这可能引起严重后果。例如，振动可能会使螺旋松动，增加不对中性，从而加剧振动。在极端情况下，振动能使泵或泵零件较早地报废。轴承过热也可使泵零件较早损坏，甚至螺栓都还没有松动。

在皮带驱动的泵机组中，主动皮带轮和从动带轮的不对中经常导致皮带脱落或断裂。不对中也有可能使轴承发热。

3. 叶轮的轴向位置

在图 3－95 中，叶轮的轴向位置有轴上的两个螺母 N 确定。当装配这台泵时，应该留意叶轮出口中心线与泵体中心线重合。这两个中心线错位对泵性能有不利的影响(图 3－100)。当泵体宽度 B 仅略大于叶轮宽度 b 时，就特别容易发生中心线错位。

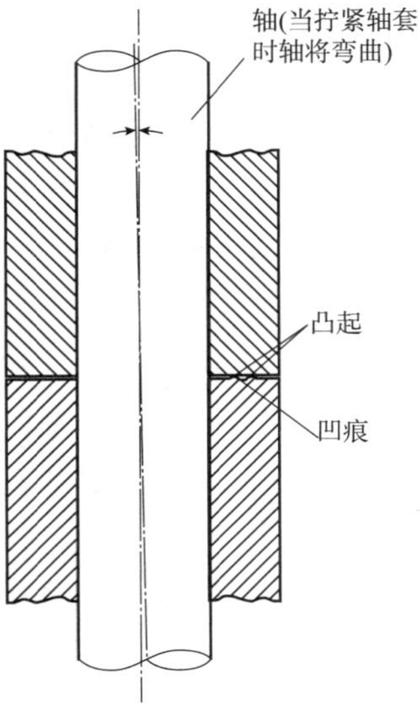

图 3－99　击打平表面的影响

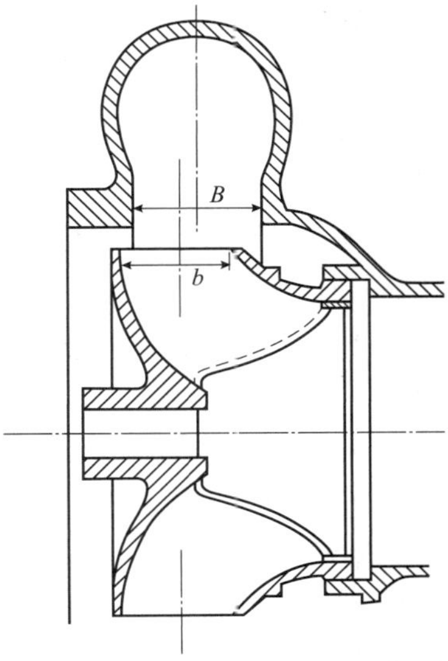

图 3－100　叶轮和泵体中心线错位

第五节 轴承故障

轴承用于支承泵转动零件并保持它们相对于其他零件和原动机有合适的位置。轴承故障可能使转子零件的位置发生改变，引起泵动、静零件的相互干涉，最后导致零件的断裂或抱死。

某些轴承故障可能使泵轴弯曲，并使之断裂。在其他情况下，有故障的轴承可能会引起零件局部过热，从而破坏它们与较冷零件之间的对中性。正像本书各处所讨论的，失去对中性又可能引发很多故障。

总体上，轴承有两种类型：滑动轴承和滚动轴承。虽然两种类型轴承故障对泵和其性能的影响是类似的，但是它们各自要求不同的处置和保养。

一、滑动轴承

滑动轴承用于支承转动零件并限制它们的轴向和径向位移。径向支承零件包括安装在刚性轴承箱上的材料和尺寸恰当的圆柱壳。轴向支承零件是安装在轴承箱上的刚性圆环和旋转的轴领。轴领坚固地联接在旋转零件上。有时，轴领和圆环呈锥形或球形，以便提供径向和轴向支承。

自动调节垫块轴承是一种特殊的滑动轴承。这种滑动轴承润滑性能好，摩擦较小，承受的负荷较高。但是，它们一般比实心圆柱壳滑动轴承造价高得多。

1. 滑动轴承的优点和缺点

与滚动轴承相比，滑动轴承有以下优点：

(1)每当轴受到静态力时，轴承的承载部分受到的应力是常数，这就降低了承载部分疲劳破坏的危险性。

(2)当滑动轴承材料合适、尺寸比例恰当、支承得当，滑动轴承一般能在被输送的液体中工作。被输送的液体有润滑和冷却作用。

(3)如果润滑和冷却得当，在高转速下，滑动轴承的承载能力远远高于滚动轴承。

滑动轴承有以下缺点：

(1)滑动轴承的摩擦系数一般比滚动轴承大10～15倍。这不仅浪费昂贵的能源，而且增加配合表面的磨损速率。

(2)较大的摩擦系数经常使润滑液体温度升高，以致于必须安装复杂和昂贵的冷却系统。

(3)在相同负荷条件下，滑动轴承的体积一般要比滚动轴承大得多，因此，在绝大多数情况下，滑动轴承比滚动轴承更贵。

(4)虽然滑动轴承有合适冷却，但是在轴承配合表面产生的热量比滚动轴承多，这就加速了润滑油的氧化，并逐渐失去许多润滑性。较高的摩擦系数也加速了由配合表面磨掉的材料颗粒引起的润滑油的污染。

这些因素就使得滑动轴承的正确润滑和经常更换润滑油就更为关键。上面只讨论了由保养不当如何导致轴承故障的一个例子。

2. 滑动轴承的故障

一般地，由于下述一种或几种原因，滑动轴承容易出现故障：

(1)润滑不当。这包括使用的润滑油的质量以及换油的频率。

(2)润滑油冷却不充分(无论何时都适用)。这可能是由冷却系统故障或者启动泵以前，司泵员忘记打开冷却液阀门引起的。

(3)轴承干转。这是由于司泵员在泵启动前没有确保轴承箱内有足够的润滑油量引起的。

(4)润滑油污染。这是由粗心，即对细节重视不足造成的。例如：没有把润滑油置于干净、封闭的存贮容器内，使用了不干净的漏斗，每次换油时没有冲洗储油槽。

(5)不对中。打开泵进行维修或其他维护后，重新装配过程中可能发生不对中。由于击打造成的突出物(图3－99)或螺旋拧紧不均匀，污垢可能夹在轴承箱与泵体之间。不对中可能对泵轴产生过大负荷，使轴弯曲或使静止零件与旋转零件发生接触。这种金属接触经常导致过度磨损或抱死。在外部，不对中经常表现出轴承箱过热，这将加速润滑油氧化，并因润滑不当而出现轴承故障。

(6)螺栓松动。当固定轴承托架的螺栓拉紧不均匀及拉紧不足或者在泵运行过程中这些螺栓发生松动时，就出现由轴承引起的另一种问题。螺栓松动可能是由于振动或缺少必要的锁定装置造成的。在这种情况下，轴承可能会偏离其原始位置，以至于所有载荷都压在了叶轮口环或填料上。这可能会在很短的时间内损坏叶轮或填料。

二、滚动轴承

滚动轴承基本上由两个圆圈或滚道以及一组滚珠或滚子组成。滚珠或滚子紧贴地安装在两个滚道之间。滚珠或滚子由金属、黄铜、塑料或其他材料的薄片隔开。

滚动轴承的主要优点是：

(1)初始成本低。

(2)可以长时间不用维护运转。

(3)在相同负荷下，其轴承箱通常比滑动轴承的体积小，价格便宜。

(4)容易从多种渠道获得备用件。

(5)滚动轴承节能。由于滚动轴承的摩擦系数小，所以润滑油更换频率比滑动轴承低。事实上，许多滚动轴承用封进的润滑剂润滑直到轴承报废。另外，低摩擦系数也使得滚动轴承安装冷却系统的机会比滑动轴承少。

滚动轴承的主要缺点有：

(1)滚道、滚珠或滚子受到快速、间歇性的应力的作用，易于疲劳破坏。

(2)大多数滚动轴承在装配与拆卸过程中需要采取特殊的预防措施和爱护。

(3)要特别注意润滑剂的量要准确合适(不能过多也不能过少)。

1. 滚动轴承的润滑不良的后果

润滑不足会导致滚动轴承很迅速地老化。同样，润滑过度也会缩短轴承寿命。太多润滑剂导致轴承发热，提高润滑剂的氧化速度。这将最终致使轴承较早地出现故障。

润滑不当引起的故障由以下一种或几种方式表现出来：

(1)轴承箱中缺少润滑剂。

(2)在润滑剂和轴承箱中有水。

(3)滚道和滚珠或滚子变色。

(4)剥落，即一系列分布在滚道圆周方向的孤立的、不规则的凹痕，见图3－101。

(5)擦痕，即滚道上一排排头发状弯曲的划痕簇，见图3－102。

(6)在极端情况，因缺少润滑产生的热量可能使滚珠或滚子焊在滚道上。

图3－101　边缘加载引起的材料剥落

图3－102　滚珠推力轴承的擦痕

大多数泵制造厂会提供脂润滑或油润滑剂的选择。泵用户需决定何种润滑方式对特定应用场合是最好的。润滑剂选择不当会导致轴承较早损坏。

2. 润滑脂

润滑脂的优点是：

(1)即使轴是立式的或倾斜的，也不用复杂的壳体，润滑脂就可留在轴承上。

(2)某些钙基润滑脂能防潮。当泵必须在潮湿环境中运行时，很希望润滑脂有这个特性。

(3)某些锂基润滑脂能使轴承免于腐蚀。

(4)硬的润滑脂能隔离污染物。

(5)混有高黏度油过滤后的润滑脂可使轴承较安静地运转。

(6)更换润滑脂频率比润滑油低，一般地，更换润滑脂的频率是变化的。密封的事先装好润滑脂的滚珠轴承可运转20年。但是，在其他情况下，频繁更换润滑脂已证明是必要的。在斯凯孚工业公司1979年出版的名为《良好轴承润滑指南》推销小册子中，提出了图3－103所示的更换润滑脂的周期。这些推荐的润滑脂更换周期适用于21℃下中等负荷的滚动轴承。温度每升高14℃，这些时间间隔不得不减半。图3－103所给出的数据应该仅作为一般性的指导。对一给定场合，要根据长时间的实际观察来决定最佳更换润滑脂的时间间隔。

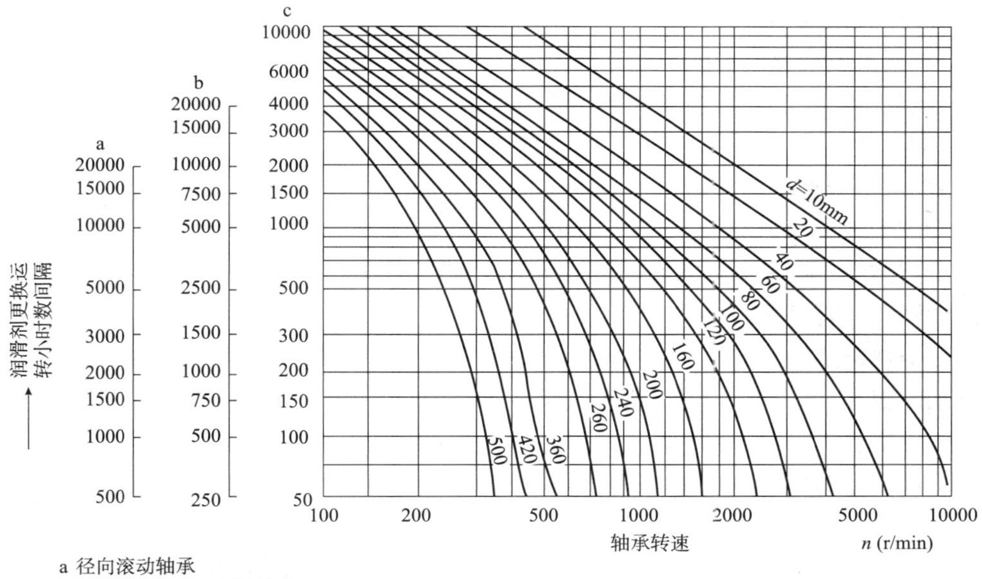

图 3－103　斯凯孚工业公司 1979 年推荐的润滑脂更换时间间隔，*d* 为轴承公称直径

下面是润滑脂的主要缺点：

(1)脂润滑轴承很难有效地冷却。对特别高的转速和高负荷场合，由于摩擦产生大量的热，所以应该避免使用脂润滑剂。

(2)不同应用场合对润滑脂黏度要求随温度变化很大。在低温度下，必须使用低黏度润滑脂。类似地，在高温度下，推荐使用高黏度润滑脂。因此，润滑脂不适用于温度变化范围大的场合。

(3)适用于轴承工作温度的润滑脂在泵启动时，可能太硬。特别是，当安装在户外，并且必须在冬天寒冷的早晨启动的泵。这种过于坚硬的润滑脂可能容易损坏轴承。

(4)确定轴承内润滑脂的含量是很困难的。这就很容易引起轴承润滑不足或过度。

(5)更换润滑脂也可能产生某些问题。在某些情况下，不得不把轴承拆下，清洗掉原有的润滑脂，重新装配和装新的润滑脂。但是，一旦轴承箱配有放油塞时，通常就可以用预热到 90～120℃的轻质油或变压器油冲洗掉原有的润滑脂。

3. 润滑油

润滑油的主要优点是：

(1)容易确定油位和维持油位恒定。

(2)油容易被冷却。事实上，起润滑作用的油本身经常作为轴承的冷却剂，这就使得特别适用于高速、大负荷和高环境温度场合。

(3)某些润滑油有很高的黏度指数，即它们的黏度很少随温度的变化而变化。这就使润滑油特别适用于温度很有可能变化明显的应用场合。

(4)更换润滑油通常比更换润滑脂容易得多。

(5)某些润滑油比润滑脂有较小的摩擦系数。这就使得润滑油更适合特大负荷和特高转速。

润滑油的主要缺点是：

(1)润滑油比较昂贵。

(2)与润滑脂相比，要求频繁更换油润滑油。

(3)对立式轴，要求复杂和昂贵的轴承箱。

(4)与润滑脂相比，润滑油不太适合潮湿和腐蚀性工作环境。

4. 滚动轴承润滑规定

关于清洁度，正确选择润滑剂，防止干转等规定，滚动轴承和滑动轴承是相同的。但是，滚动轴承需要另外两个规定。

第一个规定是关于清洁度。滚动轴承隐藏污垢的地方比滑动轴承多，这就要特别注意滚动轴承的清洗。第二个规定是有关滚动轴承润滑油的油量。如果润滑油过满，滚动轴承运转时就发热。因为温度每升高14℃润滑油氧化速度增加一倍，所以应该尽量避免轴承发热运转。最为重要的一个准则，润滑油的油量不应超过滚动轴承装油量的1/3～1/2。

5. 滚动轴承装配、拆卸与存放

在滚动轴承装配和拆卸过程中，所要求的最重要的一个预防措施是清洁度。必须仔细检查轴承和轴承座否有污垢和其他杂物。如果轴承不得不被拆下放置几个小时，或者在有灰尘的环境中保存一段时间，就必须用蜡纸或无纺布保护起来。

在重新装配前，应该要用肉眼观察和用手慢慢转动轴承来检查轴承清洁度。清洁状况良好的轴承应该转动均匀，没有任何运动灵活性变化的迹象。轴承也不应该有变色或生锈的迹象。

在重新装配前，观察划伤、磨损痕迹和校验滚珠和滚道之间的间隙是否过大。在装配前放弃可疑轴承比发生故障后不得不把轴承从泵上拆下经济上更划算。

滚动轴承通常与轴或轴承座有过盈配合面。当装配过盈配合面在轴上时，绝不应该在轴承外滚道上施加压力使之就位(图3－104)。类似地，当过盈配合面在轴承座上时，应该让轴承外圈受力使之就位(图3－105)。装配过程中，应该注意确保滚道表面沿着平行于轴或轴承座过盈配合面的方向移动。轴承就位过程中出现任何翘曲可能损坏轴承圈和滚动元件。

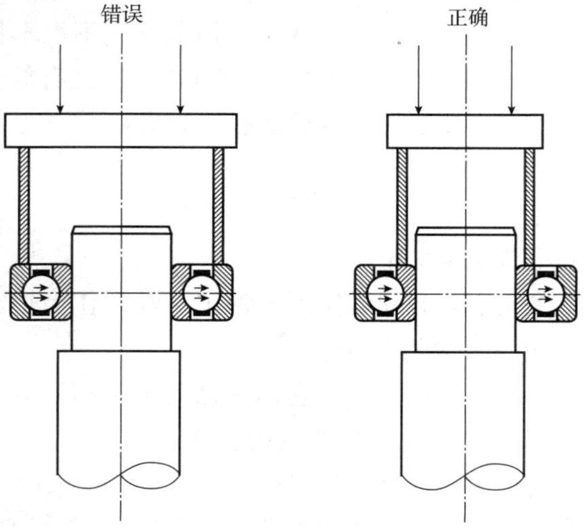

图3－104　内圈过盈配合轴承安装

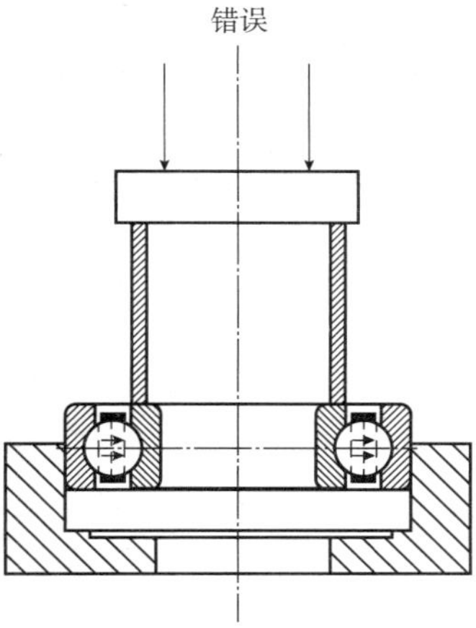

图3－105　外圈过盈配合轴承安装

在滚动轴承未安装到泵上以前，绝不应该用压缩空气使之旋转。若旋转时还有污垢在轴承上，则轴承将肯定受到损伤。但是，即使已经清除了轴承的所有污垢，压缩空气传递给滚道的高转速也可能因缺乏适当的润滑而易于造成轴承的损坏。

一些轴承的结构不是对称的，它们可以承受从一个方向施加的轴向负荷，但不能承受与此方向相反的负荷。当安装此类轴承时，应该注意确保承受负荷的方向与泵制造厂推荐的方向一致。

如果泵必须长时间(例如3年)闲置不用，就应拆下轴承支架，并在启动泵前清洁和润滑轴承。另外，每当泵必须在潮湿或腐蚀性环境中长时间闲置时，轴承应该涂有防锈化学品。不采取这些预防措施可能导致轴承过早失效，进而将引发一系列其他泵问题。

6. *滚动轴承失效*

前面已经讨论了滚动轴承失效的原因。下面给出另一些失效的原因：

(1)润滑不足或不当不可避免地引起配对表面的损伤。润滑不足第一个迹象是滚动表面变色。如果在润滑不足情况下还允许轴承继续运转，表面损伤就迅速发展成与疲劳失效相差无几的失效。在损伤的更进一步发展阶段，表面出现剥落，见图3－106。

图3－106　润滑不足引起的剥落

(2)轴承箱密封不严可能让污垢或水混入润滑油中，或者可能会让润滑油泄漏到轴承箱的外面。

(3)疲劳可能是由径向载荷或轴向载荷或两者同时引起的。方向不变的径向载荷作用下，在旋转滚道中央，沿整个圆周将出现磨损痕迹。然而，静止滚道在承受载荷部位仅沿小部分圆周将出现磨损痕迹。在纯轴向载荷作用下，磨损痕迹出现在每个圆环的相对面上，并扩展到整个滚道表面上，但磨损痕迹的宽度是不变的。在轴向和径向载荷联合作用下，静止圆圈上的磨损痕迹的宽度在径向载荷分量方向是最宽的。

对于离心泵，因疲劳而导致轴承过早失效的最常见原因是转速过高、皮带张力过大、吸入压力过大和总扬程过高。

(4)轴承发热或出现噪声表示轴承装配不当。在轴承内部，通常是某一零件出现损伤迹象，而其余零件完好。

图 3－107　轴承座过盈配合过紧时安装导致的擦痕

(5)通常从外部可以识别过盈配合是否过紧，这是因为用手转动过盈配合过紧轴承往往比转动过盈配合正常的轴承困难得多。过盈配合过紧会引起轴承发热，并使之较早出现疲劳破坏。在轴承内部，过盈配合过紧的轴承经常使一个或两个滚道出现轴向裂纹。过盈配合过紧也可能展现安装过程中产生的擦痕(图 3－107)。

(6)轴承外圈的外表面或内圈的内表面出现磨损或微动腐蚀迹象(图 3－108)通常说明过盈配合过松。过盈配合过松还常常使轴承座出现变色和磨损。

(7)轴承滚道上的局部磨损或裂纹经常表明轴或轴承座密封有缺陷。

(8)不对中产生的影响往往与轴承负荷过大产生的影响类似。

(9)当泵停机时，从其他振动源传递到泵轴承上的振动也可能使轴承失效。当轴承静止时，轴承的每个滚珠都与滚道的同一位置的点连续接触。当轴承经受长时间剧烈的振动时，可能出现熟知的假布氏压痕现象(图 3－109)。这就是说，在滚珠与滚道接触部位产生了圆形压痕。

图 3－108　微动腐蚀

图 3－109　假布氏压痕现象

(10)电流的通过可能会导致滚道或滚动元件或两者同时出现点蚀。已知这种情况是由在现场对泵进行的电气修理(例如焊接)造成的。

7. 欠明朗的滚动轴承失效原因

图 3－110 是立式湿坑泵的典型布局图。叶轮 I 装在轴 S 上。轴 S 悬挂在角接触推力滚动轴承 T 上，并由导轴承 L 支承。有时候，叶轮 I 开有平衡孔 B 以减小轴向力。对于较长和较重的轴系，这种布局形式运行平稳。但是，当泵轴较短和直径较细时，其重量不足以使轴承 T 的滚道与滚珠保持永久性接触，于是泵运行时振动并产生噪声。在极端情况下，

在较短时间内振动可以损坏泵。消除该现象的最简单方法是堵上平衡孔 B，以增加作用轴承 T 上的轴向载荷。

每当叶轮受到大的轴向载荷时，推力轴承 T 应该位于轴承支架的外侧，见图 3－98，而导轴承 L 在支架内侧。

为了这两个轴承平稳运转，应该精确加工它们的轴承座，让轴承和轴承座之间没有径向游隙。如果导轴承 L 和其轴承座之间的配合太紧，而推力轴承 T 与其轴承座之间的配合不太紧，那么轴向力可能由离叶轮较近的导轴承而不是由推力轴承来承担。这可使导轴承在很短时间内损坏。即使轴承座机加工符合正确的公差要求，但是，当一些污垢被夹到了导轴承外圈与轴承座之间时，也会发生类似现象。

为了防止这种情况发生，导轴承 L 应当能够沿轴向自由移动。尽管轴承沿轴向自由移动是重要的，但是导轴承外圈与轴承座配合又不能太松，以致于它能在轴承座中转动。然而，实际上，这类情况是常见的，结果是导轴承总是在短时间内发生故障。

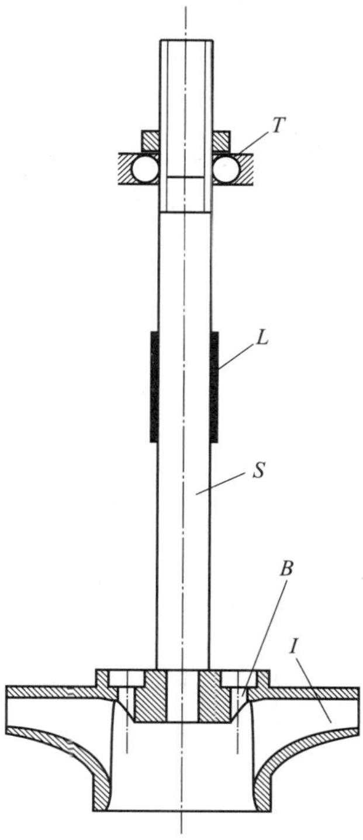

图 3－110　由角接触轴承支承的立式轴

第六节　密封旋转零件

一、填料函密封

填料函密封的一个首要问题是填料的正确选择，最常用的填料还是石棉填充填料。即使到了今天，这些石棉填料仍被认为是用途最广、最经济的。但是，由于在某些情况下，使用石棉填料也许会危害健康，所以越来越多地采用石棉填料的替代品。

最有前途的石棉填料替代品是填充过的石墨纱线、芳族聚酰酩纤维和玻璃纤维。可惜，石墨纱线和芳族聚酰酩纤维价格十分昂贵。同时，正常空气条件下，石墨纱线容易发生氧化，而芳族聚酰酩纤维也不适合在高于 125℃ 温度下使用。玻璃纤维填料在价格上似乎有竞争力，但是普通玻璃纤维有很强的磨蚀性，而且在较高温度容易变软。为了弥补这些不足，有时采用上述几种纤维的混合物；与此同时，正在研发性能更好的纤维。

虽然石棉填料替代品完全适用于某一给定应用场合，但是这些材料经常要求特殊对待。例如，含有芳族聚酰酩纤维的填料或由其他热塑性材料制成的纤维通常要求比石棉填料有更充分的冷却。这些填料也可能要求有特殊的磨合期。在磨合期，泵必须频繁启动和停机，直到填料开始正常工作为止。

1. 填料的安装

市面销售的填料有两种：预先切好的和连续编织的辫子。在安装预先切好的填料时，要求的预防措施如下：把填料放入填料函以前，在填料上应该涂上足够多的润滑剂。每个填料圆环的对接头相对于相邻的填料圆环应该错开约90°，同时，水封环的位置应该放到正确位置，即正对着冷却(密封)液体的入口，见图3－21。

当从连续的辫子切填料圆环时，切下来的填料长度要等于要求的长度。当填料缠到轴上时，每根填料的两端应该刚好碰在一起。填料段太长或太短将产生过大的泄漏，从而可能导致填料较早地老化。

2. 填料密封的特殊问题

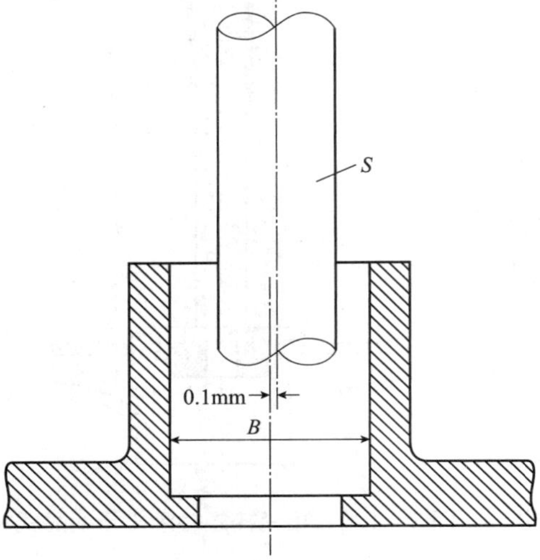

图3－111 填料磨碎的原因

当泵上的填料函孔 B 中心线与泵轴中心线有小到0.1mm偏心时(图3－111)，就会碰到一个特殊问题。因为轴与孔的空间由软的填料填满，人们想象这样小的偏心对泵的运行几乎没有什么负面的影响。况且，泵轴直径仅有50mm，转速也只有1470r/min。

然而，实际上，偏心使泵轴充当一个磨碎机，4h内大约磨掉3根填料，并把它们变成膏状物。之后，从填料压盖与填料函间隙挤出膏状物，导致填料函变空，失去密封作用。

换上同心的填料函端盖以后，填料研磨消失。对这个神秘的现象，一个可能解释是偏心导致轴的一侧填料被压缩得比另一侧填料厉害。然后，在旋转轴的影响下，可能导致了填料的一种塑性流动。

二、机械密封

1. 机械密封常见问题

机械密封最常见的问题有：寿命短、泄漏、功率消耗高和空气泄漏到泵内。设计的机械密封结构与尺寸千差万别。一些问题仅局限于某类或某个品牌的机械密封。因此，当某一具体机械密封反复地出现故障的时候，最好去咨询泵制造厂。尽管如此，某些规则适用于所有机械密封。

污垢是机械密封最主要的危害物。为了有效地密封，机械密封的密封端面的平面度不低于0.0005mm。残留在两密封端面的任何污垢遗迹不仅将导致泄漏，还将引起机械密封过早老化。

当两端面不完全垂直于旋转轴时，会出现其他问题。在机械密封运转过程中，这种不垂直可能导致在密封的一侧两端面迅速张开，而在相对的另一侧恢复贴合。这个现象包括两方面：泄漏了一些液体，从密封端面磨掉了一些固体颗粒，引起端面密封能力的较早下降；污垢可能进入两端面之间。

密封面与轴之间缺乏垂直性可能是由于泵其他部分的许多毛病引起的，包括弯曲的轴，磨损的轴承，夹在泵零件配合面之间的污物，螺栓拧紧不均匀，由管道施加的应变等。

振动导致的效果可能类似于不垂直引起的效果，而振动可能由多种因素引起，例如：固体物体加夹在两个叶轮叶片之间导致的叶轮失去平衡、泵与原动机不对中，泵的运行转速与底座或基础的固有频率接近而产生的共振等。

然而，机械密封故障的另一个根源是过高的压力。为了防止泄漏，利用一只弹簧或一组弹簧将旋转的动环压在不动的静环上。于是，这些弹簧不得不被压缩一个预先确定的长度。这是通过在离密封面预定距离处安装轴卡环来实现的。一旦该轴卡环离密封面太近时，弹簧在密封端面上施加过大的压力。于是，这可能会导致功耗增加，从而引起过热。升高的温度可将密封面之间薄的液体润滑膜沸腾变为蒸汽，从而破坏液体膜的润滑性能并导致密封失效。过热还会使密封件的橡胶零件变脆，这也导致过早的密封失效。

当单个机械密封来密封处于真空的内部压力时，可能会出现另一类问题。当叶轮设有平衡孔(图3－20)或者背叶片(图3－21)时，可能会发生这种情况。当密封工作腔的真空超过430mmHg时，密封端面很可能张开，并让空气进入泵内。

当被输送的液体含有研磨颗粒或者停泵期间可能结晶析出的溶解有固体的溶液，特别是热的饱和溶液时，会出现特殊的问题。对后一种情况，液体冷却时，固体结晶析出，当泵重新启动时，析出的固体会导致机械密封损坏。在这两种情况下，都应该以比填料函中现有的压力高的压力向密封腔提供一股干净的外部来的液体。这样，就可能可以使被输送的液体远离密封面。如果无法排除被输送的液体进入密封面，就应特别注意机械密封的选择。最好通过咨询密封件制造厂来完成机械密封的选择。

作为进一步的预防措施，当泵停止运行后，应该立即用干净的液体彻底冲洗填料函以及泵的其余部分。最后，每当机械密封需要冷却时，由于冷却系统故障，密封可能失效。例如，司泵员可能在启动泵之前没有开启冷却水，或者水垢可能积聚在冷却表面上。

(2)机械密封失效根源诊断

机械密封基本上由相互对着运转的两个圆环 A 和 B 组成，见图3－112。所谓的主(旋转或动)环 A 通常由硬质材料制成。它的密封面宽度一般比次(静)环 B 窄。除密封环以外，机械密封还配备了两个辅助密封：对着轴密封旋转零件的密封 D，对着静环座密封静环的密封 E。辅助密封件可能由O型密封圈、波纹管、杯状或环状橡胶圈，或任何其他合适的装置组成。

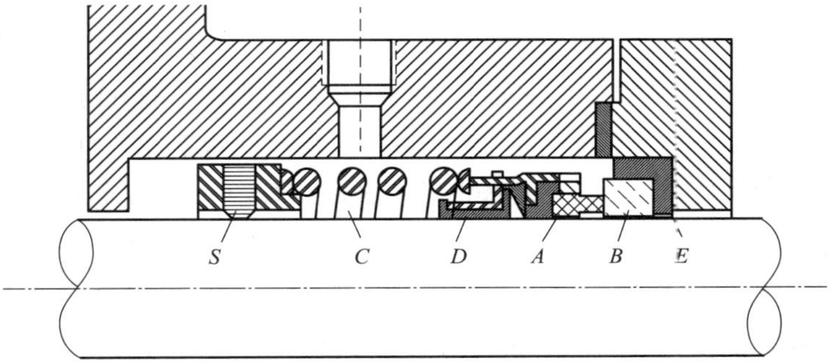

图3－112　机械密封的主要零件

在机械密封工作中，密封环配对的面可能发生磨损。当密封失效以后，磨损的位置和形状经常能够揭示失效的原因。很多时候，密封面的磨损形式以及其他特征可能有助于确定机械密封失效的原因。

在正常工作条件下，主环*A*在次环*B*上产生均匀的磨损形态，磨损宽度等于主环*A*密封面的宽度。若发生泄漏的密封表现出均匀的磨损形态，则说明泄漏通常不是从贴合的密封面流出去的，而是由辅助密封*D*、*E*中的一个或两个失效而导致的。辅助密封失效往往由安装错误或者其密封材料与被输送液体的化学成份或温度不相容所致。

当主密封环*A*承受的压力过大时，它可能要发生图3－113所示的扭曲(有很大的夸张)。这就降低了密封面接触面积而仅在外圈发生接触，致使次环*B*的外圈发生严重磨损，但内圈没有任何接触(图3－114)。磨损也可能导致主环边缘产生缺口。在工作过程中，在高压下，这个密封可能有点或没有泄漏，但是在低压力下，密封将一直泄漏。

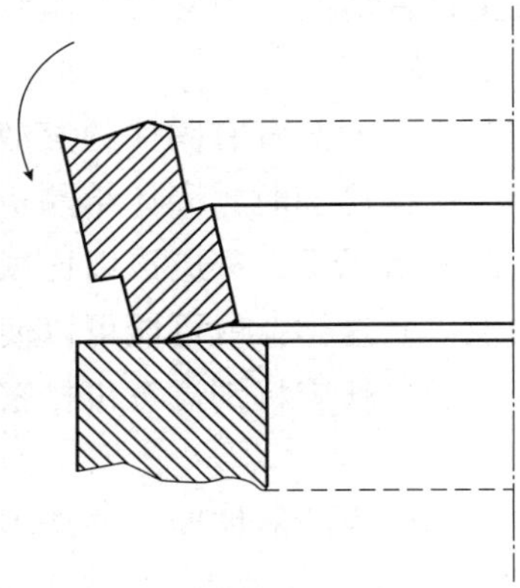

图3－113　主环因压力过大而扭曲

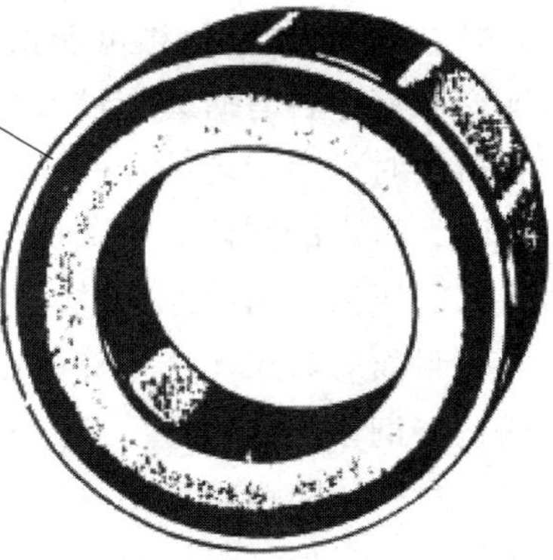

图3－114　压力过大导致次环磨损痕迹

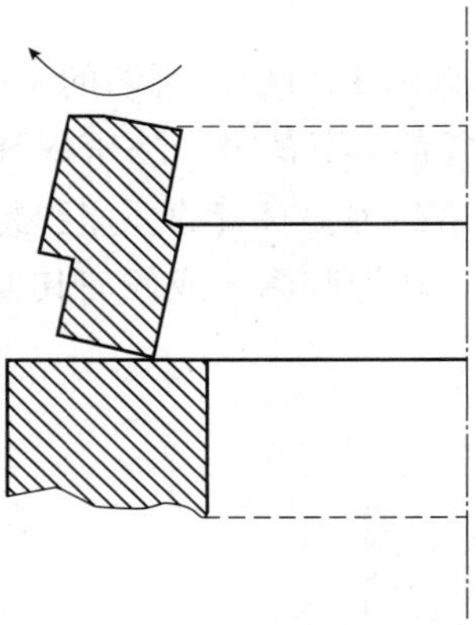

图3－115　主环的热扭曲变形

如果机械密封冷却不充分，主环就有可能发生图3－115所示的热扭曲变形(有很大的夸张)。与过大的压力情况一样，这将在主环和次环上产生相同宽度的磨损痕迹，但是磨损发生在密封端面的内侧。在工作过程中，当轴旋转时，有热扭曲变形的机械密封通常一直泄漏，但是当轴静止时，密封就不泄漏。

每当次环的磨损痕迹宽度宽于主环密封面宽度时，就说明泵内部存在严重的不对中。不对中可能因轴承故障、夹在配对的密封面中间的脏物、击打机加工面产生的凹痕导致的(图3－99)。螺栓拧紧不均匀也可导致不对中。

如果轴无论旋转还是静止机械密封一直泄漏，那么次环的机械扭曲变形可能是问题的根源。有时候，两个接触斑点将出现在次环的密封端面上(图3－116)，而主环的密封端面可能也损坏了。机械扭曲变形也会产生其他形式的接触斑点分布形式。有时，接触发生次环密封端面大于180°圆周角范围内，而其余部分未接触(图3－117)。在其他情况下，次环密封端面上有多于两处的斑点(图3－118)。

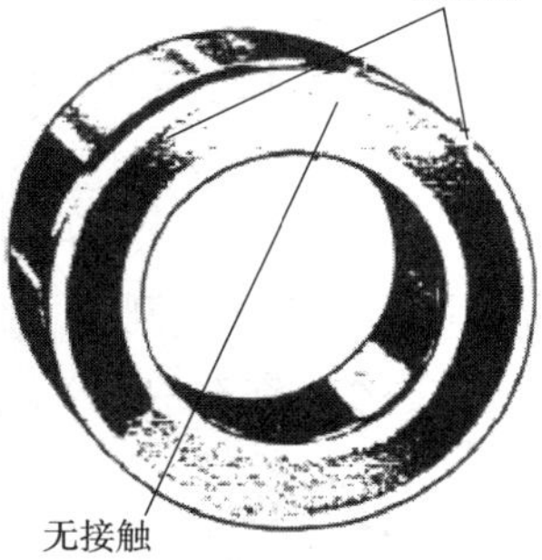

图 3-116 次环上的两个高的接触斑点

图 3-117 接触超过次环 180°圆周角

图 3-118 次环上的多个接触斑点

下面是引起次环机械扭曲变形的一些可能原因：

(1)作用于密封压盖螺栓上的不均匀或过大的扭矩引起的压盖变形。

(2)与次环接触的压盖表面不平整。

(3)与次级环接触的压盖表面上的刻痕和毛刺。

当泄漏的机械密封没有表面磨损痕迹时，旋转密封零件没有被牢固地安装在轴上，即图 3-112 中螺钉 *S* 没有拧紧。这样，轴旋转时，旋转密封零件保持静止。压缩弹簧 *C* 可能没起作用。每当旋转密封零件在轴上固定位置不正确或弹簧被固体物卡住时，这个情况就有可能出现。

当磨损仅在密封环的一侧出现时，说明密封面与旋转轴线不垂直。

当夹在两密封面中间的液体闪蒸成蒸汽时，通常会导致密封面的边缘出现缺口。缺口使两密封面分离，并提高分离区液体压力。升高的压力使蒸汽猛烈地凝聚。结果导致两密封面相互撞击，致使主环密封端面出现缺口。这种撞击常常引起次环密封面上出现裂纹(图 3-119)。这种裂纹就是通常指的热裂纹。这种现象的最常见的征兆是：无论轴是否旋转，机械密封总有泄漏。同时，闪蒸或密封面撞击产生声音。为了消除第二个问题，应该提高来流的吸入压力以防止闪蒸。另一个补救措施是提高密封面的冷却液流量。

振动也有可能使主环出现缺口。而振动可能是由空化、不对中或者其他因素引起的。

装配中的不当行为也经常引起密封面缺口。

密封面的极高磨损可能是由于以下一个或两个原因造成的：

(1)过高的压力或过热导致的配对密封面润滑不良。同样，这可能是由旋转密封件在轴上的位置错误，冷却不当或密封件选择不当造成的。

(2)研磨颗粒陷入一个较软的密封端面内。

在某些情况下，机械密封失效是可能几个因素同时作用的结果。例如，当环扭曲变形和热变形表面同时发生时，仅在某些孤立的斑点会出现热裂纹(图3－120)。

图3－119　次环上的热裂纹

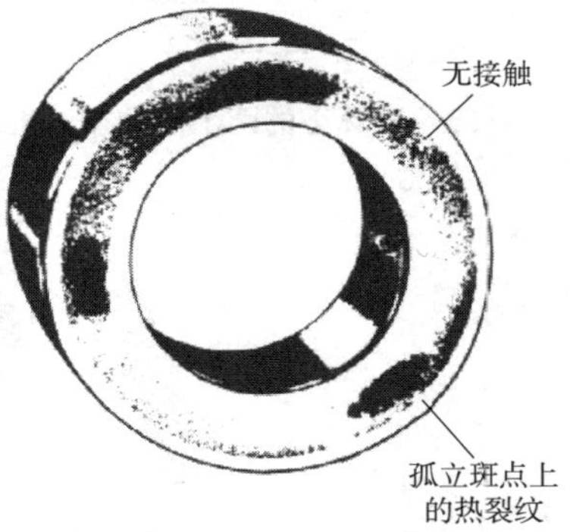

图3－120　孤立斑点上的热裂纹

第七节　泵噪声污染和零件损坏

一、泵噪声污染

噪声是空气压力快速变化的序列。当这些压力脉动到达人耳时，我们以声音或噪声的形式接触它们。这些脉动源自与空气直接或间接接触的某些物体或介质的振动。

当物体振动时，它会引起与之接触的空气层的快速压缩与膨胀。空气压力的这些快速变化以可抵达人耳的压力波的形式在空气中传播。

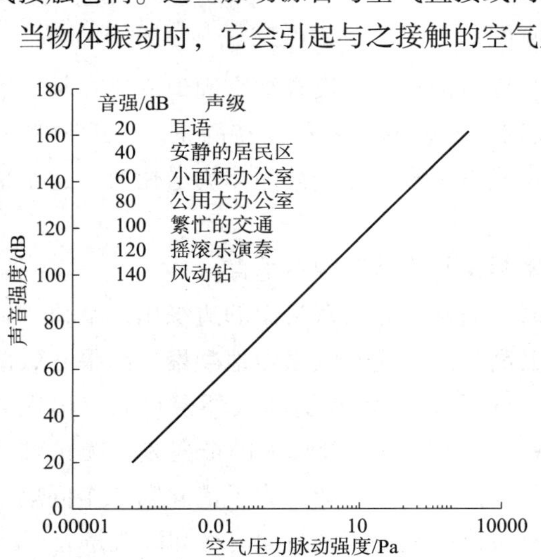

图3－121　声音强度与空气脉动强度之间的关系曲线

仅此还不足以使某人听到声音。为了使人耳感知声音，这些空气压力脉动的强度和频率都必须在一定范围内。正常的人耳听到空气压力脉动频率介于30～20000Hz（次/秒），最低脉动强度为0.00002Pa。理论上讲，人耳可听到的压力脉动强度没有上限。但是，高于2～20Pa的脉动强度会导致暂时性耳聋；大约200Pa或更高的强度会导致永久性耳聋。

实际上，习惯上使用dB作为声音强度的量度。图3－121给出了声音强度与空气压力脉动强度(单位 Pa)之间的关系。由于振动是声音的直接来源，所以分别讨论这两个现象各自的原因是不适合的。因而，这种讨论的结果是噪声和振动没有区别。

1. 水力噪声源

噪声相关现象的频谱与泵的水力性能息息相关。

(1)压力脉动

在单级蜗壳式离心泵中，叶轮叶片通过蜗壳隔舌的频率等于叶片数乘以叶轮转速。这就使液体中压力脉动频率 F 等于

$$F = fZ \tag{3-15}$$

式中，f 为叶轮的旋转频率，Hz；$f = n/60$，Z 为叶轮叶片数，n 为叶轮转速，r/min。

取决于这些压力脉动的强度和频率，人耳可能会感觉到从几乎听不到的耳语到简直无法忍受的噪声。

在多级蜗壳式离心泵中，压力脉动强度和频率取决于叶轮叶片和蜗壳隔舌的相对角度位置。当所有叶轮的叶片同时经过所有蜗壳隔舌时，压力脉动的强度最高。另一方面，当某一时刻，仅一个叶轮叶片经过某一个蜗壳隔舌时，产生的压力脉动的频率最高。

对多级导叶式离心泵，每一级的压力脉动频率 F 等于

$$F = fZZ_d/m \tag{3-16}$$

式中，Z_d 为导叶叶片数；m 为叶轮叶片数 Z 与导叶叶片数 Z_d 的最大公约数。

每个叶轮与导叶相对位置与多级蜗壳式离心泵的规则相同。在多级导叶式离心泵中，导叶部件之间的相对角度位置是可以改变的。在某些结构中，各个叶轮之间的相对角度位置也是可以改变的。这可以有效地减少过大的噪声。

(2)空化

当发生空化的液体的充满蒸汽的汽泡流到压力较高的区域时，汽泡剧烈地崩溃，产生噪声。虽然并不总是有可能将空化产生的噪声与其他因素产生的噪声区别开来，但是从泵吸入口传来的干脆、破裂的噪声可能是由空化引起的。当泵运行于低 *NPSHa* 或小流量工况时，尤其由此。

(3)预旋

这种噪声的主要特征是声音的频率相对较低，例如，像是非常重的锤子打击的声音(请比较与图 3-39 到图 3-41 有关的讨论)。

2. 机械噪声源

泵与原动机的不对中是产生机械噪声的一个根源。不对中产生的振动频率等于泵轴旋转频率的 2 倍。当用销钉或齿形联轴器传递功率时，不对中产生的振动频率等于销钉(齿)数乘以泵轴旋转频率。

松的联轴器和不平衡的旋转零件也可以产生振动。这种振动的频率通常等于轴旋转频率。弯曲的泵轴和偏心的叶轮诱导的振动的频率也等于轴的旋转频率。第三个噪声源是滑动轴承。当滑动轴承产生的振动等于轴旋转频率的一半时，往往预示轴承中有油的涡动。

在带滚动轴承的泵中，有缺陷的滚道可能引起振动，其振动频率等于泵机组旋转频率乘以滚道缺陷的轴承中滚珠的个数。

其他机械噪声源有松动的螺栓、拧紧不均匀的螺栓和管道施加的应力。这些噪声的频率通常与泵运行转速没有直接的关系，而往往与振动部件的固有频率相关联。这些部件可能只是对发生在泵内部或泵房附近的其他周期性激振力做出的响应。在一种情况下，噪声源是一个阀板，该阀板的固有频率等于位于同一栋楼二楼机器的旋转频率。

当旋转部件与静止的泵零件摩擦时，也会产生噪声。这种噪声源产生频繁、短促、周期性吱吱声或一个长的、连续的尖叫声。

最后，松的联轴器或带一个偏心的机加工孔的联轴器也可能产生噪声。这种振动通常在频率等于旋转频率的整倍数下出现。

(3)组合的声源

机械噪声源产生的振动在液体中可能诱发空化。于是，空化形成了一个次噪声和振动源，该噪声源的强度会比初始噪声更强。单蜗壳式离心泵中的径向力也会产生噪声。在小流量工况，这些径向力可能变大(对比第二章第七节)。轴每旋转一圈，径向力使轴弯曲一次。径向力的脉动频率等于叶片通过蜗壳隔舌的频率。

在某些不利的情况下，径向力可能使整个泵机组产生振动。最简便、最有效的消除径向力产生振动的根源是让泵在泵制造厂推荐的流量下运行。

在图 3－122 所示的双吸泵中经常发生一种特殊类型的振动。由于无法避免的铸造误差，流入叶轮两侧的液体流动状态总是存在某些差别。有时，这些差别较大，以致于整个转子被推向了泵的一侧。

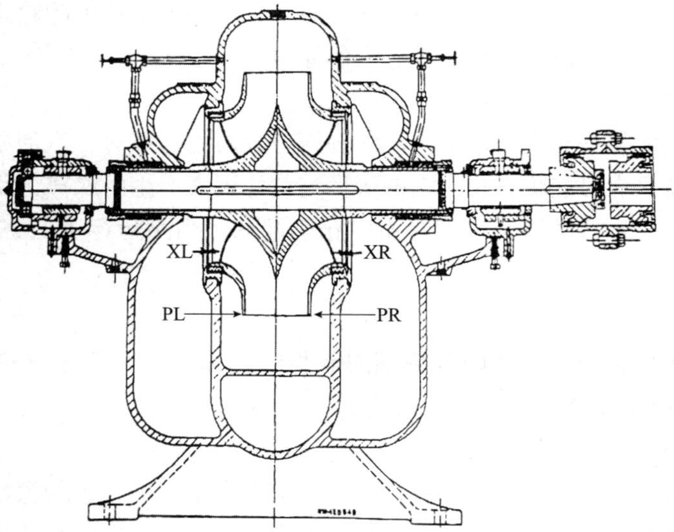

图 3－122　双吸泵中的轴向振动源

假设叶轮被推向左边。叶轮左移使间隙 *XL* 减小，致使通过左侧密封环的泄漏量下降。泄漏量的减小使作用于叶轮左侧盖板上的轴向力 *PL* 增大，结果把转子又推向右侧，于是又使右侧间隙 *XR* 变小。最后，作用于右侧盖板上的轴向力 *PR* 大于左侧盖板的轴向力 *PL*，又致使转子向左移，从而开始另一个轴向运动循环。

尽管这听起来可能令人难以置信，但是观察到的运行中出现这种周期性转子轴向运动的双吸泵百分比较高(另请参见与图 3 – 132 至图 3 – 134 相关的讨论)。

共振经常产生一种特殊的噪声和振动源。当转子、泵体、原动机、泵座、混凝土构件、地基和泵房的任何结构元件的固有频率与泵的转速或其较低阶的谐振频率一致时，就出现共振噪声。

当上述一个或多个部件的固有频率与叶片通过蜗壳隔舌的频率或泵运行中可能出现的任何其他周期性现象的频率一致时，也发生共振。

共振的基本特征是它产生比激励源强烈得多的振动。共振也可能开始时强度较低，然后强度在短时内迅速增加。在变速驱动中，共振特别容易导致过大的振动。在这种驱动中，仅在有限的转速范围内出现共振。

对于最后一种情况，一种有效的补救措施是为变速驱动系统提供某种自动化装置，以防止泵机组在激励转速附近运行。另一种选择是通过改变谐振部件的形状或重量来调整其固有频率。

3. 特殊情形

有时，多种情况的组合可以产生过大的噪声。在一个个案中，在小流量工况下，泵产生了叶片通过频率下的高强度噪声，而以前，在该工况下，泵却安静地运行。经检查发现，地脚螺栓未正确拧紧。重新拧紧后，噪声恢复到预期水平。

二、泵零件损坏

泵零件可能以多种不同方式损坏。损坏的三个主要类别包括：腐蚀和侵蚀，磨蚀和磨损，断裂、裂纹、挤压和凹痕。

在实践中，损坏的性质和原因经常特别为数众多和复杂。尤其是，多种形式的损坏是多种因素组合的同时作用下的结果或某个因素作为催化剂触发了另一个破坏过程而导致的。

1. 断裂、裂纹、挤压和凹痕

断裂、裂纹、挤压和凹痕通常是由过大应力造成的。

(1)过大张力引起的断裂

过大张力导致的断裂由失效零件断口表面上的颗粒状结构来识别。根据受影响材料的物理特性，由张力引起的断裂可能会在施加应力的方向上出现裂纹，并在同一方向上出现细长的长矛状突起。

当断裂发生在塑形材料时，断裂零件拼在一起的总长度要比原始的、断裂的零件长度长。断裂的另一种表现是断裂部位的断面面积缩小。对于脆性材料，断口表面仍出现颗粒状结构，但断裂零件拼在一起的总长度没有增加，断裂部位的断面面积也不缩小。

(2)压缩引起的断裂

取决于受影响材料的物理特性，压缩断裂会表现为受影响部位的粉碎或较大的横向膨胀。后者通常在受影响部位的外缘处伴有许多裂缝。

(3)弯曲

在许多金属中，可以通过在断口一侧的裂纹表面上的颗粒结构以及在断口另一侧的裂纹表面上的平滑、挤压结构来识别弯曲断裂。在塑性材料中，这种断裂通常还伴随有断裂表面边缘附近的材料的塑性变形。

(4)剪切

剪切断裂通常断口是光滑的，经常伴有指示作用力方向的滑移线。

(5)疲劳

在周期性载荷作用下，在低于受影响的材料极限强度的应力下，出现由其他因素导致的材料失效。此特性称为疲劳。

疲劳通常源于压力集中的部位。这些部位包括由厚断面到薄断面的突然过渡以及微小的裂纹和其他表面缺陷。有时，微小的工具加工痕迹会引发疲劳破坏。温度波动变化引起的频繁膨胀和收缩也可能导致疲劳破坏。只有当应力的大小或方向发生一定数量的周期性变化以后，才会发生疲劳破坏。

通常，疲劳从材料中的小裂纹开始或从出现小裂纹开始。该裂纹在波动变化力的作用下逐渐扩展，直到发生断裂。这种现象往往以一个事实为特征：断裂表面的一部分有生锈或结垢迹象，而其余部分有新裂缝的颜色和结构。

(6)凹痕与挤压

凹痕和挤压通常由击打造成的。结合图 3－99 已经进行讨论了它们的原因和影响。当在很小的区域上施加过大的压力时，它们也会出现。例如，将硬质材料的颗粒夹在两个较软的表面之间或两个尖锐的边缘相互挤压的时候。

2. 侵蚀与腐蚀

每当液体与固体长时间接触时，固体的湿润表面可能会老化。这是由化学反应或电解作用或缝隙腐蚀或它们的组合引起的。

(1)化学反应

某些液体可能会与湿润的泵部件的材料发生化学反应。为避免损坏，可以用特殊材料制造泵。附录二表 2－4 给出了不同材料的化学相容性的完整列表。但是，应该强调的是，此列表仅应作为指导，并且作者，发行者或编制该列表的公司均不能保证所有数据都是正确的。特别是，正如本节后面将要解释的那样，即使化学相容的材料，也可能失效。这是由电解作用或可能作为触发化学反应的催化剂的因素存在或其他无法预见的原因造成的。因此，在使用任何推荐的材料之前，请与给定产品的制造厂核实。

(2)电解作用

即使泵由与所输送的液体化学相容的材料制成，但是，若湿润部件由不同材料制成，则泵可能会失效。当两种不同的材料浸入导电的液体(电解质)中时，它们可能会形成伏打电池(原电池)。电解作用会在相对较短的时间内破坏由“稀有”性低的材料制成的零件。通常来说，“稀有”性是指给定材料，特别是金属的化学反应性。材料的化学惰性越高，它就被认为具有更高的“稀有”性。

当怀疑或预计有由电解作用引起的损坏时，所有湿润部件应由一种材料制成。如果这不可能或不切合实际，就使用电化学势几乎相同的材料。

有时，化学活性较高的材料覆盖一层化学活性较惰性的保护层。例如，低碳钢制成的轴经常用青铜套的保护。在这种情况下，应将两种材料之间的所有接触面与所输送的液体或最终将导致严重的材料破坏电解作用隔离开。

一种减少电解作用引起的腐蚀的方法被称为阴极保护。该方法是提供一个与润湿材料产生的电流相反方向的直流电流。有两种方法可以实现此目的。一种方法是从外部电源提供适当的直流电，例如，市政公用电网和整流器或电池。第二种方法是在液体中安装一种比制造泵的每种材料的“稀有”性还低的材料。用于此目的的最常用的材料是锌阳极，例如，大块的锌悬挂在被输送液体中的适当位置。

(3)缝隙腐蚀

某些材料只有当另一种物质(催化剂)存在时，才会受到化学侵蚀。例如，低碳钢一半浸入水中时，由于同时与空气接触，所以很快生锈。但是，当完全浸入蒸馏水中时，它仍然是完全惰性的，不生锈。

特别是，空气和气体经常充当此类催化剂。它们很可能被困在细小的裂缝和缝隙中。被困的空气或气体经常引发缝隙腐蚀。顾名思义，这种腐蚀始于两个湿润表面相互接触的任何区域。

在某些情况下，缝隙腐蚀可能在完全相反的原因下发生。某些材料的耐腐蚀性通常归因于氧化物保护层。每当缝隙足够宽，允许液体进入其中并形成死水区时，从死水区流过的液体把死水区液体的部分氧气带走，导致死水区液体处于缺氧状态。死水区的缺氧由保护层中所含的氧气来补充，从而使保护层易于发生腐蚀。

腐蚀的影响可能以不同的方式表现出来，取决于材料的物理特性和发生腐蚀的环境。当腐蚀速率较低而流动液体的速度较高时，受腐蚀的区域可能被抛光，这是化学加工过程的基础。

在其他情况下，腐蚀会产生不规则表面，其上有许多不同大小的孔，这些孔重叠并看起来像整个表面都已经被昆虫吞噬了。在另一些情况下，尤其是在复合的、质地不均匀的材料中，例如，铸铁，腐蚀会吞噬活性较高的元素，而导致其余部分分解。铸铁是由铁和被困的石墨颗粒组成，石墨颗粒精细地分散在整个材料中。

3. 速度对腐蚀的影响

无论表面的损坏是由化学作用还是由电解作用或者甚至由腐蚀引起的，但是其发生的速率可能受到产生侵蚀作用液体速度的显著影响。

在完全静止的状态下，产生侵蚀作用的条件不均衡。湿润表面的某些部分可能不受液体的影响，而其他部分则受到非常强烈的腐蚀。在存在缓慢流动的液体中，腐蚀行为可能会在润湿表面的较宽范围内扩散。这可能使腐蚀较为均匀，但强度有所降低。

较高的速度可能产生导致局部点蚀的旋涡。较高的速度还可能以较大的速率带走被腐蚀掉的材料，从而致使新的材料受到液体的侵蚀。另一方面，在缝隙腐蚀的情况下，通过向这些缝隙中所含的液体补充氧气，液体较高的速度可能起到保护作用。但是，与此相反，高速可能对受影响的表面产生磨蚀效果，并且可能清除覆盖这些表面的保护膜。

一般来说，尽管液体的速度通常对腐蚀速率有非常大的影响，但这种影响的性质和强度可能因情况而异。

4. 温度升高对腐蚀的影响

有些材料在低温下与一些液体是化学相容的，但在较高温下受到相同液体的侵蚀。升高的温度还可能释放溶解在液体中的气体，于是气体可能充当引发腐蚀过程的催化剂。

一般而言，腐蚀是一个非常复杂的过程，除了相互影响之外，还受许多因素控制。例如，如果水中含有一定量的中性盐，即使在升高的温度下，铸铁也将在水中不会受到腐蚀。在某些装置中，将中性盐连续添加到被输送的液体中，以便将腐蚀降至最低。不添加中性盐，俗称稳定剂，可能增加腐蚀速率。

防止铸铁在水中腐蚀所需的最低盐的浓度主要取决于以下因素：被输送水的 pH 值、水温度和溶解于被输送水中的空气的氧气浓度。

例如，在 90℃ 和非常低的氧气浓度下，最小 0.01mL/L(10ppm)的中性盐能够使铸铁在 pH 值为7.0(中性)的水中免遭腐蚀。在 pH 值为9.0(弱碱性)的水中，即使在150℃下，相同稳定剂的浓度也可以防止铸铁腐蚀。但是，如果水中的氧气含量超过 0.03mL/L，即 30ppm，就没有中性盐可以防止铸铁的腐蚀。或者，在低氧含量和 pH 值为 7.0 的情况下，水需要至少 0.015mL/L(15ppm)的稳定剂，以防止 150℃下铸铁的腐蚀。

表 3-1 给出了在非常低的氧气浓度下，不同 pH 值和温度下要求的稳定剂浓度的一般指导原则。

表 3-1　稳定剂最小浓度　mL/L

温度/℃	pH 值				
	7.0	7.5	8.0	8.5	9
90	10.0	7.5	5.0		
120	12.5	10.0	7.5	5.0	
150	15.0	12.5	10.0	7.5	
180		15.0	12.5	10.0	7.5
200			15.0	12.5	10.0

5. 影响腐蚀的其他因素

(1)间歇性运行

在给定的介质中连续运行的泵的腐蚀速率通常比间歇运行的泵小。在泵停机期间，空气可能较容易在泵内积聚，加速腐蚀。

(2)空化

空化往往通过侵蚀和腐蚀的组合作用来损坏泵零件。与光滑表面相比，任何材料的粗糙表面较容易受到化学介质的侵蚀。原因之一是粗糙表面吸引并保留充当催化剂的空气和气体核子。

空化引起的侵蚀可将任何光滑表面变为粗糙表面，从而触发并加速腐蚀。空化经常引起腐蚀的另一个原因是，空化将某些被输送液体转化为蒸汽。在某些情况下，化学物质蒸气态的活性可能大于液态的活性。

(3)*NPSHa* 的减小

即使没有空化，*NPSHa* 的减小也可能引起腐蚀。当溶解在被输送液体中的气体对泵所用的材料有化学亲和力时，可能发生这种情况。在 *NPSHa* 减少的情况下，一些气体从溶液中释放出来并侵袭泵的材料。

可以采用下面两种方法之一来解决该问题：增加 *NPSHa*，或用另一种材料制成的泵替换现有的泵。

6. 磨蚀和磨损

(1)被输送液体中的固体物

除非润湿的零件是由高度耐磨的材料制成的，否则固体将导致受影响零件的横截面和壁厚迅速减小。密封面可能被磨损，增加泄漏。减小的横截面和壁厚也降低了受影响零件的机械强度，并最终导致断裂。

这种损坏的典型症状是旋转零件上有镜面状光滑表面。与之相反，静止的零件出现椭圆形的凹痕和凸起，并覆盖有次要的沟槽和划痕。通常，沟槽、凹痕和凸起呈波浪状。

(2)旋涡、二次流和空蚀

在被输送液体中可能产生二次流，从而导致泵的某些区域发生磨蚀。当泵在关死工况附近运行时，通常发生此类现象。最脆弱的区域是靠近蜗壳舌和叶轮吸入口部位、叶轮出口处的叶片和叶轮盖板、壳体中口环的高压侧以及平衡孔附近的部位。

由上述旋涡和二次流引起的磨损而产生的表面形态有时与被输液体中的固体导致的损坏表面相同。在大多数情况下，这两种现象产生空蚀。空蚀通常会产生不规则的表面，上面覆盖着许多不同深度相互干扰的孔。

(3)机械磨损

在泵体中，机械磨损通常发生在口环和填料函。在填料函中，磨损是静止的填料磨掉旋转轴上的金属颗粒。当填料压盖太紧或轴与填料之间的液体流动不足时，磨损会特别严重。

机械磨损表现为轴外表面的划痕，通常伴随有过热引起的深色变色。在极端情况下，轴可能被填料严重吞噬，从而出现断裂。

为消除磨损引起的缺陷，只能使用正确等级的填料，最好是泵制造厂推荐的品牌，并且绝不能把压盖拧得太紧而没有液体从填料函泄漏。在大多数情况下，每分钟 100 滴的泄漏会大大减少轴的磨损。

在口环中，磨损可能是由于在密封面之间高的液体流动速度和密封环的高圆周速度，或静止部件和旋转部件之间的金属接触而导致的。液体流动和旋转零件的相对速度的共同作用引起的磨损使口环间隙增大。继而，间隙扩大可能由泵性能的变化反映出来，见与图 2－36 有关的讨论。

金属接触引起的磨损表现为口环表面的划痕，这些划痕沿着配对零件的相对运动方向伸展。就像填料函的磨损一样，这种痕迹经常伴随有过热引起的深色变色。

7. 咬合

当某些材料，尤其是金属，在另一个表面上摩擦时，某些材料会从一个表面磨掉，并融合到另一个表面上。在更严重的情况下，这能导致两个表面焊接在一起。当两个表面由相同的材料制成，并硬度相同的时候，就特别容易发生这种情况。0Cr11Ti、0Cr13、1Cr13、…、11Cr18 等软不锈钢尤其容易发生此现象。另一方面，众所周知，钴铬合金钢具有出色的抗咬合性。在较便宜的材料中，大多数种类的铸铁都表现出优异的抗咬合性。

为了降低咬合的危险，可能采取下列措施：

(1)每个配对的零件都用不同的材料制作，见附录二中的表2－2。

(2)对配对零件进行热处理，使两个零件的布氏硬度至少相差80。

(3)若活动部件是圆柱形的，则在旋转圆柱的表面上加工圆周方向的沟槽。

三、其他损坏原因

1. 人为因素

人为因素包括因粗心，疏忽、人为失误以及缺乏有关离心泵正确的知识和注意事项的理解而引起的问题。这些问题主要包括：

(1)泵和原动机的轴线对中不准确。

(2)通过连接螺栓强行连接泵和管道不匹配的法兰。

(3)法兰或端盖的螺栓拧紧不均匀。

(4)在轴承中没有润滑剂的情况下启动泵。

(5)在泵体中没有液体的情况下启动泵。

(6)在不检查原动机旋转方向的情况下启动泵。

(7)让泵在有噪声和振动的情况下长时间运转，而不检查这些异常现象的根源。

(8)固体物掉进了吸入池。

(9)让泵机组在不通风的地方运行，这可能使泵、原动机和轴承过热。

(10)现场安装完泵机组后，对泵机组施加击打或过大的力。

(11)让水进入润滑油。

(12)使泵遭受热冲击。

(13)只能高温时泵才能输送的液体没有预热。

(14)在吸入管路阀门关闭的情况下启动泵。

(15)在装配过程中，将螺母、螺栓或工具留在管道中。这些物体可能会进入泵内，造成无法修复的损坏。

2. 个案史

在实践中，人为失误可导致的问题的数量和种类无穷无尽。下面的案例历史记录说明了为找出给定泵遇到的问题的原因而必须做的猜测的范围和类型。

(1)个案1

管道装配工在吸入管的一对法兰之间安装了无孔的盲垫片。这样就关闭了液体从吸入口进入泵的通道，从而阻止了泵输送任何液体。

为了找出问题所在，拆除了泵，对所有零件进行了彻底检查，并纠正了所有发现的微小错误。然后小心地重新装配泵，并重新安装了泵，但泵仍然不能输送任何液体。第二组机械师再次尝试查找故障原因，但他们也失败了。经过四到五次失败的尝试后，有人开玩笑地说：“也许在吸入管路的某处有一个盲垫片。”吸入管路被拆除了，证明这不只是个玩笑。

(2)个案2

一位经验丰富的泵技师花了几天的时间研究打不上任何液体的泵，直到他偶然发现排出管路上装有顺时针打开的左螺旋阀门。原本打算在阀门完全打开下启动泵，因此技师在打开电源之前逆时针旋转阀门。但是，由于阀门是左螺旋阀门，因此他是正在关闭而不是在打开阀门，从而阻止了液体的流动。

(3)个案3

下面是个需要花费一些时间才能查到其根源的问题。泵安装在试验台上，显示功率读数不稳定。泵拆卸后，口环上明显有过多磨损。然后将其重新装配，并格外小心，以防止管道对泵施加任何应变。尽管如此，功率读数仍然不稳定。检查并校正了泵和原动机之间的对中性，以确保精确的同心度和垂直度，但是所做的一切没有消除泵的不稳定行为。

经过数周的反复试验，终于发现从事泵组装工作的机械师不知道泵体需要牢固地联接到轴承支架上。他只是没有充分拧紧联接泵壳与轴承支架的螺栓。

(4)个案4

当吸入水箱中的水位和 *NPSHa* 处于高位，并且泵产生了强烈的空化现象时，一个难以解决的情况出现。随着吸入水箱水位的降低，空化的强度也减小。最后，在很低的水位下，空化完全消失了。唯一已知的解释是，当吸入水箱中的水位升高时，泵正在输送很大的流量，对比与图2－23相关讨论部分。但是，问题在于，所有流量测量结果表明，即使吸入水箱中的水位处于高位，泵也是在正常的流量范围内运行。

进行了一次排查，以确定排出管路中是否存在泄漏以及是否有一些液体在到达流量计之前被转移到旁通管路中。仍然，似乎没有证据表明泵在偏离其扬程曲线太远的工况运行。

然后一个想法出现了，即使没有外部迹象表明泵正在输送的流量过高，或许通过叶轮的流量过大。当密封叶轮出口到叶轮入口的液体通道的口环间隙较大时，会发生这种情况。有人怀疑组装泵的机械师忘记将口环安装在泵体中。打开泵以后，事实证明是这样的。叶轮上的口环和泵体之间的大间隙使大量液体从叶轮出口返回到叶轮入口，请参见第二章第四节。

一项研究表明，叶轮和泵体之间的间隙允许最大流量 Q_{max} 的30%流回到叶轮吸入口。当吸入水箱处于最低水位时，泵输的送流量为推荐的最大流量的65%。即使增加了30%的内部泄漏，泵仍可正常地运行。当吸入水箱的水位最高时，泵输送的流量仅略低于推荐的最大流量 Q_{max}。但是，叶轮输送的实际流量比 Q_{max} 几乎高出30%。因此叶轮中过大的流量是引起所观察到的问题的原因。

这里提供的个案例历史记录说明了查找人为失误引起的离心泵故障的真正原因有多么困难。幸好，这类故障很少发生。尽管如此，利用有关导致泵出现故障的因素的全面知识和透彻理解，可解决此类情况。

3. 与时间相关的零件损坏因素

致使泵性能恶化的与时间相关的因素也可能导致零件损坏。这些包括侵蚀、腐蚀和磨损。另一个与时间相关的因素是上述的材料疲劳现象。除上述的因素以外，下面与时间有关的因素也可能导致零件失效。

(1)基础或其他结构元件的沉降

大多数建筑工程要求在现场进行某些准备工作。这些工作可能包括挖掘或填埋，或两者兼而有之。准备好的场地随后要承受结构及其内承载物的总重量以及其他因素的作用，例如，雨水渗入地基下方。根据准备工作的性质，工作的质量以及地面的性质，整个结构可能均匀放置，倾斜到一侧或以其他方式移位。这可能导致泵与原动机之间或泵与管道之间的出现不对中，从而在泵上施加过大的应力。在严重的情况下，这些应力可能容易导致泵的某些零件的断裂。

防止对泵造成这种损坏的最常用的方法之一是利用柔性元件将泵连接到其管道上。这样的柔性元件是容易买到的。

(2)运行条件的变化

当离心泵所克服的总能头发生变化时，泵所输送的流量通常随之改变。总能头变化可能是由于管道中积垢或杂物的堆积或管道的腐蚀所致，前两个因素导致总能头增加，最后一个因素可能导致速度减小，随后总能头降低。

根据设计的不同，某些离心泵在其设计流量附近表现出优良的性能，但在非设计流量下可能产生非常强烈的不稳定性。在某些情况下，这些不稳定性可能会变得足够强烈，以至于在相对较短的时间内使泵的某些零件断裂。这种不稳定性可能发生在高比转速的泵中，并且在较大的泵中尤为严重。

减少出现此类故障危险的最有效方法是用设计良好的泵更换现有的泵。或者，每当这种不稳定性在小的流量发生时，可以利用配备有适当传感器的旁通管路消除不稳定引起的问题。当流量低于某一值时，传感器打开旁通阀。这种不稳定在大流量下出现时，可以使用专门设计的压力控制阀。一旦管道中的排出压力降至某个值，该阀将自动减少管道内的流量。

第八节　与具体情况相关的问题

一、带半开式叶轮的泵

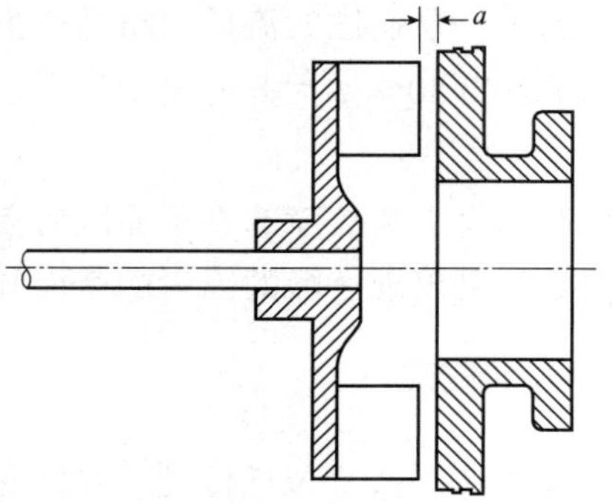

图 3－123　磨损板与叶轮叶片之间的间隙

半开式叶轮只有一个盖板。另一个盖板由铸在泵体上的静止磨损面或固定在泵体上的静止磨损板来代替。经验表明，叶轮叶片与磨损面之间的间隙 a，见图 3－123，对泵的性能有严重的影响。当间隙增大到 0.4mm 时，间隙对性能影响不大。但是，当间隙进一步增大时，泵性能很快恶化，见图 2－38。由于泵性能对间隙大小敏感，所以半开式叶轮的泵都有调节间隙大小的机构。在大多数现代泵中，无需拆卸即可完成间隙调整。在卧式泵中，通常是通过将推力轴承 T 安装在轴承盒 bc 里，同时用垫片 S 调轴承盒的轴向位置来完成间隙调整的，见图 3－125。

当去掉所有垫片时，把轴承盒和转子部件推向前面，直到与磨损板相碰。于是，用塞尺可测量出保持零间隙时所需的垫片厚度。把这个厚度增加 0.25 ~0.35mm，就得到了正确的间隙设置。

尽管这经常是确定叶轮叶片与泵体之间间隙的唯一方法，但是并不一定是万无一失的。弯曲的轴、拧紧不均匀的螺栓或不均匀磨损可能导致叶轮叶片端面不再与泵体上的磨损面平行，见图 3 -124。在这种情况下，泵体一侧的实际间隙将过大，对性能将有不利的影响。

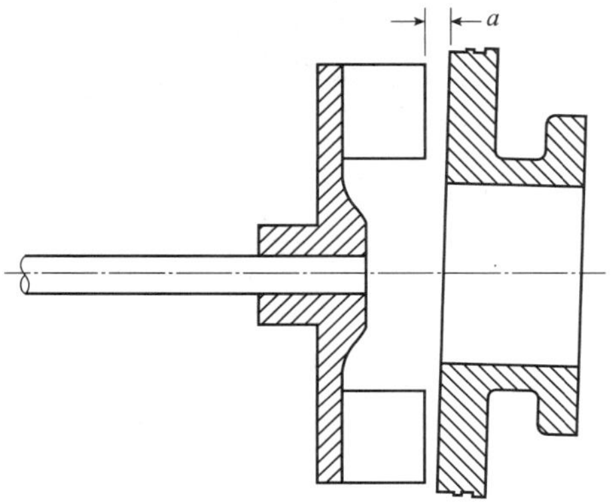

图 3 -124 不平行的磨损板对间隙 a 的影响

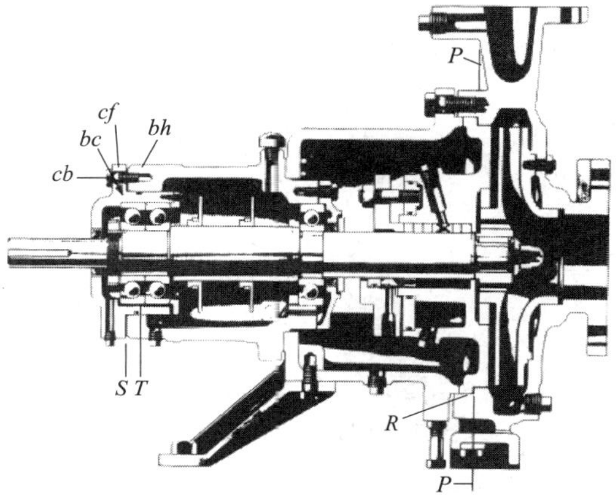

图 3 -125 利用垫片 S 调整叶轮轴向位置

当有理由怀疑间隙不均匀时，验证其最简单的方法是将少量塑胶材料，例如橡皮泥，粘到叶片端面上的多个位置。泵体磨损面应涂上防粘剂，例如硅脂，然后装配泵。多余的塑胶从叶片和泵体之间的间隙中挤出，仅填满间隙的塑胶留了下来。然后打开泵，并测量叶片端面上不同位置处的塑胶厚度，以验证叶片端面是否平行于磨损面。

另一种方法是从泵上拆下泵体，然后将叶轮留在轴承悬架上。测量每个叶片端面到泵体对着安装的平面之间的距离，即图 3 -125 中平面 *P*。当叶轮处于固定角度位置的时候，对每个叶片重复此距离的测量。

叶轮旋转 90°和 120°以后，重复相同的步骤。类似地，测量定磨损面的几个点到对着平面 *P* 安装的泵体上的平面的距离。现在，有可能通过简单的计算确定叶片与磨损面之间的间隙大小和尺寸变化。

实际上，这两种方法都不容易应用。当叶片的端面构成平面时，通过测量确定间隙较容易和简单。但是，当这些端面大多是弯曲的时候，使用第一种方法较简单和可靠。有时，特别是在深井泵中，半开式叶轮以多级排列式使用。在这里，由于某些叶轮在轴上的位置存在不正确的可能性而使问题的形式变得复杂。在图 3 -126 中，第一个叶轮与其磨损面 *A* 接触，而所有其他叶轮到各自对应的壳体的距离都不同，如 *B* 处。当移动轴以便在 *A* 处得到正确的间隙时，所有其他叶轮的侧面间隙都变得过大。

与该问题密切相关的情形是叶片的任何一个横截面都不平行于泵轴的轴线。在图 3 -127 中，叶轮为混流式，*A* 处的穿过叶片的横截面相对于后盖板倾斜一个角度 γ。

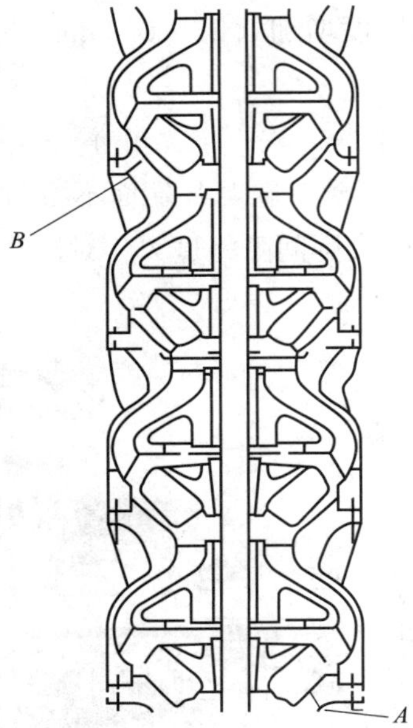

图 3-126　深井泵中半开式叶轮与泵壳体之间距离不均匀的可能性

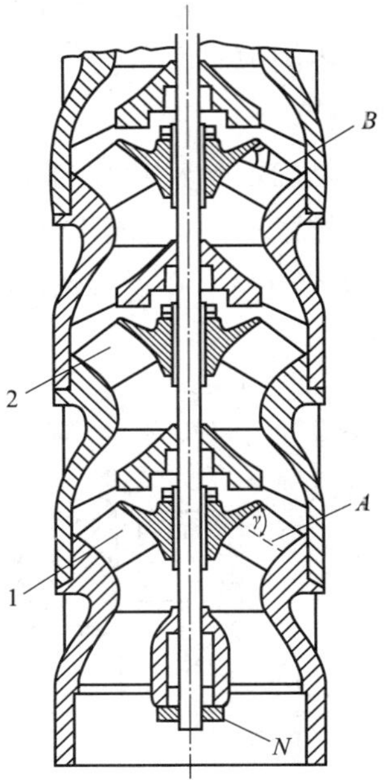

图 3-127　半开式叶轮在装配过程中扭曲变形的情形

下面是装配这种泵的标准程序。首先，将叶轮 1 固定在轴上的恰当位置，然后将其上装有叶轮的轴放入第一级，并通过螺母 N 锁定到位。然后，装配第二级的壳体，同时把叶轮 2 固定在轴上，并使其叶片靠在其磨损面上。对于所有后续的级，重复此过程。

有时，一个叶轮被过大的力压在了泵壳上，这可能导致这个叶轮的叶片弯曲，如 B 所示。

上述组装完成后，取下螺母 N，以便让轴和叶轮转动。但是，螺母一旦卸下，弯曲的叶轮的叶片就反弹回到其正常位置。这将使轴发生轴向移动，并将所有其他叶轮从泵壳上提起。在运行过程中，只有最初叶片弯曲的叶轮才以适当的间隙运行，而所有其他叶轮的位置都离它们的泵壳太远。

当被输送的液体含有丝状或纤维状固体物时，带有半开式叶轮的泵中会遇到另一种问题。这种材料会夹在叶轮叶片和磨损面之间，从而损坏受影响的叶片或轴，或两者。

二、立式深井泵

深井泵，通常称为井筒泵，最初是为小口径深井提水而研发的。目前，这种泵已在所有工业部门中得到广泛使用。

这种泵受工业部门接受有几个原因。首先，对相同工作的参数，深井泵所需的占地面积比常规卧式泵要少得多。对相对较大流量和较高扬程的泵来说，这种占地面积的差异就会特别大。例如，请比较转速 1770r/min、流量 $1800m^3/h$ 和扬程 300m 的两台泵。其次，由于输送液体的部件浸没在被输送的液体中，因此深井泵每次重新启动时不需要灌泵。最后，当首级叶轮的吸入口必须位于吸入池液面以下的深处时，由于占地面积较小，深井泵的成本明显低于卧式泵。

深井泵包括三个主要部分：泵或涡轮，竖管和泵头。在图3－128和图3－129中，泵*P*实质上是仿造节段式多级泵而构造的多级泵，但外径较小。竖管*C*是一条管线，使泵悬挂其上，并用作排出管路，把液体从井中输送至地面上。竖管内封有传动轴，该传动轴将动力从驱动单元传递到涡轮。泵头*H*是一个托架，竖管和泵悬挂其上。此外，泵头还支撑驱动单元，如电动机、齿轮箱或皮带驱动装置。

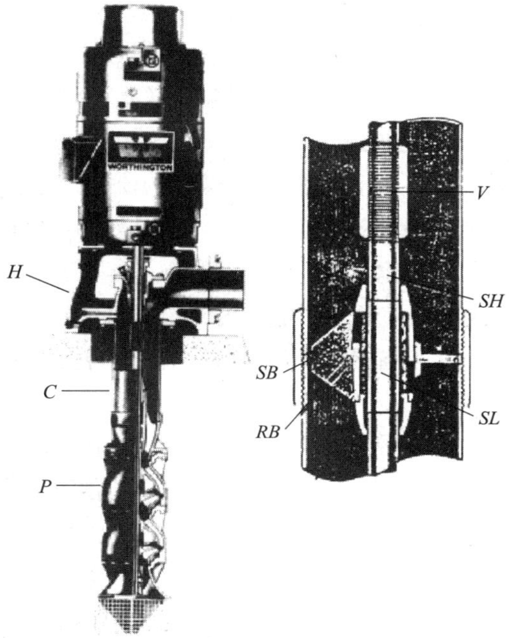

图3－128　深井泵剖视图(美国沃辛顿公司)

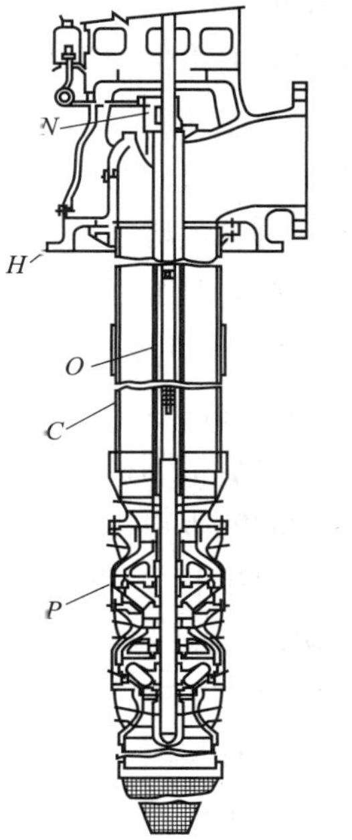

图3－129　油润滑深井泵剖视图

深井泵分为多个类别。可根据叶轮类型(闭式或半开式)和竖管类型(带水润滑轴承的开放轴或带油润滑轴承的封闭轴)对深井泵进行分类。

深井泵与其他类型泵存在许多相同的问题。由于深井泵有独特的结构特征和运行条件，所以它们还具有特殊的问题。有些问题对于所有类型的深井泵来说都是常见的，而其他问题仅涉及一种类型。当然，由于泵在地表面以下深处运行，因此任何一个问题都是令人恼火的。熟悉在深井中运行的井筒泵所遇到的问题的任何人都应该能够更轻松地解决较小范围内的问题。

1. 所有深井泵的常见问题

(1)传动轴的伸长

在泵运行时，通常在叶轮上会产生轴向推力。该推力作用方向指向所有叶轮的吸入侧。因此，每次启动泵时，其传动轴都伸长。对于长的竖管来说，该伸长可能太大，以致于叶轮的下部开始与泵壳体相摩擦，从而损坏或损毁叶轮和泵壳体，或者可能导致传动轴出现故障。过多的传动轴伸长往往表现为强烈的噪声和振动以及功耗读数的剧烈波动。

大多数深井泵都有一些调节其叶轮轴向位置的方法。对于带有心轴的电动机或直角齿轮传动装置，该调节装置是驱动单元的组成部分。在其他情况下，该调节装置通常是泵头的一部分。

为避免传动轴过度伸长而引起的问题，应该在叶轮处于最高位置的情况下启动泵。若没有摩擦，则应停泵，将叶轮稍降低一些，然后重新启动泵。应该重复此过程，直到刚刚出现摩擦迹象。然后将叶轮稍微上提，刚好足以避免摩擦。

(2)井中水位的变化

当泵停机时，井的水位与周围地层完全相同。当泵启动以后，井的水位开始下降，直到水被从井中抽走的抽水速率与水从周围地层渗入井中的渗水速率之间达到平衡状态为止。

平衡状态的水位与季节和气候条件有关。有时，井中的水位下降得太多，以至于空气进入了泵。这立即降低了流量，使水位上升。水位的升高增大了泵输送水的流量，导致水位再次下降。结果，泵以周期性的突发方式而不是连续流动的方式来输送水。

作为临时补救措施，可以部分关闭泵出口阀，从而减低泵输送水的流量。已知的唯一永久性补救措施是为泵至少增加一段竖管。在某些情况下，这可能需要增加井的深度。

(3)水中沙子的影响

流入到泵内的水中沙子的第一个直接结果是使泵零件过度磨损。导致泵性能迅速下降，进而还可能引起机械故障。唯一可能的补救措施是用耐磨材料制作受磨损零件，或者以较短的时间间隔更换受磨损的零件。

在新打的井中，水的含沙量最大。一段时间以后，含沙量通常会减少到可容忍的水平。但是，在初始阶段，当水中的沙粒过多时，每次泵停机，都必须采取特殊的预防措施。这是因为，在这种情况下，留在竖管里的水中所有沙子将会沉降，并堵塞叶轮和泵壳体。

为避免这种情况，切勿突然停泵。水携带的沙子量取决于竖管中水的速度。因此，应该非常缓慢地关闭出口阀，减少流动的水携带的沙子的量，以便在泵完全停机之前，使竖管中所含的沙子减少到可容忍的水平。

(4)竖管内的空气

为了防止管道中的水回流到井中，深井泵通常在靠近出口处装有止回阀。但是，这不能防止竖管中的水流回井中。当在水位上方的竖管长度超过约10.3m时，每次停泵时，都会在水位以上的竖管中产生真空。该真空一直延伸到止回阀。当重新启动泵时，可能发生空化。另外，在带水润滑轴承的开放轴的泵中，该真空可能从填料函中排走所有水润滑剂，当泵重新启动时对轴造成损坏。为防止这种情况，带有长竖管的深井泵应该总是配有真空破坏阀。

在泵启动时，泵停机时进入竖管里的空气不能逸出，就出现另一个问题。结合图3－94的说明，这可能对止回阀造成特别严重的冲击。在深井泵中，因为长的竖管能束缚大量空气，所以冲击的影响要比卧式泵更为严重。

(5)安装错误或水井缺陷

深井泵联接到位于坚实基础上的泵头，见图3－128和图3－129。竖管和泵从该泵头悬挂下来。由于竖管有一定长度，任何侧向力都能容易使其弯曲，从而导致轴承不对中。进而，通常引起致噪声和振动，并可能经常导致泵较早地破坏。

为了消除这种可能性，在安装泵头和电机时，必须使它们的中心线与竖管和泵的中心线完全对中。另外，必须注意井壁对泵部件不施加任何侧向力。

当水井笔直并且垂直时，安装中通过使泵头部件中线完全垂直并与井的中心线重合来实现中心线完全对中。当水井是直的，但不垂直时，简单让泵头部件稍倾斜安装，从而使其中心线与井的中心线一致，也能实现中心线完全对中。当水井不笔直时，唯一的补救措施是安装一个外径较小的泵。

在移动的运载工具(例如，大型船舶)上安装深井泵时，需要特别注意。泵座的方向将随运载工具位置的每次变化而变化。为防止该效应对竖管产生任何弯曲运动。泵头和泵必须在两端由共用刚性结构支撑起来。

(6)竖管装配不当

如果某些导轴承和轴未正确对中，则深井泵将无法令人满意地运行。为确保对中性，每段轴和竖管机加工时，要确保螺纹有精确的同心度和端面有良好的垂直度。长轴倒下或弯曲、击打引起的表面损伤或污物夹在相邻竖管端面之间，可能很容易破坏这些部件的同心度和垂直度。每个因素都会导致噪声、振动和泵较早的损坏。

2. 带油润滑竖管的深井泵

除了所有深井泵的共性的问题外，下面的问题是针对带油润滑竖管的深井泵的(图3-129)。

(1)润滑不足

在启动泵之前，必须恰当地润滑所有导轴承。在长的竖管泵中，润滑油可能要花几分钟才能到达底部轴承。如果在此之前启动泵，那么未润滑的轴承就会损坏。进一步，这会导致轴振动，从而有可能损坏其余的轴承。

(2)输油管道装配不当

油管装配不当可能是造成问题的另一个原因。通过油管 O(图3-129)保持竖管里的轴承在一条直线上。于是，通过螺母 N 施加的张力使油管保持笔直和刚性。应充分牢固地拧紧该螺母，以便在所有工作条件下使油管保持笔直。

3. 带水润滑竖管的深井泵

(1)预润滑

水润滑的竖管里装有橡胶轴承。当橡胶轴承干转时，它们有大的摩擦系数，因此，水润滑轴承的预润滑比油润滑轴承还要更加关键。甚至几秒钟的干运转可能损坏它们。为了确保不会发生这种情况，在泵启动之前，应该对轴承进行充分地预润滑，并且预润滑应至少持续到输送的水完全充满竖管为止。

(2)轴承膨胀

当大多数橡胶暴露于含有某些化学品的水中时会膨胀，尤其是在含有硫化物或硫酸盐的水中。发生这种情况时，轴承可能抱住轴并造成故障。

轴承膨胀需要一些时间。在某些情况下，橡胶仅膨胀一定量，然后停止。一个好的解决办法是让泵连续几个星期不间断或很短暂地中断运行。旋转的轴磨掉了膨胀过程中产生的多余橡胶。膨胀过程结束后，泵即可无故障地运行。

另一种解决方法是使用间隙较大的轴承。最后，如果时间允许，就将各种橡胶浸入从井中提取的水中，并测试哪种橡胶最耐膨胀。

最普遍接受的做法是用碳钢制做轴 SH(图 3－128)，并在轴承支撑部位为轴配备不锈钢或青铜轴套 SL。为了确保每个轴套落入其轴承内，每个轴的长度应等于竖管加三脚架支撑环 SR 的长度。在安装过程中，拧紧所有竖管，使相邻竖管的对接面牢固地顶紧。

组装长轴时，空气可能被封在两个轴头的联轴器中，使两个轴头无法碰在一起。为了防止这种情况，在每个联轴器上均设有排气孔 V。该孔必须恰好位于两个轴的端面对接的位置，否则空气会困在联轴器内部，并阻止两轴端面发生金属接触。

(3)用水润滑轴承代替油润滑轴承

因为安装带油润滑轴承深井泵的水井总是含有一定量的润滑油，所以应尽可能避免用水润滑轴承代替油润滑轴承。当该油与橡胶轴承接触时，橡胶膨胀。结果通常是轴断裂和轴承过早的损坏。

但是，有时，从一种类型的泵转换为另一种类型的泵的转换是无法避免的。在这种情况下，把吸收性强的材料，例如，系在绳子上的棉球，放到井中，从井中尽可能多地清除油。该材料应仅接触液体上面的含油层，而不应与含油层下面的水接触。

材料吸收一定量的油后，将其拉出，并挤出油。重复该过程，直到在挤出的油中开始出现水为止。在这种情况下，能做的事情就是这些。无法从井中清除剩余的油迹，通常留有一薄层油，见图 3－130。

当泵下降到井中时，一些油进入吸入管，并从吸入管进入轴承。一种减小油进入泵的可能性的原始但有效的方法是用湿的软纸，例如旧报纸，包裹位于泵入口前面的滤网。滤网包裹完好后，在任何油进入吸入管之前，就可以将泵入口降低至油层以下(图 3－131)。当泵启动时，湿纸碎裂，泵继续正常地运行。作为进一步的预防措施，泵的吸入口必须深深地浸入井中，以确保水位绝不能下降到某些来自水表面的油能够进入泵内的位置。

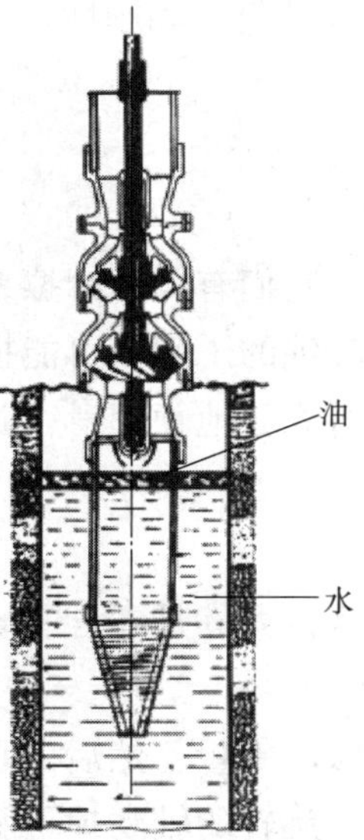

图 3－130　以前装有油润滑深井泵的井中所留有的油

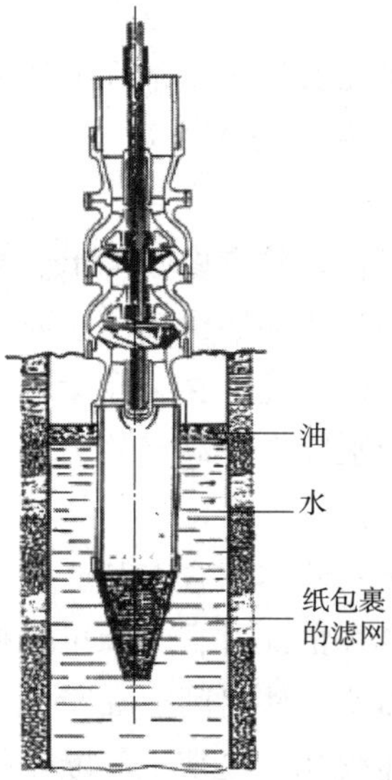

图 3－131　在以前使用过油润滑深井泵的井中安装水润滑深井泵

4. 带半开式叶轮的深井泵

除了所有其他带有开式叶轮的泵所遇到的问题以外，因深井泵轴的伸长，半开式叶轮还产生特殊的问题。

为了得到并保持最优水力性能，保持叶轮叶片和相配的磨损面之间的适当间隙是重要的。在多级泵中，保持所有叶轮和其对应的磨损面之间有相同间隙是重要的。在深井泵中，情况变得复杂，这是因为不但传动轴的伸长而且泵轴本身的伸长都改变预先设置的叶轮相对位置。

当泵启动以后，在叶轮上会产生附加的轴向推力，轴向力经常使轴有很明显的伸长。为了提供伸长空间，应该将初始间隙设置得足够大，以防止在泵运行时叶轮叶片和磨损面之间发生金属接触。与此同时，间隙应该足够小，确保泵高效运行。

为了正确进行初始间隙设置，叶轮应设置在最高位置，然后启动泵。如果有摩擦，泵通常会伴随噪声和振动。如果没有摩擦，就测量一个流量下的泵水力性能。如果泵性能为预期的20% ~30%，那么可能降低叶轮约2.5mm，然后重新启动泵。但是，如果性能变化10%或更小，那么应该一次降低叶轮不超过0.2mm。重复此过程，直到刚刚出现摩擦迹象。然后将叶轮提升约0.3mm，这应该是最终的间隙设置。

与轴伸长相关的另一个问题与泵本身有关。在15级或15级以上的深井泵中，泵本身的轴可能伸长太长，以至于底部叶轮与泵壳体接触，而其他叶轮的间隙仍然过大。为了适应这种情况，装配泵时，必须让叶轮间隙从一级到下一级是变化的。

首先，用螺母将第一个叶轮牢固地紧靠其对应的泵壳体上，随后，组装其他叶轮，比如10个叶轮，使每个叶轮都接靠在其对应的泵壳体上。现在，根据轴直径和计算出的轴向推力，稍微松开螺母让轴有(0.1 ~0.2)mm的轴向移动。

现在将第十一个叶轮紧紧地靠在对应的泵壳体上，将所有其他叶轮抬起，抬起的距离等于之前螺母松动允许的轴向移动。每第十个级都要重复此过程，以考虑泵轴的伸长。

三、中开式双吸泵

当吸入管路中的弯头相对于泵的吸入管不对称安装的时候(图3 -132)，流量在叶轮两个吸入口之间的分配可能不均匀。当均匀流动通过单个弯头时，在弯头的出口，速度变为图3 -133示的不均匀分布[42]。由于流动均匀性的这种畸变，所以叶轮的每个吸入口得到不同的流量。

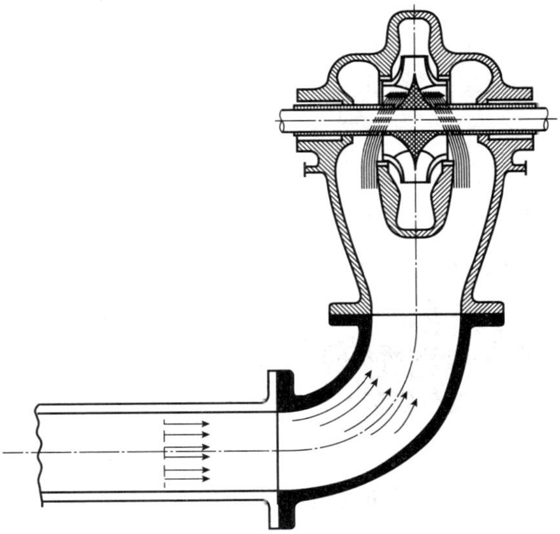

图3 -132　双吸泵上游非对称安装的弯头

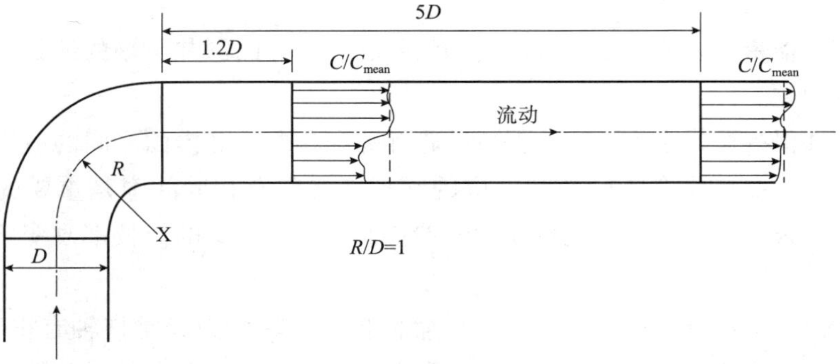

图 3－133　单个弯头导致的均匀流动的畸变[42]，
C_{mean}—流量除以管道横截面积得到的速度，C—液体的实际速度

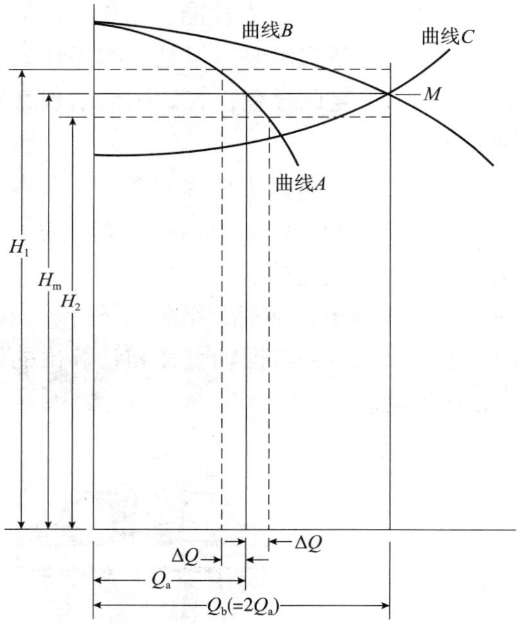

图 3－134　双吸泵内流量分配不均匀的影响

可以认为双吸泵叶轮是两个相同的单吸叶轮的组合，它们并联运行并把液体排放到同一个壳体中。图 3－134 中的曲线 A 代表每个单吸叶轮的扬程－流量特性。由于它们并联运行，所以泵输送的总流量等于每个叶轮在给定扬程下输送的所有流量之和。于是，泵的实际扬程曲线上的流量等于一个叶轮在给定扬程下所输送流量的两倍，在图 3－134 中表示为曲线 B。在图 3－13 中，还画出了第三条曲线 C。该曲线表示泵送输送系统对给定流量的阻力。泵运行所输送的实际流量在曲线 B 和 C 的交点 M 处。交点处的流量等于 $Q_b=2Q_a$。对于给定的泵输送系统，这是泵输送的实际流量，与两个单吸叶轮是否输送完全相同的流量 Q，或者一个叶轮输送了较多的流量（$Q_a+\Delta Q$）而另一个输送较少的流量（$Q_a-\Delta Q$）无关。当在它们在给定的泵输送系统中运行时，在扬程 H_m 下，它们组合在一起的流量始终等于流量 Q_b。

图 3－133 所示的测试结果得出的结论是：双吸泵的吸入口上游的弯头会导致流入叶轮两侧的流量分布不均匀。这意味着一侧的单吸叶轮在扬程 H_1 下输送的流量为 $Q_a-\Delta Q$，而另一侧的单吸叶轮在扬程 H_2 下输送的流量为 $Q_a+\Delta Q$，见图 3－134。在叶轮的出口处，两个流量遇到相同的阻力能头 H_m，其大小已经由曲线 B 和 C 的交点确定了。这就产生以下结果：在叶轮出口处，流量 $Q_a-\Delta Q$ 的压力经历从 H_1 到 H_m 的突然下降。该现象类似于排出管路的突然破裂。出现流动突然加速的单吸叶轮的叶轮上游出现空化。然而，流量$Q_a+\Delta Q$ 遭遇到流动阻力能头从 H_2 到 H_m 的突然增加。这等价于出口阀的突然关闭，可能导致剧烈的水锤。实际上，两种现象同时发生，使泵在运行中出现剧烈振动，并伴有空化噪声。

当然，这是实际现象的简化表示。由于叶轮叶片周期性地通过蜗壳隔舌和很多其他影响的作用，叶轮出口流动持续受到扰动。另外，从叶轮两侧流入的两股流动往往在叶轮出口上游的某个半径处就汇合了，而不是在叶轮出口处才汇合，这使得情况更加复杂。但是，总的来说，上述研究为安装在双吸泵吸入口前面不对称弯头的影响提供了合理的解释。

过去，一般的看法是，只有去掉弯头并安装一段长度不得小于吸入管直径的20倍的直管道才能消除上述流量不均现象。但是，最近的经验表明，通过在泵和弯头之间安装正确设计的整流器，可以消除双吸泵上游弯头的不利影响(另比较与图3－122有关的讨论)。

由于叶轮关于平面 $O-O$ 是对称的(图3－135)，所以双吸泵经常出现另一个问题。因为对称，叶轮的每一半都是另一半的镜像。这就产生了叶轮可能以一种错误的方式安装在轴上的可能性，即平面 $O-O$ 的左侧的部分叶轮被放到了该平面的右侧，反之亦然。这就导致叶片以与最初指定的相反方向旋转。这个安装错误会大大降低泵效率，并产生噪声和振动。它还产生与额定曲线完全不同的扬程－流量曲线。

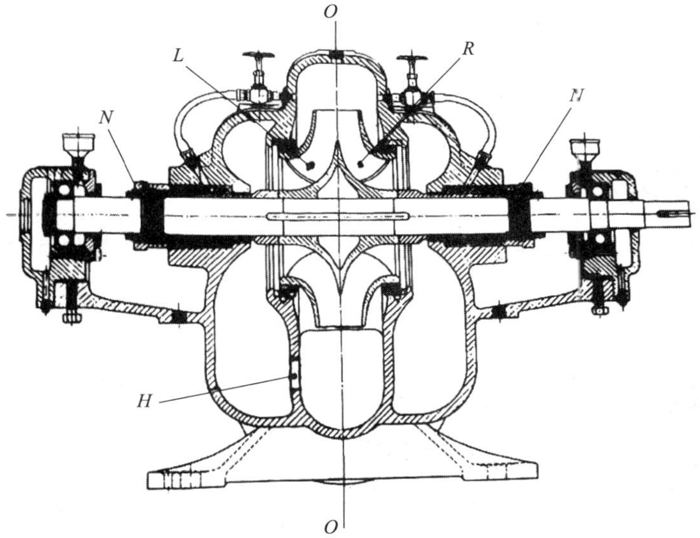

图3－135　中开式双吸泵的剖面图

L—双吸叶轮左侧，*R*—双吸叶轮右侧

当叶轮的轴向位置由螺母 *N* 确定时，会出现第三个问题(图3－135)。应该调整这些螺母，使叶轮的中心面 $O-O$ 与蜗壳的中心面重合。明显偏离该规则可能导致叶轮的盖板与泵壳内侧摩擦，从而引起噪声，振动和过大功耗。此外，即使叶轮盖板没有接触泵壳体内侧，叶轮中心面不对中也可能过大的轴向载荷(对比图3－122的相关讨论)并降低泵性能。

有时孔 *H* 把蜗壳与吸入室连通，这时，这种泵出现另一个特殊问题(图3－135)。这类孔可能是由于被输送液体的侵蚀或腐蚀作用产生的。通常它们太小，特别是因它们所处的位置，而难以被发现，但是，它们又足够大以致使泵性能和效率出现明显的下降。

有时，在对泵进行全面维修之后，上下两个半壳体之间可能会发生错位的情况

(图 3-136)。这种 M 处的错位通常降低泵性能。当没有其他方法纠正这种错位现象时，下一个最好的补救方法是打磨掉伸入流道的棱边。当密封上下两壳体接合面的垫片伸入流道时，就出现中开式泵的另一个特有的问题。

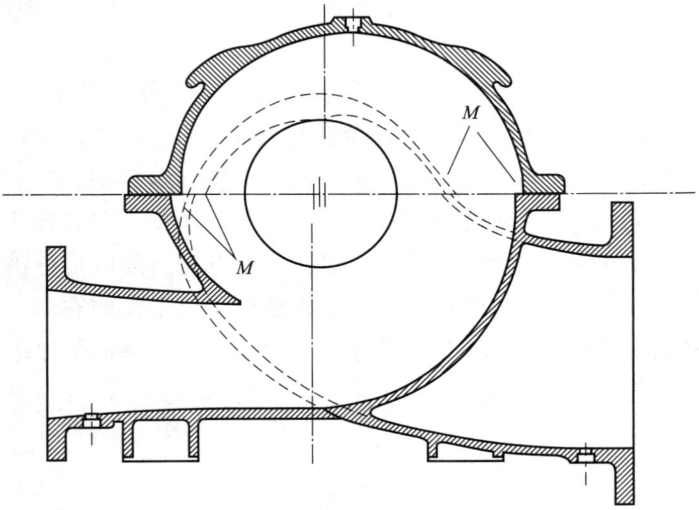

图 3-136　中开式泵上下壳体错位

四、节段式多级泵

在节段式多级泵中也会发生许多前面描述的问题，也还存在其他问题。当叶轮出口 A 未恰好正对着正导叶入口 B 时(图 3-137)，就出现一种常见的问题。这种不对中通常会降低泵效率和流量。

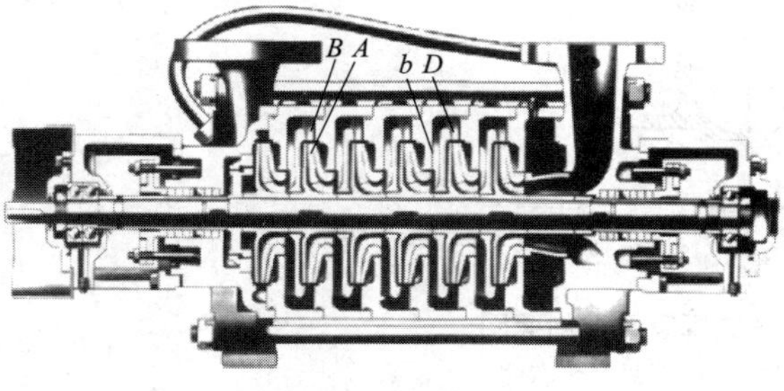

图 3-137　节段式多级泵剖面图

这可能是由以下几个因素之一引起的。首先，当叶轮在轴上的轴向位置由一对螺母确定，而轴的位置由止推轴承确定时，叶轮出口和正导叶入口可能不对中。仅仅是因为叶轮没有位于正确的位置，这种情况就可能发生。其次，每个叶轮轮毂的长度可能不完全等于每个级壳体的长度。当叶轮轮毂的端面已重新机加工过，但泵壳端面尚未切削相同的长度金属时，就可能发生这种情况。有时，可以通过在叶轮轮毂之间插入一些垫片来纠正这种缺陷。当两者长度差异较小时，可以每隔第三级或四级间插入一个垫片。

当泵配备有一个普通的水力平衡装置(图 3-138)时，就会出现一个相关的问题。在这种装置中，来自最后一级的高压液体穿过圆柱形间隙 G 进入由平衡盘 B_1 和节流盘 B_2 的凹面形成的空间中。从那里，它穿过环状节流间隙 T 进入空腔 C，并通过排液管 D 流出，回到吸入管路。平衡盘 B_1 和节流盘 B_2 之间保持很小的距离来建立足够的压力，以防止它们之间发生金属接触。

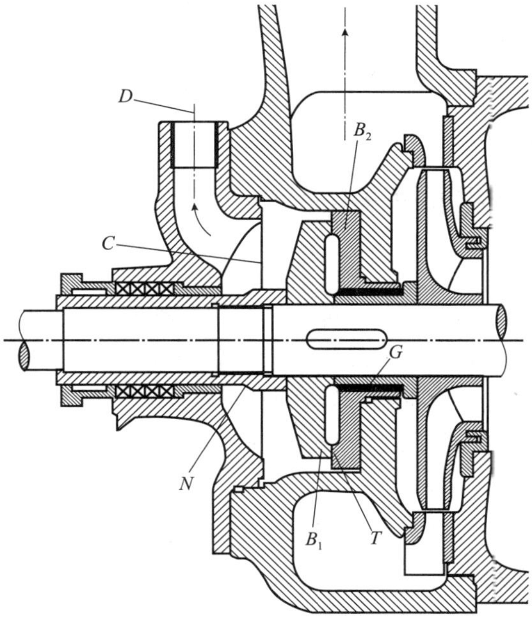

图 3-138　节段式多级泵盘式平衡装置剖面图

N—将平衡盘锁定在轴上正确位置的螺母

图 3-138 中的平衡装置决定了叶轮的轴向位置。平衡装置故障可能改变叶轮的轴向位置，从而影响泵性能和效率，或者可能导致机械故障或其他问题。平衡装置可能因平衡盘 B_1 或节流圆盘 B_2 上的孔或缝隙而失效。这些孔或缝隙降低在圆盘 B_1 或 B_2 之间通过的液体的压力，从而导致金属对金属的接触和磨损。此外，由于排水管 D 堵塞，可能会导致故障，从而增加空腔 C 内压力并导致圆盘 B_1 和 B_2 之间的金属接触。间隙 G 的堵塞也可能引起平衡装置故障。充满液体而长时间又不运行的泵内的水垢积聚可能导致间隙 G 的堵塞。

当间隙 G 发生十分严重的磨损时，会出现另一个问题。该间隙的磨损提高了圆盘 B_1 和 B_2 之间流动的液体压力，从而扩大了它们的间隙。于是，让更多的液体从平衡装置泄漏，从而导致较少的液体流入排出管路。因此，在给定的总扬程下，泵输送的液体流量减小。

在节段式多级泵中，离开叶轮的液体通过正导叶 D 流到反寻叶 b（图 3-137）。从那里，液体流入下一个叶轮。正导叶和反导叶均位于泵壳体内。由正导叶、泵壳体和反导叶组成的部件可能有不同的设计方式。有时，将正导叶和反导叶铸成一体，并放置于泵壳体中。在其他情况下，反导叶和泵壳体设计为一体，正导叶另外铸造。尽管设计有所不同，但是正导叶通常设计成易于更换。

为了保持高的泵效率，正导叶叶片进口边一般做得非常薄。然而，液体以相对较高的速度流入正导叶，使正导叶叶片比流道的任何其他部分更容易磨损。因此，与其他任何泵部件相比，正导叶可能需要更频繁地更换。

更换正导叶后，在流动的液体作用下，不应允许其旋转。通常用销钉插入匹配的孔中或铸造的凸台挡块锁定正导叶。当挡块断裂或销钉未装时，正导叶旋转，降低泵扬程和效率。

在某些带有可拆卸正导叶的节段式多级泵中，反导叶的流道是正导叶流道的连续部分。重新安装正导叶时，必须格外注意，以确保正导叶和反导叶固定在一起，从而形成从正导叶到反导叶的顺畅流道。

五、与泵安装现场性质有关的问题

1. 气候条件

动力源提供给泵机组的功率只有一部分被转换成水力功率。其余的用于克服各种机械和水力损失。最终，这些损失转化为热量，并导致泵机组和液体的温度升高。所以，当泵必须在炎热的气候中运行时，应将其安装在通风良好的(有时甚至在冷却的)泵房中，以防止环境温度升高到可承受的极限以上。因为较高的环境温度可能降低润滑质量，因此有时建议使用特殊的耐热润滑脂。

在沙尘暴频繁地区安装的泵中，应防止沙子直接接触泵机组的旋转元件。在许多情况下，建议在轴承中使用锂基润滑脂。当泵在非常潮湿的环境中运行时，通常建议使用钙基润滑脂作为润滑剂。

2. 安装在干坑中的污水处理泵

通常的做法是使废水(雨水、污水等)通过自身的重量流经特殊的管道或通道流入集水池。从那里将废水用泵输送到其最终目的地。这种径流水通常携带着石子、碎的木头和其他固体物料，它们通常穿过安装在集水池进口处的拦污栅，并进入吸水管路，甚至进入泵内。因吸入管路的阻塞，进入吸入管路的固体物可能会引起强烈的空化，或者当固体物料夹在叶轮和泵壳体之间时，固体物可能会堵塞泵。因为这种情况并不少见，所以最好将泵放置在干燥的坑中(图 3－139)，并用防水隔墙 *W* 将其与集水池 *C* 隔开。于是，每当需要清除泵内障碍物时，司泵员都可以轻松打开手孔 *H*。隔墙 *W* 上装有填料函，以便使吸入管路可通向其两侧。

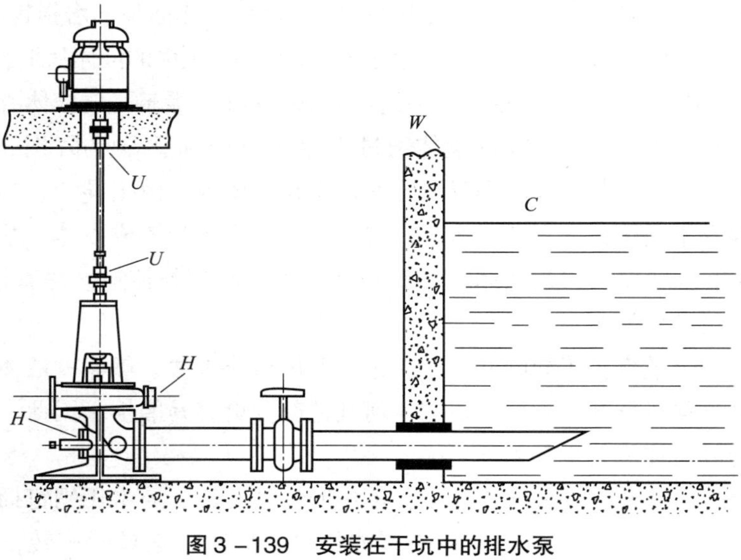

图 3－139　安装在干坑中的排水泵

由于这种集水池通常位于周围地形的最低高程处，因此泵房在暴雨期间往往容易被淹。为了防止电动机和其他电气设备与洪水接触，它们都被放置在较高的位置，如图 3－139 所示，利用较长的传动轴将泵联接到电动机上。

这种布置的主要问题是无法维持泵和电动机之间令人满意的对中性。无论初始时如何仔细调整泵机组的上下两个部分的对中性，由于建筑物的沉降以及钢和砖石的热膨胀系数的差异，它们将很快变得不对中了。为避免这个问题，轴应通过万向节 *U*(图 3－139)联接到电动机和泵上，并且应该在轴上合适的位置提供花键接头，以补偿由热膨胀的差异引起的长度差别。

3. 安装在浮船上的泵

当船只漂浮在水中时，始终会受到一定程度的滚动和俯仰。术语“滚动”用于描述船只的左右摇摆，俯仰是指前后摇摆。在船只运动过程中，由于船只与周围液体之间的动态相互作用，这种滚动和俯仰的影响甚至更加强烈。

每当将深井泵或湿坑泵的泵头安装在较高的甲板上，而把泵进水端浸入较低位置的集水槽中时，船只的滚动和俯仰将持续导致竖管的中心线偏离其垂直位置，从而在整个泵机组上施加弯矩。进而，施加的弯矩将在运行过程中导致严重的问题。为了消除由船只摇摆引起的问题，泵的两端应牢固地连接到单个共用刚性框架上。

第九节　实践证明很难解决的特殊情况

一、*NPSHa* 增加时的强烈空化

关于离心泵中空化的所有讨论都得出一个明确的结论：空化是 *NPSHa* 太低的直接结果。这意味着当降低 *NPSHa* 时，空化的强度增加，而 *NPSHa* 的增加则降低空化的强度。但是，在某些情况下，情况恰恰相反。在这些情况下，当吸入罐中的液位很高时，泵产生强烈的空化。随着液位的降低，噪声也减弱了。当液位接近最低水平时，空化完全消失了。

当吸入罐中的液位为 L_2 时，图 3－140 所示的泵在运行中伴有明显的空化迹象。当减小流入吸入罐的流量降低其液位时，空化减弱了。最终，当液位到达最低位置 L_1 时，空化迹象完全消失。

这种反常行为与泵的 *NPSHr* 在很大的流量下急剧增加的事实密切相关。图 3－141 简明地画出了该泵的扬程－流量曲线和泵输送系统的阻力曲线。图中，Q_{max} 是设计的泵最大的运行流量。

当吸入罐中的液体在最低液位时，泵运行时克服静压头 H_{ST1}。系统的总阻力曲线由曲线 H_{r1} 表示，并且该泵运行正常。当液位水平升至最高位置时，静压头下降至 H_{ST2}，总阻力曲线由曲线 H_{r2} 表示(图 3－141)。

该阻力曲线与泵的扬程－流量曲线在流量 Q_2 处相交，该流量明显高于 Q_{max}。在流量 Q_2 下，泵 *NPSHr* 很高，尽管 *NPSHa* 增加了(增加量为 $H_{st1} - H_{st2}$)，但也不足以抑制空化的发生。

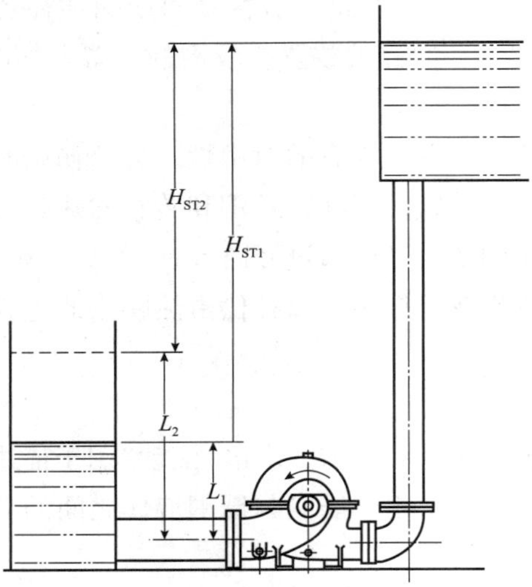

图 3－140　*NPSHa* 增加对总能头的影响

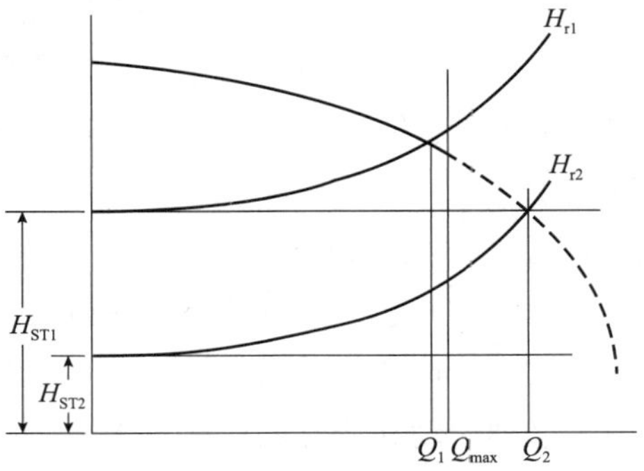

图 3－141　静压头变化对流量的影响

二、相同情况下相同泵的不同性能

在化工厂中，并排安装了两个相同的泵，以便将液体从相同的吸入管输送到相同的有压容器中。每个泵都配有单独的吸入管和排出管路，两个泵从未同时使用。当一台泵运行时，另一台泵作为备用。

除了一个细节外，这两个泵输送系统的所有方面似乎都是相同的，即一台泵表现出色，另一台泵运行时伴有大的噪声和振动。有故障的泵输送系统被拆开并检查了几次，但没有发现问题。

我意识到正常运行的泵的 2in 口径的排出口连接了一个 2 ×1. 5in 异径接头，该接头直接与 1. 5in 直径的管道相连，然后通向有压容器。但是，在有故障的管路系统中，一条直径为 2in 的 1. 8m 长的管道直接连接到泵的出口和同一个有压容器。当把这段 2in 直径的管道换成 2 ×1. 5in 异径接头和 1. 52 ×1. 5in 直径的管道以后，引起故障的泵开始正常运行。

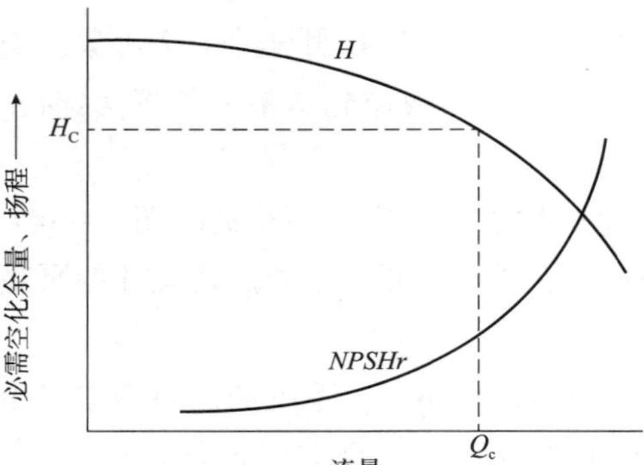

图 3－142　流量对泵的 *NPSHr* 的影响

两台泵性能上的差异是由前面案例中所遇到的相同问题引起的。当泵运行流量小于或等于流量 Q_c，这两台泵吸入口处 *NPSHa* 足以抑制空化(图 3－142)。但是，当在泵的排出管路中安装了直径为 2in 的管道时，泵运行时所克服的的总能头明显低于流量等于 Q_c 下的扬程 H_c。反过来，这减低的扬程把泵所输送的流量提高到远高于流量 Q_c 的水平。这个高的流量所需 *NPSHa* 远高现场于吸入管路提供的 *NPSHa*。这就是有故障的泵运行时出现强烈噪声和振动的原因。

三、平衡孔长度对空化的影响

一台出厂 10 多年的泵，经过多次测试，发现能够在图 3－143 中的曲线 *A* 表示的 *NPSHr* 值正常地运行。测试表明，在流量为 9m^3/h 条件下，*NPSHa* = 1.5m 时，该泵运行正常。但是，当流量减小到约 3.4m^3/h 时，即使 *NPSHa* = 1.5m，泵的扬程也开始显著下降。

图 3－143 中的曲线 *B* 是 *NPSHa* = 1.5m 条件下的泵扬程曲线。如上所述，这台泵过去进行了多次测试，发现它是能够在流量低于 9m^3/h 和 *NPSHa* < 1.5m 条件下正常运行。

为了确定造成这种差异的原因，用另一个铸造厂生产的相同叶轮替换了原叶轮。这次泵产生了令人满意的扬程曲线，见图 3－143 中的曲线 *C*。

谨慎地比较两个叶轮后，发现小流量扬程不佳的叶轮有一个凹陷的轮毂，如图 3－144 中的 *A* 所示，而新换的叶轮则有一个平的轮毂。在第二台泵上重复相同的测试内容，结果相同。

为了验证轮毂上的凹槽是否是导致第一个叶轮出现问题的真正原因，在其中一个被测试的叶轮的轮毂凹槽中灌满环氧树脂，并重新钻孔，如图 3－144 所示。正如图 3－143 中的曲线 *D* 所示的那样，无凹槽的轮毂立即使泵的全部吸入能力得到恢复。

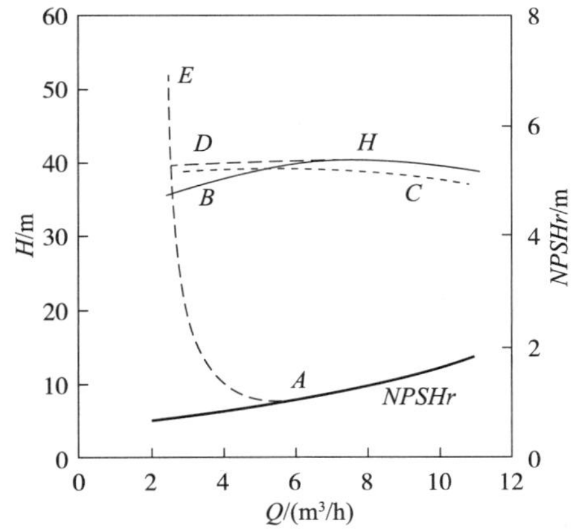

图 3－143 平衡孔的长度对离心泵吸入性能的影响

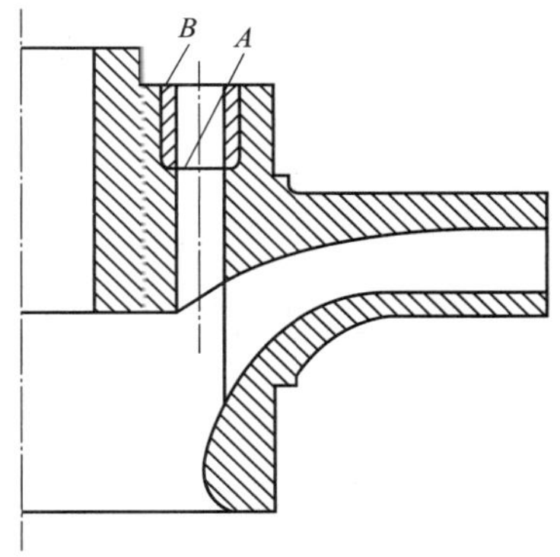

图 3－144 被测试叶轮的轮毂修改

在测试凹槽轮毂叶轮性能过程中的某一时刻，测试人员决定确定 2.5m^3/h 流量下泵产生的扬程将恢复到其额定值时所需 *NPSHa* 的大小。当 *NPSHa* 大约为 7m 时，如图 3－143 中的点 *E* 所示，扬程值恢复到额定值。这表明 *NPSHr* 或许已出现突然的激增，其形状可能类似于将点 *E* 和曲线 *A* 连接起来的虚线曲线。

我想到的第一个解释是，观察到的现象可能是因平衡孔施加于从后口环流过来的液体流动的阻力差异引起的。然而，初步计算表明，这不太可能。

在之前的其他泵性能测试中，一个压力计连接到平衡孔后面的空腔（图 3－145）。安装该压力计的目的是了解叶轮轮毂后面的背压的数量级。

像可以预期的那样，由于口环的间隙不同等因素的影响，对于同类泵的不同的泵，压力读数是不同的。但是，所有测试结果均表明，平衡孔两侧之间的压力差通常在 31kPa

(0. 3atm)和48kPa(0. 45atm)之间变化。

每个平衡孔的直径为6mm(0. 25in)。在用环氧树脂填充凹槽之前，每个孔的长度约为19mm(0. 75in)；填充后，孔的长度约为32mm(1. 25in)。

对于介于31kPa(0. 3atm)和48kPa(0. 45atm)之间的压差，流过平衡孔的液体的最高速度不会超过10m/s。因此，平衡孔长度增加12. 5mm，不会使流动阻力增加大于0. 1kPa(0. 001atm)。因为管道通过的流量随其两端之间压力差的平方根的变化而变化，因此，平衡孔长度的变化几乎不会对平衡孔流过的液体流量产生任何影响。这个结果对上述现象的解释很少。

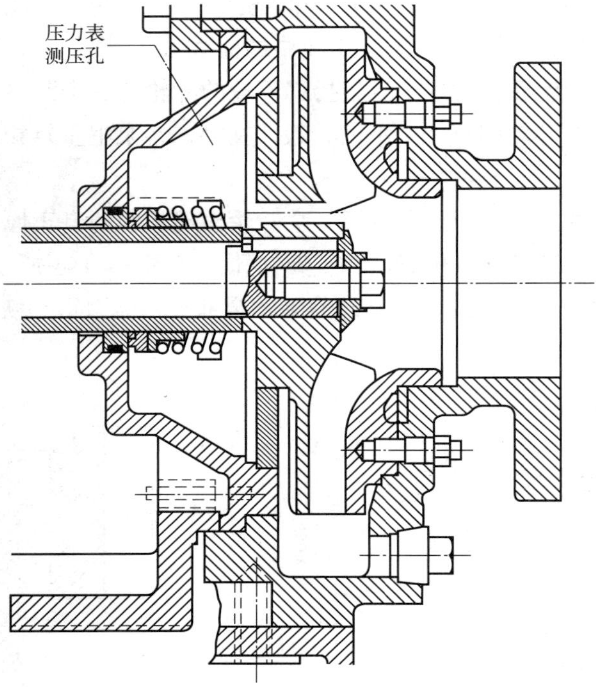

图3－145　用于测量平衡孔上游的压力的测压孔位置

但是，一种可能的解释是，观察到的现象是由流量非常低时叶轮叶片进口处发生的周期性涡旋脱落引起的。李维在文献[43]中间接讨论了这种情况。当自由的液体流过分离区时，会在该分离区内引起涡旋，这些涡旋以固定的时间间隔出现和消失，在他的分析中，李维指出这些涡旋出现的频率和消失频率f是斯特劳哈尔数S的函数，斯特劳哈尔数由下式定义：

$$S = \frac{fd}{C_{\infty}} \tag{3-17}$$

式中，d是沿垂直于无扰动流的速度C_{∞}方向的分离区宽度。

根据李维的说法，分离区边缘周期性旋涡出现和消失的对应斯特劳哈尔数S在$\pi/2$或旋涡波动某个谐波频率附近。根据李维的发现，该定律同样适用于表面波和完全淹没分离区内的周期性涡旋脱落。为了涵盖这两种情况，李维将他的发现与单自由表面的液体流相关联，但是，在李维理论中，完全淹没分离区内的涡旋出现与自由表面的没有必然联系。

于是，由此得出结论，我们可将李维的发现应用到离心泵。实际上，当通过透明的吸入管观察叶轮吸入口处的液体流动时，我经常看到涡旋的出现和消失。李维的理论或许能较好地解释从那台测试的泵那里所遇到的现象。

泵的 *NPSHr* 随流量的减小呈抛物线下降，参见文献[4]和式(2－13)，但是在少数情况下，泵的 *NPSHr* 在很小的流量范围内出现图3－146中的虚线所示的突然跳跃。将这种现象归因于过大的冲角或预旋所引起的失速的任何尝试都不能经受住批评。冲角和预旋转强度从预旋发生的流量起到关死工况都持续增加。如果这两个因素之一是 *NPSHr* 突然跳越的原因，那么这个现象将会一直增强，直到流量进一步减少，直到关死工况为止。与此相反，如图3－146所示，*NPSHr* 的跳跃在非常狭窄的流量范围内展开。图3－146中虚线的形状似乎表明某种特征值现象。

当旋涡的出现和消失的频率与泵中存在的某些其他元素的固有频率一致时，这种特征值现象就可能出现。

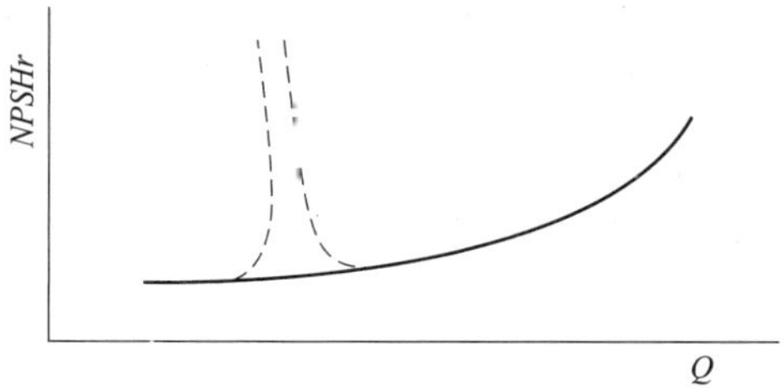

图3－146　特征值对离心泵吸入性能中特征值现象的证据

对于我们的情况，每个平衡孔都包含一管液体。这样的一管液体的固有频率与其长度的平方根成反比。因此，叶轮中平衡孔的长度可能是上述观察到的现象的根源。

当然，或许还有其他原因。泵的性能会受到意想不到的因素的影响，例如平衡孔的长度。

四、吸入喇叭口整流叶片意想不到的效果

某台口径8in的轴流泵，其设计流量为400 m^3/h、扬程3.25m、转速为1460r/min。经过测试，在设计流量下，该泵可运行正常。但是，流量一降低到380m^3/h以下，泵运行时就开始出现大的噪声和剧烈振动。

技术人员花了两天时间没能解决噪声和振动问题。但是，在第3天，运行了几个小时后，泵突然安静下来并继续平稳运行。当把泵从井中捞出来时，发现吸入喇叭口已经不见了。

事实证明，强烈的振动使吸入喇叭口与泵之间的联接螺栓松动，导致吸入喇叭口掉入井中。将吸入喇叭口重新安装到泵上，噪声和振动再次出现。按照广泛接受的惯例，吸入喇叭口装有直的轴向叶片。通常认为这是确保被输送的液均匀进入叶轮吸入口的有效方法。绝望之中，我决定把吸入喇叭口上的直叶片去掉。于是，泵开始平稳运行，一直至达到其设计流量的20%左右。

没有有效的理论解释此问题。但是，这一案例告诉我们在离心泵和其他旋转动力泵方面可能遇到的意外问题的无限多样性。

第四章　解决泵问题

本章概述了处理离心泵问题时应遵循的一般步骤，指出了访问现场之前应采取的不同步骤，还建议了应该采取什么样的顺序进行现场检查活动。

尽管实际步骤必须根据情况而有所变化，但是按照提出的大纲进行操作能够显著减少解决所给定问题所花费的时间和精力。

第一节　访问现场前要的解决问题

一、访问现场前的准备

当得知泵不能正常运行时，第一步是要问尽可能多的问题。通常在进行现场检查之前就可以找到许多问题的根源。应该提出几种问题。

1. 现场、设备和其使用情况

(1)泵是用来做什么的？它是用于供水、输送废水、工业用途或其他用途？

(2)泵所输送液体的性质是什么？它是纯液体，还是包含固体？液体的温度是多少？它的化学性质是什么？

(3)泵的类型和尺寸是多少？如果可能，就获取所使用泵的剖面图。有时，研究这些数据可能会发现该泵不适合给定的应用场合，或者自从安装该泵以来泵运行条件已发生了变化，依此类推。

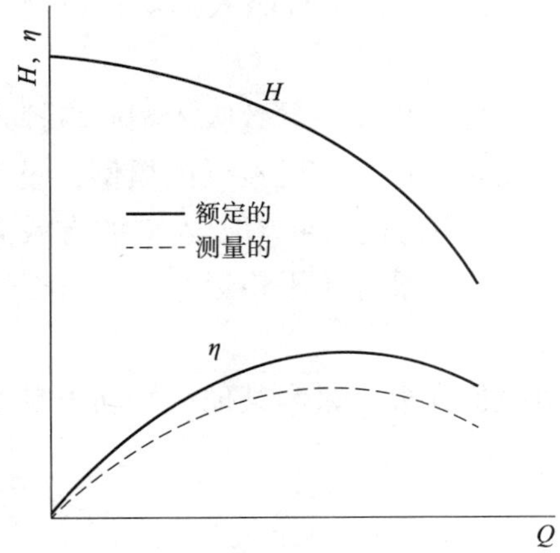

图 4－1　扬程曲线正确但效率低

(4)询问现场情况。有不止一台泵吗？如果是这样，它们是并联运行还是串联运行，或者有备用泵吗？如果可能，获取现场平面图，来说明吸入池、管道等的布局。

这些问题的答案可以揭示出吸入池的布局，泵的相对位置以及管道布局的故障。

2. 投诉内容

如果泵用户投诉泵的性能不符合规格，通过简单地比较规定的数据和实际性能数据有时就能找出问题的原因，以下是一些例子。

(1)扬程 H 曲线正确，但泵效率 η 低(图 4－1)

效率低可能是由机械方面的问题引起的，例

如，旋转部件与静止零件的摩擦、填料或机械密封较紧、作用在密封或填料上的液体压力过大(在有压泵输送系统中)、泵或电动机中的轴承故障。

另一个原因可能是泵与原动机不对中而引起的摩擦，或者泵的转速接近临界转速，或者是管道或底座应力导致的泵壳体变形，或者轴的弯曲。

原因的罗列几乎是无限的。一般而言，这样的曲线表明泵或泵与原动机的部件中的机械故障。例如，叶轮轮毂的轴孔相对于口环外径可能是偏心的，或者轴孔可能与轮毂端面不垂直。无论哪种情况，都可能导致叶轮和泵壳体的配对口环之间产生摩擦，从而引起过大功耗。如果轮毂的端面与轴孔不垂直，当叶轮靠在轴肩上拧紧时，可能使轴弯曲。弯曲的轴可能会导致填料函功耗过大以及轴承过热。

另一个原因可能是轴承安装不正确。这通常会导致轴承运转过热，从而消耗过多的功率。在带未冷却的轴承箱的泵中，可以用手触摸轴承箱轻松地检测轴承温度。但是，当轴承箱外壳上装有冷却套时，直到轴承完全损坏，才得以发现轴承安装不正确的问题。

机械损坏的另一个原因是泵的工作转速与泵底座的固有频率之间的共振。共振使泵机组振动，但管道保持相对稳定。因此，管道会在振动泵壳体上施加周期性的变形，进而可能导致泵的旋转部件与静止部件之间发生摩擦。

功耗过大的另一个原因是填料函底部的间隙过大。一些填料可能会挤入间隙中，从而增加摩擦损失。

当填料所在的圆柱形空间相对于轴偏心时，就会发生类似的情况(与图 3－111 有关的讨论进行比较)。偏心导致填料在轴的一侧比在另一侧压缩得厉害。当轴旋转时，这种填料内的压力差可能导致填料流动并被轴吞噬，进而增加功率消耗。

当轴承箱相对于泵壳体偏心，或者轴承箱损坏，或者轴承箱破裂时，也会导致功耗过大。

当平衡装置任何部位发生故障，例如，平衡孔的堵塞和过大的吸入压力时，可能会发生此问题。在两种情况下，轴承都可能承受过大的轴向载荷，从而导致过高的功率消耗。

(2)扬程 H 曲线下降但效率 η 不变(图 4－2)

扬程 H 曲线下降而效率 η 正常表明泵运行转速低于规定的转速度，或者叶轮的直径小于规定值。在某些情况下，这是由于叶轮缺陷或变形引起的。例如，不完善的铸造工艺或者受坚硬表面的击打而使叶轮的盖板向内弯曲导致的叶轮流道的宽度可能比正常情况要窄。

(3)扬程、效率和轴功率曲线都下降(图 4－3)

低的扬程、效率和轴功率表示叶轮吸入口部分堵塞、或叶轮上游有固体障碍物，或泵的流道粗糙。这种现象也可能是由于不正确的吸入池布局或叶轮与壳体的口环之间的间隙大引起的。对于开式叶轮泵，低的扬程、效率和轴功率表示叶轮叶片和磨损板之间的间隙过大。

(4)在某个流量范围内额定流量与实际流量之差为常数(图 2－36)

这种流量差通常可能表示闭式叶轮的口环之间的间隙，或者半开式叶轮叶片和磨损板之间的间隙中等程度过大。额定流量与实际流量之差 q 是这些间隙引起的过多泄漏量。该流量差等于通过磨损面泄漏量的增加。

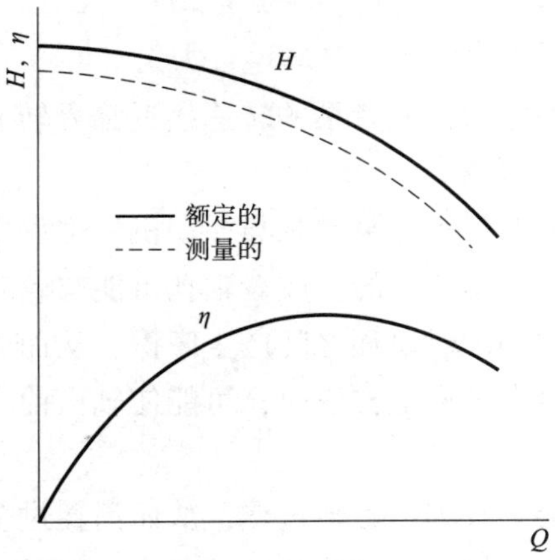

图 4-2　扬程曲线下降但效率曲线不变

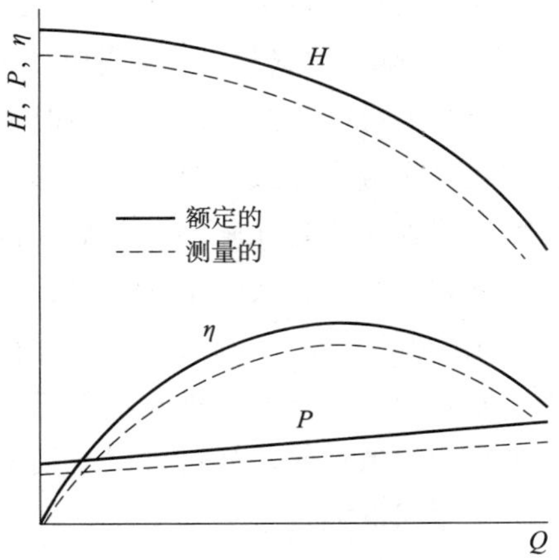

图 4-3　扬程、效率和轴功率曲线都下降

尽管扬程-流量曲线的这种变化表示间隙中度过大，但反过来并非总是对的。即使在图 2-36 中，也仅在较高的流量下 q 是常数。在关死工况下，q 变得更大。

对于较大的间隙，例如口环或磨损板缺失时，也是如此。这是因为在非常低的流量和非常大的间隙下，因泄漏而流回叶轮入口的液体流量与泵输送的液体流量处于相同的数量级。当大量液体泄漏到叶轮入口时，泄漏的液体显著影响其余液体的流动，从而导致整个受影响的流量范围内扬程的降低。这时，看到如图 4-3 所示的性能变化。

(5) 关死工况扬程不变，扬程随流量增大而下降(图 4-4)

该问题表明叶轮下游某处的液流受阻。障碍物引起的阻力随流量的平方成正比。在关死工况，流量为零，所以扬程保持不变。然而，在大流量下，扬程因流动的阻力增加而迅速下降。该现象也可能由蜗壳喉部面积过小或正导叶叶片之间的过流面积减小所致。

(6) 扬程和效率下降，但轴功率不变(图 4-5)

在轴功率不变的情况下，降低的扬程和效率通常表示在叶轮和压力测量的位置之间某处有流动阻塞或流道表面过于粗糙。在这种情况下，叶轮水力性能正常，消耗预期的功率。液体离开叶轮后，扬程和效率降低。

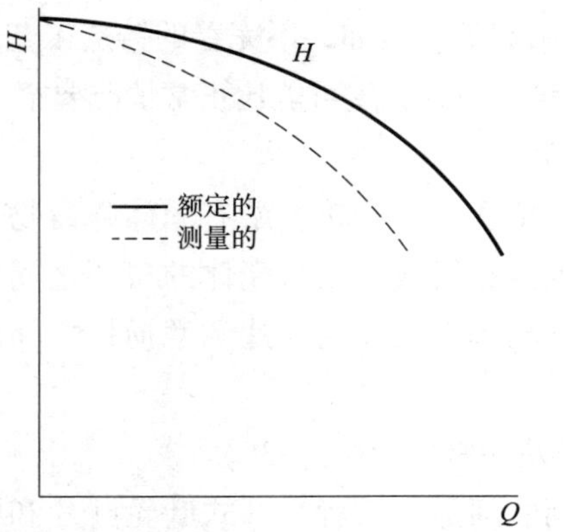

图 4-4　关死扬程不受影响，但扬程随流量增加而迅速下降

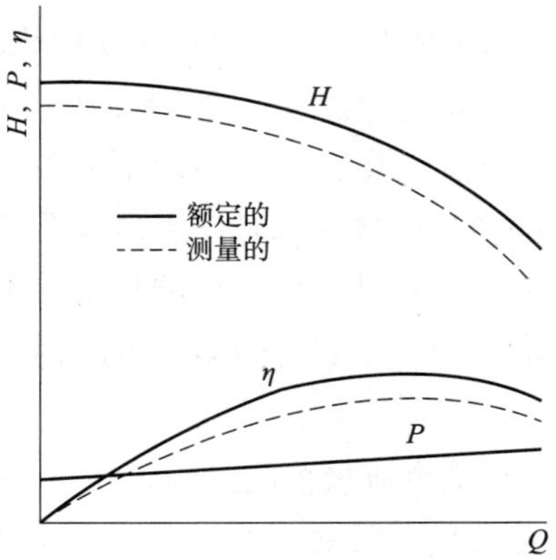

图 4-5　扬程和效率下降，但轴功率不受影响

(7)扬程随流量而升高(图4－6)

在双吸泵中，扬程随流量增加而增高是常见的。通常表示叶轮反向安装在轴上了。有时，当泵反向旋转时会发生此问题。但是，在这种情况下，关死工况扬程远低于规定的值。

在同时使用结构和尺寸相同的右旋和左旋叶轮以平衡轴向推力的多级泵中，也会出现此问题。在这种情况下，左旋叶轮可能已安装在需要右旋叶轮的级上，反之亦然。

(8)扬程 H 曲线的断裂早于预期(图4－7)。

扬程 H 曲线断裂早于预期的原因包括：泵选择不当造成的低 *NPSHa*、吸入罐中的液位较低、运行期间吸入罐中的液位降低、吸入管路中的流动受阻碍、滤网堵塞、底阀被卡住或堵塞。所有这些因素导致流入泵的液体能头损失，从而降低 *NPSHa*。

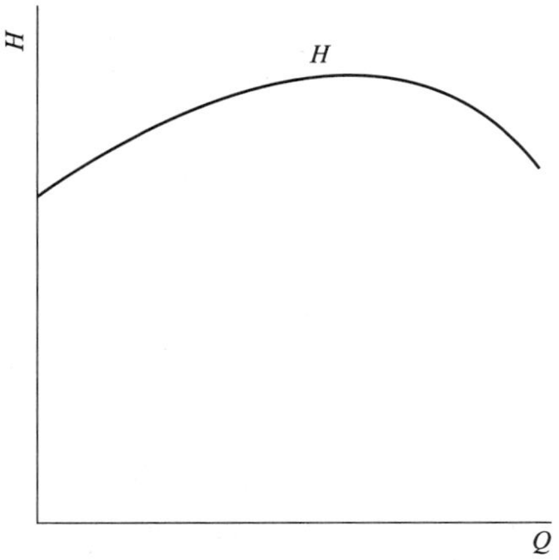

图4－6　扬程随流量增加而升高

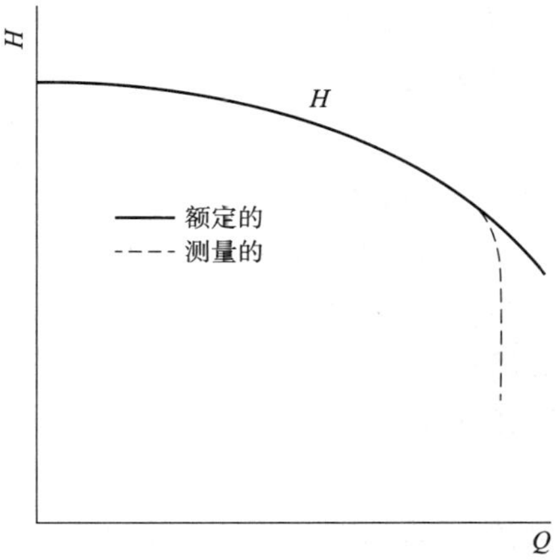

图4－7　扬程曲线断裂早于预期

其他可能的原因包括：吸入罐的几何形状或尺寸不正确、吸入罐内吸入管路的入口位置不正确、泵启动和停机的瞬态过程、松动的阀板诱发的空化导致的振动以及干扰泵性能的其他因素。

(9)泵启动流量正常，但其后逐渐降低

流量的逐渐降低表示空气泄漏到吸入管路或泵中，或者泵所输送的液体中含有大量溶解的空气或气体。当液体进入叶轮吸入口时，因为压力低于吸入罐中的压力，所以一些溶解的气体会逸出并被困在叶轮入口，对液体流动产生阻碍，从而导致流量减小。

(10)泵启动时流量正常，但其后逐渐降低，然后恢复正常

流量减小然后又恢复正常通常表明吸入管路中有一个小的气囊。当泵投入运行时，来自该气囊的空气被流动的液体带走，而进入叶轮的吸入口。如果原始气囊中的空气量不是太大，那么叶轮入口可能仅被部分阻塞。部分堵塞允许一定量的液体流过泵，但流量有所减少。最后，流动的液体可能带走残留的空气，泵性能将完全恢复。

(11)流量周期性降低然后恢复正常

当流量周期性降低然后又恢复正常时，泵叶轮的入口位置可能位于吸入罐的液面以下，并且泵输送液体的流量比液体进入吸入罐的流量大。在这种情况下，吸入罐中的液位会持续下降，直到其低于泵入管路的进口为止。这使得空气进入叶轮入口，从而减小或无

法输送流量。

当泵的流量小于液体进入吸入罐的流量时，液位上升，直到再次淹没叶轮吸入口。然后，泵又恢复正常运行，此循环重复进行。

(12)干裂噪声

干裂噪声通常表示空化。如果噪声从泵入口区域传出来，那么泵可能位于吸入罐液位上方过高的位置，吸入管路中可能有障碍物，泵可能无法适应 *NPSHa* 等。

若噪声来自泵的出口，则通常意味着泵正在输送应禁止的过大流量，从而在蜗壳喉部或正导叶叶片的入口处引起空化。过大流量可能是管道破裂或类似事件导致的排出管路中压力急剧下降的结果。

(13)振动

振动提出了泵和原动机现场安装后是否重新对中的问题。提出的其他问题包括：轴承过热吗？振动是来自泵本身还是来自泵和原动机？后一种情况表明原动机和泵之间未对中。

如果噪声来自管道，那么可能怀疑管路有松动的阀板或管路共振。若任何结构元件或整个泵房振动，则可能发生了共振或者管道对泵或结构元件施加了应力。

(14)偶尔发生的故障

仅仅偶尔发生的空化征兆引出一些问题，如：吸入罐中的液位变化，杂草和碎屑进入吸入管路的可能性以及泵偶尔在高温下输送液体的可能性。

假如泵站有多台泵，并且仅当多台泵同时运行情况下才出现问题时，那么下一个问题应该是它们是否从同一个吸入池中抽取液体。如果是这种情况，那么故障很可能是由吸入池布局有缺陷或吸入池内的泵进水口位置不正确而引起的。这引起了有关吸入池的几何形状以及液体如何进入吸入池的其他问题。

假如在一个或多个泵停机时发生问题，并且所有泵都从一个共用的母管抽取液体，则可能有空气从一个停机的泵泄漏到母管中。

二、访问现场前的其他有用信息

故障是如何、何时以及在什么情况下被发现的？如果投诉是关于泵未达到规定的性能指标，那么应要求详细描述得出此结论的方法。详细的方法说明可能揭示投诉是仅仅源于错误或不可靠的测试。这也引出有关所用仪器、标定方法、连接到压力表的测压孔的位置等疑问。是否已采取任何纠正措施？这些行动的后果是可能缩窄所报告故障的可能原因的范围。

现场有哪些仪器、工具、机床、物料搬运设备和熟练人员？这些答案可能有助于确定现场检查之前应进行的准备工作。这些准备工作可能包括增加用于连接压力表的测压孔、提供测量流量和功率消耗的特殊仪表以及核查仪器精度。

所有这些信息以及该信息收集过程中可能会出现的任何其他附加细节，都有助于确定在现场检查之前应采取的措施。在这种远程解决问题的方法中收集的信息可能足以确定给定故障的原因，从而使泵专家能够就解决该问题所应采取的补救措施提出某些建议。即使从所报告的细节中看不出问题的根源，对收集到的数据进行分析也可能使泵专家提出可以解决问题的其他测试和试验。

如果这种远程方法失败了，下一步就是现场检查。但是，在检查之前，请对照附录一中的清单核查已收集的信息。这将有助于确定故障的最可能原因，并将减少需要检查的可能原因的数量。

第二节 目视检查失效零件得出的结论

有时，损坏或碎裂的零件为泵故障的原因提供线索。小零件可以邮寄给泵专家，无需现场检查即可解决问题。当出现故障的零件太笨重或由于其他任何原因而无法从现场移走时，现场检查可能在检查的早期阶段揭示故障的根源。

最有可能发生故障的泵零件是与泵的静止零件或液体接触的旋转零件以及与液体或旋转零件接触的所有静止零件。

一、轴承

在第三章第五节中，详细讨论了可能导致轴承故障的因素，还提出了通过目视检查故障零件来确定故障原因各种情况。

二、密封和填料

在第三章第六节中，对密封和填料进行了广泛的考察，包括对失效密封的视觉外观和失效原因之间的联系的讨论。

在填料函密封中，最常见的故障是与填料接触的轴或轴套的严重磨损。有时，磨损可能足以导致轴断裂。

此类故障通常是由填料函的润滑或冷却不足引起的。这是相当普遍的现象，通常是由于冷却液无法进水封环而引起的(图 3－21)。这个现象可能是由水封环安装位置不正确(没有正对着冷却液的入口)或未安装水封环而导致的。

造成这种损坏的另一个原因是填料材料或润滑剂的选择不当，请参阅第三章第六节和附录二的表2－3。人为失误也是一个因素。例如，未能给填料函的冷却系统提供冷却液会导致故障。

泵输送液体中的研磨料可以导致填料函区域内的轴过度磨损。在这种情况下，常用的补救措施是在压力的作用下将干净的液体引入填料函中。在不太严重的情况下，可以通过在填料函中加入合适的硬的润滑脂来减轻这种磨损。不遵循正确的规程是导致这种故障的最常见原因。

三、轴的断裂和损坏

在讨论填料函填料所遇到的问题的时候，已经讨论了一些轴损坏的原因。在这里，列出一些其他原因。

在第三章第七节中，讨论了各种断裂断口的形状。有时，目视检查断口可以找到其断裂根源。例如，当轴显示出因剪切而失效的迹象时，通常表明轴旋转遇到过大的阻力。过大的旋转阻力可能是因为轴弯曲，固体物卡在叶轮和泵壳体之间，旋转的和固定的口环之间有咬合作用(请参阅第三章第七节)，或者是泵所输送液体的高密度引起的过大轴功率。一般地，剪切断裂可能是由能够增加轴上扭矩的任何因素引起的，包括由润滑不良、填料函太紧或其他类似原因导致的轴承黏结。当然，轴剪切断裂的另一个原因可能是由轴材质差或加工痕迹引起的应力集中。

拉伸断裂(参阅第三章第七节)可能是由平衡孔堵塞或任何其他平衡(或减小)轴向推力的装置故障引起的，也可能是因为所输送液体的高密度引起的过高压力或质量差的轴材料。

当轴断裂表现出弯曲破坏的迹象时，这通常是由静止部件和旋转部件之间不对中而产生的过大侧向力而造成的。这种故障也可以是由固体物体卡在叶轮叶片之间而引起的，因为这个固体物可能在旋转的泵零件上产生较大的侧向离心力。偶尔，当单个蜗壳离心泵输送高密度液体时，弯曲引起的轴故障可能是由过大径向力引起的(请参见第二章第七节)。

有时，断裂在断裂部位某处有生锈或变色。这通常表明轴材料在用于制造该零件之前可能已经有细小的裂纹，或者断裂是由疲劳引起的，例如，由不平衡的旋转零件引起的疲劳。

四、口环损坏

当静止口环一侧的变色或磨损时，表明安装该口环的泵壳体上的孔与轴的中心线不同心，或者口环的孔与其圆柱外表面不同心。

当叶轮的口环仅在一侧出现磨损或变色时，说明轮毂的孔与口环的圆柱面不同心，或者与轮毂配对轴表面与轴承的中心线不同心，或者轴弯曲。另一个原因可能是轴肩部或叶轮轮毂端面的挤压，像与图 3－99 相关的解释的那样。

静止口环和旋转口环之间的咬合表明该口环材料有很强的咬合亲和力，或者该泵已经干了而没有灌注液体。

当口环在短时间内被侵蚀时，这一般表明泵输送液体中存在研磨料。旋转口环和静止口环采用特殊的耐磨材料是一种减轻磨料颗粒引起的侵蚀的较为流行的方法。

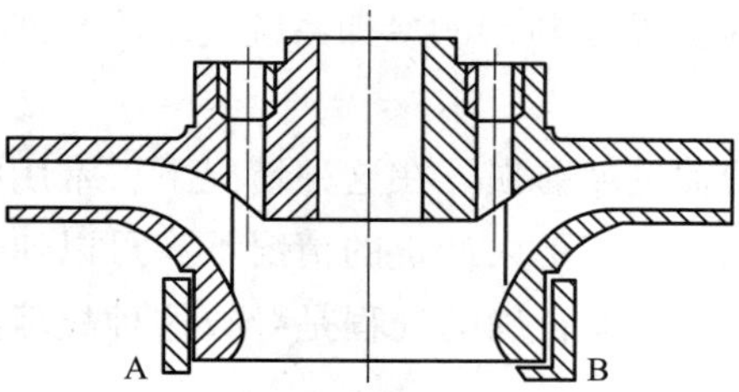

图 4－8　圆柱和 L 形口环

我在将不锈钢环紧缩到叶轮上并将硫化橡胶衬到静止口环内部方面有丰富的经验。在更严重的情况下，有时使用钴镍合金对旋转口环和静止口环进行表面堆焊。而且，每当泵配备有直的圆柱形口环时，如图 4－8 中 A 所示，建议将其重新设计为图中 B 所示的 L 形。

另一种处理含有固体物料的液体的流行方法是选择垂直于轴线的表面 F 作为密封表面而不是口环的圆柱表面，见图 4－9。这种设计通常与轴承架结合使用，在轴承架中，叶轮和泵壳体之间的轴向距离可以从外部进行调节，不必打开泵(比较图 3－125)。在这种布置中，只需重新调整密封面之间的距离即可容易地减少因密封环的磨损而引起的过大泄漏。为了提供额外的抗磨损保护，由耐磨材料制成的 *L* 形环缩紧在叶轮上，如图 4－9 中 *A* 所示。将合适材料制造的第二个环 *B* 压入壳体，如图 4－9 中 *B* 所示。

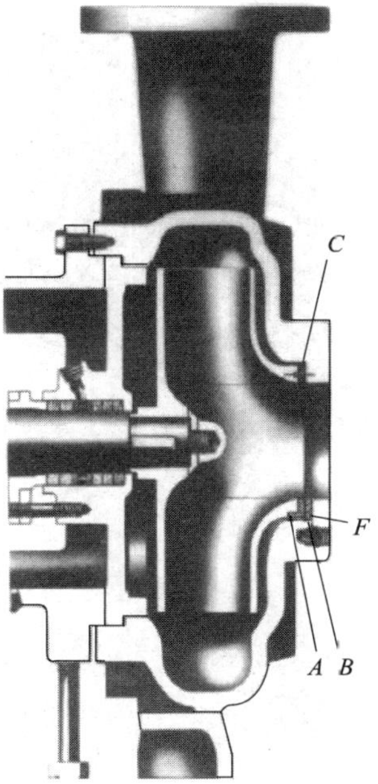

图 4－9 在垂直于泵轴的端面上密封叶轮泄漏

一个非常常见的错误是将旋转口环背面弄平，然后用沉头螺钉将其固定在叶轮进口端面面上，如图 4－9 中 *C* 所示。出于经济原因，过去经常尝试这种方法。然而，实际上，它总是导致沉孔下游的环形面快速侵蚀，如图 4－10 所示。

每当采用立式泵来输送暴雨径流或类似液体时，司泵员的疏忽可导致特别严重的侵蚀。这种液体通常含有大量的沙子、小卵石和类似的物料。作为一个规则，担当此类输送任务的泵要设计得有宽敞的流道，可让这些固体物自由通过泵。然而。泵停机后，滞留在泵中和部分管道中的大多数固体物沉积在泵壳体的底部，并陷入在空间 *S* 中（图 4－11）。当泵重新启动时，由于叶轮产生的压力的作用，积累的固体物被迫进入静止口环和旋转口环之间的间隙。这些固体物可以向前移动的唯一方法是在叶轮和泵壳体之间的密封间隙中研磨出它们的通道。这会产生强大的磨削作用，以至于口环可能在很短的时间内被破坏。

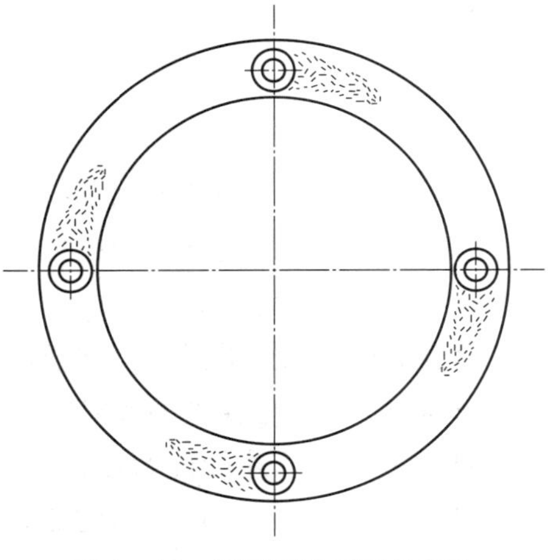

图 4－10 沉孔下游口环的侵蚀

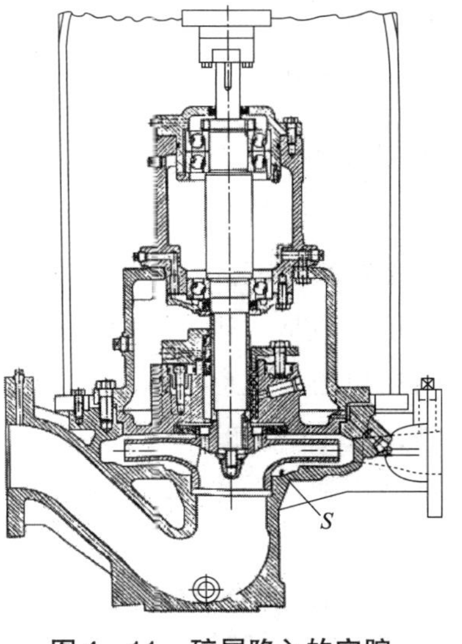

图 4－11 碎屑陷入的空腔

为了避免口环的这种快速破坏，这种泵通常设有手孔，每次泵停机时，这些手孔可使司泵人员清除积聚在泵的空间 *S*（图 4－11）中的碎屑。可惜，并非所有司泵人员都意识到遵循此规程的重要性，从而经常会导致灾难性的后果。

五、损坏的叶轮

碎裂的盖板或叶片通常意味着有固体物进入泵，并撞击该区域造成损坏。粗糙、不规则的表面上布满小孔和凹痕(图 4 – 12)，可能表示空蚀或化学腐蚀或两者兼而有之。通常很难从视觉上区分这两种损坏。然而，当泵输送清洁的化学和电化学惰性液体时，损坏显然是由于空蚀造成的。而且，空蚀作用主要局限于润湿表面的某些区域(在低压区内)，而化学腐蚀通常会散布在更广的区域上。

图 4 – 12　由化学腐蚀或空化或两者共同导致的叶轮损坏

六、损坏的泵壳体

法兰或泵基座破裂通常表明管道在泵上施加了过大的应力。这种故障也可能是由于安装过程中的工艺不善所致，也就是说，螺栓拧紧不均匀。

泵壳体破裂可能是由固体物体引起的外部冲击或水锤造成的，也可能是由其他各种瞬态原因引起的，例如热冲击。还有，由于其制造材料的质量差或热处理不充分而在泵壳体材料中可能存在的残余热应力，泵壳体可能在内部压力作用下破裂。

最后，由于化学侵蚀，空蚀或泵所输送液体中存在的固体颗粒的磨蚀作用，泵外壳可能会损坏或甚至完全毁坏。

第三节　现场检查与测试

在大多数情况下，对泵性能不满意的抱怨来自于用户，该用户通常熟悉泵的故障对其性能的影响。但是，他可能对泵的知识知之甚少。因此，有关泵性能不佳的报告经常会失真，并与用户的个人意见相混淆。于是，报告不准确地表述了问题。

另外，报告问题的人经常被问到一些他既不清楚也不理解意义的问题。同样，这可能导致数据不正确。因此，现场调查的第一步是验证访问现场之前已获得的数据。

完成此数据验证后，通常必须先修改原始的行动计划，然后才能开始进行故障排除。首先使用最简单、最省时的过程来查找故障原因。如果这些方法不能揭示问题的原因，就必须诉诸更复杂的过程。

一、不需要拆卸泵或管道的程序

该程序包括对泵所输送液体的供液源、吸入池和吸入管路布局、*NPSHa*、吸入条件是可变的还是恒定的以及吸入池中液位是否周期性变化的调查。也有可能详细调查泵所输送液体的物理和化学性质、温度等。

检查吸入管路及其连接处是否存在可能形成气囊的被困的空气以及是否有空气泄漏。如果吸入管路有底阀，请核实是否有空气泄漏。在泵工作时克服的静压头非常大的情况下，整个输送系统只需充满液体，然后泵停止运转。这会使吸入管路承受输送系统的总静压。吸入管路上的任何液体泄漏表明在泵运行期间有空气泄漏。

当静压头非常低时，请按照以下步骤进行操作。假如除了底阀外，在泵的下游还有一个阀，请关闭该阀并使整个系统承受来自外部的压力。再次，吸入管路中的泄漏表示在泵运行期间有空气泄漏(另请参见第三章第四节)。

当泵从天然水源，如河流或水井取水时，应收集有关水位可能季节性变化的信息。另外，当泵从开放的盆地或河流中抽取液体时，请检查水源的卫生状况。碎屑或固体物的存在表明吸入管路或泵可能被部分或全部堵塞。

还要必须检查泵机组。应核实所有螺母和螺栓松紧度，并检查所有电气连接①的松紧度性和正确性。

如果这些任何检查反映出来的故障是可轻松纠正的，就应当场排除这些故障，并检查泵是否正常运行。但是，若校正需要大量时间和精力，请继续寻找导致故障的其他原因。许多不同的因素可能导致泵无法正常运行。通常，几个问题同时发生。因此，通常一次现场访中排查所有可能的原因要比一次现场访问排查一个可能原因更经济和节约时间。

1. 停机时泵机组的检查

仅在做出万无一失的预防措施后才能进行泵机组的检查，以确保在检查过程中泵不会被意外重启。对于电动机驱动的泵，拆下主保险丝，并在保险丝盒上贴上说明，警告在检查结束之前不要重新安装保险丝。如果可能，就锁上保险丝盒，或锁上保险丝盒所在的房间。

在中小型泵中，第一步是用手转动轴。如果转动困难，就表明泵内部某些东西束缚着泵轴。这可能是由于机械密封安装不当、固体物卡在静止元件和旋转元件之间、窄间隙运转部件抱住、或者孔相对于轴心偏心。

如果在前半圈转动轴容易但在后半圈转动轴较费力，就表示静止泵元件偏心和泵轴弯曲同时存在。当旋转部件和与之配合的静止的孔都相对于泵的中心线偏心时，就发生这种情况。

把百分表的顶尖放在轴的裸露表面上，并用手转动该轴来检测弯曲或偏心。若没有百分表，则可以将任何尖头的物体固定在泵的某个静止部件上，让轴和该物体的尖头的末端之间保留一个较小的间隙。用手缓慢转动轴，并观察间隙的大小变化。间隙变化将说明有偏心。

用手转动轴时，请注意任何摩擦的感觉或咔嗒声。咔嗒声可能表示轴承中有污垢颗粒、滚珠损坏或滚动轴承的滚道损坏。

接下来，检查泵和原动机轴的轴向和径向跳动。在中小型泵中，尝试用手转动轴。在

① 仅在绝对和完全切断电源，并在采取所有必要的预防措施以确保检查期间不会意外重新连接电源之后，才应进行电触点的检查。

较大泵机组中，可能需要使用撬杠来转动轴。该撬杆可由现场可用的任何合适物体来充当。该撬杠还可以帮助检查泵与底座、原动机与底座以及底座和地基之间的联接是否紧固。当然，在使用这种撬杠时，应注意不要施加过大的力，以免损坏被检查的部件。

最重要的一个检查是泵与原动机之间的对中性。但是，只有当初步检查表示泵和原动机的轴都正确运转时，此检查才有意义。

基本上，泵与原动机之间不对中可能三种方式。首先，两个轴的中心线在一个公共点 C 相交(图 4－13)，并形成一条虚线。其次，两者的中心线平行且永不相交(图 4－14)。最后时，轴既不平行也有错位移位(图 4－16)。

可以通过以下方法检查第一种不对中方式(图 4－15)。首先，如果有塞尺，那么沿圆周上的几个点测量两个半联轴器之间的间隙 a。在一个排列整齐的集合体中，这些点的间隙都有相同的尺寸。其次，如果有游标卡尺或千分尺，则应沿两个半联轴器圆周测量外轮缘的距离 b。任何不对中都将在圆周上不同点处的不同尺寸明显反映出来。

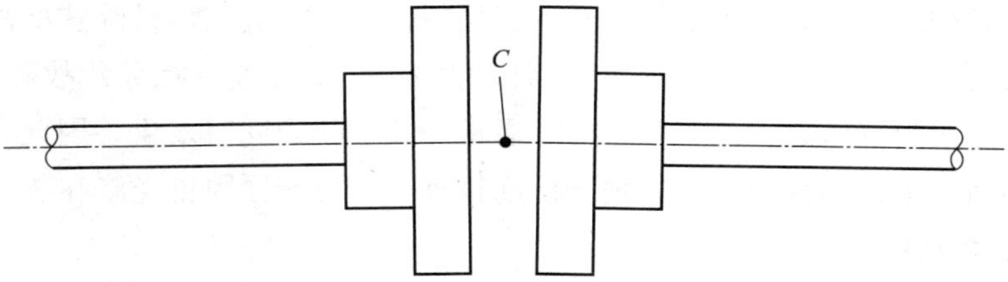

图 4－13　泵和原动机中心线不平行但有个相交点

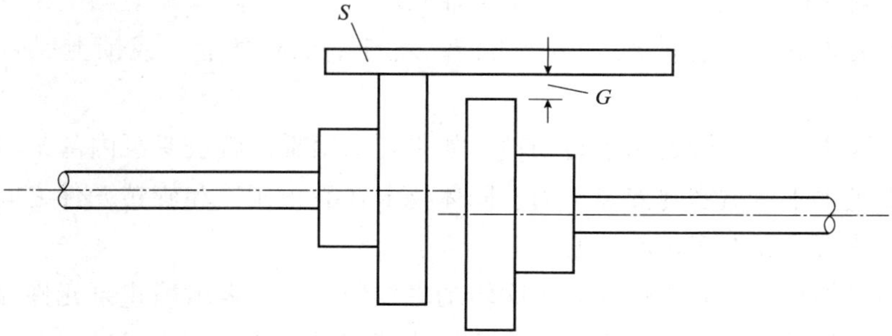

图 4－14　使用直尺检查轴的对中性

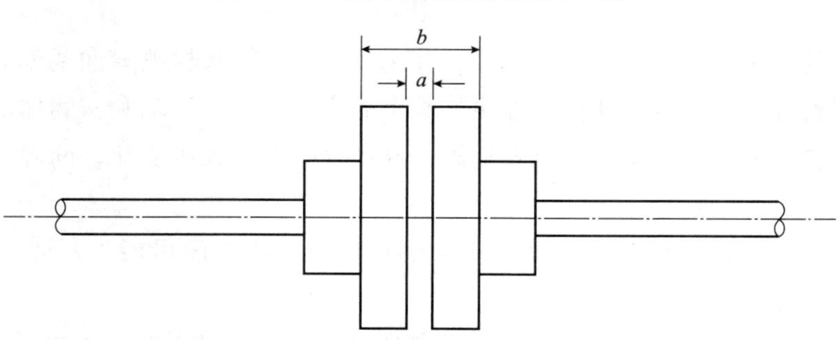

图 4－15　在轴对中性检查中需要验证的尺寸

通常将直尺 S 放在一个半联轴器上，检查其是否接触另一个半联轴器的圆周外表面来检查第二种不对中方式(图 4－14)。同样，应该检查沿圆周上的几个点。

有时，一个半联轴器的外径略大于另一个半联轴器的外径。外径略大的联轴器在直尺和较小外径的半联轴器之间产生间隙 G。在这种情况下，用塞尺在圆周上几个距离较远的几个点处测量间隙 G 的大小。在一个排列整齐的集合体中，所有测量结果应给出相同的间隙大小。

另一种检查轴对中性的方法是当联轴器脱离后，将百分表固定在一个半联轴器上(图 4－16)。百分表的顶尖抵靠另一半联轴器上或轴的裸露部分。绕着另一个轴，缓慢转动带有百分表的一半联轴器。任何不对中反映在刻度盘显示的顶尖位移上。

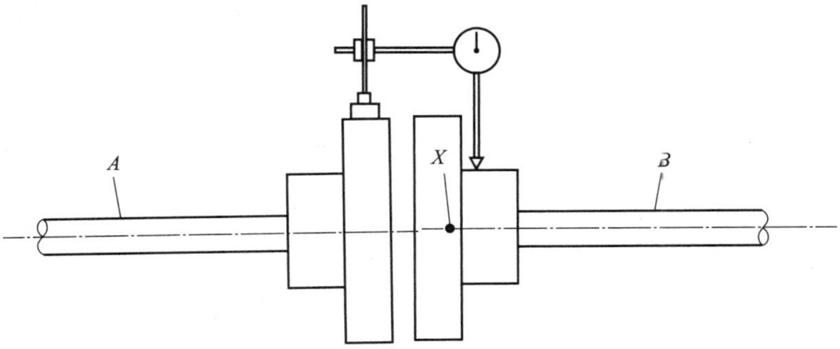

图 4－16　用百分表检查轴的对中性

如果现场没有百分表，可以改用钢针。在这种情况下，设置钢针位置时应该在其尖端与另一半联轴器之间留一个小的间隙。任何不对中都会体现在间隙大小的变化上。

始终转动固定百分表的轴(图 4－16 中的 A)，而不要转动另一根轴 B。当转动轴而 A 保持静止时，无法发现不对中的迹象。而且，当两轴的中心线的相交的点 X 位于百分表的平面附近时，该方法将测不出对中性。

2. 运行时泵机组的检查

首先要做的观察包括运行转速的测量和旋转方向的识别。仅当转速较低时才能观察到旋转方向。为此，将泵启动和停止一次或多次，在减速期间观察其旋转方向。

下一步是聆听任何过大的噪声并检查振动。要确定噪声或振动的原因，请首先确定它们的来源位置。最好借助听诊器来确定噪声和振动的来源位置。在没有听诊器的情况下，可以尝试使用原始方法。用牙齿咬住铅笔，用手指塞住耳朵，然后将铅笔的另一端接触泵上不同点的位置。

确定噪声源的另一种方法是使用窄带分析仪。该仪器显示不同频率下的噪声强度。进而，可能指示噪声从何而来。

当使用窄带分析仪时，请记住，一定频率下的高振幅并不一定意味着给定的现象出现时有过大的强度。有时，当给定现象的频率与泵机组或泵房的某个结构元件的固有频率一致时，可能会产生高振幅。例如，假如窄带分析仪在叶轮叶片通过蜗壳舌的频率下给出高的振幅，则并不一定意味着叶轮所产生的液体压力波动过大。这可能仅表示该频率等于泵壳体或底座的固有频率。

确定这种结构元件固有频率的一种原始但有用的方法是用锤子敲击元件并测量受激振动的频率。这些振动的频率代表被敲击的结构元件的固有频率。

泵运行时另一个必须进行的观察是轴承和填料函的温度。最高允许温度取决于润滑剂或泵所输送的液体的性质以及受影响的材料在高温下所具有的物理特性。然而，温度升高通常表明存在其他缺陷，例如轴承故障、轴弯曲或密封过紧。

当轴承温度没有其他他可用数据时，那么轴承应该永远不会太热，以致于无法将手放在轴承箱外壳上并坚持至少一分钟。

最后，在运行测试期间可以学到很多有关泵是否真的适合于选择泵时满足的工作参数的知识。当为新的应用场合订购泵时，充其量只能估算泵输送系统的水力特性。这通常是基于大量的计算来完成的，而这些计算又是在做出许多简化假设之后进行的。但是，在现实中，实际条件可能与这些计算过程中所做的假设相去甚远。

泵安装后，通常很容易确定泵输送系统的确切特性。如果在吸入管路上设置了底阀，或者在泵的出口接有一个阀，这就特别容易。只需要泵出口接有个压力表和测量流量的方法。

让泵运行直到液体充满整个管路系统。当吸入管路中有底阀时，将泵停机，并获取泵出口的压力读数。该压力以及压力表中心线与吸入罐内液位之间的静态高程差是系统的总静压头。泵重新启动，并且将排口阀完全打开，测量流量和压力。新的压力读数减去初始读数得到给定流量 Q_a 下系统的总摩擦阻力 H_{fa}。

系统的摩擦阻力几乎刚好随流量的平方而变化。因此，可以确定系统的摩擦损失曲线的形状(图 2－12)。该曲线服从下面关系式

$$H_f = H_{fa}\frac{Q^2}{Q_a^2} \tag{4-1}$$

式中，H_f 为任意给定流量 Q 下系统总的摩擦损失。

上述方法往往容易以高的准确度来确定系统的流动阻力特性。但是，现场通常没有测量仪器。对于压力读数，通常将弹簧压力表安装在需要的地方既简单又便宜。但是，流量计可能会带来更严重的问题。一些即兴创作测量方法可以提供帮助。当液体可引导至容器或罐时，可对容器进行称重量测量，也可测量罐中的液位升高一定高度所需的时间。如果没有可用的容器，那么有时可在两个位置处阻断明渠，从而将明渠的该部分转化为容器。也可以采用明渠中的简易堰或者排出管末端的孔口测量流量。

二、需要拆卸泵或管道的程序

在某些装置中，与管道连接相比，拆卸泵更容易、更简单。对于水平中开式泵和后拉式端吸泵，情况尤其如此。在其他情况下，从拆卸管道开始更方便。

拆下与泵相邻的管段可对泵内部进行有限的观察。这样可以检查流道中是否有异物以及叶轮叶片是否损坏。

拆卸排出和吸入管路的管段时，首先松开联接管道与泵的螺栓。管道法兰的任何移动都表明管道对泵施加了应力。

打开泵本体之前，请翻阅可用的泵剖面草图或图纸以及泵制造厂提供的任何说明。逐步进行拆卸，并经常查阅说明。

图 3－125 给出了带有半开式叶轮的端吸泵的剖面面。借助垫片 S 设置叶轮和泵壳体之间的间隙。甚至在打开泵壳体之前，就要检查叶轮与泵壳体之间的前部间隙。这时，先卸下垫片并向前推动旋转部件，直到叶轮与泵壳体的磨损面接触，测量轴承盒 bc 的法兰 cf 与轴承箱 bh 之间的间隙的宽度，从已拆下垫片的厚度中减去该间隙尺寸，就容易地得到前部间隙。

可以通过拧紧轴承螺栓 cb 将叶轮推向泵壳体，直到无法用手转动轴为止。但是，在测量剩余间隙之前，应再次放松螺栓。必须这样做的目的是为了防止轴承盒法兰弯曲而导致的测量不准确。

前部间隙测量应在拆卸泵之前完成。如果间隙过大，清除掉几片垫片以恢复所要求的间隙。根据泵的类型和尺寸，间隙的大小应在 0.25～0.5mm 之间。然后，测试泵的性能。通常，性能不佳的主要原因是此间隙过大。在这种情况下，间隙的影响立即出现在新测试的结果中。

卸下垫片并推动轴承盒，直到其法兰接触轴承箱后，轴可能仍能用手继续轻松转动。这表明间隙大于垫片的厚度。在这种情况下，请牢固地拧紧轴承盒螺栓并测试泵的性能。如果测试结果仍不令人满意，请打开泵壳体。

首先，从泵的其余部分卸下泵壳体。检查所有零件是否过度磨损和损坏。严重损坏的零件应修理或更换。

其次，测量叶轮叶片与泵壳体之间的实际间隙。该间隙等于垫片的厚度加上拆下垫片后剩余的任何额外间隙。要确定额外间隙的大小，请测量叶轮叶片端面距参考平面 P 的距离，并将其与泵壳体配合面距同一平面的距离进行比较（对比第三章第八节）。在叶轮和泵壳体上的多个位置进行这些测量，以确定两个面是否都平行于平面 P。

再次，将百分表或钢针固定在叶轮上，并检查其是否真正相对于平面 P 和台阶有跳动。此外，还要检查叶轮轮毂和相配的轴肩是否有挤压和脏物（对比图 3－99）。

完成此阶段的检查后，请完全拆下泵并检查所有零件。最后，修理或更换所有有故障的零件，重新组装泵，并测试其性能。

第五章　消除泵问题和修改性能

本章讨论可用于改变现有泵的性能的不同方法。由于现有泵输送系统运行条件的暂时或永久变化，或者由于在选择泵时，没有足够的可用数据来可能做出正确的选择，因此经常需要进行泵性能的修改。

第一节　各种补救方法

直接确定故障原因通常非常昂贵且耗时。通常，尝试简单的补救措施并查看其是否有效是更快和更经济的。在其他情况下，出于以下一个或多个原因，需要修改泵的性能：

(1)泵输送系统的实际流动阻力与计算得出的流动阻力不同(例如，由于润湿表面的实际粗糙度与计算所用的粗糙度的不同，等等)。

(2)与时间有关的变化，例如管道中结垢或锈蚀的累积，或泵从中抽取液体的井、河等水位的季节性或永久变化。

(3)需求的暂时或永久变化，例如流程加工厂生产进度表、居民人口或某个城市内生产设施的变化。

(4)充足电力供应的临时或预期变化，或预期充足电力供应的增加。同样，泵可能不得不只在有限的时间段内在某些条件下运行，并且随着时间的推移，这些条件有望改变。

尽管最佳作法是为给定的用途使用正确的泵输送装置，但是这种策略有时可能需要对管道的布局、泵机组底座的基础、甚至给定的泵机组运行时所在的建筑物进行禁止性的更改。因此，了解可用的补救方法和过程可能会有大的帮助。

一、与性能相关的补救措施

如前所述，尝试通过某种补救措施来消除问题有时比试图找出故障的确切原因更快、更经济。例如，当怀疑两个法兰之间有空气泄漏时(请参阅第三章第四节)，用塑料或橡胶布将怀疑的接头紧紧包裹起来。如果猜测正确并且包裹仔细，那么泵性能会立即提高。

在紧急情况下，需要另一类补救措施。例如：泵必须继续临时运行，直到纠正了故障的根本原因。

当因成本或其他观点而无法直接消除原因时，还会出现另一类情况。例如，当大的吸入池设计不正确时，就出现这种情况。拆除吸入池和重建将是耗时和昂贵的，且有时由于空间有限拆除和重建甚至是不可能的。

在这种情况下，下一个最佳可能性是尝试利用放置于吸入池内的挡板将流向泵的流动变直。这又需要大量的实验并且涉及时间和金钱。为了减少此类支出，有时，最好建立一个吸入池和泵吸入口的比例模型，并对该模型进行所有实验。

当怀疑旋转部件以其临界转速或在其临界转速附近运行时，最简单的解决方法是将已知重量的同心环或衬套固定到轴上。额外的重量改变了旋转部件的固有频率，并消除了引起故障的主要原因。

当吸入管路的布局对流入叶轮的液体流造成干扰时，安装合适的整流器可以验证这一假设并解决问题。

当问题是泵与管道之间或泵与安装在管道中的阀的阀板之间发生的共振时，最简单的步骤可能是取下直接联接到泵的一段管道，并用合适的橡胶软管替换。

如果在突然的瞬态情况下出现问题，请按照第三章第三节中针对水锤推荐的补救措施，安装适当的补救装置。

在许多泵中，噪声的强度在设计流量下特别低，但是在非常低的流量下强度可能会变得难以忍受的高。有时，泵输送系统运行条件的改变可能需要使泵在低于最初预期的流量下运行。

最好的解决方案是拆卸下泵，然后换上更合适的泵。如果无法做到这一点，有时可以通过切掉一部分蜗壳舌或导流叶片，从而增加它们与叶轮叶片的距离，来降低噪声强度。另一个解决方案是让泵输送较高的流量，并通过旁通管路把多余的液体引回泵吸入口。

二、与空化相关的补救措施

为了消除空化，请升高吸水箱的液位或将泵移至较低的位置。当液体从密闭的吸入罐流入吸入管路时，请增加吸入罐中的压力。另一补救措施是部分关闭出口阀。这降低了流量，并降低了泵的 *NPSHr*。但是，如果流量太低，就可能导致运行出现噪声并产生其他不稳定性。

也可以在主泵上游安装辅助泵，该泵是专门设计的用于在低 *NPSHa* 下输送液体。在某些现代泵中，可以在泵吸入管中安装诱导轮（图 5－1）。这样可能解决低 *NPSHa* 的问题。

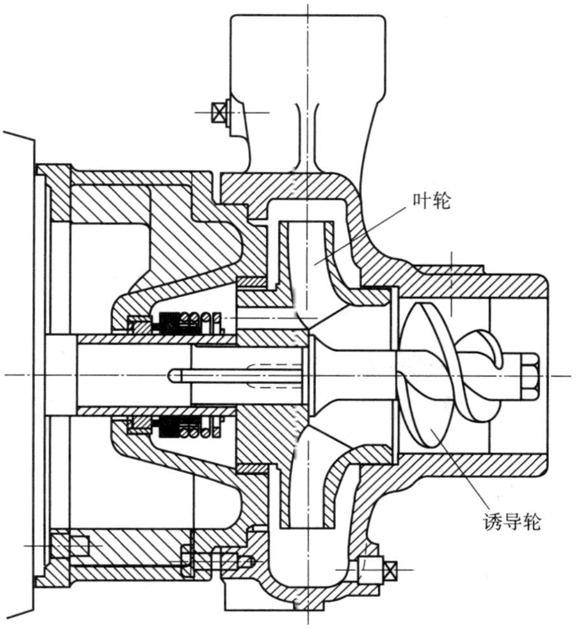

图 5－1　安装在叶轮上游的诱导轮

对于叶片数为偶数的叶轮，切掉相间叶片入口部分可使泵在 *NPSHa* 稍微降低的情况下运行（图 5－2）。图 5－3给出了这种叶片变化对 3in 口径的泵 3560r/min 转速下 *H*－*NPSHa* 曲线的影响。

然而，当缩短相间叶片的进口部位时，请记住，此步骤会在一定程度上降低叶轮产生的总扬程。在许多情况下，可以通过安装较大外径的叶轮或对现有叶轮的叶片出口部分做背面修锉来抵消这种扬程降低。因去除相间叶片进口部分而引起的扬程减少 ΔH 可由下式计算：

$$\Delta H = \frac{1}{2} H \left(\frac{R_b - R_1}{R_2 - R_1} \right)^2 \tag{5-1}$$

式中，H 为由带完整叶片的叶轮产生的扬程，ΔH 是原始扬程与相间缩短了叶片进口部分后叶轮产生的扬程之间的差，R_b、R_1 和 R_2 的定义如图 5-2 所示。

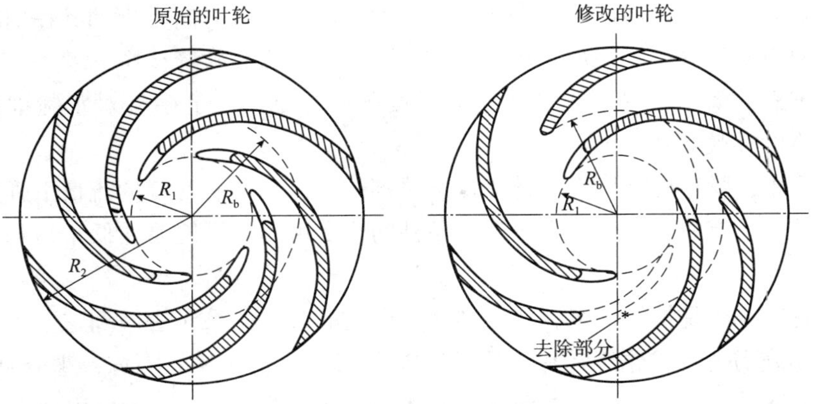

图 5-2　修改的叶轮以提高泵吸入性能

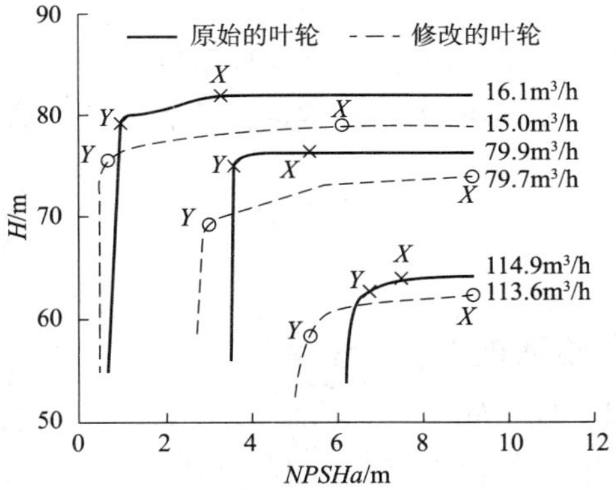

图 5-3　叶轮修改对 *NPSHr* 的影响

X—扬程随 *NPSHa* 减小而开始下降的点，*Y*—扬程开始出现断裂的点

有时，泵必须在空化条件下运行。在这种情况下，必须采取特殊措施以防止泵的快速机械性能下降。唯一已知的方法是用特殊材料制成受影响的零件，或用特殊的涂层或衬里保护它们。

材料和工艺的广泛且不断扩充的范围在这种方法中发挥了作用。通常，材料的抗空蚀性随其耐磨性的提高而提高(请参见第二章第四节)。但是，在许多情况下，空化通常会增加给定表面对化学腐蚀的脆弱性。因此，在严重的情况下，在使用推荐的材料之前，请咨询制造商以减少由空化引起的损坏。

有时，对流道进行简单的目视检查可以发现问题的原因。外观检查还可以指明消除给定问题的方式。例如，检查可能会发现在液体流动路径中有突出的锋利边缘或金属铸造凸起等。文献[44]讨论了锋利边缘的某些影响。例如，在一个案例中，设计用于在 64.3m 扬程下提供 $704m^3/h$ 流量的泵无法在该流量下产生超过 61.0m 的扬程。同样，在该流量下的效率也低于预期值。目视检查叶轮后发现，叶片出口边的厚度在其中心处异常宽，而根据图纸，叶片出口边的厚度据推测仅等于 6.25mm，见图 5－4。重新打磨叶片以符合图纸要求后，泵的预期性能已恢复。

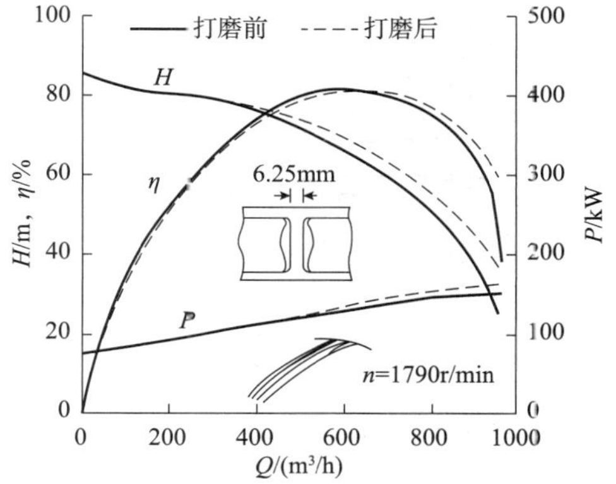

图 5－4　从叶片表面去除多余金属的效果

通过抛光流道中特别粗糙的斑点或用光滑搪瓷涂层覆盖铸造的流道表面可以获得相似数量级的结果（请参阅第二章第四节）。

第二节　转速和叶轮直径对泵性能的影响

改变离心泵性能的最常见方法之一是让离心泵以不同的转速运行或将叶轮轮缘加工成不同的直径。实际上，发布任何泵在几种不同转速（通常是电动机的标准转速）和不同叶轮切割的性能已经成为泵行业的标准，见图 5－6。

一、泵性能随转速的变化

理论上，当泵的转速从 n_1 变化到 n_2 时，它的流量从 Q_1 变为 Q_2，并遵循下式：

$$Q_2 = Q_1\left(\frac{n_2}{n_1}\right) \tag{5-1}$$

转速 n_1 和流量 Q_1 下泵产生的扬程 H_1 变化为新转速 n_2 和新流量 Q_2 下的新扬程 H_2，该新扬程值由下式计算：

$$H_2 = H_1\left(\frac{n_2}{n_1}\right)^2 \tag{5-2}$$

关于效率，通常期望两个对应的流量下的效率保持相同。关于给定泵的 *NPSHr*，吸入比转速的概念意味着它不应遵循式（5－2）所表示的关系。

这里出现一个严重的问题。在图 5－5 中，给定泵产生的流量和扬程都在很宽的范围内变化。如何知道某一转速下绘制的性能图中的点对应于图中代表第二种转速下的泵性能图的给定点？

将从转速 1740r/min 下的测试结果计算出的性能数据与转速 3550r/min 下的测试实际数据进行比较，得出以下结论：

（1）就扬程－流量曲线而言，根据一种转速下测试结果计算出的另一种转速下的扬程数据似乎是比较准确的。但是，在较低的转速下，扬程曲线似乎比在较高转速下能有更大的流量比 Q/Q_d，这或许由于泵壳体喉部的空化所致。

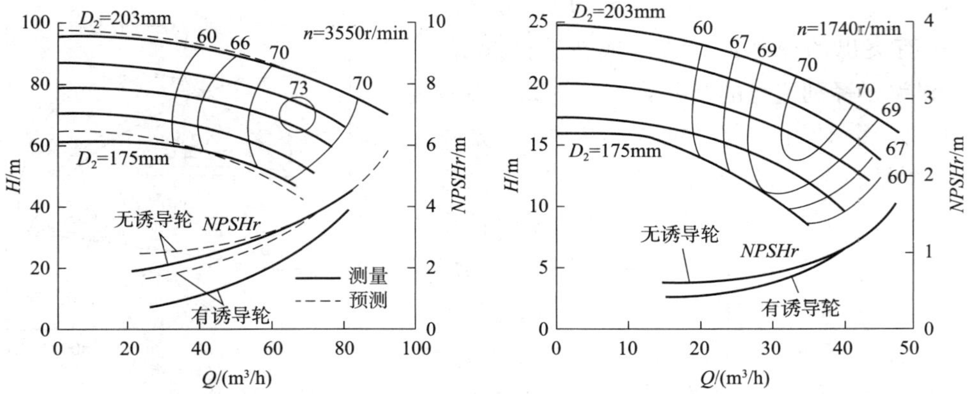

(a) n=3550r/min的换算值与试验值对比　　(b) n=1740r/min的试验值

图 5 –5　同一台泵两种不同转速下的性能

(2)效率曲线显示出一定的差异，但似乎很少超过 ±3%。

(3)根据转速 1740r/min 下的测试结果计算出的转速 3550r/min 下的 *NPSHr*，与转速 3550r/min 下的测试的 *NPSHr* 相差很大。就吸入比速度而言，在两个测试转速下，泵似乎有不同的吸入比转速。

过去，我研究了世界上 10 家当时最大、最负盛名的泵公司已经发表过的各种泵不同运行转速下的 *NPSHr*。在每种情况下，我发现任何给定泵的不同工作转速下测试的吸入比转速之间的差异与图 5 –5 所示的差异相等甚至更大[45]。哈米特[46]和耶卡特[47]也报道了类似的结果。

但是，在发表文献[45]~[47]的时候，甚至在测试图 5 –1 中所示的泵的时候，第三章中讨论的许多问题仍然未知或无法识别。从那时起(大约在 1970 年之后)，当式(5 –1)和式(5 –2)所暗示的相似定律用于计算给定泵在不同运行转速的 *NPSHr* 时，我设计和测试的所有泵都与这个相似定律较好地吻合，见第二章第三节。

图 5 –6 给出了这种测试的结果。与图 5 –5 所示相比，在图 5 –6 中，在两种不同转速下测量的同一台泵的效率之间也具有较大的相似性。

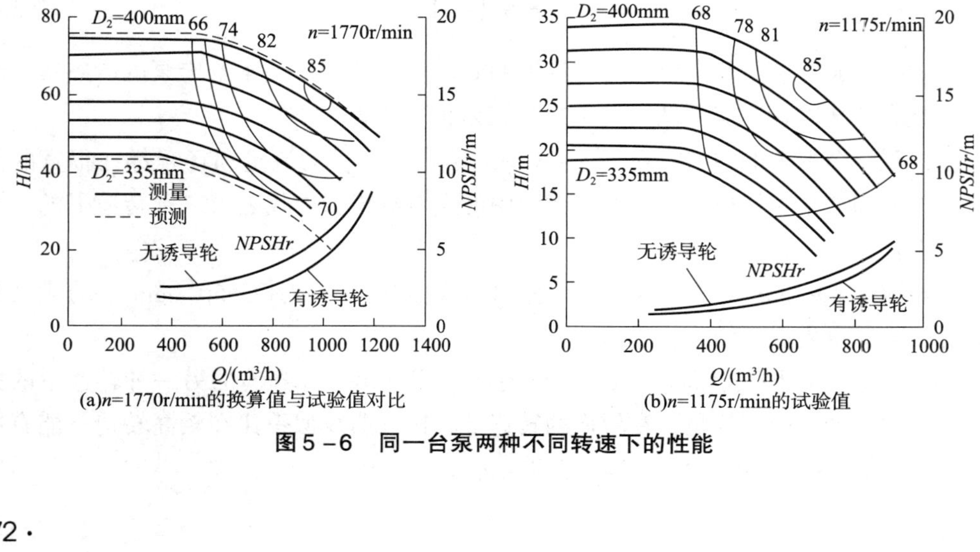

(a) n=1770r/min的换算值与试验值对比　　(b) n=1175r/min的试验值

图 5 –6　同一台泵两种不同转速下的性能

我没有机会验证文献[45]的公司所公布的吸入比转速差异是否确实正确，或者是否是测试方法上的缺陷所致。就我个人而言，很难相信过去10家最负盛名的泵公司所做的所有 *NPSHr* 测试都是不正确的。

二、泵性能随叶轮外径切割的变化

1. 叶片出口边平行于泵轴

出口边的圆周速度与直径的大小成正比。这导致人们相信，离心泵的性能以随工作转速变化的相同方式随叶轮外径的切割而改变。在给定的工作转速下，假定最优效率点（BEP）的给定百分比下的流量随叶轮外径的变化而变化。按照相同的逻辑，扬程随着该直径平方的改变而改变。实际上，过去，给定泵的不同叶轮外径切割的性能图并不是基于实际测试，而是根据最大直径的测试结果计算得出的。在这些计算中，用切割后的叶轮外径与叶轮最大叶轮外径之比 D_2/D_{2f} 替换式（5－1）和式（5－2）中的工作转速之比 n_2/n_1。这意味着：

$$Q = Q_f\left(\frac{D_2}{D_{2f}}\right) \tag{5-3}$$

和

$$H = H_f\left(\frac{D_2}{D_{2f}}\right)^2 \tag{5-4}$$

式中下标 f 指的是完整的外径。

但是，在实践中，有时式（5－3）和式（5－4）的计算结果与实际情况相去甚远。图5－7表示了测试的完整直径和三个切割直径叶轮的实际性能与借助式（5－3）和式（5－4）计算出的叶切割的性能之间的比较。尽管第一个计算出的扬程－流量曲线似乎非常接近实际测试曲线，但是其他两个切割叶轮的计算数据和测试结果相差甚远。这种明显的不一致是由性能随叶轮直径而变化的方式造成的。这种变化方式直接受到叶片几何形状和叶轮与蜗壳之间不断增加的不匹配的影响。第六章介绍一项研究，解释理论扬程如何随叶轮直径而增加。

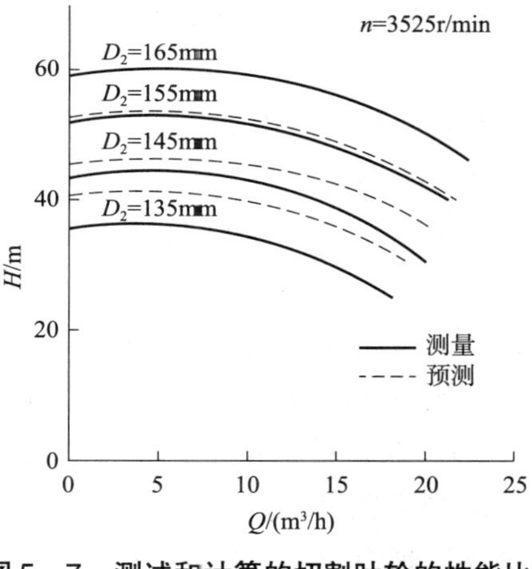

图5－7　测试和计算的切割叶轮的性能比较

第六章中的研究还表明，在大多数情况下，对于不同的几何形状的叶轮，测试的扬程与根据该章中的方法计算的扬程之间的差异是非常相似的。

这可以为我们提供只要已知实际的完整直径下的泵性能和叶轮几何形状就能预测切割叶轮直径下的泵性能的方便工具。

该过程仅是计算了给定叶轮在完整直径下产生的理论扬程，并计算这些扬程与实际测试扬程之间的比率。接下来，计算叶轮在切割直径下产生的理论扬程。可以预期，切割的叶轮产生的实际扬程与计算出的理论扬程之间的比值类似于对应流量下的完整叶轮直径下测试的扬程与计算出的理论扬程之间的比值。

尽管此过程适合泵制造商使用，但泵用户通常无法获得此类计算所需的数据。因此，泵用户必须依靠泵制造商发布的测试数据。这些数据的问题在于，实际所需的性能经常介于制造商发布的两个直径之间。

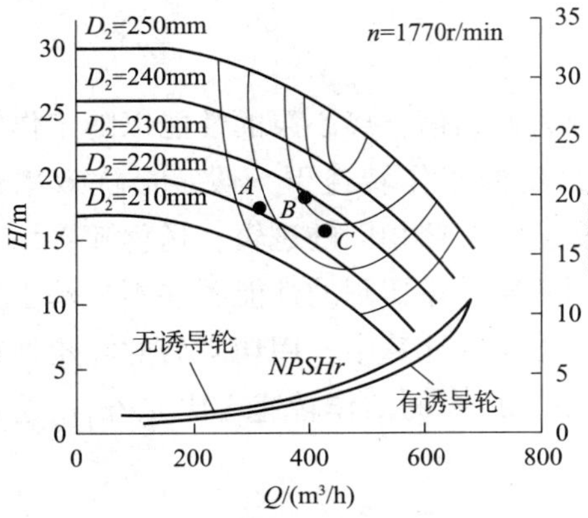

图 5-8　根据已发布的测试数据对叶轮切割量进行插值

对于这种情况，没有绝对正确的方法来计算所需的直径。当运行工况点位于下一个较小的直径附近时，例如图 5-8 中的点 *A* 的位置，通常，以较小的 220mm 直径为基础修改式(5-1)和式(5-2)来计算新的直径是安全的。另一方面，当运行工况点 *B* 在图 5-8 中所示的较大直径(230mm)附近时，应考虑较大直径作为基础。但是，在后一种情况下，我们可以预期实际的扬程会略低于计算的扬程。为了抵消这种可能性，最好将计算的直径增加 0.25% 至 1.00%。

如果运行工况点位于两个直径之间的某个位置，例如图 5-8 中的 *C* 点，那么最安全的做法是两次计算新直径：一次以较小的直径为基础，然后再使用较大的直径。实际直径将介于这两个直径之间。

目前，这是从已发布的测试数据内插直径切割量的最常用方法。但是，有时在某些情况下没有可用于叶轮切割量计算的测试数据。在这种情况下，泵制造商有时可以采用其他方法。

在泵行业中，使用单个泵设计来开发完整的泵系列是非常普遍的。这是通过对单个设计进行放大和缩小来完成的。在这种情况下，泵制造商通过研究某一指定泵的相同原型泵开发的某个不同尺寸的泵的类似的叶轮切割对性能的影响来预测给定泵配带切割叶轮时的性能。

2. 叶片出口边不平行于泵轴

在高比转速的泵中，叶轮经常设计成出口边位于圆锥形表面上，而不是与轴线平行，见图 5-9。在这种情况下，泵行业使用三种不同的方法来切割叶轮的外径。第一个种方法是切割平行于现有出口边，如图 5-9 中 *A* 所示。第二种方法是通过改变出口边的倾斜度，以最靠外直径保持不变，如图 5-9 中的 *B* 所示。第三种方法是使出口边的最靠内的直径保持不变，并减小最靠外的直径，见图 5-10。

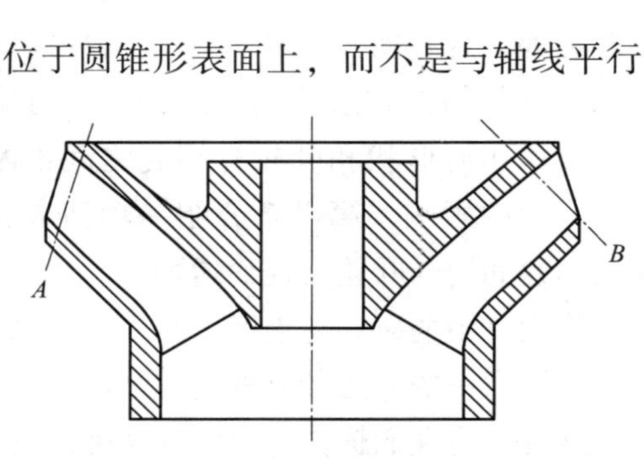

图 5-9　切割混流叶轮外径的不同方法

一旦叶轮切割按与外轮缘平行的方向进行，那么所得到的扬程-流量曲线几乎平行于完整直径叶轮的扬程曲线，见图 5-11。

当出口边的最靠外的直径保持不变时，如图 5-9 所示的 *B* 处，每次切割时扬程曲线变得更陡峭，如图 5－12 所示，这是因为关死扬程主要是由最靠外的直径处的圆周速度所决定。

当最靠内的直径保持不变时，随着每次连续切割，最靠外的直径的不断地减小，扬程曲线而趋于平坦，见图 5－10。但是，应该指出的是，图 5－10 中所示的测试曲线是我所遇到的唯一曲线。因此，此问题需要其他试验验证。

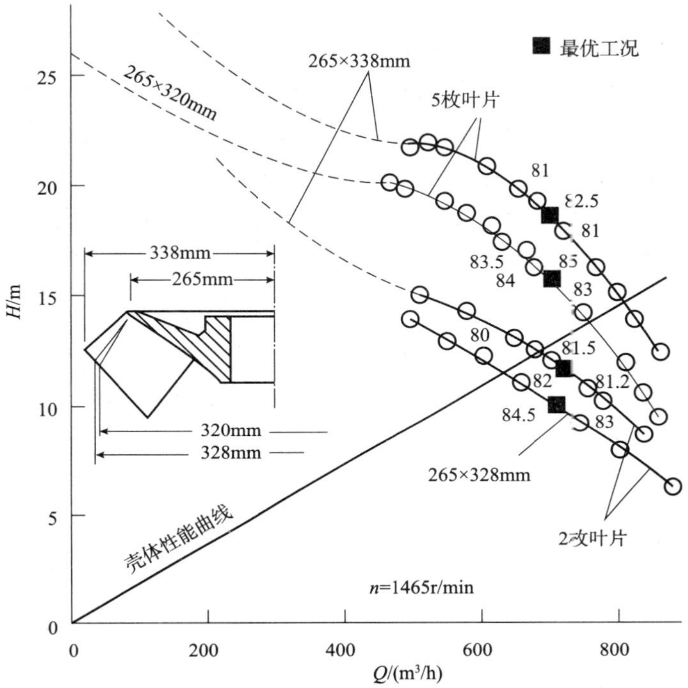

图 5－10 两种尺寸相同但叶片数不同的叶轮切割对泵性能的影响

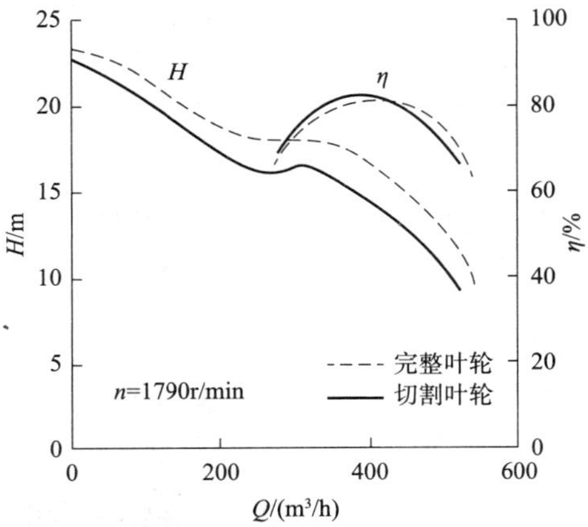

图 5－11 平行于完整叶轮出口的叶轮切割对混流泵性能的影响

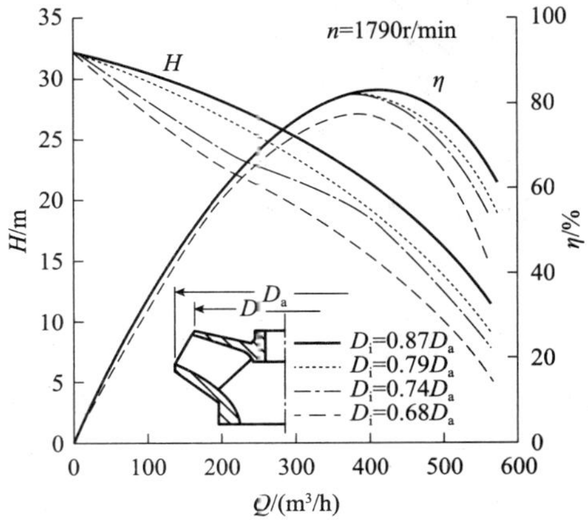

图 5－12 改变出口边倾斜度的影响

第三节　减小叶片宽度的效果

工业上用于改变泵性能的一种手段是减小叶片的宽度。对于半开式叶轮，该过程很简单。机加工叶片的开放端面，直到叶片宽度减小到所需的尺寸。

对闭式叶轮，该过程有些复杂。常见的做法是准备一个可以用作叶轮一个盖板的替代品的圆盘。然后将指定的盖板机加工掉，并将叶片宽度减小到所需的尺寸。之后，将备用的盖板用小螺钉、焊接或其他任何合适的方法重新连接。

当闭式叶轮的出口边不平行于轴线时，首选做法是替换较小的直径后盖板或轮毂，见图 5－13。但是，当这种盖板注定要将动力从轴传递到叶片时，可能会引起机械问题。在这种情况下，向来最好的做法是更换吸入侧盖板或前盖板。圆柱形出口表面的叶轮一般也接受后一种选择。减小叶轮宽度的直接效果是使扬程－流量曲线更陡峭，即以较快的速率下降。

在叶轮出口边平行于轴线的泵中，关死扬程几乎保持不变。但是，在低的小流量的情况下，泵的性能可能随着叶片宽度的变化而显著变化，特别是在不同比转速的泵中。图 5－13和图 5－14 说明了这种情况。

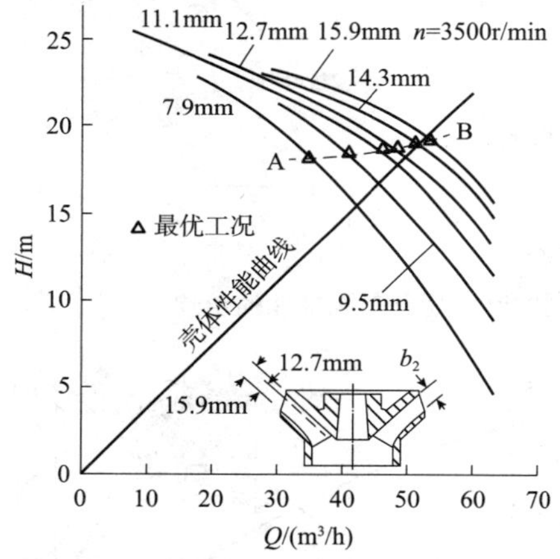

图 5－13　改变叶片宽度对性能的影响

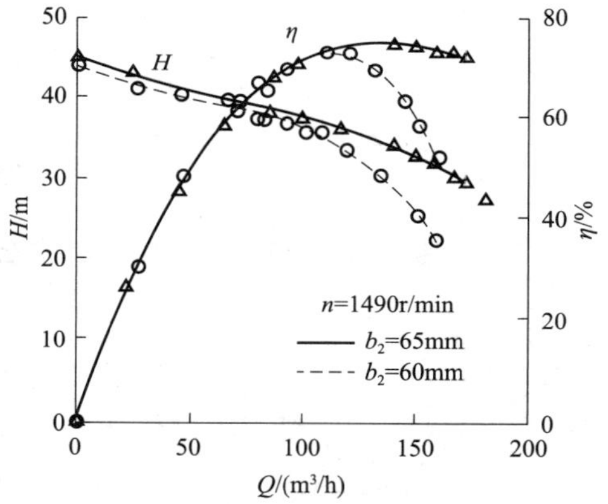

图 5－14　在同一泵壳体内测试的低比转速不同叶片宽度叶轮

在图 5－13 所示的高比转速泵中，随着叶片宽度的每次减小，小流量下产生的扬程不断减小。与此相对，在图 5－14 所示的低比转速泵中，小流量产生的扬程似乎完全不受叶片宽度的影响。

改变叶片宽度的效果在不同比转速的泵中出现差别的原因之一如下。在第一章中已经证明，由叶片直接作用于液体的速度分量 C_{u2} 的大小可用下式表示：

$$C_{u2} = U_2 - \frac{C_{m2}}{\tan\beta_2} \tag{5-5}$$

一方面，当 C_{m2} 分量的大小与叶片圆周速度 U_2 的大小相比较显着的时候，C_{m2} 大小的任何变化显着地影响产生的扬程的大小。另一方面，当 C_{m2} 的大小相对较小时，其值的任何变化对产生的扬程几乎没有影响。

一方面，在图 5－13 所示的泵中，在设计流量下液体的轴面出口速度大约等于 3.5m/s，而出口边最靠外的直径处的圆周速度为 23.5m/s。

另一方面，在图 5－14 所示的泵中，设计流量下液体的轴面出口速度大约等于 0.48m/s，而出口边的圆周速度等于 26.5m/s。这就解释了为什么图 5－13 所示的高比转速泵的轴面速度分量的变化会比图 5－14 所示的低比转速泵产生明显较大的泵性能变化。

叶片宽度的变化会影响产生的扬程、最优工况点的位置以及叶轮的吸入能力。稍后将结合泵壳体对性能的影响以及叶轮和壳体之间的相互作用来讨论最优工况点的位置。在这里，我们将研究限于叶片宽度对泵的吸入能力的影响。

从图 5－14 可以看出，当流量超过约 $105m^3/h$ 时，带有较窄叶轮的泵扬程开始迅速下降。在大约那个流量下，空化噪声似乎已经开始产生。在适度较高的流量下，这些噪声变得非常强烈。较高流量下扬程快速下降的原因似乎是由于以下事实：叶轮入口处的过流面积较窄，从而降低了泵的吸入能力。在其他场合也证实了这一事实，如文献[49]中所述。

第四节 修改壳体几何形状

壳体，有两种看似不同的构造：蜗壳(图 5－15)和带有导向叶片的扩压器(图 5－16)。这两种构造似乎完全不同，但它们基于相同的设计原理并具有相同的目的。他们的任务是将液体从叶轮引导到泵的排出管，并将离开叶轮的液体动能的一部分转换成压力能。

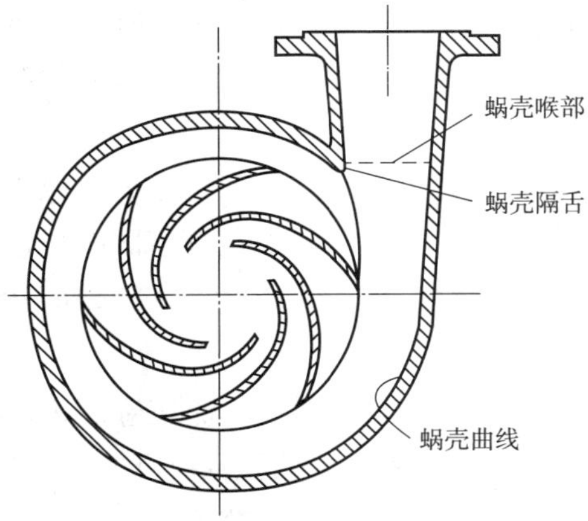

图 5－15 某些蜗壳参数的命名

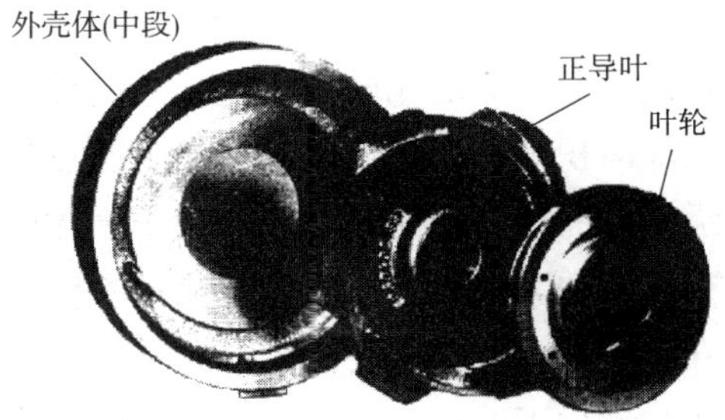

图 5－16 多级导叶泵的零件

1930 年代初，弗莱德尔提出了最好的壳体设计原则[31]。我有机会将弗莱德尔的建议与 500 多种不同设计的实际性能进行了比较。在大多数情况下，理论与实践之间的一致性非常好。但是，即使在理论与实践之间似乎存在重大差异的情况下，我也始终能够确定差异是由与弗莱德尔提出的理论完全无关的某种无关紧要的因素造成的。

一、蜗壳喉部面积对泵性能的影响

经验和理论告诉我们，对于给定叶轮轮缘的圆周速度 U_2 和由叶轮产生的给定扬程曲线，存在一确定的流量，在该流量下，给定喉部面积的壳体中的流动损失最小[31]。对于壳体的给定的喉部面积，扬程和流量的这种组合通常被定义为壳体的设计点。在图 5－17 所示的泵中，壳体的设计点在性能图上由点 *A* 表示。

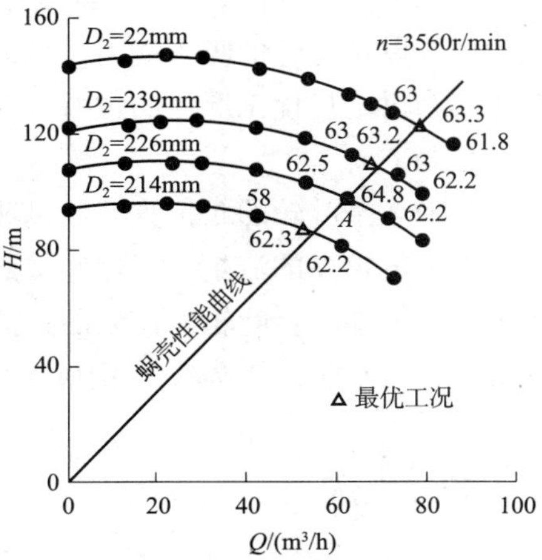

图 5－17　蜗壳设计对低比转速泵性能的影响

理论表明，如果我们在泵壳中安装正在产生不同扬程的叶轮，则壳体的最优工况点将移至不同的扬程和流量交叉点。该交叉点沿着一条直线移动，该直线穿过 *A* 点以及 *Q* 和 *H* 都等于零的点[49,50]。

图 5－17 给出了在相同的壳体中配有 4 种直径叶轮的泵的实际测试结果。标记的数字表示在这些测试中确定的效率，标记为 Δ 的点表示在给定直径下的最高效率点。我们在这里看到理论与实践之间几乎是理想的一致性。

但是，在许多其他情况下，找不到这样的一致性。例如，看一下图 5－10 和图 5－13 中显示的测试结果。在图 5－10 中，我们看到泵的最高效率始终处于几乎相同的流量，而与叶轮产生的扬程无关。在图 5－13 中，最优效率点不在泵壳体性能曲线上，而是沿着壳体线完全不同的曲线 *AB*。对图 5－13 中所示测试结果的更详细研究表明，所有测试的最优工况点均位于某一流量，在该流量下流入叶轮叶片的液体的轴面速度为等于 3.9m/s 的常数。

图 5－17 所示的泵和图 5－10 及图 5－13 所示的泵之间在性能上存在差异的原因通常在于其设计所采用的比转速的差异。这种比转速差异要求在其设计中包含不同的特征。壳体的喉部面积不是确定给定泵最优工况点位置的唯一参数。在某些情况下，叶轮的几何形状对泵性能的影响可能会等于或大于壳体的喉部面积。

在遇到的大多数离心泵中，流动液体遇到的能量损失随其相对于其流道湿润表面的速度平方的增大而增大。在传统的叶轮中，该相对速度在叶片的入口处最高。因此，叶轮几何形状对最优工况点位置的影响大小在很大程度上取决于叶轮入口的设计。

对于已设计的给定叶轮，叶轮入口是比转速发挥作用的地方。图 5－17 所示的泵的比转速很低。在这种泵中，叶片入口处液体的相对速度所产生的速度头仅占泵产生的总扬程的很小的百分比。几个百分点的速度头损失几乎将不会对泵的整体效率产生任何影响。与此相对，流过蜗壳喉部的液体的速度头可能很容易占总扬程的 25% 至 50%。在这种泵中，该速度能头的任何损失将立即表现为泵整体效率的重大损失。因此，在这种泵中，在确定最优工况点的位置时，壳体的喉部面积通常是最决定性的因素。图 5－18 中所示的测试结果生动地证明了这一点。喉部面积从 $10cm^2$ 增加到 $14.5cm^2$，已将最优工况点的位置从

$50m^3/h$ 移至 $70m^3/h$，约等于 $50\times(14.5/10)=72.5m^3/h$。

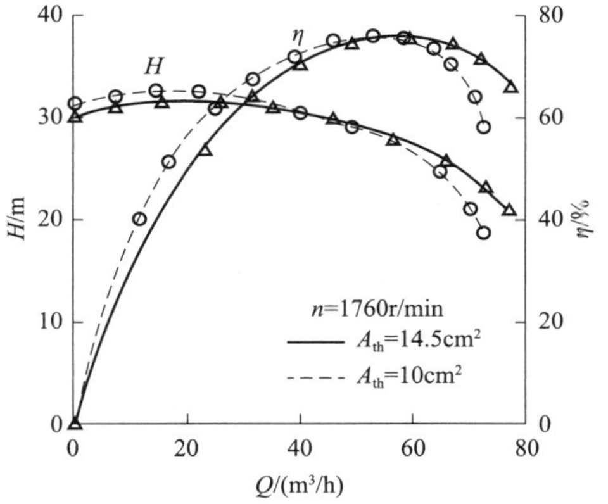

图 5－18　蜗壳喉部面积对低比转速泵性能的影响，A_{th}－蜗壳喉部面积

在高比转速泵中，流入叶轮叶片的液体的相对速度所产生的速度头可能很容易处于相同的数量级，甚至超过流入壳体的液体的速度头。这与叶轮入口的其他敏感特征相结合，可以轻易地抵消壳体的影响。这实际上是在图 5－10 和图 5－13 所示的泵中发生的情况。

二、蜗壳隔舌几何形状对性能的影响

与普遍看法相反，蜗壳舌的几何形状（图 5－15）可能对离心泵的性能产生巨大影响。有一次，我决定尝试一种特殊的隔舌几何形状。不确定会如何影响泵的性能，我设计了喉部面积等于常数的蜗壳扩散管，该扩散管从隔舌头部到其下游的长度约为 37.5mm。这个想法是要能够在不影响蜗壳喉部面积的情况下，将蜗壳隔舌的长度最大去除 37.5mm。

图 5－19 给出了隔舌形几何形状如何影响那台特定泵的性能。我遇到过一些个案史，其中隔舌几何形状的微小变化导致泵效率的差异在 10～16 个百分点之间。

目前，我不知道有什么理论可以充分解释隔舌几何形状对泵性能产生如此巨大影响的原因。在这方面，应由泵专家根据其经验来选择正确的隔舌形状。但是，存在一个令人欣慰的事实：在大多数情况下，每当问题是由不正确的隔舌几何形状引起的时候，只需将其切掉和去除一部分蜗壳隔舌就可以轻松解决该问题。

三、蜗壳曲线形状对性能的影响

我有机会研究了各种蜗壳几何形状对离心泵性能的影响。最令我惊讶的是，蜗壳曲线形状的显著变化（图 5－15）在离心泵的扬程和效率上产生了相当小的差异。这是一个幸运的巧合，因为它为泵专业人员提供了一种非常简单而有效的工具来处理与径向载荷有关的问题。

每当蜗壳泵承受过大的径向载荷时，例如，由泵所输送液体的密度高引起的径向载荷，就有可能通过修改蜗壳曲线的形状来减小这种过大的力。这可以简单地通过重新加工蜗壳与蜗壳隔舌相邻的部分，使蜗壳的一部分与叶轮同心来实现，见图 5－20。取决于泵壳体的壁厚，此过程通常使我们能够使蜗壳的大约 5%～20% 圆周与叶轮轴线同心。这种变化通常会显着降低径向载荷。尽管蜗壳的这种变化通常会降低效率，但是效率的减小很少超过0.25%至1.5%。

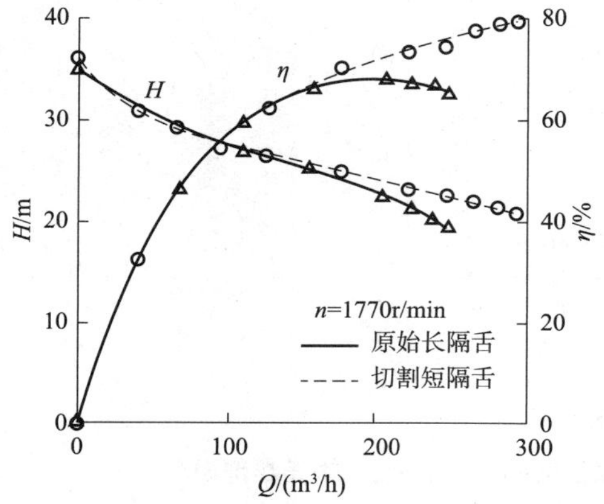

图5-19　去除一部分特殊设计的蜗壳隔舌的效果(不改变喉部面积)

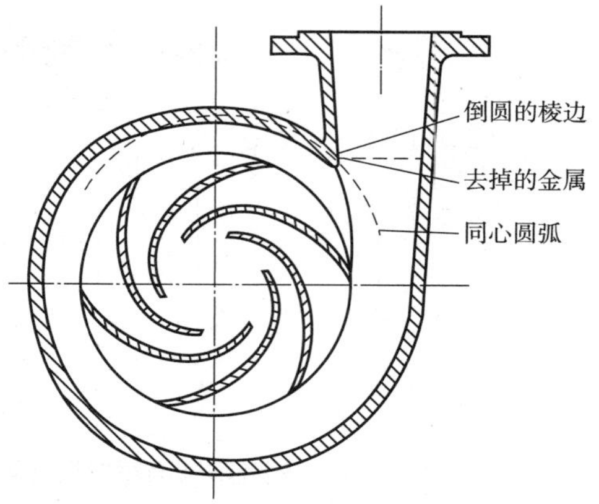

图5-20　为减小径向力而重新机加工的蜗壳

第五节　改变泵性能的各种方法

一、叶片出口边背面修锉

1. 对扬程的影响

如图5-21和图5-22所示，提高离心泵产生的扬程的一种常用方法是叶轮叶片出口边背面修锉。但是，从这些图中显示的性能曲线可以得出结论，在不同几何形状的泵中，背面修锉的效果是变化的。即使在同一台泵中，背面修锉实现的扬程增加百分比也会随流量的变化而变化。

出现不同流量的扬程增加百分比的差异的一个原因可以追溯到式(5-5)：当 $C_{m2}/\tan\beta_2$ 减小时，C_{u2}的大小量以及由此产生的扬程的大小会增加。出口边叶片背面修锉意味着增加叶片出口附近的叶片角度。这降低了 $1/\tan\beta_2$ 大小，导致产生的扬程增加。当 C_{m2}大小与叶片圆周速度 U_2 的大小相比非常小时，项 $C_{m2}/\tan\beta_2$ 的增加对产生的扬程影响相对较小。但是，该项的大小随 C_{m2}的大小增加，即随着流量的增加而增加。这已由图5-21和图5-22所示的测试结果得到确认。

比较两个泵的扬程提高百分比，可以看出，图5-22中所示的高比转速泵的扬程的提高百分比远高于图5-21所示的低比速泵的扬程的提高百分比。造成这种差异的原因是两个叶轮的设计特征无法避免的差异。这些特征差异是由它们的比转速的不同所决定的。

图5-21所示的泵的比转速约为56.6。在这种叶轮中，叶片相对较长，并且背面修锉增加仅叶片的很小一部分的角度。同样，在这种泵中，与出口边附近的叶片速度 U_2 相比，液体的轴面速度分量相对较小。由于这两个因素，对这种泵进行背面修锉导致的扬程提高相对较小。

图 5－22 所示的泵的比转速约为 292。在这种叶轮中，叶片相对较短，因此，与低比转速的泵相比，背面修锉增加了叶片的很大一部分的角度。而且，液体的轴面速度分量明显高于低比转速的叶轮中的轴面速度分量。这就解释了不同比转速叶轮的叶片出口边背面修锉的效果的差异。

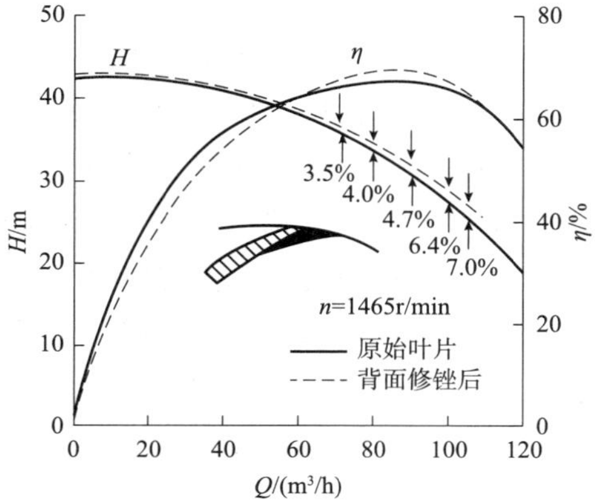

图 5－21　修锉低比转速叶轮叶片出口边背面获得的扬程提高

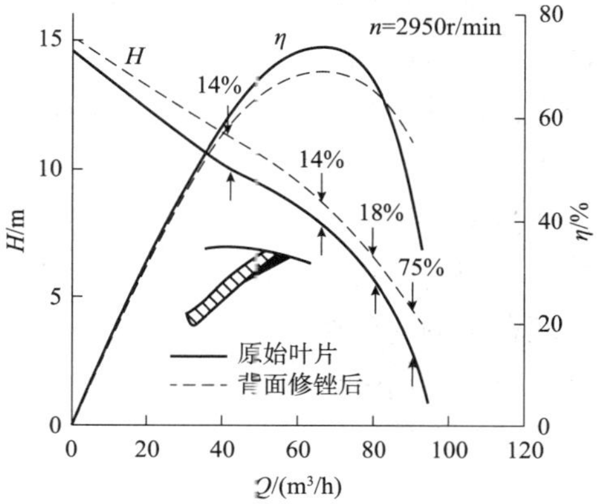

图 5－22　修锉高比转速叶轮叶片出口边背面取得的扬程提高

2. 对效率的影响

背面修锉对泵效率的影响表现出某种无规律的形式。在图 5－21 所示的测试数据中，较低流量时效率降低，而设计流量和较高流量时效率略有提高。在图 5－22 所示的泵中，在较低的流量下效率没有变化，但是在泵的实际工作范围内，效率有非常明显的下降。效率下降的主要原因似乎是由于这种叶轮的出口边不平行于轴线。在这种叶轮中，背面修锉可能容易干扰离开叶轮的液体的相邻流线之间的平衡状态。这或许是图 5－22 中观察到的效率显著下降的主要原因。

二、叶片出口边工作面修锉

有关对叶片出口边前表面修锉效果的讨论得出的结论是：工作面修锉［图 5－23(c)］减少离心泵产生的扬程。令人惊讶的是，我从未观察到这种效果。相反，在每种情况下，当我修锉叶片前表面（工作面）时，扬程和效率总是提高 0% 到 2%。

关于效率的提高，解释非常简单：经验告诉我们，液体离开叶轮的角度小于出口边的叶片角度。离开叶片前表面的液体必须流过图 5－23(a) 中的尖锐边缘。如文献[44]所证明的那样，不可避免地导致液体从叶片上分离，继而导致能量损失。通过以图 5－23(c) 所示的方式对叶片出口边前表面进行修锉，消除了造成水力损失的原因，使效率提高了 0% 至 2%。

前表面修锉不会导致产生扬程减少的原因不太明显，需要进一步研究。但是，在科普利和沃斯特[51]所进行的测试的结果中可以找到导致这种效果的某些迹象。图 5－23 给出了这些测试的一些结果。

图 5－23(a) 画出了以钝出口边终止的叶片出口边附近的液体的压力分布。我们在这里看到，叶片前、后两面之间的压力差是相反的。

为了使叶片能够将动力从轴传递到液体，叶片前表面上的压力必须高于其后表面上的压力。如图5-23所示，这在试验上也得到了证实。这种关系的逆转意味着液体正在将其部分能量返回至叶片。因此，靠近叶片出口边的叶片两侧压力之间关系的逆转表明液体正在失去一些已获得的扬程。实际上，出口边附近压力分布的这种逆转是由叶轮产生的实际扬程始终低于计算得出的扬程的原因之一。

图5-23(b)表明，为叶片提供尖锐的出口边可以消除压力的这种反向作用。出口边叶片前表面修锉也为叶片提供了尖锐的边缘，从而得出结论，即出口边的前表面修锉可以消除钝出口边的叶轮中发生的压力分布逆转。因此，通过叶片前表面修锉，我们可以同时产生两个抵消作用。因为减小了出口附近叶片前表面的叶片角度，减小了从叶轮传递到液体的功率。同时，通过将钝出口边变为尖锐的边缘，减小了液体返回到叶轮叶片的功率。根据这两种影响的相对大小，可能会减少、增加或没有改变给定泵产生的扬程。在我遇到的每种情况下，前表面修锉始终会导致扬程提高0~2.0%。当然，要得出最终结论，还需要更多的试验证实。

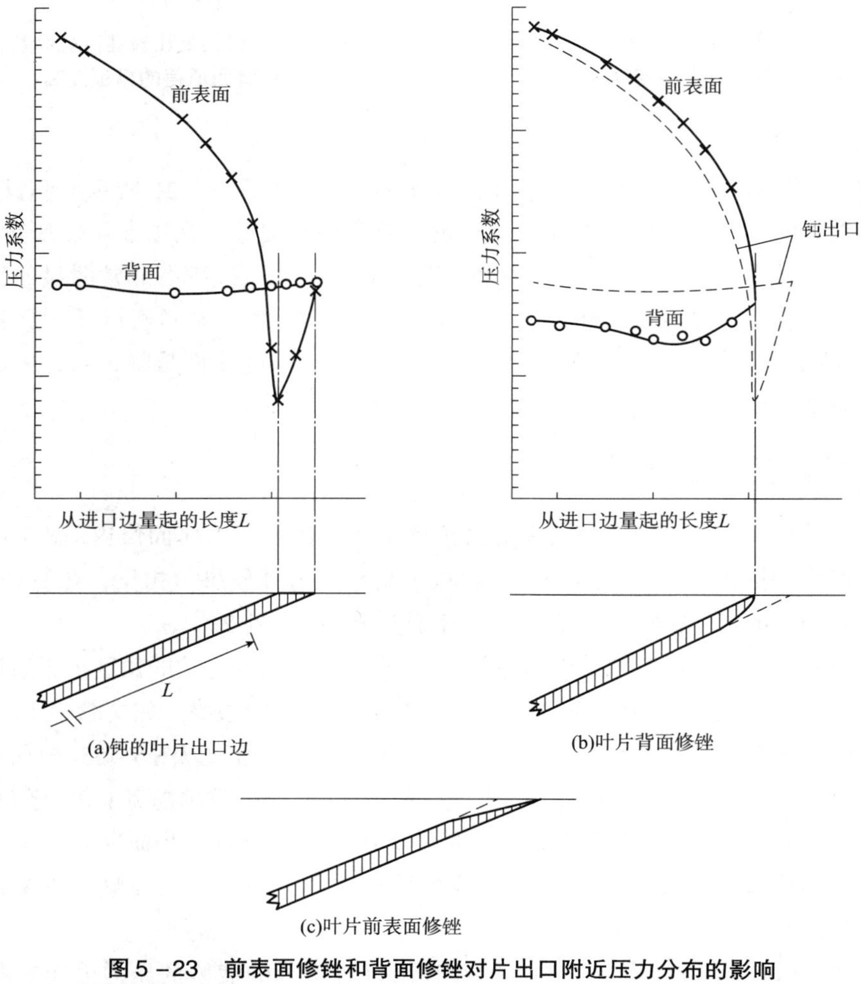

图5-23　前表面修锉和背面修锉对片出口附近压力分布的影响

三、改变半开式叶轮间隙

1. 增加叶片和壳体之间的轴向间隙

图 2 - 3 表明了叶片和壳体之间的轴向间隙的增加如何影响泵的性能。在这里，我们发现在任何给定的流量下，产生的扬程和效率均显著的下降。但是，经验告诉我们，由轴向间隙增加引起的扬程降低通常明显大于效率的减小。给定泵的功耗随轴向间隙的增加而降低。

这种轴向间隙的影响效果的实际使用例子涉及到在偏远的开发区钻探的一口水井，该井能够输送足够的水来满足未来的所有需求。由于位置偏远，最经济的方法是安装一个能够使用井的总产量的泵。但是，当按计划安装泵时，该地区的电力供应非常有限。在公用事业公司努力增加电力供应的同时，重要的是要立即使用这口水井以便能够开始开发工作。

解决方案是安装一个带有半开式叶轮和一个较小电动机的泵，但要增加叶片与壳体之间的间隙 B(图 3 - 126)，以避免电动机过载。在泵制造商的工厂进行的试验表明，解决方案是将叶轮提升到比其正常位置高约 9mm。

新的输电线完成后，将叶轮降低原先设置的 9mm，然后用功率更大的电动机代替原电动机。这样就可以使用井的总产量，而无需昂贵的设备更换。

2. 增加诱导轮和其壳体之间的径向间隙

在第二章第四节中进行的讨论得出的结论是，径向间隙 a 的增加(图 5 - 24)将削弱诱导轮的性能。但是，对等螺距、大稠度以及 18° ~23°轮缘叶片角的诱导轮进行的大量测试表明，直到间隙 $a = 0.005R_2$(图 5 - 24)，间隙 a 的大小对诱导轮扬程、效率或吸入性能都没有影响。只有当间隙 a 的宽度增加到超过 $0.005R_2$ 时，性能才会随着间隙的增加而开始恶化。

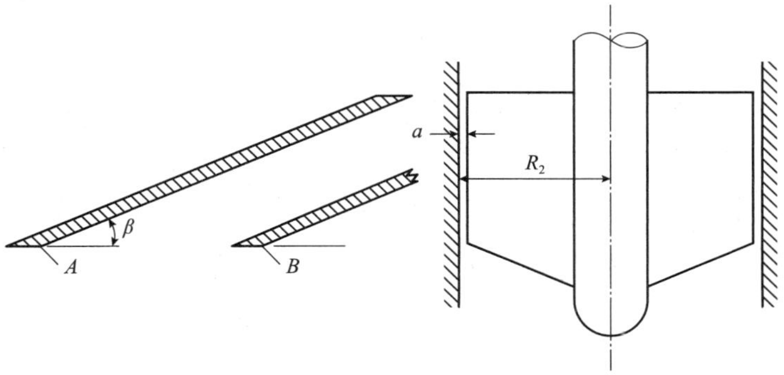

图 5 - 24　诱导轮的某些设计参数

四、诱导轮叶片进口边背面修锉

图 5 - 24 表示了等螺距诱导轮叶片在平面上的展开情况。为了使该叶片有效，诱导轮叶片角度 β 必须比液体接近流向叶片的液流角大一个角度 $\Delta\beta$(冲角或入射角)。这意味着，

接近诱导轮叶片背(后表)面的液体必须流过尖锐边缘 A。如文献[44]所示，这将导致该点处的流分离。为了消除这种分离的任何可能的负面影响，我尝试了修整该边缘几次，如图5－24所示的 B 处。结果总是使诱导轮的 *NPSHr* 降低6%～10%。

五、后盖板安装背叶片的效果

有时，泵闭式或半开式叶轮的后盖板上装有叶片(图5－25)。背叶片通常完全远离泵所输送的液体，它的作用是防止液体中包含的固体进入填料函或机械密封。这种叶片的第二个目的是降低泵所输送液体在轴封上的压力。最后，在半开式叶轮中，背叶片能够减少因缺少前盖板而导致的水力不平衡(轴向载荷)(请参阅第二章第七节)。尽管背叶片是实现这些目的的廉价方法，但它可能对泵性能的其他方面产生不利的影响。首先，如果设计不当，背叶片可能会降低其内半径处的压力，足以引起空化或使空气通过轴的密封装置泄漏到泵中。其次，由于功耗，它们通常会降低泵的整体效率。与此相反，背叶片通常会增加泵产生的总扬程。

除其他因素外，由安装背叶片引起的影响的大小取决于以下参数：

(1)叶轮产生的液体扬程系数(对照第二章第四节)。

(2)背叶片的形状是直的、径向的，还是与叶轮叶片的形状相同。

(3)背叶片的宽度 h 与叶轮叶片的宽度 b_2 之比(图5－25)。

(4)背叶片的宽度 h 与背叶片到泵壳体的距离 d 之比。

(5)背叶片的外半径 R_a 与叶轮的外半径 R_2 之比。

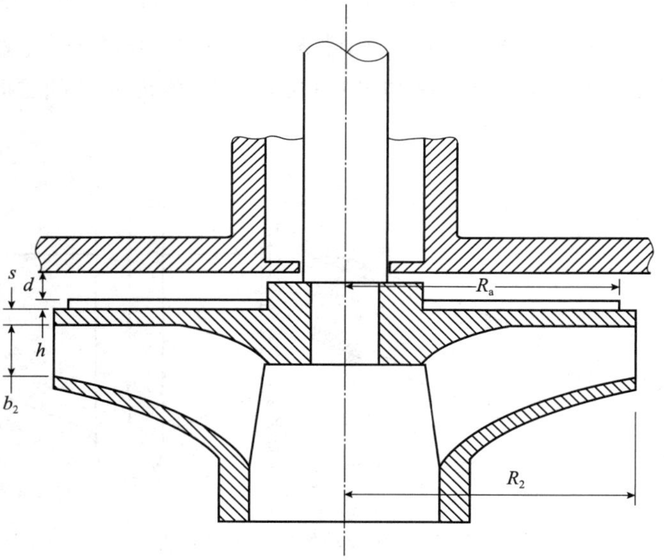

图5－25　影响背叶片性能的某些参数

赞克于1962年对背叶片各种设计参数对泵的性能和轴向力的影响进行了广泛的研究[25,26]。遗憾的是，这些研究没有考虑泵所输送液体的扬程系数的影响(对照第二章第四节中的讨论)。然而，这些研究报告中给出的内容提供了有关背叶片作用的非常重要的定性细节。

如前所述，有时背叶片的形状是直的和径向的。在其他情况下，选择后叶片的形状与主叶轮叶片的形状完全相同。为了确定这两种形状的效果差异，我测试了直径200mm、6个叶片的叶轮。首先，没有背叶片，然后有6个直的径向背叶片。最后，我去掉了径向背并用形状与主叶轮叶片完全相同背叶片替代。结果如图5－26所示。

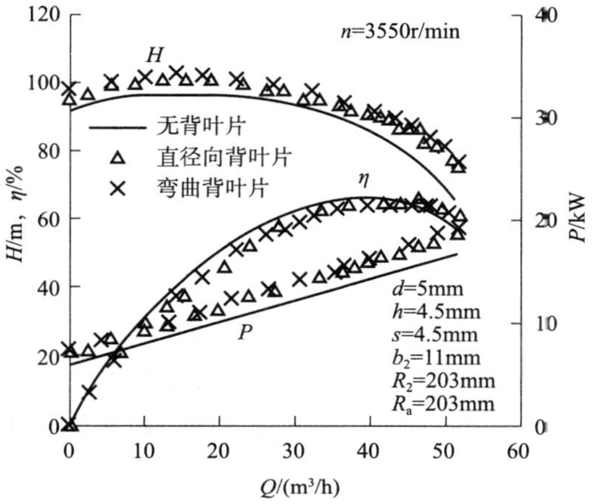

图5－26 背叶片对泵性能的影响

我观察到以下三个结果。在这两种情况下，增加背叶片提高泵产生的扬程，但会降低泵的效率。在给定的流量下，带有径向背叶片的泵比带弯曲背叶片的泵有更高的扬程。两种形状的背叶片均导致泵效率的降低。

第六章　未来一瞥

本书中的所有内容均基于先前的经验和过去获得的知识。本书中列出的故障诊断清单、讨论和提示无法为泵用户提供选择、使用离心泵和进行故障排除所需的全部知识。为了能够处理异常和难以解决的情况，用户还需要对这些泵的工作原理以及影响其运行的各种因素有深入的了解和理解。

但是，在工程学中，就像生活中的所有其他方面一样，今天最好的解决方案经常是明天的第二个好的解决方案。新的发现不断被添加到知识体系中，旧的发现得到了修订。这些发现常常可以为旧问题提供新的启示，并可能有助于解决将来无疑会发生的新问题。

本章中给出了有潜力的研究信息，还提供了证明该研究的一些实际应用的几个实例。

第一节　关于旋转动力叶轮运行方式的新发现

本章的内容主要是泵设计人员感兴趣的。对这些发现可能会帮助泵用户解决在没有该信息的情况下用户无法解决的问题。

与所有新发现一样，识别和探索本章内容的全部潜能可能要花费一些时间。稍后将要讨论的几个问题以及文献[52]~[53]中的讨论表明，所提出的研究有极大地帮助泵用户的潜在潜力。

从理论上，文献[54-56]和文献[56,57]试验中已经证明，叶片的出口角不能作为计算旋转动力叶轮所产生的扬程的重要设计参数。也已经证明，目前使用翼型理论计算产生的扬程的经典方法得出了相互矛盾的结论[58,59]。在这里，我们提出了一种没有这些缺点的方法。

本章介绍的理论与叶轮产生的理论扬程密切相关，而与诸如泄漏、泵壳体中能头损失等因素无关。因此，可以将其看作是与许多性能测试结果相矛盾的传统滑移理论的替代理论，这将在后面说明。

由旋转动力叶轮产生的扬程是由不同因素共同作用产生的。最明显的是叶片几何形状的影响，但是产生的扬程还受到其他各种因素的显著影响。最重要的因素是水力损失、泄漏、圆盘摩擦损失和回流。

水力损失倾向于减低产生的扬程大小，但是如文献[7]所示，水力损失与产生的扬程大小之间的关系比最初的假设要复杂得多[7,59,60]。泄漏使扬程-流量曲线向左移动，该现象表示为在给定的测量流量下较低的扬程。

圆盘摩擦损失虽然消耗功率，但通常会增加旋转动力泵产生的扬程大小[5-7,11,12,62]。

回流也能够显著提高被测量的扬程大小[8,9,19]。

此外，许多其他因素已被证明是能够影响泵性能的[25]。遗憾的是，这些因素的性质和影响尚未被充分探讨。最后，测试给定泵的方式也可能导致被测扬程大小的差异[63,64]。

这里介绍的讨论仅限于叶片几何形状的影响。因此，预测的扬程与实际测试的结果会有所不同。但是，将计算得出的水头与实际测试结果进行比较表明，此处介绍的方法会产生非常实际的结果。

为了简化讨论，我们将在轴流叶轮的叶片上进行研究，适当修正后，以使其适合用于离心叶轮。

一、欧拉方程的物理意义

根据欧拉的说法，由轴流叶轮的叶片的圆柱形截面上的叶片传递的能量由下式给出：

$$E = (\rho Q_{th})(C_{u2} - C_{u1})U \tag{6-1}$$

式中，E 为单位时间液体获得的能量；ρ 为液体密度；Q_{th} 为通过叶轮的液体体积流量；C_{u1} 和 C_{u2} 分别为叶片进口、出口处液体绝对速度圆周分量；U 为叶片圆周速度。

将 U 写成距离除以时间，并重新分组，有

$$E = (\rho Q_{th})\left(\frac{C_{u2} - C_{u1}}{\text{时间}}\right)\text{距离} \tag{6-2}$$

式(6－2)的第一个括号表示质量，第二个括号定义为加速度，两者之积定义为力。C_u 与 U 的方向相同，所以式(6－2)告诉我们叶片传递给液体的能量是力与距离的点积。

上述对欧拉方程的解释得出一个的结论：对于给定的叶片速度 U 和 $C_{u1}=0$，在距叶片进口边给定距离 A_d(图 6－1)处 C_u 的大小表示叶轮入口和轴向距离 A_d 之间伸展的这部分叶片传递给液体能量的多少。C_u 的这一特性为我们提供了非常有用的分析工具。因此，在随后的所有研究中，我们都假定 $C_{u1}=0$。

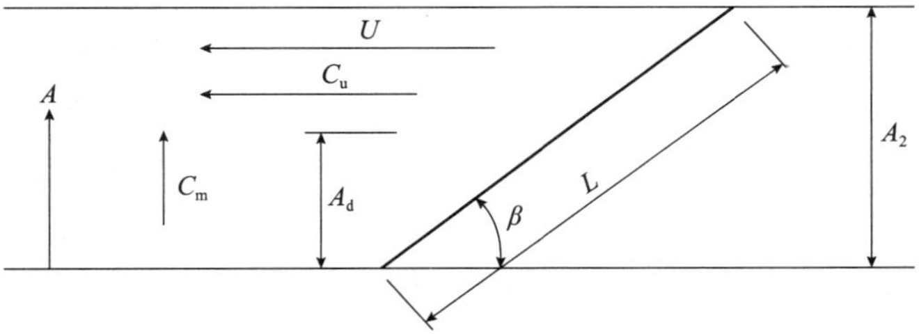

图 6－1　方程中使用的符号

二、边界积分定理

边界积分定理可以表示为：在某些情况下，体积边界的某些动态特征的大小等于该体积中包含的所有部分体积的相同动态特征之和。

已知至少有三种情况符合该定理。第一个是著名的格林(或开尔文－斯托克斯)定理。它指出，在一定体积的液体边界上的环量等于该体积内所含液体元素的所有环量的总和。

第二个可以定义如下：给定边界内所包含的物质的动量等于该边界内所包含的所有质

量元素的矩之和，或者

$$C \times M = \iiint c \times \mathrm{d}m \tag{6-3}$$

在式(6－3)中，c 和 $\mathrm{d}m$ 分别表示各个体积元素的速度和质量，C 和 M 分别表示该边界内所包含的物质总体积的速度和质量。

式(6－3)可以如下证明。假设相等质量 M 的两个物体 A 和 B 以相同的速度 C 移动。令 A 为均匀物质的固体，令 B 为充满压缩气体的薄壳体。当然，固体 A 的所有元素都以相同的速度 $C=\mathrm{c}$ 移动。因此，A 的总动量显然等于 $C\times M$。对于物体 B 而言，单个气体微团速度的变化是无限的，但是相对于静止的观察者，B 物体的动量与 A 物体的动量相同(例如，等于 $C\times M$)。

第三种特殊情况涉及从叶片到给定体积的液体的能量传递现象。当叶片元素(微元)作用于给定体积的液体时，该体积所含能量的增加的量等于该叶片元素向液体中传递的量，而与该体积所包括的离散液体微团的速度的大小和分布无关。因此，根据我们从式(6－2)得出的结论，在 $C_{u1}=0$ 和给定的叶片速度 U 的情况下，我们有权利用 C_u 的等效值 C_{uE} 表示能量的这种增加。

三、将功率从叶片传递到液体

假设叶片完全浸没在液体中，并且液体和叶片均处于静止状态。在那种情况下，在叶片与液体之间将不会存在功率的动态传递。

现在假设观察者以均匀的速度 $-U$ 运动。相对于该观察者，液体和叶片都以速度 U 运动。很明显，叶片和液体相对于该观察者的运动将不会也不能在叶片和液体之间产生任何动态的功率传递。

仅当叶片的运动导致液体运动发生变化时，才能进行功率的动态传递。仅当液体的速度分量 C_u 与叶片的速度 U 不相同的时候，才会发生这种情况(图6－1)。在这种情况下，运动的叶片每单位时间推移一定体积的液体 Q_v。被推移的液体与周围的液体微团相互作用，并迫使它们进入并填充运动叶片后方留下的空间。仅当 Q_v 不等于零时，才能在叶片和液体之间进行功率交换。注意，相对于流动的液体，叶片以相对速度等于 $U-C_u$ 沿 U 方向运动。

参考图6－1，我们一眼便看到，单位时间内由叶片推移的液体的体积 Q_v 等于

$$Q_v = A_2 b(U - C_u) \tag{6-4}$$

式中，b 为垂直于 A 和 U 的叶片宽度；C_u 为液体绝对速度的圆周分速度。

式(6－4)是基于默认假设，即速度分量 C_u 在整个液体中均匀且是个常数。然而，实际上，C_u 值不仅随距进口边的距离 A 的变化，还随距叶片表面的距离 X 的变化而变化(图6－2)。这就提出了一个问题，即利用式(6－4)计算 Q_v，应选择多大的 C_u。在这里，边界积分定理已被证明可以带来十分令人鼓舞的结果。

参照图6－2，让我们考虑非常窄的叶片条 ΔA_a。因为之前我们假设 $C_{u1}=0$，所以我们可以将叶片进口边用作基准，将从此以后 C_u 的大小用作衡量叶片传递到泵所送液体中的能量的指标。

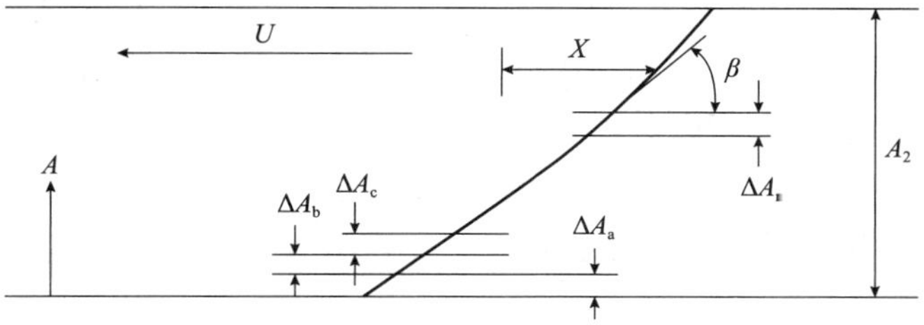

图 6－2　用于研究轴流叶片和所输送液体相互作用的符号

当液体经过距离 ΔA_a 时，包含在 ΔA_a 内的叶片元素与非常小的液体体积 ΔQ_{va} 相互作用。这种相互作用使体积 ΔQ_{va} 沿 U 方向具有一定的速度分量 C_u。由于体积 ΔQ_{va} 被包含在轴向距离 ΔA_a 内的叶片元素直接作用，被排挤的液体别无选择，只能沿着叶片表面方向。因此，传递流量 ΔQ_{va} 的 C_{ua} 速度分量的大小可由下式表示：

$$C_{ua} = U - C_{ma}/\tan\beta_a \tag{6-5}$$

式中，C_{ua}、C_{ma} 和 β_a 分别为 ΔA_a 处液体的绝对速度的圆周分量和轴面分量以及叶片角度。

然而，该 C_{ua} 值将仅被传递到非常小的流量 ΔQ_{va}。剩余流量 $Q_{th} - \Delta Q_{va}$ 的 C_u 值将仍然不受叶片元素 ΔA_a 的作用的影响并且将保持等于零。叶片元素 ΔA_a 仅改变了 ΔQ_{va} 的 C_u 值。因此，对于较小的 ΔQ_{va} 值，使用 $C_{u1}=0$ 是有效的，以便借助式(6－4)计算 ΔQ_{va}。这意味着

$$\Delta Q_{va} = \Delta A_a b(U - C_{u1}) = \Delta A_a b(U-0) = \Delta A_a bU \tag{6-6}$$

由于已将功率传递到部分流量 ΔQ_{va} 中，所以总流量 Q_{th} 离开距离 ΔA_a 所得到总功率大小为

$$E_a = \rho \Delta Q_{va} U C_{ua} \tag{6-7}$$

式中，C_{ua} 由式(6－5)计算，C_{ma} 由 Q_{th} 和 ΔA_a 处过流面积、叶片排挤系数、叶片角度 β_a 计算。

体积 ΔQ_{va} 的液体微团已经具有速度分量 C_{ua}，导致这些微团与体积 Q_{th} 的其他微团碰撞，而这些微团最初并未直接受到长度为 ΔA_a 的叶片条的作用。这些碰撞导致动量交换，因此 Q_{th} 的剩余微团的一部分也开始沿 C_{ua} 方向运动。

当液体微团离开轴向距离 ΔA_a 时，我们不知道 C_{ua} 在流量 Q_{th} 内的实际分布。但是，从我们前面的讨论中可以看出，对于给定的叶片速度 U 和 $C_{u1}=0$，有可能采用 C_{ua} 分量的大小来表达长度为 ΔA_a 的叶片条传递给流量 Q_{th} 的总功率。因此，我们有权用 C_{ua} 的等效速度 C_{uEa} 表示由长度为 ΔA_a 的叶片条传递给流量 Q_{th} 的功率大小，其中 C_{uEa} 表示为

$$C_{uEa} = \frac{\Delta Q_{va} C_{ua}}{Q_{th}} \tag{6-8}$$

在上述情况下，式(6－7)变为

$$E_a = \rho Q_{th} U C_{uEa} \tag{6-9}$$

在式(6－9)中，C_{uEa} 表示由长度为 ΔA_a 的叶片条传递至泵所输送的液体的功率的大小，而与构成流量 Q_{th} 的液体离散微团的 C_{ua} 速度分量的大小和实际分布无关。

对于静止的观察者，当液体离开轴向距离 ΔA_a 时，传递到流量 Q_{th} 的功率的多少可以由 C_{ua} 速度分量的等效速度 C_{uEa} 表示。因此，采用我们对进入区间 ΔA_a 的液体的 C_u 分量使用 $C_{u1}=0$ 的相同推理，我们可以对进入区间 ΔA_b 的液体的 C_u 分量使用 C_{uEa}。这意味着

$$\Delta Q_{vb}=\Delta A_b b(U-C_{uEa}) \tag{6-10}$$

对于进口边，液体离开轴向距离 ΔA_b 时，叶片条 ΔA_a 和 ΔA_b 传递给流量 Q_{th} 的总功率等于

$$E_b=\rho[(Q_{th}-\Delta Q_{vb})C_{uEa}+\Delta Q_{vb}C_{ub}]U \tag{6-11}$$

结果，流量 Q_{th} 以下面的 C_u 分量的等效速度 C_{uEb} 进入轴向距离 ΔA_c

$$C_{uEb}=\frac{(Q_{th}-\Delta Q_{vb})C_{uEa}+\Delta Q_{vb}C_{ub}}{Q_{th}} \tag{6-12}$$

以类似的方式，我们发现对于任何轴向距离 ΔA_n，值 ΔQ_{vn} 由下式给出：

$$\Delta Q_{vn}=\Delta A_n b(U-C_{uEn-1}) \tag{6-13}$$

同样，在任何轴向间隔 ΔA_n 的出口处，C_u 分量的等效速度 C_{uEn}(图 6-2)由下式给出

$$C_{uEn}=\frac{(Q_{th}-\Delta Q_{vn})C_{uEn-1}+\Delta Q_{vn}C_{un}}{Q_{th}} \tag{6-14}$$

通过重复相同的步骤直到叶片的出口边，我们可以找到叶轮出口处的 C_u 分量的等效速度 C_{uE2}。要找到由于叶片的作用而传递到液体中的能头，我们只需将 C_{uE2} 乘以 U/g，g 为重力加速度。

让我们将我们的发现与大稠度、等螺距诱导轮的性能进行比较。在这种诱导轮中，C_u 值由式(6-5)给出，为常数。但是，C_{uE} 的值随着距叶片进口的距离 A 的增加而连续增长。但是，这种增长只能持续到 $C_{uEn-1}=C_u$。在这种情况下，有 $C_{uEn}=C_u$，同时式(6-14)简化为

$$C_{uEn-1}=C_{uEn} \tag{6-15}$$

这意味着能头随距进口边的距离 A 的增加仅增加到一定的轴向距离 A_d(图 6-1)。超过该距离后，能头保持不变。如图 6-3 所示，这确实已由大量测试[7,55,58,65]所确认。

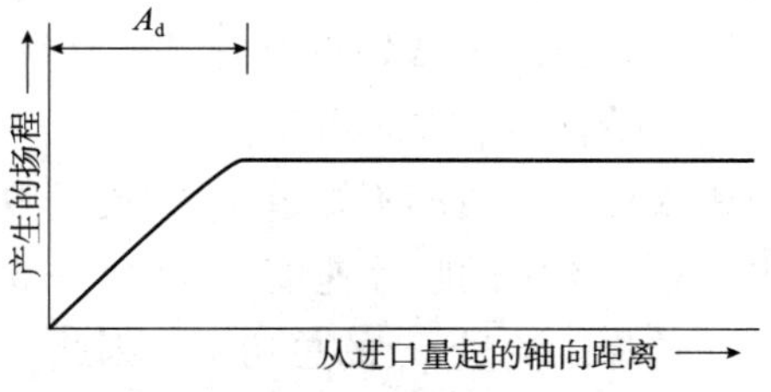

图 6-3　能头沿大稠度、等螺距诱导轮叶片的增长

四、在离心叶轮中的应用

为轴流式叶轮开发的方法也可以用于计算由离心叶片产生的扬程。参照图 6-4，将距离 R_2-R_1 分成许多环形单元 ΔR。从最里面的环形单元 ΔR_1，我们找到 $R_1+\Delta R$ 处的 C_{uEa} 值。现在，使用此 C_{uEa} 值，我们可以计算 $R_1+2\Delta R$ 处的 ΔQ_{vb} 和 C_{uEb} 的值。我们以相同的方

式继续计算半径不断增大的 C_{uE} 值，直到我们到达最后一个环形单元 ΔR_2。找到 C_{uE2} 之后，我们可以通过将 C_{uE2} 乘以 $\omega(R_2-0.5\Delta R)/g$ 来计算叶片在半径 $R_2-0.5\Delta R$ 产生的扬程 H_{th}。

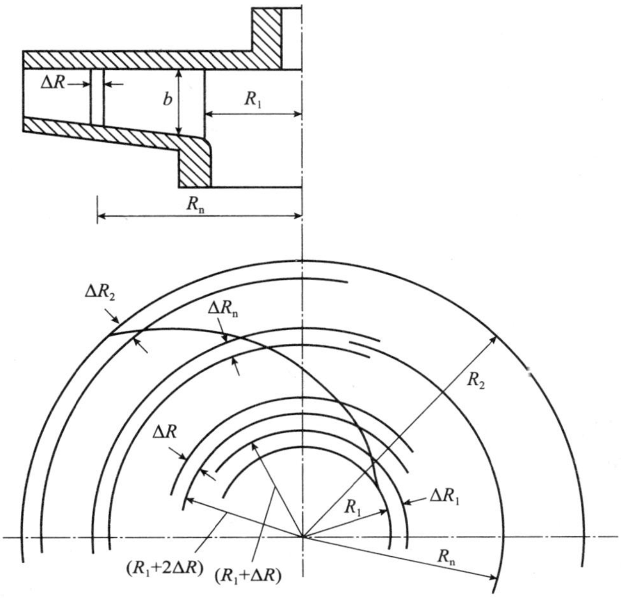

图 6－4　离心叶片与液体的相互作用

对于较小的 ΔR 值，我们现在可以从下面关系式中找到叶片产生的扬程 H_2：

$$H_2 = H_{th}\left(\frac{R_2}{R_2-0.5\Delta R}\right)^2 \tag{6-16}$$

但是，将上述方法应用于离心叶片时，必须修改公式(6－13)和式(6－14)，因此，使得它们考虑一个事实，即在离心叶轮中，叶片的圆周速度 U 随半径 R 变化。

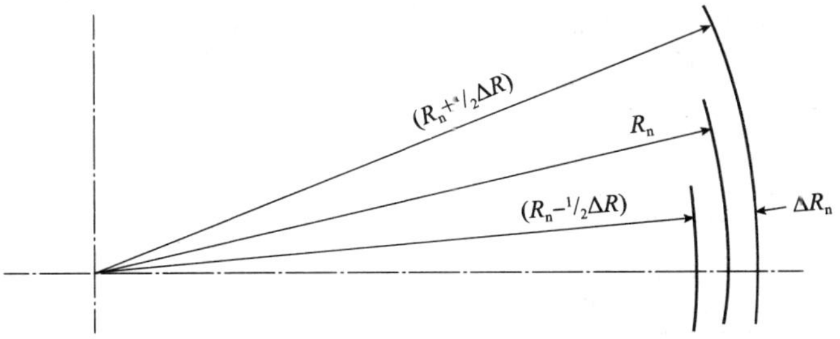

图 6－5　图 6－4 中单元的细节

可以如下实现公式(6－13)和式(6－14)的修改。图 6－5 给出了如图 6－4 所示的环形单元 ΔR_n 的放大图。让我们用 R_n 表示 ΔR_n 中心的半径，并让 C_{uEn-1} 表示该叶片元素 ΔR_n 入口处的 C_{uE} 值。进入环形单元 ΔR_n 的流量 Q_{th} 的总扬程等于

$$H_n = \frac{\omega(R_n-0.5\Delta R_n)C_{uEn-1}}{g} \tag{6-17}$$

从液体从半径 $R_n-0.5\Delta R_n$ 流到 $R_n+0.5\Delta R_n$ 时，流量 $Q_{th}-\Delta Q_{vn}$ 的扬程不变。因此，流量 $Q_{th}-\Delta Q_{vn}$ 位于 R_n 处的 C_u 分量的等效速度变为 $C_{uEn-1}(R_n-0.5\Delta R_n)/R_n$。这就意味着流量 ΔQ_{vn} 的大小现在由下式给出

$$\Delta Q_{vn} = b\Delta R_n \left[U - \frac{(R_n - 0.5\Delta R_n) C_{uEn-1}}{R_n} \right] \tag{6-18}$$

同样，在环形单元 ΔR_n 出口处，R_n 处计算得出的 C_{uE} 值必须乘以 $R_n/(R_n+0.5\Delta R_n)$。这样便得到离心叶轮的任何环形单元 ΔR_n 出口处的 C_{uEn} 值：

$$C_{uEn} = \frac{[(Q_{th} - \Delta Q_{vn}) C_{uEn-1} + \Delta Q_{vn} C_{uEn}] R_n}{Q_{th}(R_n + 0.5\Delta R_n)} \tag{6-19}$$

与式(6－16)结合，式(6－18)和式(6－19)可用于计算由离心叶轮的叶片产生的扬程。当然，这种方法只能给出近似结果。如后面所表示的，这些结果可以作为研究叶片几何形状对离心泵性能影响的有力工具。

五、与测试结果的比较

表6－1列出了由10个不相关几何形状的泵产生的扬程和以式(6－16)～式(6－19)为基础根据这些泵的叶轮计算的扬程之间的比较。

从本章的介绍和文献[56]中的讨论可以预期，测试的泵产生的实际扬程要比根据单独叶轮叶片计算的扬程要低。对大约500个不同的泵进行的研究表明，平均而言，泵产生的实际扬程约为由单独叶轮计算得出的扬程的85%[53]。除少数例外情况外，泵之间的差异通常在5%至8%的范围内变化。表6－1中列出的数据恰好在预期范围内。

表6－1　测试的泵扬程与计算的叶轮扬程比较

泵口径/in	转速/(r/min)	效率/%	流量/(m^3/h)	测试的扬程/m	计算的扬程/m	扬程比 λ/%
端吸式						
2×2.5	2950	71	27	27.5	32.7	84.0
4×6	1470	69	75	35	38.2	91.5
4×6A	1460	81	198	45.0	50.5	89.0
4×6B	1460	78	198	40.5	49.9	81.0
4×6C	1460	77	198	34.9	43.1	81.0
节段式多级泵						
7×9	1470	79	250	31.1	34.0	91.4
中开式双吸泵						
4×4	1470	76	185	37.0	42.2	86.6
8×10	1760	87	590	41.0	46.7	87.7
排污泵						
5×6	1470	89	250	22.9	25.6	89.0
6×6	1470	82	360	23.0	26.3	87.5

由于排污泵叶片很厚，所以排污叶轮的前面和背面的形状不同并产生不同的扬程。此处列出的扬程分别为两个面计算的扬程的平均值。

第二节　提出的理论在未来的一些应用

本节将讨论上节介绍的理论的未来应用。随着时间的迁移，泵的使用者有望以许多其他方式使用该理论。

一、预测叶轮切割的泵扬程－流量曲线

推导出式(6－19)的方法使得可以直接计算叶轮在不同直径下产生的理论扬程(比较文献[53])。

当我们计算由完整直径叶轮产生的理论扬程并将其与实际测试结果进行比较时，对于给定泵的所有流量，我们得到测试扬程除以计算扬程的比例 λ。当我们计算同一叶轮切割后产生的理论扬程并将它们乘以从完整叶轮获得的 λ 值时，与使用式(5－3)和式(5－4)时相比，我们得到的预测扬程和测试扬程之间的一致性要好得多，见图6－6。

二、计算半开式叶轮的轴向载荷

在第二章第七节中，为了计算半开式叶轮的轴向载荷，通常假定叶片流道内的压力随半径呈线性变化，或者随半径的平方成线性变化。两种方法都是叶轮内压力实际变化的经验替代。一种更正确的方法是计算不同直径处的总扬程并减去速度，来得到流道静压力沿径向变化。上节介绍的方法使这种方法成为可能。

三、向着关死工况提高扬程

在第二章第六节中已经证明，可以通过切下一部分前、后盖板(图2－51)或在盖板上开个狭孔(图2－50)，以增加小流量工况的扬程。还表明，这些狭孔的位置对泵的性能有至关重要的影响(图2－52)。上节介绍的理论使以较高的精度确定这些狭孔最佳位置成为可能。

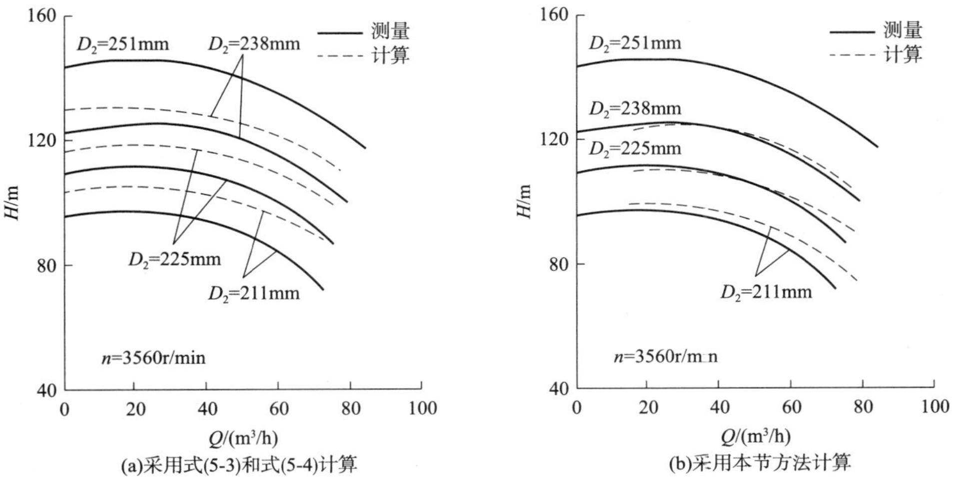

图6－6　同一台泵配带3次切割叶轮的测试扬程与利用完整直径下的测试数据计算的扬程对比

四、结束语

我们在这里讨论的内容只能被视为上节介绍的该理论的未来应用的开始。为了使该理论对泵用户有用，仍需要对购买离心泵的采购过程进行某些更改。

目前的做法是离心泵出厂时附带其剖视图和性能图表。将来，每个泵都将附有包含数据的磁带或软盘。其中除了上述数据外，还包括完成性能方面的不同修改并解决客户在泵使用过程中可能遇到的许多其他问题所需要的数据。

参考文献

[1] Yedidiah. S.: Effect of Scale and Speed on Cavitation in Centrifugal Pumps. ASME Symposium on Fluid Mechanics in the Petroleum Industry. pp. 61 – 69. Houston. 1973.

[2] Acosta. A. J. and Bowerman. R. D.: An Experimental Study of Centrifugal Pump Impellers. Transactions of ASME. 81: pp. 1821 – 1839. 1957.

[3] Yedidiah. S.: A Study of Suction Specific Speed. ASME Cavitation Forum. pp. 32 – 34. Chicago. 1967.

[4] Yedidiah. S.: Some Observations Relating to Suction Performance of Inducers and Pumps. ASME Journal of Basic Engineering. 94(3): pp. 567 – 574. 1972.

[5] Chanaud. R. C.: Measurements of Mean Flow Velocity Beyond a Rotating Disc. ASME Paper No. 70 – FE – C. 1970.

[6] Bennet, T. P. and Worster. R. C.: The Friction on Rotating Discs and the Effect on Net Radial Flow and Externally Applied Whirl. BHRA Publication No. RR – 691. 1961.

[7] Yedidiah. S.: Effect of Energy Losses on the Head Developed by a Rotodynamic Pump. ASME Pumping Machinery Symposium. FED Vol. 81. pp. 181 – 186. La Jolla. 1989.

[8] Yedidiah. S.: Recirculation in Centrifugal Pumps. AIAA Publication No. 86 – 1124. Atlanta. 1986.

[9] Yedidiah. S.: Cause and Effect of Recirculation in Centrifugal Pumps. Parts I and II. World Pumps. pp. 267 – 295. 1985.

[10] Yedidiah. S.: A Study of Recirculation at the Inlet of Centrifugal Pumps. Joint ASME – JSME Conference on Thermal Engineering. Hawaii. 1987.

[11] Worster. R. C. and Thorne. E. W.: Roughness and Friction Effects on Performance in Centrifugal Pumps. BHRA Publication No. SP – 564. 1957.

[12] Varley. F. A.: Effect of Impeller Design and Surface Roughness on the Performance of Centrifugal Pumps. Proceedings of Institution of Mechanical Engineer. 175(21): pp. 955 – 989. 1961.

[13] Nanjo. T., Murakami. M. and Heya. N.: Study of High Speed Rotation Pump with Open Impeller. Transactions of JSME (Part 3), 24(141): pp. 319 – 324. 1958.

[14] Yedidiah. S.: Some Causes of Unstable Performance Characteristics of Centrifugal Pumps. 17th International Gas Turbine Conference (an ASME Paper). pp. 5 – 14. San Francisco. 1972.

[15] Yedidiah. S.: Certain Unexplained Phenomena. Observed in Centrifugal Pumps. ASME Paper No. 85 – FE – 3. Albuquerque. 1985.

[16] Yedidiah. S.: The Recirculation Theory of Regenerative Pumps. ASME FED. Vol. 154. Pumping Machinery. pp. 355 – 358. Washington. 1993.

[17] Yedidiah. S.: Cause of a Dip in the QH Curve of a Centrifugal Pump. ASME Symposium on Unsteady Flow. Anaheim. 1986.

[18] Yedidiah. S.: A Possible Cause of Surge in NPSH – Requirements of Centrifugal Pumps. ASME Cavitation and Multiphase Forum. FED. Vol. 36. pp. 39 – 41. Atlanta. 1986.

[19] Yedidiah. S.: Certain Effects of Recirculation on Cavitation in Centrifugal Pumps. Proceedings of Institution of Mechanical Engineer. 200(A4). pp. 283 – 292. 1986.

[20] Yedidiah. S.: Effect of Impeller – Inlet Geometry on the Intensity of Recirculation and on Cavitation in a Centrifugal Pump. ASME Cavitation and Multiphase Forum. FED. Vol. 153. pp. 197 – 203. Washington. 1993.

[21] Peck. J. F. : Investigations Concerning Flow Conditions on a Centrifugal Pump, and the Effect of Blade Loading on Head Slip. Proceedings of Institution of Mechanical Engineer, 164(1), pp. 1 – 30, 1951.

[22] Schweiger. F. : Stability of the Centrifugal Pump Characteristics at Part Capacity. International Conference on Pump and Turbine Design. NEL. Paper No. 3 – 3. 1976.

[23] Paulon. J. Fradin C. and Poulain. J. : Improvement of Pump Performance at off Design Conditions. ASME Paper No. 85 – GT – 200. Houston. 1985.

[24] Guiton. P. : Actual Behaviour of Pumps Outside their High Efficiency Range. Von Karman Institute for Fluid Dynamics. Lecture Series 3. 1978.

[25] Zanker. K. J. : Experiments with Back Vanes used for Balancing Axial Thrust in Centrifugal Pump Impellers. BHRA Publication No. RR – 729. April 1962.

[26] Zanker. K. J. : Axial Thrust in Centrifugal Pumps. BHRA Publication No. RR – 746. November 1962.

[27] Stepanoff. A. : Centrifugal and Axial Flow Pumps. John Wiley & Sons. New York. 1957.

[28] Worster. R. C. : Flow in the Volute of a Centrifugal Pump and Radial Forces in the Impeller. BHRA Publication No. RR – 543. 1956.

[29] Agostinelli. A. Nobles. D. Mockridge. C. R. et al. : An Experimental Investigation of Radial Thrust in Centrifugal Pumps. ASME – Paper No. 59 – HYD – 2. 1959.

[30] Osterlei. R. E. : Motor Efficiency Test Methods – Apples and Oranges. Power Transmission Design. 1980.

[31] Pfleiderer. C. : Die Kreiselpumpen. 3rd edition. Springer – Verlag. p. 314. 1949 (in German).

[32] Taylor. I. : Two Pump Applications Need Extra NPSH Available. ASME Polyphase Forum. pp. 38 – 41. San Francisco. Ca. 1972.

[33] Yedidiah. S. : Radial Thrust in Centrifugal Volute Pumps. The author's private notes. 1967.

[34] Yedidiah. S. : Factors Affecting the Suction Performance of Centrifugal Pumps. ASME Symposium on Fluid Mechanics in the Petroleum Industry. pp. 53 – 60. Houston. 1975.

[35] Yedidiah. S. : Alternate Vane Cavitation in an Impeller. ASME Cavitation Forum. pp. 12 – 13. Atlanta. 1973.

[36] Minami. S. and Kawaguchi K. : Experimental Study of Cavitation in Centrifugal Pump Impeller. Bulletin of JSME. 3(9): pp. 19 – 29. 1960.

[37] Yedidiah. S. : Oscillation at Low NPSH Caused by Flow Conditions in the Suction Pipe. ASME Cavitation Forum. pp. 27 – 28. Montreal. 1974.

[38] Knapp. R. T. et al. : Cavitation. McGraw – Hill. New York. 1970.

[39] Rees. R. P. and Trevence. D. H. : The Effects of Temperature and Viscosity on the Critical Tension of Liquids. ASME Cavitation Forum. p. 1. Chicago. 1967.

[40] Yedidiah. S. : Effect of a Sharp Edge on the Appearance of Vapor Bubbles in a Flowing Liquid. ASME Cavitation and Multiphase Forum. FED Vol. 194. pp. 101 – 103. Lake Tahoe. 1994.

[41] Denny. D. F. : Vortex Formation in Pump Sumps. BHRA Publication No. SP – 436. 1957

[42] Campbell. J. M. : Development of a Pipe Bend having Good Outlet Velocity Distribution. and the Effect of Subsequent Contractions. BHRA Publication No. RR – 658. 1960.

[43] Levi. E. : A Universal Strouhal Law. Joint ASME – ASCE Mechanics Conference. Boulder. 1981.

[44] Yedidiah. S. : Effect of a Sharp Edge on the Appearance of Vapor Bubbles in a Flowing Liquid. ASME Cavitation and Multiphase Flow Forum. 1994. FED Vol. 194. pp. 101 – 103. Lake Tahoe. 1994.

[45] Yedidiah. S. : A Study of Suction Specific Speed. ASME Cavitation Forum. pp. 32 – 35. Chicago. 1967.

[46] Hammitt. F. G. : Observation of Cavitation Scale and Thermodynamic Effects in Stationary and Rotating Com-

ponents. ASME Journal of Basic Engineering. 85(1), pp. 1 – 12. 1963.

[47] Jekat. W. K.: Reynolds Number and Incidence Angle Effects on Inducer Cavitation. ASME Paper No. 66 – WA/FE – 31. 1966.

[48] Yedidiah. S.: Effect of Impeller Width on the Suction Capability of Centrifugal Pumps. ASME Cavitation and Multiphase Forum. 1988.

[49] Worster, R. C.: The Flow in Volutes and its Effect on Centrifugal Pump Performance, Proceedings of Institution of Mechanical Engineer, 77(31), pp. 843 – 876, 1963.

[50] Anderson, H. H.: Centrifugal Pumps, 3rd ed., Trade & Technical Press. 1980.

[51] Copley, D. M. and Worster, R. C.: Pressure Measurements at the Blade Tips of a Centrifugal Pump Impeller and the Effects of Tip Profile on Pump Performance, BHRA Publication No. RR – 710, 1961.

[52] Yedidiah, S.: Effect of Blade – Geometry on the Head Developed by a Rotodynamic Impeller, Fluid Machinery Forum, ASME Summer Meeting, FED Vol. 222, pp. 25 – 34, Hilton Head. 1995.

[53] Yedidiah, S.: The Theoretical Head – Capacity Curve of a Centrifugal Impeller, presented at the Fluid Machinery Forum, ASME Summer meeting, Hilton Head. 1995.

[54] Yedidiah, S.: Calculation of Head Developed by a Centrifugal Impeller, ASME Paper No. 89 – FE – 9, San Diego. 1989.

[55] Yedidiah, S.: About the Validity of a Slip – Factor for Predicting the Head of a Centrifugal Pump, FED Vol. 119, pp. 7 – 9, Portland. 1991.

[56] Yedidiah, S.: An Alternate Method for Calculating the Head Developed by a Centrifugal Impeller, FED Vol. 107, pp. 131 – 138, Portland. 1991.

[57] Saalfield, K.: Einige neuere Gedanken zur Laufradberechnung von radialen und halbaxialen Kreiselpumpen, KSB Teechnische Berichte 11, August 1966 (in German).

[58] Yedidiah, S.: A Correlation between Aerofoil Theory and Euler's Equation for Calculating the Head of a Constant Pitch Axial – Flow Inducer, Proceedings of Institution of Mechanical Engineer, 205(C5), pp. 357 – 363, 1987.

[59] Yedidiah, S.: A Study of Application of the Aerofoil Theory for Calculating the Head Developed by an Axial – Flow Impeller, Proc. CSME Engineering Forum, Vol. 1, pp. 25 – 29, Toronto, 1990.

[60] Varghese, G., Mohana Kumas, T. C., Rao, Y. V. N. et al.: Influence of Surface Roughness on the Performance of Centrifugal Pumps, ASME Joint Applied Mechanics, Fluid Engineering and Bioengineering Conference, Paper 77 – FE – 8, New Haven. 1977.

[61] Worster, R. C.: The Effects of Skin Friction and Roughness on the Losses in Centrifugal Pump Volutes, BHRA Publication No. RR – 557, 1957.

[62] Myles, D. J.: An Analysis of Impeller and Volute Losses in Centrifugal Fans, Proceedings of Institution of Mechanical Engineer – Part I, 184(14), pp. 253 – 279, 1970.

[63] Yedidiah, S.: Beware of Pitfalls in Testing of Centrifugal Pumps, Power. pp. 85 – 87, 1986.

[64] Yedidiah, S.: Centrifugal Pumps, Problems and Cures, Pennwell Books, Tulsa, 1980.

[65] Janigro, A. and Ferrini, F.: Inducer Pumps, Von Karman Institute for Fluid Dynamics, Lecture Series 61. 1973.

[66] Yedidiah, S.: Approximate Method for Calculating the Head Developed by an Impeller with a Finite Number of Blades, ASME Paper No. 69 – FE – 8. 1969.

附录一 离心泵故障及其原因清单

离心泵是世界上最常用的设备之一，它们的应用领域正在不断扩大。新的应用经常带来新的问题，且无法预见将来可能出现的问题。唯一的选择是对不同因素如何影响泵性能的问题有深入的了解和理解。

目前已知离心泵出现故障有120多种原因，即使掌握了这些知识，也很难准确判断哪一种是给定故障的最可能根源。意外的情况也时有发生。所以，诊断给定问题的一个或多个根源的首要步骤之一是减少要检查的因素的数量。通过研究罗列给定问题的最可能原因的现成清单，可以最好地实现这一点。

以下是我在实践中遇到的问题的列表，此列表之后是可能导致给定问题的原因的清单。

一、离心泵的故障清单

(1)泵不产生扬程，也不输送液体；

(2)泵产生一定压力，但不输送液体；

(3)泵输送的液体少于预期；

(4)泵压力不足；

(5)流量－扬程曲线的形状与额定曲线不同；

(6)泵消耗太多功率；

(7)泵的性能不正常，尽管泵机组或输送管路系统正常；

(8)泵在启动过程中正常地运行，但性能在相对较短的时间内下降；

(9)泵在有噪声、振动或同时有噪声和振动的情况下运行；

(10)填料函泄漏过多；

(11)密封填料寿命短；

(12)机械密封寿命短；

(13)机械密封泄漏过多；

(14)轴承寿命短；

(15)轴承过热；

(16)轴承运转时有噪声；

(17)泵过热、卡死或两者兼而有之；

(18)叶轮或泵壳体或两者使用寿命短；

(19)每次启动或停止泵时，都会听到很大的击打声；

(20)每次启动或停止泵时，泵壳体爆裂；

(21)泵运行过程中垫片泄漏；
(22)流量周期性减小或完全停止，然后恢复正常；
(23)当增大有效空化余量时，泵发生空化。

二、故障问题原因清单

1. 泵不产生扬程，也不输送液体

可能的原因	另见
(1)泵未灌注(未充满液体)	第一章第一节
(2)轴坏了	第三章第七节、四章第二节
(3)原动机和泵之间的联接断开或脱离	
(4)叶轮键损坏或丢失	
(5)无叶轮	

2. 泵产生一定压力，但不输送液体

可能的原因	另见
(1)泵或管道中的气囊	第一章第一节、二章第一节、三章第四节
(2)吸入管路堵塞	第二章第二节、三章第七节、四章第三节
(3)底阀卡在阀座上或堵塞	第二章第二节、三章第七节、四章第三节
(4)滤网被细丝状固体物覆盖	第二章第二节、三章第七节、四章第三节
(5)滤网装有固体物，例如沙子	第二章第二节、三章第七节、四章第三节
(6)输送系统所需的排出压力高于泵产生的最大压力	第一章第一节、四章第三节
(7)运行转速太低	第一章第一节、二章第三节、五章第二节
(8)错误的旋转方向	第三章第八节、四章第三节
(9)有效空化余量不足	第一章第一节、二章第二节、二章第三节
(10)泵所输送的液体中夹带过量气体或空气	第二章第一节、三章第二节
(11)叶轮的外径被车削加工得过小	第五章第二节

3. 泵输送的液体少于预期

可能的原因	另见
(1)在运行过程中空气进入泵，或泵系统在启动前未脱气	第三章第一节、三章第四节，图 3－5、图 3－6、图 3－15、图 3－17、图 3－84、图 3－90
(2)泵转速不够高	第五章第二节
(3)旋转方向错误	第三章第八节、四章第三节
(4)输送系统需要的压力比泵产生的压力高	第一章第一节、四章第三节
(5)测量仪器未正确校准或安装不正确	第三章第一节
(6)有效空化余量太低	第一章第一节、二章第二节、二章第三节
(7)泵送液体中夹带的空气或气体过多	第一章第一节、三章第一节、三章第四节

续表

可能的原因	另见
(8)通过口环或其他密封面的泄漏过多	第二章第四节，图 2 – 32 到图 2 – 37
(9)液体的黏度高于指定的泵的输送黏度	第二章第五节
(10)叶轮或泵壳体部分被固体堵塞	第三章第一节、三章第四节
(11)液体流道中的飞边、毛刺或锋利边缘	第三章第四节，图 3 – 2、图 3 – 15
(12)叶轮损坏	第三章第四节、五章第三节
(13)加工成小于规定尺寸的叶轮外径	第五章第二节
(14)叶轮或泵壳体的铸造缺陷	第三章第四节、三章第八节
(15)叶轮安装不正确	第三章第四节、三章第八节，图 3 – 100
(16)泵在扬程曲线上的运行距离过远	第二章第三节、三章第九节，图 2 – 23、图 3 – 141
(17)吸入或排放管道中的流动受阻	第二章第二节、三章第七节、四章第三节
(18)底阀卡住或堵塞	第二章第二节、三章第七节、四章第三节
(19)充满固体物的滤网	第二章第二节、三章第七节、四章第三节
(20)滤网被纤维状物覆盖	第二章第二节、三章第七节、四章第三节
(21)吸入或排出管道的布局不正确	第三章第三节
(22)吸入池的布局不正确	第三章第三节
(23)填料函或密封垫泄漏过多	第二章第四节，图 2 – 27 至图 2 – 37
(24)过量的液体在内部流回到填料函水封环或密封中	
(25)水力平衡装置泄漏过多	第三章第八节，图 2 – 61、图 2 – 62、图 2 – 64、图 2 – 65
(26)吸入罐或吸入池中的液位低于原始规定	第二章第二节、四章第三节
(27)在具有多个泵的输送系统中，一个泵的运行可能影响其他泵的运行	第三章第三节、四章第三节

4. 泵压力不足

见清单 3

5. 流量 – 扬程曲线的形状与额定曲线不同

见清单 3

6. 泵消耗太多功率

可能的原因	另见
(1)转速太高	第五章第二节
(2)泵输送液体密度比最初援引的高	
(3)泵输送液体的黏度比最初援引的高	第二章第五节
(4)过大的叶轮	第五章第二节

续表

可能的原因	另见
(5)输送系统总头数高于或低于预期	第四章第三节
(6)泵和原动机之间的不对中	第三章第四节
(7)旋转部件与静止部件摩擦	第三章第四节、三章第五节
(8)轴承磨损或损坏	第三章第五节
(9)密封填料未正确安装	第三章第六节，图 3-21
(10)填料类型不正确	第三章第六节，附录二表 2-3
(11)机械密封在静环上施加过大的压力	第三章第六节
(12)填料函压盖太紧	第三章第六节
(13)轴承润滑不当	第三章第五节
(14)轴承中的润滑剂过多	第三章第五节
(15)弯曲的轴	第三章第五节，图 3-99
(16)泵机组各部分的热膨胀不均匀	第二章第五节
(17)功率测量仪器故障	第三章第一节
(18)功率测量仪器安装或连接不正确	第三章第一节
(19)旋转方向错误	第三章第八节、四章第三节
(20)未预热液体以使其黏度保持在规定界限值以下	第二章第五节
(21)叶轮或泵壳体部分被固体堵塞	第二章第二节、三章第四节
(22)叶轮或泵壳体的润湿表面非常粗糙	第二章第四节
(23)叶轮损坏	第三章第四节
(24)叶轮或泵壳体的铸造缺陷	第三章第四节
(25)叶轮在泵壳中的位置不正确	第三章第八节，图 3-100
(26)叶轮反向安装在轴上	第三章第八节，图 2-63
(27)泵运行在流量-扬程曲线上过远处	第二章第三节、三章第九节，图 2-23、图 3-141
(28)吸入池布局不正确	第三章第三节
(29)排出管路故障	

7. 泵的性能不正常，尽管泵机组或输送管路系统正常

可能的原因	另见
这通常是由测试不正确造成的。其原因可能如下：	
(1)不正确的测量仪器	第三章第一节
(2)测量仪器在安装过程中损坏	第三章第一节
(3)测量仪器安装在错误的位置	第三章第一节
(4)从管道到测量仪器的管道堵塞	第三章第一节
(5)仪器连接管中应充满液体，除气不彻底	第三章第一节
(6)应该充满空气的仪表连接管中含有一些液体	第三章第一节

续表

可能的原因	另见
(7)仪器连接管或其管件的泄漏	第三章第一节
(8)管道和管道之间的连接口处的毛刺或飞边	第三章第一节，图3-7
(9)电气设备的接线错误	第三章第一节
(10)电线到端子的连接太松	第三章第一节
(11)肮脏的电气端子或连接	第三章第一节
(12)扭矩杆上有灰尘或污垢	第三章第一节
(13)扭矩杆安装不正确	第三章第一节
(14)在测力计中，轴承不对中或脏物会产生错误的读数	第三章第一节
(15)在测力计中，引导杠杆和电缆的枢轴或滑轮过大摩擦会产生错误的读数	第三章第一节
(16)在测力计中，电气的重量和刚度电缆会影响扭矩读数	第三章第一节
(17)测量仪器中的空化现象	第三章第一节
(18)连接仪器的管道中的空化现象	第三章第一节
(19)管道的实际内径与公称直径不同	第三章第一节

8. 泵在启动过程中正常地运行，但性能在相对较短的时间内下降

可能的原因	另见
(1)空气泄漏到泵中	第二章第一节、三章第四节
(2)泵送的液体中夹带的空气或气体的比例高	第二章第一节
(3)像瀑布一样的液体进入吸入箱，将空气吸入泵中	第二章第一节，图3-60
(4)吸入管路中的气囊已移入泵中	第二章第一节、三章第三节，图3-5、图3-6、图3-15、图3-84至图3-90
(5)吸入池中的空气漏斗	第三章第三节

9. 泵在有噪声、振动或同时有噪声和振动的情况下运行(另见清单16)

可能的原因	另见
(1)泵和原动机之间不对中	第三章第四节
(2)旋转部件与静止部件摩擦	第三章第四节
(3)轴承磨损	第三章第五节
(4)旋转方向错误	第三章第八节、四章第三节
(5)有效空化余量太低	第一章第一节、二章第二节、二章第三节
(6)叶轮或泵壳体部分填充有固体物	第二章第二节、三章第七节、四章第三节
(7)流道中的飞边、毛刺或锋利边缘导致空化	第三章第二节
(8)叶轮损坏	第三章第四节
(9)叶轮安装不正确	第三章第四节、三章第八节，图3-100

续表

可能的原因	另见
(10)输送系统要求的工况在流量–扬程曲线上过远	第二章第三节、三章第九节，图2–23、图3–141
(11)滤网充满固体物	第二章第二节、三章第七节、四章第三节
(12)纤维状物覆盖滤网	第二章第二节、三章第七节、四章第三节
(13)吸入池的布局不正确	第三章第三节
(14)运行期间空气进入泵	第一章第一节、三章第二节
(15)在一个共用输送系统中几个泵的相互影响	第三章第三节、四章第一节~第四章第三节
(16)吸入或排出管道的布局不正确	第三章第三节
(17)管道对泵施加应变	第三章第四节、四章第三节
(18)泵以临界转速运行	第三章第七节
(19)旋转零件不平衡	第三章第四节
(20)旋转部件上的径向力过大	第二章第七节、三章第六节、五章第四节
(21)叶轮外径和蜗壳隔舌之间的距离太小	第五章第四节
(22)蜗壳舌头形状不良	第五章第四节
(23)吸入或排出管道和管道配件尺寸过小，导致输送系统中的某处发生空化	第三章第二节，图3–34
(24)输送系统中的阀板松动	第三章第二节，图3–35、图3–37
(25)弯曲的轴	第三章第四节
(26)叶轮孔其外径不同心或与端面也不垂直	第三章第四节，图3–99
(27)泵零件不对中	第三章第四节
(28)泵以非常低的流量运行	第二章第六节，图2–47至图2–49
(29)设计不当的底座或基础	第三章第四节
(30)泵转速与底座或基础固有频率之间的共振	第三章第七节
(31)运行转速与管道固有频率之间的共振	第三章第七节
(32)运行转速与阀板之间的共振	第三章第七节
(33)螺栓松动	第三章第四节
(34)热膨胀不均匀	第二章第五节
(35)轴承安装不当	第三章第四节、三章第五节
(36)轴承损坏	第三章第四节、三章第五节
(37)轴承润滑不当	第三章第五节
(38)吸入或排出管道中的流动受阻	第三章第二节、三章第四节，图3–15至图3–17，图3–84
(39)输送系统总能头高于或低于预期	第一章第二节、四章第三节
(40)液体中夹带的空气或气体过多	第二章第一节、三章第四节
(41)叶轮或泵壳体的流道严重腐蚀或粗糙	第四章第三节
(42)管道中的空化	第三章第二节，图3–34、图3–35、图3–37

10. 填料函泄漏过多

可能的原因	另见
(1)轴承磨损	第三章第三节、三章第五节
(2)填料安装不正确	第三章第六节，图3－21
(3)填料类型不正确	第三章第六节章，附录二表2－3
(4)旋转元件不平衡	第三章第四节
(5)旋转部件上的径向力过大	第二章第七节、五章第四节
(6)弯曲的轴	第三章第四节
(7)叶轮孔与外径不同心或与端面不垂直	第三章第四节，图3－99
(8)泵零件不对中	第三章第四节
(9)旋转零件偏离中心	第三章第四节
(10)水封管堵塞	第三章第六节
(11)水封环的位置不正确	第三章第六节，图3－21
(12)轴套在装填料的部位磨损或烧焦	第三章第六节
(13)无法向水冷填料函提供冷却水	第三章第六节，图3－21
(14)填料函底部(轴和填料函底部之间)的间隙过大	第三章第六节
(15)密封液中的污垢或沙粒	第三章第六节

11. 密封填料寿命短

可能的原因	另见
(1)轴承磨损	第三章第五节
(2)填料安装不正确	第三章第五节，图3－21
(3)填料类型不正确	第三章第六节，附录二表2－3
(4)填料压盖太紧	第三章第六节
(5)旋转元件不平衡	第三章第四节
(6)旋转部件上的径向力过大	第二章第七节、三章第六节、五章第四节
(7)弯曲的轴	第三章第四节，图3－99
(8)叶轮孔与外径不同心或与端面不垂直	第三章第四节
(9)泵部件不对中	第三章第四节
(10)旋转的零件因损坏的轴承或其他零件而偏离中心	第三章第四节
(11)水封管堵塞	第三章第六节
(12)水封环未正确放置在填料函中，阻止密封液进入填料函	第三章第六节，图3－21
(13)轴在与填料接触的地方烧焦	第三章第六节
(14)无法向水冷填料函提供冷却水	第三章第六节
(15)填料函底部(轴和填料函底部之间)的间隙过大	第三章第六节
(16)密封液中的污垢或沙粒	第三章第六节
(17)填料润滑不良	第三章第六节
(18)填料函中装填料的空腔相对于轴是偏心的	第三章第六节，图3－111

12. 机械密封寿命短

可能的原因	另见
(1)轴承磨损	第三章第五节
(2)旋转元件不平衡	第三章第四节
(3)旋转部件上的径向力过大	第二章第七节、五章第四节
(4)弯曲的轴	第三章第四节
(5)泵部件不对中	第三章第四节
(6)旋转的零件因损坏的轴承或其他零件而偏离中心	第三章第四节、三章第五节
(7)密封冲洗液中有污垢或沙粒	第三章第六节
(8)密封面不垂直于泵轴	第三章第六节
(9)机械密封已经干运转	第三章第六节
(10)液体中的磨料颗粒与密封件接触	第三章第六节
(11)机械密封安装不当	第三章第六节
(12)机械密封的类型不正确	第三章第六节

13. 机械密封泄漏过多

可能的原因	另见
(1)密封垫或O形圈出现故障，导致密封座和压盖之间泄漏	第三章第六节
(2)O形圈或唇形密封件出现故障，导致密封件与轴之间泄漏	第三章第六节

14. 轴承寿命短

可能的原因	另见
(1)叶轮损坏	第三章第四节
(2)叶轮部分堵塞	第三章第四节
(3)旋转元件不平衡	第三章第四节
(4)旋转部件上的径向载荷过大	第二章第七节、五章第四节
(5)轴向载荷过大	第二章第七节、五章第四节
(6)弯曲的轴	第三章第四节，图3-99
(7)叶轮孔与外径不同轴或与轮毂面不垂直	第三章第四节
(8)泵部件不对中	第三章第四节
(9)泵和原动机之间的不对中	第三章第四节
(10)泵在低流量下长时间运行	第三章第七节，图2-47~图2-49
(11)底座或基础不正确	第三章第四节
(12)旋转的零件因损坏或不对中而偏离中心	第三章第四节，图3-99
(13)轴承安装不当	第三章第五节，图3-98
(14)轴承箱的孔与泵壳体端孔不同心	第三章第四节
(15)轴承箱破裂或损坏	第三章第四节

续表

可能的原因	另见
(16)轴承中的油脂过多	第三章第五节
(17)润滑系统故障	第三章第五节
(18)轴承安装过程中的工艺不当	第三章第五节，图3－104、图3－105
(19)轴承润滑不良	第三章第五节
(20)污垢进入轴承	第三章第五节
(21)水已经进入轴承箱	第三章第五节
(22)叶轮口环过度磨损，降低了平衡装置的作用	第二章第四节、三章第八节
(23)吸入压力过大	第三章第九节
(24)导轴承和阀座之间的配合太紧(可能会阻止它在轴向载荷下滑动，从而将该载荷传递到导轴承上)	第三章第五节，图3－98、图3－110
(25)轴承冷却不足	第三章第五节
(26)润滑剂冷却不足	第三章第五节
(27)冷却介质源与轴承箱断开	第三章第五节

15. 轴承过热

见清单14

16. 轴承运转时有噪声

可能的原因	另见
A. 稳定的高音调	
(1)径向载荷过大	第二章第七节、五章第四节
(2)轴向载荷过大	第二章第七节
(3)不对中	第三章第四节
(4)轴承与轴和/或轴承座之间的间隙太大	第三章第五节
B. 连续或间歇的低音	
(1)轴承有压痕	第三章第五节
(2)因灰尘滚道上有坑洼	第三章第五节
(3)与其他结构泵零件的共振	第三章第六节
C. 断断续续的嘎嘎声、隆隆声和/或咔嗒声	
(1)松动的机器拍打	第三章第七节
(2)轴承中的污垢	第三章第五节
(3)在给定的应用场合，滚珠和滚道之间的间隙太大	第三章第五节
(4)需要预紧的轴承未充分预紧	第三章第五节
D. 间歇性的尖叫声或高音调	
(1)滚珠与滚道之间的间隙过大导致滚珠打滑	第三章第五节

续表

可能的原因	另见
(2)由于预紧力不足而滚珠打滑(需要时)	第三章第五节
(3)轴因安装不当导致轴与轴承箱摩擦	第三章第五节
(4)轴弯曲导致轴与轴承箱摩擦	第四章第三节
(5)轴因机加工偏心而与轴承箱发生摩擦	第四章第三节

17. 泵过热、卡死或两者兼而有之

可能的原因	另见
(1)让泵干转	第一章第一节、三章第四节
(2)泵内的蒸气或空气囊	第三章第三节，图 3－89 至图 3－92
(3)泵在关死工况附近运行	第三章第二节，图 2－47 至图 2－49
(4)匹配不良的泵同时运行	第三章第三节
(5)由于管道应变过大、基础或维修工作有误而导致的内部不对中	第三章第四节
(6)旋转部件与静止部件的内部摩擦	第三章第四节
(7)轴承磨损或损坏	第三章第五节
(8)润滑不良	第三章第五节
(9)由相同、易咬合的材料制成的旋转和静止的口环	第三章第五节，附录二表 2－2

18. 叶轮或泵壳体或两者使用寿命短

可能的原因	另见
(1)与泵送液体发生化学相互作用而产生的腐蚀	第三章第七节
(2)由制造湿润泵零件的不同材料的电化学电势差引起的电化学腐蚀	第三章第七节
(3)泵输送的液体中所含固体物的磨损	第三章第七节
(4)热冲击引起的疲劳	第三章第四节、三章第七节
(5)振动引起的疲劳	第三章第五节
(6)空化侵蚀	第三章第七节
(7)泵启动或停机过程中过大的瞬态应力	第三章第三节
(8)泵在过高的温度下使用	第二章第五节
(9)管道对泵施加的应力过大	第三章第四节、三章第七节
(10)地脚螺栓施加在泵壳体上的应力过大	第三章第四节
(11)安装过程中泵处置不当	第三章第四节

19. 每次启动或停止泵时，都会听到很大的击打声

可能的原因	另见
(1)水锤	第三章第三节
(2)泵排出口和止回阀之间夹带的空气或气体	第三章第三节，图 3－93、图 3－94
(3)冲击压力	第三章第三节

20. 每次启动或停止泵时，泵壳体爆裂

可能的原因	另见
(1)水锤	第三章第三节
(2)冲击压力	第三章第三节

21. 泵运行过程中垫片泄漏

可能的原因	另见
(1)泵部件的热膨胀不均匀	第三章第七节
(2)螺栓松动	第三章第四节
(3)螺栓拧紧不均匀	第三章第四节

22. 流量周期性减小或完全停止，然后恢复正常

可能的原因	另见
(1)吸入罐中液位的周期性波动	第三章第七节
(2)在运行过程中，泵从吸水箱中排出的液体流量比进入水箱的流量要多	第三章第七节

23. 当增大有效空化余量时，泵发生空化

可能的原因	另见
当有效空化余量的增加已经降低了输送系统的阻力时，泵在流量－扬程曲线上太远处运行。这种情况会发生，如果	
(1)安装在泵中的过大叶轮	第三章第九节
(2)泵超速运转	第三章第九节
(3)排出管路发生故障或严重泄漏	第三章第九节
(4)打开排出管线中的旁通路	第三章第九节
(5)叶轮与泵壳体之间的间隙非常大	第三章第九节
(6)泵壳体的孔让液体从壳体的压力侧流回到其吸入口	第三章第九节，图 3－95

附录二　常用数据表

表2－1　不同温度下水的饱和蒸汽压

温度/℃	密度/(kg/m³)	饱和汽化压力		
		水柱高度/m	绝对压力/(kgf/cm^2)	绝对压力/kPa
0	1000	0.0396	0.0040	0.3923
4	1000	0.0823	0.0083	0.8140
10	1000	0.125	0.0125	1.2258
20	998	0.238	0.0237	2.3242
30	996	0.426	0.0424	4.1580
40	992	0.762	0.0755	7.4040
60	983	2.012	0.1977	19.3877
80	972	5.000	0.4860	47.6603
100	959	10.775	1.0333	101.3321
120	944	21.275	2.0083	196.9470
140	927	39.624	3.6731	360.2081
160	909	69.799	6.3447	622.2025
180	889	114.605	10.1884	999.1407
200	866	184.992	16.0203	1571.0547
220	841	281.635	23.6885	2323.0483
240	814	420.624	34.2388	3357.6793

表 2-2　材料组合抗咬合性

	铸铁	3% 镍铸铁	镍耐磨铸铁(类型 1、2)	球墨铸铁	镍耐磨球墨铸铁		镍铜合金 K-500	镍铜合金 400	镍铜合金 506	镍铝合金 301	镍 213[2]	镍 305[2]	镍铬合金 600	镍铬合金 705[3]	400 系列不锈钢（软）	400 系列不锈钢（硬）	300 系列不锈钢	SAE1000-6000 钢（软）	SAE1000-6000 钢（硬）	含铅青铜[5]	镍青铜 A[4]	镍青铜 B	镍青铜 D	镍铝青铜[6]	哈氏合金[1]A、B	哈氏合金 C	哈氏合金 D	氮化钢	镀铬	司太立[1]
铸铁	S	S	S	S	S		S	S	S	S	S	S	S	S	S	S	S	S	S	S	S	S	S	S	S	S	S	S	S	S
3% 镍铸铁	S	S	S	S	S		S	S	S	S	S	S	S	S	S	S	S	S	S	S	S	S	S	S	S	S	S	S	S	S
镍耐磨铸铁(类型 1、2)	S	S	S	S	S		S	S	S	S	S	S	S	S	S	S	S	S	S	S	S	S	S	S	S	S	S	S	S	S
球墨铸铁	S	S	S	S	S		S	S	S	S	S	S	S	S	S	S	S	S	S	S	S	S	S	S	S	S	S	S	S	S
球墨镍耐磨铸铁	S	S	S	S	S		S	S	S	S	S	S	S	S	S	S	S	S	S	S	S	S	S	S	S	S	S	S	S	S
镍铜合金 505	S	S	S	S	S		F	F	S	S	S	S	F^+	S	F	S	F	F	S	S	F[5]	S	S	F	F^+	S	S	S	S	S
镍铜合金 K-500	S	S	S	S	S		F	N	F	F	S	S	N	S	F	F	N	N	F	S	F	S	S	F^-	F	F	S	S	S	S
镍铜合金 400	S	S	S	S	S		N	N	F	N	F	F	N	S	N	F	N	N	F	S	F	S	S	F	N	F	S	S	F	S
镍铜合金 506	S	S	S	S	S		F	F	F	F	F	F^-	N^-	S	N	F	N	N	F	S	F	S	S	F^-	N	F	S	S	S	S
镍铝合金 301	S	S	S	S	S		F	N	F	F	S	S	N	S	N	F	N	N	F	S	F	S	S	S^-	F	F	S	S	S	S
镍 213[2]	S	S	S	S	S		S	F	F	S	S	F	F	S	F	S	F	F	S	S	S	S	S	S	S	S	S	S	S	S
镍 305[2]	S	S	S	S	S		F	F	F	S	F	S	F	S	F	S	F	F	S	S	S	S	S	S	S	S	S	S	S	S
镍铬合金 600	S	S	S	S	S		N	N	N	N	F	F	N	F	N	F	N	N	F	S	F	S	S	F^-	N	F	S	S	S	S
镍铬合金 705[3]	S	S	S	S	S		S	S	S	S	S	S	F	S	F	S	F	F	S	S	S	S	S	S	S	S	S	S	S	S
400 系列不锈钢（软）	S	S	S	S	S		F	N	N	N	F	F	N	F	N	F	F	N	F	S	F	S	S	F^-	N	F	S	F	F	S
400 系列不锈钢（硬）	S	S	S	S	S		F	F	F	F	S	S	F	S	F	S	F	S	S	S	S	S	S	F^+	F	S	S	S	S	S
300 系列不锈钢	S	S	S	S	S		N	N	N	N	F	F	N	F	F	F	N	N	F	S	F	S	S	F^-	N	F	S	S	S	S
SAE1000-6000 钢（软）	S	S	S	S	S		N	N	N	N	F	F	N	F	N	S	N	N	S	S	S	S	S	F^+	N	F	S	S	S	S
SAE1000-6000 钢（硬）	S	S	S	S	S		F	F	F	F	S	S	F	S	F	S	F	S	S	S	S	S	S	S	F	S	S	S	S	S
含铅青铜[5]	S	S	S	S	S		S	S	S	S	S	S	S	S	S	S	S	S	S	S	S	S	S	S	S	S	S[5]	S[5]	S	S[5]
镍青铜 A[4]	S	S	S	S	S		F	F	F	F	S	S	F	S	F	S	F	S	S	S	F	S	S	F	F	S	S	F[5]	S	S
镍青铜 B	S	S	S	S	S		S	S	S	S	S	S	S	S	S	S	S	S	S	S	F	S	S	F	S	S	S	S	S	S
镍青铜 D	S	S	S	S	S		S	S	S	S	S	S	S	S	S	S	S	S	S	S	S	S	S	S	S	S	S	S	S	S
镍铝青铜[6]	S	S	S	S	S		F^-	F^-	F^-	F^-	S	S	F^-	S	F^-	F^+	F^-	F^+	S	S	F	F^+	S	N	F^-	F^+	S	F	S	S
哈氏合金[1]A、B	S	S	S	S	S		F	N	N	F	S^-	S^-	N	S	N	F	N	N	F	S	F	S	S	F^-	N	F	S	S	S	S
哈氏合金 C	S	S	S	S	S		F	F	F	F	S	S	F	S	F	S	F^-	F	S	S	S	S	S	F^+	F	F	S	S	S	S
哈氏合金 D	S	S	S	S	S		S	S	S	S	S	S	S	S	S	S	S	S	S	S	S	S	S	S	S	S	S	S	S	S
氮化钢	S	S	S	S	S		S	S	S	S	S	S	S	S	F	S	S	S	S	S	F[5]	S	S	F	S	S	S	S	S	S
镀铬	S	S	S	S	S		S	S	S	S	S	S	S	S	S	S	S	S	S	S	S	S	S	S	S	S	S	S	?[7]	S
司太立[1]	S	S	S	S	S		S	S	S	S	S	S	S	S	S	S	S	S	S	S	S	S	S	S	S	S	S	S	S	S

抗咬合度：S—较好，F——一般，N—有点耐咬合或不耐咬合

1—联合碳化物公司的商标，司太立是钴基硬质合金的总称。

2—镍 213 和镍 305 的抗咬合性比镍 210 要好，两者的抗咬合性相差不大，但镍 305 可承受较大载荷。

3—镍铬合金 705 的抗咬合性优于镍 305 和镍铜合金 505。

4—镍铜合金含镍 5%、锡 5%、可铸造和热处理、成份平衡方面类似于 88-10-2CuSuZn 类合金，A—无载荷、B—1% 载荷、D—5% 载荷。

5—加载的青铜 85-5-5-5 和 80-10-10，硬青铜可能会“咬”进软的青铜。

6—镍铝青铜通常在抗咬合和摩擦系数方面不如镍青铜 A，但在较慢的运动中会承受较大的载荷。

7—铬板的抗咬合性差异很大。为发挥最佳的抗咬合性，它必须由坚硬的材料支撑，并且镀层必须与衬背牢固粘合。

SAE—国际汽车工程师学会，本表由古尔德泵业公司（Goulds Pumps, Inc.）提供。

表2－3　密封填料的选择

型号	说明	最高压力/温度	备注
标准			
Garlock 5022 AFP 或对等的型号(C06)	聚四氟乙烯、浸渍铜、编织线环(7.8×7.8mm、贯穿直径50mm柱塞)	34.5MPa/288℃	适用于大多数液体，溴、氯和氧化合物除外
Garlock 8922 或对等的型号(C06)	聚四氟乙烯、浸渍的编织环(62.5×62.5mm、贯穿直径110mm柱塞)	3.4MPa/288℃	
可选的			
型号	说明	最高压力/温度	备注
G8048，G432 或对等的型号	丁腈/织物、V形环(新帆布)	13.4MPa/93℃	除芳烃外的水溶液或酸或碱的水溶液
Crane CVH 或对等的型号(8764)	聚四氟乙烯纱、V形环和聚四氟乙烯推环	34.5MPa/260℃	除氟及其成份外的所有液体
Crane 829 或对等的型号	丁腈/织物、黄铜推环(可供其他材料的推环)	51.7MPa/121℃	矿物油，石油产品，水乳液
特殊的 常见的特殊说明如下，就特殊问题请联系应用工程师。			
Crane CI055 或对等的型号	聚四氟乙烯纱，编织环	13.8MPa/260℃	食物产品
Grafoil 235A 或对等的型号	石墨、压缩剖分环	27.6MPa/316℃	强腐蚀性的传热液体

本表由米尔顿·罗伊(Milton Roy)公司、桑德斯特兰德(Sundstrand)的子公司提供

说明：

1. 超过13.7MPa的压力需要硬化的柱塞和紧密的间隙环。V型圈填料需要金属推环。
2. 需要冲洗时，请使用V型圈填料。
3. 将新帆布(Neo Duck)填料用于带有陶瓷柱塞和冲洗连接的石灰和硅藻土泥浆。
4. 品牌 Milroyal D 三缸柱塞泵的3mm和6mm的柱塞仅适用于含25%石墨填充的聚四氟乙烯(PTFE)填料。

表 2-4　阀门和配件的耐化学腐蚀指南

化学品和分子式	浓度	最高温度下的塑料和橡胶 /℃											金属																	
		丙烯腈丁二烯苯乙烯	氯化聚氯乙烯	聚丙烯	聚氯乙烯	聚偏二氟乙烯	聚四氟乙烯	乙烯丙烯二烯单体	丁腈橡胶	氯磺化聚乙烯橡胶	氯丁橡胶	氟橡胶	铝	铜	青铜（85%Cu）	硅青铜	铝青铜	黄铜	灰铸铁	球墨铸铁	碳钢	3% 镍耐磨铸铁	镀镍球墨铸铁	400 系列不锈钢	316 不锈钢	17-4PH 不锈钢	镍合金 20	蒙乃尔合金	司太立	哈氏合金 C
乙醛 CH_3CHO	浓缩的			49	C	C	177	93	C	C	C	C	B	C	C	C	C	C	B	B	A		B	B	A		A	A	A	A
醋酸 CH_3COOH	60%		23		23	79	177	60	C		C	C	C	C	C	C	C	C	C	C	C	C	C	A	A	A	A	A		A
醋酸 CH_3COOH	85%		C	49	23	66	177	60	C		C	C	C	C	C	C	C	C	C	C	C	C	C	A	A	A	A	A		A
醋酸 CH_3COOH	冰		C	49	23	49	177	60	C		C	C	C	C	C	C	C	C	C	C	C	C	C	C	A	B	A	A		A
醋酸酐（$(CH_3CO)_2O$）					C	C	177	C	21	93	B 至 21	C	B	C	C	C	C	C	C	C	C	C	C	C	B	B	B	B		A
丙酮 CH_3COCH_3			C	23	C	C	177	54	C	B 至 21	C	C	A	A	A	A	A	A	A	A	A	A	A	A	A	A	A	A	A	A
乙炔 HC═CH	气态 100%	21		23	60	121	121	93	60	21	21	93	A	C	C	C	C	C	A	A	A	A	A	A	A	A	A	A	A	A
丙烯腈 H_2C:CHCN			C		C	23	177	C	C	60	C	C	B		A	A	A	A	A	A	A	A	A	A	A	A	A	A		A
氯化烯丙酯 CH_2CHCH_2Cl					C	100	177	C	C			21	C								C									
氢氧化铝 $AlO_3 \cdot 3H_2O$	饱和		85		60	138	121	99	82		38	93		C	C	C	C	C	B	B	C		B	B	A	A	A	B		
硝酸铝 Al（NO_3）$_3 \cdot 9H_2O$	饱和		85	82	60	138	121	99	82	38	38	38	C	C	C	C	C	C	C	C	C		C	C		B				A
硫酸铝 Al_2（SO_4）$_3$	饱和		85	82	60	138	121	99	93	71	60	85	C	C	C	C	C	C	C	C	C		C	C		B				A
无水氨 NH_3						138	93				38	C		C	C	C	C	C	A		A				A	A	A	A		A
氨水 NH_3	100%			21	C	C	204	99	B 至 21	21	21	C	A	C	C	C	C	C			A			A	A	A	A	A		A
碳酸铵（NH_4）$_2CO_3$	饱和			85	60	138	204	99		60	60	121	B 至 100	B 至 21	C			C			A 至 60	C		B	B	B	B	B		B
氯化铵 NH_4Cl	饱和		85	82	60	138	204	99	82	93	71	121	B		C			C	C	C	C	C	C	C	B	C	B	B		B
氢氧化铵 NH_4OH	10%		85	82	60	107	204	99	B 至 21	93	21	21	B	C	C	C		C			C			B	A	A	A	B		A

续表

化学品和分子式	浓度	最高温度下的塑料和橡胶 /℃											金属																	
		丙烯腈丁二烯苯乙烯	氯化聚氯乙烯	聚丙烯	聚氯乙烯	聚偏二氟乙烯	聚四氟乙烯	乙烯丙烯二烯单体	丁腈橡胶	氯磺化聚乙烯橡胶	氯丁橡胶	氟橡胶	铝	铜	青铜（85%Cu）	硅青铜	铝青铜	黄铜	灰铸铁	球墨铸铁	碳钢	3% 镍耐磨铸铁	镀镍球墨铸铁	400 系列不锈钢	316 不锈钢	17-4PH 不锈钢	镍合金 20	蒙乃尔合金	司太立	哈氏合金 C
硝酸铵 NH_4NO_3	饱和		85	82	60	138	204	121	82	93	71	38		C	C	C		C								A	A	A		A
硫酸铵（NH_4）$_2SO_4$			85	82	60	138	204	99	82	93	71	93	C	C	C	C	C	C	B	B	C	B	B	B	B	B	A	B		A
硫化铵（NH_4）$_2S$	稀释的					52	177	99	60	93	71		A	C	C	C	C	C	C	C	C		C		B		B	B		
硫氰酸铵 NH_4SCN	50%~60%				60	135			21	21	21	85	B	C	C	C	C	C	C	C	C		C		A	A	A	B		A
乙酸戊酯 $CH_3COOC_5H_{11}$				C	C	52	38	B 至 21	C	C	C	C	A		B	B	B	B	B	B	B	A	B	A	A	A	A	A	A	A
正戊基氯 $CH_3(CH_2)_3CH_2Cl$					C	138	204	C	C	C	C	93	C		A	A	A	A	A	A	A	A	A	A	A	A	A	A	A	A
苯胺 $C_6H_5NH_2$			C	82	C	49	93	60	C	21	C	C	C	C	C	C	C	C	B	B	C	B	B	A	A	A	A	B		A
砷酸 $H_3AsO_4 \cdot 1/2H_2O$	80%		85		60	138	204	85	71	93	82	93	C		C	C	C	C	C	C	C		C	B	A	B	A	A		A
碳酸钡 $BaCO_3$	饱和				60	138	204	121	82	93	71	121			A	A	A	A	B	B	B	B	B	A	A	A	A	A		
氯化钡 $BaCl_2 \cdot 2H_2O$	饱和				60	138	204	121	82	93	71	149		A	A	A	A	A	B	B	C	B	B	B	A		A	A		
氢氧化钡 Ba（OH）$_2$	饱和				60	138	204	93	82	93	60	149			C	C	C	C	B	B	C		B	A	A	A	A	A		A
硫酸钡 $BaSO_4$	饱和		85		60	138	204	93	38	93	71	149			B	B	B	B	B	B	A		B	A	A	A	A	A		
硫化钡 BaS	饱和				60	138	204	60	C	93	71	149		C	C	C	C	C	B	B	C		B	A	A	A	A	A		
啤酒		C		82	60	93	149	93	21	93	60	93	A	A	A	A	A	A	C	C	C		C	A	A	A	A	A		
甜菜糖酒				82	60	107		99	38	93	71	85	A				A		B	B	B				A	A	A	A		
苯 C_6H_6		C	C	C	C	77	121	C	C	C	C	66		A	A	A	A	A	A	A	A	A	A	A	A	A	A	A	A	
苯甲酸 C_6H_6COOH	所有			23	60	110	177	C	C	93	71	93			C	C	C	C	C	C	C		C	A	A	A	A	A		A
黑酒	饱和		85		60	79	107	82	82	21	21	93			C	C	C	C	B	B	B		B	B	A	B	A	B		
硼砂 $NA_2B_4O_7 \cdot 10H_2O$	饱和			82	60	138		99	60	93	60	85			A	A	A	A	A	A	B	A	A	A	A	A	A	A	A	A

续表

化学品和分子式	浓度	最高温度下的塑料和橡胶 /℃											金属																	
		丙烯腈丁二烯苯乙烯	氯化聚氯乙烯	聚丙烯	聚氯乙烯	聚偏二氟乙烯	聚四氟乙烯	乙烯丙烯二烯单体	丁腈橡胶	氯磺化聚乙烯橡胶	氯丁橡胶	氟橡胶	铝	铜	青铜（85%Cu）	硅青铜	铝青铜	黄铜	灰铸铁	球墨铸铁	碳钢	3% 镍耐磨铸铁	镀镍球墨铸铁	400 系列不锈钢	316 不锈钢	17-4PH 不锈钢	镍合金 20	蒙乃尔合金	司太立	哈氏合金 C
硼酸 H_3BO_3	饱和		85	82	60	138		99	60	93	60	85			B	B	B	B	C	C	B		C	B	A	B	A	A		A
丁烷 C_4H_{10}	50%			23	60	121	177	C	21	93	21	85	A	A	A	A	A	A	A	A	A	A	A	A	A	A	A	A	A	A
丁烯（C）$CH_3CH{=}CHCH_3$	液态				60	138	204	C	21	C	C	38			A	A	A	A			A			A	A	A	A	A	A	A
丁酸 $CH_3CH_2CH_2COOH$				82	23	110	149	60		C	C	21			A	A	A	A	C	C	C	C	C	B	A	A	A	A		
亚硫酸氢钙 $Ca(HSO_3)_2$			85	82	60	138	177	C	21	93	21	85			C	C	C	C	C	C	C		C	B	A		A	C		A
碳酸钙 $CaCO_3$			85	82	60	138	177	93	38	21	21	149		A	C	C	C	C	B	B	B		B	A	A	A	A	A		A
氯酸钙 $Ca(ClO_3)_2 \cdot 2H_2O$					60	138	177	60	21	21	21	85		C	B	B	B	B	B	B	B	B	B	B	A		A	A		
氯化钙 $CaCl_2$		38	85	82	60	138	177	99	38	93	71	121		B	B	B	B	B	A	A	C		C	B	A	B	A	A	B	A
氢氧化钙 $Ca(OH)_2$			85	82	60	138	121	99	60	93	21	121	C	C	C	C	C	C	C	C	C		C	A	A	A	A	A		A
次氯酸钙 $Ca(OCl)_2$	30%		85	66	60	93	93	21	C	60		85	C	C	C	C	C	C	C	C	C		C	B	B	B	B	C		B
硝酸钙 $Ca(NO_3)_2$				82	60	138	93	99	82	38	38	93		B	B	B	B	B	B	B			B		A		A	A		
硫酸钙 $CaSO_4$		38			60	138	93	99	82	93	71	93		A	A	B	B	B	A	A	B	A	A	A	A	A	A	A	A	A
蔗糖 $C_{12}H_{22}O_{11}$				23	60	135	204	121	82	38	71	93			A	A	A	A	A	A	A	A	A	A	A	A	A	A	A	A
二氧化碳 CO_2	干的 100%	38	85	66	60	138	204	93	82	93	71	93	A	A	A	A	A	A	A	A	A	A	A	A	A	A	A	A	A	A
四氯化碳 CCl_4		C	23	C	23	138	177	C	C	C	C	85		B	A	A	A	A	C	C	A		C	A	A	A	A	A		A
碳酸 H_2CO_3	饱和		85		60	138	177	99	82	21	21	93			C	C	C	C	B	B	B	B	B	A	A	A	A	A	B	
溶纤剂 $ClCH_2COOH$					23	138	93	60	C	21		C			A	A	A	A	A	A	A		A		A		A		A	
氯水合物 $CCl_3CH(OH)_2$	所有				60	24				21	B至21	C																		

续表

化学品和分子式	浓度	最高温度下的塑料和橡胶 /℃											金属																			
		丙烯腈丁二烯苯乙烯	氯化聚氯乙烯	聚丙烯	聚氯乙烯	聚偏二氟乙烯	聚四氟乙烯	乙烯丙烯二烯单体	丁腈橡胶	氯磺化聚乙烯橡胶	氯丁橡胶	氟橡胶	铝	铜	青铜（85%Cu）	硅青铜	铝青铜	黄铜	灰铸铁	球墨铸铁	碳钢	3% 镍耐磨铸铁	镀镍球墨铸铁	400 系列不锈钢	316 不锈钢	17-4PH 不锈钢	镍合金 20	蒙乃尔合金	司太立	哈氏合金 C
氯苯 C_6H_5Cl	干的			23	C	77	93	C	C	C	C	21			A	A	A	A	C	C	B		C	A	A	A	A	A		A
氯仿 $CHCl_3$	干的		C	C	C	52	93	C	C	C	C	21			A	A	A	A	C	C	C		C	A	A	A	A	A	A	
氯磺酸 $ClSO_2OH$				C	23	C	93	C	C	C	C	C	C	C	C	C	C	C	B	B	C	C	B	C	C	C	B	A		A
铬酸 H_2CrO_4	10%		99	66	60	79	177	21	C	60		38	C	C	C	C	C	C	C	C	C	C	C	B 至 100	A 至 21		A 至 52	B		A
铬酸 H_2CrO_4	50%		99	82	C	52	93	C	C	60		C	C	C	C	C	C	C	C	C	C	C		C	B 至 21		B 至 100	C		B
柠檬酸 $C_6H_8O_7$	饱和		85	83	60	135	93	99	21	60	60	93		C	C	C	C	C	C	C	C		C	B	A	A	A	A		A
咖啡								60	38			93		A	A	A	A	A	C	C	C			A	A	A	A		A	
醋酸铜 $Cu(C_2H_3O_2)_2 \cdot H_2O$	饱和		23	23	23	121	177	38	82	C	71	60			C	C	C	C	C	C	C		C	B	A		A	B		A
氯化铜 $CuCl_2$	饱和		85		60	138	177	99	82	93	71	93	C	C	C	C	C	C	C	C	C	C	C	D	A		A	B		A
氰化铜 $Cu(CN)_2$			85		60	135	177	99	82		71	85		C	C	C	C	C	C	C	C	A	C	B	A		A	B		
硝酸铜 $Cu(NO_3)_2 \cdot 3H_2O$	30%				60	138		99	B 至 21	93	71	93	C	C	C	C	C	C	C	C	C		C	B	A		A	C		
硫酸铜 $CuSO_4 \cdot 5H_2O$	饱和		85	49	60	138		99	82	93	71	93	C	C	C	C	C	C	C	C	C		C	A	A	A	A	C		A
杂酚油			23		23		177	C	23	23	C	23		B	B	B	B	B	A	A	A	A	A	A	A	A	A	A	A	A
甲酚酸	50%				60	66	93	C	C	C	C	85		A	A	A	A	A	A	A	B	A	A	A	A	A	A	A	A	
环己烷 C_6H_{12}		38	C	C	C	138	149	C	C	C	C	85			A	A	A	A	B	B	A		B	A	A	A	A	A	A	A
洗涤剂（强力型）			85	66	60			121	82	93	71	99		A	A	A	A	A	A	A	A	A	A	A	A	A	A	A	A	
共晶混合物（Dowtherm A）					C		100	C	C	C	C	C			A	A	A	A	B	A	A		A	A	A	A	A	A	A	

续表

化学品和分子式	浓度	最高温度下的塑料和橡胶 /℃											金属																	
		丙烯腈丁二烯苯乙烯	氯化聚氯乙烯	聚丙烯	聚氯乙烯	聚偏二氟乙烯	聚四氟乙烯	乙烯丙烯二烯单体	丁腈橡胶	氯磺化聚乙烯橡胶	氯丁橡胶	氟橡胶	铝	铜	青铜（85%Cu）	硅青铜	铝青铜	黄铜	灰铸铁	球墨铸铁	碳钢	3% 镍耐磨铸铁	镀镍球墨铸铁	400 系列不锈钢	316 不锈钢	17-4PH 不锈钢	镍合金 20	蒙乃尔合金	司太立	哈氏合金 C
醚 ROR			C	23	C	52			C	C	C	C		A	A	A	A		B	B	B	A	A	A	A	A	A	A	A	
乙酸乙酯 $CH_3COOC_2H_5$		C		49	C	C	93	21	C	C	C	C			A	A	B		A	A	A			A	A	A	A	A	B	A
乙醇 C_2H_5OH			60	82	60	138	149	77	82	93	21				A	A	A	A	A	A	A	A	A	A	A	A	A	A	A	A
氯化乙酯 C_2H_5Cl	干的			23	C	138	177	B 至 21	C	21	B 至 21	60			A	A	B		A	A	A	A	A	A	A	A	A	A	B	A
氯化乙烯 $ClCH_2CH_2Cl$	干的	C		23	C	138	177		C	C		21													A		A	A		
乙二醇 CH_2OHCH_2OH		23	85	49	60	138		99	82	93	71	121		A	A	A	A	A	A	A	A		A	A	A	A	A	A	A	A
环氧乙烷 CH_2CH_2O				C	C	C	204	C	C	C	C	C			A	A			B	A	A		A		A		A	B		A
脂肪酸 R-COOH			23	49	60	138	204	C	60	C	60	85	C		C	C	C	C	C	C	C		C		A		A	A		A
氯化铁（水溶液）$FeCl_3$	饱和		85	82	60	138	204	107	82	93	71	93	C	C	C	C	C	C	C	C	C	C		C	C	C	C	C		A 至 79
硝酸铁 $Fe(NO_3)_3 \cdot 9H_2O$	饱和		85	82	60	138	204	99	82	60	71	93		C	C	C	C	C	C	C	C		C	B	A	A	A	C		A
硫酸铁 $Fe_2(SO_4)_3$				82	60	138	93	99	60	60	60	85		C	C	C	C	C	C	C	C		C	B	A	A	A	C		
氯化亚铁 $FeCl_2$	饱和		85	82	60	138	204	93	82			93	C	C	C	C	C	C	C	C	C	C	C	C	C	C	C			B
硫酸亚铁 $FeSO_4$		21	85	82	60	138	204	93	82	60	71	93		B	C	C	B		C	C	C	C	C	A	A	A	A	A		A
氟硅酸 H_2SiF_6	50%		23		60	138	149	60	38	93	38	99	C	C	B	B			C	C	C		C	B	B	B	A	A		A
甲酸 HCOOH			23	23	23	121	149	93	C	21	60	C			C	C	B		C	C	C	B	C	A	A	A	A	A		A
氟利昂 11	100%	C	23		60	93	149	C	21	54	C	21		A	A	A	A	A	B	B	B		B	A	A	A	A	A		
糠醛 C_4H_3OCHO				C	C	24	149	60	C	21	21	C		A	A	A	A	A	A	A	A		A	A	A	A	A	A		A
汽油（含铅）		C		C	60	135	93	C	21	21	21	38	A	A	A	A	A	A	A	A	A	A	A	A	A	A	A	A	A	A

续表

化学品和分子式	浓度	最高温度下的塑料和橡胶 /℃											金属																	
		丙烯腈丁二烯苯乙烯	氯化聚氯乙烯	聚丙烯	聚氯乙烯	聚偏二氟乙烯	聚四氟乙烯	乙烯丙烯二烯单体	丁腈橡胶	氯磺化聚乙烯橡胶	氯丁橡胶	氟橡胶	铝	铜	青铜（85%Cu）	硅青铜	铝青铜	黄铜	灰铸铁	球墨铸铁	碳钢	3% 镍耐磨铸铁	镀镍球墨铸铁	400 系列不锈钢	316 不锈钢	17-4PH 不锈钢	镍合金 20	蒙乃尔合金	司太立	哈氏合金 C
汽油（不含铅）		C		C	60	138	93	C	21	21		38	A	A	A	A	A	A	A	A	A	A	A	A	A	A	A	A	A	A
葡萄糖 $C_6H_{12}O_6 \cdot H_2O$		82	85	82	60	138	204	121	82	93	71	149	A	A	A	A	A	A	A	A	A	A	A	A	A	A	A	A	A	A
庚烷 C_7H_{16}				C	60	138	149	C	21	21	21	85			A	A	A		A	A	A	A	A	A	A	A	A	A	A	A
肼 H_2NNH_2					C	93	121	21	21	21		C			C	C	C	C	C	C	C		C		A		A	A		
氢溴酸 HBr	20%		23	49	60	138	121	60	C	38	B 至 21	85	C	C	C	C	C	C	C	C	C	C	C	C	C	C	C	C	C	
盐酸 HCl	35%	C	99	66	60	138	121	21	C	38		38	C	C	C	C	C	C	C	C	C	C	C	C	B	C	B	C	C	
氢氰酸 HCN	10%			23	60	138	121	93	21	93		85	C	C	C	C	C	C	C	C	C	C	C	C	A	B	A	A	C	A
氢氟酸 HF	稀释的		23	82	23	121	149	21	C	66	21	66	C	C	C	C	C	C	C	C	C	C	C	C	C	C	B	A	C	A
过氧化氢 H_2O_2	50%		85	66	60	66	149	38	C	93	C	85	C	C	C	C	C	C	C	C	B	C	C	A	A	A	A	A		
硫化氢 H_2S	干的		85	66	60	138		38	C	60	C	60	B		B				B		B				A	B	A	A		A
油墨							149		21		21	21			A	A	A		C	C	C		C		A		A	A		
碘 I_2	10%		21	66		66	93	21	21	21	C	21		C	C	C	C	C	C	C	C		C	C	C	C	B	A		A
煤油		B 至 21	85	23	60	138	121	C	60	C	21	149	21	A	A	A	A	A	A	A	A	A	A		A	A	A	A	A	A
乳酸 $CH_3CHOHCOOH$	25%			66	60	52	149	21		60	60	21			C	C	C	C	C	B	C		B	A	A	A	A	A		
乳酸 $CH_3CHOHCOOH$	85%			66	23	52	149	21	C	60		21			C	C	C	C	C	B	C		B	A	A	A	A	A		A
醋酸铅 $Pb(C_2H_3O_2)_2 \cdot 3H_2O$	饱和		85	82	60	138	149	99	21	38	71	C			C	C			C	C	C		C		A		A	A		
石灰浆								38	38	71	38				A	A					A				A		A	A		
亚麻籽油		38	85	66	60	138	149	B 至 21	82	93	21	121	A	A	A	A	A	A	A	A	A	A	A	A	A	A	A	A	A	A

续表

化学品和分子式	浓度	最高温度下的塑料和橡胶 /℃											金属																	
		丙烯腈丁二烯苯乙烯	氯化聚氯乙烯	聚丙烯	聚氯乙烯	聚偏二氟乙烯	聚四氟乙烯	乙烯丙烯二烯单体	丁腈橡胶	氯磺化聚乙烯橡胶	氯丁橡胶	氟橡胶	铝	铜	青铜（85%Cu）	硅青铜	铝青铜	黄铜	灰铸铁	球墨铸铁	碳钢	3% 镍耐磨铸铁	镀镍球墨铸铁	400 系列不锈钢	316 不锈钢	17-4PH 不锈钢	镍合金 20	蒙乃尔合金	司太立	哈氏合金 C
碳酸镁 $MgCO_3$					60	138	107	77	60	60	60	99			B	B			B	B	B		B	A	A	A	A	A		
氯化镁 $MgCl_2$	饱和		85	82	60	138	204	77	82	93	71	77		A	A	A	B	B	C	C	C		C	C	C	C	B	A		A
氢氧化镁 $Mg(OH)_2$	饱和		85	82	60	138	149	77	82	93	71	107		B	C	C	B	B	A	A	A		A	A	A	A	A	A	A	A
硝酸镁 $Mg(NO_3)_2 \cdot 2H_2O$			85	82	60	138	149	60	21	60	71	107		A	C	C					B			A	A	A	A	B		
硫酸镁 $MgSO_4 \cdot 7H_2O$			85	82	60	138	149	79	82	60	71	93		A	A	A	A	A	A	A	A	A	A	A	A	A	A	A	A	A
苹果酸 $COOHCH_2CH(OH)COOH$			85	66	60	121	121	C	38	21	21	93		A	B	B			C	C	C		C	A	A	A	A	A		
氯化汞 $HgCl_2$			60	82	60	121	149	99	60	60	60	85	C	C	C	C	C	C	C	C	C	C	C	C	C	C	B	C		A
氰化汞 $Hg(CN)_2$	饱和				60	121	149	21	21	60	21	21		C	C	C	C	C	C	C	C		C		A		A	C		
汞 Hg			85	66	60	135	149	99	60	60	60	85		C	C	C	C	C	A	A	A		A	A	A	A	A	B		A
醋酸甲酯 $CH_3CO_2CH_3$						38	149	B 至 21	C	C	C	C			B	B			B	B	B		B	B	A		A	A		A
甲基丙酮 C_3H_6O						C		21	C	C		C		A	A	A	A	A	A	A	A	A	A	A	A	A	A	A	A	
溴甲烷 CH_3Br					C	138	149	C	21	C	C	85			C	C	B		C	C	B				B		B	B		
甲基溶纤剂 $HOCH_2CH_2CH_3$					C	138		21	C	21	21	C			A	A	B		B	B	B			A	A	A	A	A	A	
氯甲烷 CH_3Cl	干的	C			C	138	121	C	C	C	C	21	C		A	A	C	C	A	A	A	A	A	A	A	A	A	A	A	A
甲基乙基酮 $CH_3COC_2H_5$		C	C	C	C	C	93	21	C	C	C	C		A	A	A	A	A	A	A	A		A	A	A	A	A	A	A	A
二氯甲烷 CH_2Cl_2					C	C	121	C	C	C	C	21			B	B	B		B	B	B				A	A	A	A		A
糖蜜				23	60	66	149	38	66	66	66	85		A	A	A	A	A	A	A	A		A	A	A	A	A	A		A
一氯乙酸 $CH_7ClCOOH$	50%		23	23	60	66	93	C	21	C	C	21		C	C	C	C	C	C	C	C		C	C	C	C	B	B		
吗啉 C_4H_8ONH						24	93	21	C	C	C	C			B	B			B	B	B		B	B	B	B	B	B		

续表

化学品和分子式	浓度	最高温度下的塑料和橡胶 /℃											金属																	
		丙烯腈丁二烯苯乙烯	氯化聚氯乙烯	聚丙烯	聚氯乙烯	聚偏二氟乙烯	聚四氟乙烯	乙烯丙烯二烯单体	丁腈橡胶	氯磺化聚乙烯橡胶	氯丁橡胶	氟橡胶	铝	铜	青铜（85%Cu）	硅青铜	铝青铜	黄铜	灰铸铁	球墨铸铁	碳钢	3% 镍耐磨铸铁	镀镍球墨铸铁	400 系列不锈钢	316 不锈钢	17-4PH 不锈钢	镍合金 20	蒙乃尔合金	司太立	哈氏合金 C
石脑油		B 至 21	23	23	60	138	93	C	60	C	C	66	A		A	A	B		A	A	A	A	A	A	A	A	A	A	A	A
萘 $C_{10}H_8$		B 至 21			C	93	121	C	C	C	C	77	A		A	A	B		A	A	A	A		A	A	A	A	A	A	A
氯化镍 $NiCl_2$	饱和		85	82	60	138	208	99	82	93	71	99			C	C	B		C	C	C				A		A	C		A
硝酸镍 $Ni(NO_3)_2 \cdot 6H_2O$	饱和				60	138	204	99	82			121	C		C	C			C	C	C				A	A	A	C		
硫酸镍 $NiSO_4$	饱和		85	82	60	138	204	99		93	71	149		A	C	C	B		C	C	C									A
烟酸 C_5H_4NCOOH					60	121		21			60			A	B	B			C	C	C			B	B	B	B	B		
硝酸 HNO_3	30%		82	49	60	52	121	21	C	38	C	85	C	C	C	C	C	C	C	C	C		B	A		A				
硝酸 HNO_3	70%		23	C	23	C	121	C	C	C	C	38	B	C	C	C	C	C	C	C	C	C		C	A		A			
硝酸 HNO_3	100%			C	C	C	21	C	C	C	C	21	B	C	C	C	C	C	C	C	C	C	C	C	A		A	C		
硝基苯 $C_6H_5NO_2$				23	C	23	204	C		C	C	21			B	B			A	A	A				A		A	A		A
油酸 $CH_3(CH_2)_7CH:CH(CH_2)_{14}COOH$			85	66	60	121	121	B 至 21	38	21	B 至 21	85		A	B	B	A		B	B	C			B	A	A	A	A		A
草酸 $HOOCCOOH \cdot 2H_2O$	50%		85	82	60	52	149	66	C		38	38	C		C	C	C		C	C	C	C	C	B	A	A	A	A		A
棕榈酸 $CH_3(CH_2)_{14}COOH$	70%		23	82	23	121	149		38	C	C	85		A	B	B	B	A	B	B	B		B	B	A	A	A	A		
高氯酸 $HClO_4$	10%		60	23	23	93	121	21	C	21	21	21							C						A		A	A		
全氯乙烯 $Cl_2C:CCl_2$						135	93	C	C	C	C	93			B	B			B	B	B		B	A	A	A	A	A		A
苯酚 C_6H_5OH		C	23	23	23	52		21	C	C	C	93			A	A	C		C	C	C		C	A	A	A	A	A		A

续表

化学品和分子式	浓度	最高温度下的塑料和橡胶 /℃											金属																	
		丙烯腈丁二烯苯乙烯	氯化聚氯乙烯	聚丙烯	聚氯乙烯	聚偏二氟乙烯	聚四氟乙烯	乙烯丙烯二烯单体	丁腈橡胶	氯磺化聚乙烯橡胶	氯丁橡胶	氟橡胶	铝	铜	青铜（85%Cu）	硅青铜	铝青铜	黄铜	灰铸铁	球墨铸铁	碳钢	3% 镍耐磨铸铁	镀镍球墨铸铁	400 系列不锈钢	316 不锈钢	17-4PH 不锈钢	镍合金 20	蒙乃尔合金	司太立	哈氏合金 C
磷酸 H_3PO_4	10%		99	82	60	135	149	60	21	93	60	93	C	C	C	C	C	C	C	C	C	C	C	B	A	A	A	C		
磷酸 H_3PO_4	50%		99	82	60	135	149	60	21	93	21	93	C	C	C	C	C	C	C	C	C	C	C	B	A	A	A	C		
三氯化磷 PCl_3					C	93	149		C	C	C		C												A		A	A		
碳酸氢钾 $KHCO_3$	饱和		23	77	60	93	204	77	21	93	71	93	A								A				A		A			
溴酸钾 $KBrO_3$				82	60	135	204		82	60	60	121							C	A	A		A		A		A			
溴化钾 KBr				82	60	138	204	77	82	93	71	93			B	B	B		C	C	C				A		A	A		
碳酸钾 K_2CO_3		21		82	60	138	204	77	82	93	71	93		B	B	B	B	B	A	A	A	A	A	A	A	A	A	A	A	
氯酸钾（水溶液）$KClO_3$				82	60	93	204	60	B 至 21	60	38	60		B	B	B			A	A	A	A		A	A	A	A	A	A	
氯化钾 KCl			85	82	60	138	204	99	82	93	71	93		B	A	A	B	B	B	B	C	B	B	B	A	A	A	A		A
铬酸钾 K_2CrO_4					60	138	204	77	60	21	21	93			A	A	B		B	B	B		B		A	A	A	A		
氰化钾 KCN			85		60	138	204	60	82	93	71	85	C	C	C	C	C	C	B	B	B	B		A	A	A	A	A		A
氟化钾 KF					60	135	204	82				121													A		A	A		
氢氧化钾 KOH	25%		85	66	60	66	204	99	B 至 21	60	71	60	C		C	C	C		B	B	B	B		A	A	A	A	A		
硝酸钾 KNO_3					60	138	204	99	82	60	60	121		A	A	A	B	B	B	B	B	B		A	A	A	A	A	A	A
高锰酸钾 $KMnO_4$	10%			66	60	121	204	99	C	38	38	60			B	B			A	A	A			A	A	A	A	A	A	
硫酸钾 K_2SO_4				66	60	138	93	99	60	60	60	121		A	A	A	B	B	A	A	A	A	B	A	A	A	A	A	A	A
硫化钾 K_2S						135	149		38		21	38		C	C	C	C	C	C	C	C	B		B	B	B	B	C		A
亚硫酸钾 $K_2SO_3 \cdot 2H_2O$							149	60	21		21	93			B	B	B		C	C	C				A		A	B		
丙烷 C_3H_8			23		60	138	149	C	21	B 至 21	21	21	A	A	A	A	A	A	A	A	A	A		A	A	A	A	A	A	A
丙醇 $CH_3CH_2CH_2OH$						135	177	60	60	60	60	121	A	A	A	A	A	A	A	A	A	A		A	A	A	A	A	A	A

续表

化学品和分子式	浓度	最高温度下的塑料和橡胶 /℃											金属																	
		丙烯腈丁二烯苯乙烯	氯化聚氯乙烯	聚丙烯	聚氯乙烯	聚偏二氟乙烯	聚四氟乙烯	乙烯丙烯二烯单体	丁腈橡胶	氯磺化聚乙烯橡胶	氯丁橡胶	氟橡胶	铝	铜	青铜（85%Cu）	硅青铜	铝青铜	黄铜	灰铸铁	球墨铸铁	碳钢	3% 镍耐磨铸铁	镀镍球墨铸铁	400 系列不锈钢	316 不锈钢	17-4PH 不锈钢	镍合金 20	蒙乃尔合金	司太立	哈氏合金 C
松香							93		21	21	21	38			C	C			C	C	C		C	A	A	A	A	A		
硝酸银 $AgNO_3$		21	85	82	60	138	177	99	60	93	71	121		C	C	C	C	C	C	C	C		C	B	A		A	C		
香皂		21	85	23	60		204	99	82	60	60	121			B	B	A		B	B	B		B	A	A	A	A	B		A
醋酸钠 $NaC_2H_3O_2$	饱和		85	82	60	138	204	77	C	21		C			A	A	B		B	B	C		B	B	A		A	A		A
铝酸钠 $Na_2Al_2O_3$	饱和						149	93	82	60	60	93			C	C	B		B	B	A		B		A		A	A		A
碳酸氢钠 $NaHCO_3$		21	85	82	60	138	204	121	82	93	71	149		A	A	A	B	B	A	A	C		A	A	A	A	A	A	A	A
硫氢酸钠 $NaHSO_4$		21		82	60	138		93	82	38	60	121		C	C	C	C	C	C	C	C		C	B	A		A	A		
亚硫酸氢钠 $NaHSO_3$			85	82	60	138	204	93	82	93	60	121			B	B			C	C	C		C		A		A	C		A
硼酸钠（硼砂）$Na_2B_4O_7 \cdot 10H_2O$	饱和			23			149	60	21	38	38	60			A	A			B	B			B	A	A	A	A	A		
碳酸钠 Na_2CO_3		21	85	82	60	138	204	60	60	60	60	149		C	A	A	B	B	A	A	A	A	A		A	A	A	A	B	A
氯酸钠 $NaClO_3$	饱和			82	23	121	177	B 至 60	B 至 21		B 至 60	38			A	A	C		B	B	B		B	B	A	A	A	C		
氯化钠 NaCl			99	82	60	138	177	60	60	38	71	93	B	A	A	A	B	B	B	B	C	A	B	B	B	B	A	A	A	A
亚氯酸钠 $NaClO_2$	25%		23		C	121	93	C	C	60		C																		
铬酸钠 $Na_2CrO_4 \cdot 10H_2O$						93		21	21		21	21			A	A			B	B	B		B	A	A	A	A	A		
氰化钠 NaCN			85	82	60	138	177	60	60	60	60	93		C	C	C	C	C	A	A	A	A		A	A	A	A	A		
氟化钠 NaF			60	85	60	138	177	60	21	60	21	60			A	A	B		C	C	C				A		A	A		
氢氧化钠 NaOH	15%	21	85	82	60	77	204	99	60	93	71	B 至 38	C		A		A			A	A		B	A	A	A	A	A	A	A

续表

化学品和分子式	浓度	最高温度下的塑料和橡胶/℃											金属																	
		丙烯腈丁二烯苯乙烯	氯化聚氯乙烯	聚丙烯	聚氯乙烯	聚偏二氟乙烯	聚四氟乙烯	乙烯丙烯二烯单体	丁腈橡胶	氯磺化聚乙烯橡胶	氯丁橡胶	氟橡胶	铝	铜	青铜（85%Cu）	硅青铜	铝青铜	黄铜	灰铸铁	球墨铸铁	碳钢	3%镍耐磨铸铁	镀镍球墨铸铁	400系列不锈钢	316不锈钢	17-4PH不锈钢	镍合金20	蒙乃尔合金	司太立	哈氏合金C
氢氧化钠（烧碱）NaOH	30%	21	99	82	60	23	177	99	38	60	71	B至38	C		A		B			B	B		B	A	A	A	A	A		
氢氧化钠 NaOH	50%	21	99	82	38	C	177	82	C	60	71	C	C	B	B	C	C	C	B	B	B	B	B	A	A	A	A	A		
氢氧化钠 NaOH	70%	21		82	38	C	177	82	C	38	38	C	C	B	C	C	C	C	B	B	B	B	B	A	A	A	A	A		
次氯酸钠 $NaOCl \cdot 5H_2O$		C	85	49	23	93	177	21	C	66	C	60	C	C	C	C	C	C	C	C	C	C	C	C	A		A	A		A
硝酸钠 $NaNO_3$	饱和		85	82	60	138	204	93	60	60	60	107		B	A	A	B	B	A	A	A	A	A	A	A	A	A	A	B	A
过硼酸钠 $NaBO_2 \cdot 3H_2O$				23	60		177	21	21	21	21	21			C	C			B	B	B			A	A	A	A	A		A
过氧化钠 Na_2O_2					60	93	121	60	B至21	93	21	85		B	C	C	C	C	C	C	C			A	A	A	A	A		B
硅酸钠 $2Na_2O \cdot SiO_2$				82		138		93	60	93	21	93			C	C	B		A	A	A			A	A	A	A	A	A	A
硫酸钠 Na_2SO_4	饱和	21	85	66	60	138	204	60	60	60	60	93		A	A	A	B	B	A	A	A	A	A	A	A	A	A	A	A	A
硫化钠 Na_2S		21	85	66	60	138	177	60	82	93	60	93		C	C	C	C	C	B	B	C	B	B	A	A	A	A	A		
亚硫酸钠 Na_2SO_3		21	85	82	60	138	177	60	60	60	60	93			A	A	C		B	B	B		B	B	A	A	A	C		A
硫代硫酸钠 $Na_2S_2O_3 \cdot 5H_2O$				66	60	138	177	93	60	93	71	93	A		B	B	C		C	C	C		C		A		A	A		
淀粉					60	93	149	77	82	93	71	93			B	B	B	B	B	B	B		B	A	A	A	A	A		
硬脂酸 $CH_3(CH_2)_{16}COOH$			85	23	60	135	177	C	60	21	21	38		A	A	A	C	B	C	C	C	B	C	A	A	A	A	A		A
糖 $C_6H_{12}O_6$						135	177	60	38	60	60	93			C	C				B	C		B	A	A	A	A	A		
硫 S				C	60	121	177		C	21	21	121	C	C	C	C	C	C	B	B	C	B	B	B	A		A	A		A
氯化硫 S_2Cl_2				C		23	177	C	C	21	C	21	C	C	C	C	C	C	C	C	C	C	C	C	C	C	B	C	C	
二氧化硫 SO_2	干的		C	23	60	79	177	21	C	93	C	38	A	A	A	B	A	A	A	A	A		A	A	A	A	A	A	A	A
二氧化硫 SO_2	湿的		C	23	23	66		60	C	93		60	B	C	C	B	B	C						C	A	C	A	A		A

续表

化学品和分子式	浓度	最高温度下的塑料和橡胶 /℃											金属																	
		丙烯腈丁二烯苯乙烯	氯化聚氯乙烯	聚丙烯	聚氯乙烯	聚偏二氟乙烯	聚四氟乙烯	乙烯丙烯二烯单体	丁腈橡胶	氯磺化聚乙烯橡胶	氯丁橡胶	氟橡胶	铝	铜	青铜（85%Cu）	硅青铜	铝青铜	黄铜	灰铸铁	球墨铸铁	碳钢	3% 镍耐磨铸铁	镀镍球墨铸铁	400 系列不锈钢	316 不锈钢	17-4PH 不锈钢	镍合金 20	蒙乃尔合金	司太立	哈氏合金 C
硫酸 H_2SO_4	至 30%	B 至 38	99	82	60	121	121	60	C	38	38	93		C	C	C	C	C	C	C	C	C	C	C	A	B	A	A	C	A
硫酸 H_2SO_4	50%	C	99	66	60	121	121	60	60	66	C	93		C	C	C	C	C	C	C	C	C	C	C	A	C	A	A	C	A
硫酸 H_2SO_4	70%	C	99	49	60	93	93	60	C	66	C	121	C	C	C	C	C	C	C	C	C	C	C	C	B	C	A	A	C	A
硫酸 H_2SO_4	100%	C	C	C	C	C	B 至 93	C	C	C	C	C	C	C	C	C	C	C	C	C	C	C	C	C	B	C	B	C	C	
亚硫酸 H_2SO_3				66	C	110	177	C		66	C	C	C	C	C	C	C	C	C	C	C	C	C	B	A	A	A	A	C	A
单宁酸 $C_{76}H_{52}O_{46}$	10%	C	85	82	60	107	121	21	38	38	38	38			A	A			B	B	C	B	B	B	A	A	A	A		A
酒石酸 HOOC（CHOH）$_2$COOH				66	60	121	121	C	21	93	21	21		B	A	A	C	C	C	C	C	C	C	A	A	A	A	A		A
甲苯 $C_6H_5CH_3$		C	C	C	C	79	93	C		C	C	21	A	A	A	A	A	A	A	A	A	A		A	A	A	A	A	A	A
三氯乙烯 CHCl:CCl$_2$		C	C	C	C	138	93	C	C	C	C	85	A	A	A	A	A	A	B	B	B			A	A	A	A	A	A	A
松节油			23	C	60	138		C	21	C	C	66	A	A	A	A	A	A	A	A	A	A		A	A	A	A	A	A	A
尿素 CO（NH_2）$_2$			85	82	60	121		99	60	60	60	85		C		B	B			C	C	C				A	A	B	C	
漆						121	177	C	21		C	21		A	A	A	B	B	C	C	C			B	A	A	A	A		A
植物油			85	23	60	135	149	C	21	21	21	93	A		A	A				A	A			A	A	A	A	A	A	
醋		23	66	60	60	107	149	60	C	93	21	C	C	B	C	C	C	C	C	C	C			A	A	A	A	A		A
醋酸乙烯酯 $CH_3COOCH:CH_2$				C	C	121	177	21	21	C	C	C			B	B			B	B	B				A		A	B		
去离子水 H_2O		21	99	82	60	138	204	93	21		71		A	A	B	B	C	C	C	C	C		C	B	A	A	A	A		A
盐水 H_2O		21	99	82	60	138	204	121	82	93	71		C	B	B	B	C	C	C	C	C	B	C	B	A	A	A	A	B	A
海水 H_2O		21	99	23	60	138	204	121	82	93	71		C	B	B	B	C	C	C	C	C	B	C	B	B	A	A	A	C	A

续表

化学品和分子式	浓度	最高温度下的塑料和橡胶 /℃											金属																	
		丙烯腈丁二烯苯乙烯	氯化聚氯乙烯	聚丙烯	聚氯乙烯	聚偏二氟乙烯	聚四氟乙烯	乙烯丙烯二烯单体	丁腈橡胶	氯磺化聚乙烯橡胶	氯丁橡胶	氟橡胶	铝	铜	青铜（85%Cu）	硅青铜	铝青铜	黄铜	灰铸铁	球墨铸铁	碳钢	3% 镍耐磨铸铁	镀镍球墨铸铁	400 系列不锈钢	316 不锈钢	17-4PH 不锈钢	镍合金 20	蒙乃尔合金	司太立	哈氏合金 C
威士忌酒			85	66	60	93	177	93	60	60	60	60		A	C	C	B		C	C	C		C	B	A		A	A		A
葡萄酒			85	66	60	93	177	77	60	60	60	60			C	C			C	C	C		C	B	A		A	A		
二甲苯 $C_6H_4(CH_3)_2$		C	C	C	C	93	177	C	C	C	C	66	A	A	A	A	A	A	A	A	A	A	A	A	A	A	A	A	A	A
氯化锌 $ZnCl_2$			85	82	60	138	204	82	21	93	71	93			C	C	C		C	C	C		C	C	B	B	A	A		
硫酸锌 $ZnSO_4 \cdot 7H_2O$			85	82	60	138	204	82	60	93	60	93		A	C	C	B		C	C	C	B	C	A	A	A	A	A		A

声明：本表给出的信息仅供参考。尼布科公司（Nibco Inc）、其营销公司和分销商以及该表的作者和该表的贡献者特别否认本表所包含信息的任何具体用途的准确性和（或）可靠性的任何表明的或暗示的保证。

塑料和橡胶材料的评级：

A 级—推荐使用的材料的最高温度，正常条件下的耐化学腐蚀性，表中直接以温度℃表示；

B 级—有条件的耐化学腐蚀性，请咨询厂商，表中以 B 至温度℃表示；

C 级—不推荐使用；

空白—没有数据。

金属材料的评级：

A 级—推荐使用，正常条件下耐化学腐蚀性；

B 级—有条件的耐化学腐蚀性，请咨询厂商；

C 级—不推荐使用；

空白—没有数据。

表中塑料和橡胶材料英文缩写：

丙烯腈丁二烯苯乙烯（ABS，acrylonitrile butadiene styrene）、氯化聚氯乙烯（CPVC，chlorinated polyvinyl chloride）、聚丙烯（PP，polypropylene）、聚氯乙烯（PVC，polyvinyl chloride）、聚偏二氟乙烯（PVDF，polyvinylidene fluoride）、聚四氟乙烯（PTFE，polytetrafluoroethylene）俗称特氟龙（Teflon）、乙烯丙烯二烯单体（EPDM，ethylene propylene diene monomer）、丁腈橡胶（Buna-N）、氯磺化聚乙烯橡胶（chlorosulfonated polyethylene synthetic rubber）俗称希帕龙（Hypalon）、氯丁橡胶（Neoprene）和氟橡胶（Fluorocarbon）。

附录三　泵专业术语中英文对照表

A

磨损，abrasion

材料的耐磨性，resistance of materials to abrasion

金属接触引起的磨损，abrasion by metallic contact

填料引起的磨损，abrasion by packing

泵输送液体引起的磨损，abrasion by pumped liquid

空气漏斗，air funnel

叶轮输送空气的能力，air handling capability of impellers

竖管里的空气，air in column

空气来源，source of air

空气泄漏，air leakage

空气泄漏检测，air leakage detection

轴弯曲引起的空气泄漏，air leakage due to bent shaft

并联运行引起的空气泄漏，air leakage due to parallel operation

预旋引起的空气泄漏，air leakage due to prerotation

旋涡引起的空气泄漏，air leakage due to vortices

机械密封的空气泄漏，air leakage through mechanical seal

填料函的空气泄漏，air leakage through stuffing box

气囊，air pocket

排出管路中气囊，air pocket in discharge line

节段式多级泵中气囊，air pocket in donut pumps

泵内气囊，air pocket in pumps proper

吸入管路中的气囊，air pockets in suction line

气囊预防，prevention of air pockets

泵吸入管中的气囊，air pockets in suction nozzle

液体中的空气溶解度，air solubility in liquids

空气阀，air valve

对中性，alignment

初步信息分析，analysis of preliminary information

轴向力，axial thrust

轴向力平衡，axial thrust balancing

多级泵轴向力平衡，axial thrust balancing in multi - stage pumps

单级泵轴向力平衡，axial thrust balancing in single - stage pumps

闭式叶轮的轴向力，axial thrust on closed impellers

半开式叶轮的轴向力，axial thrust on semi - open impellers

B

背叶片，back vanes

平衡装置，balancing device

平衡孔，balancing holes

底座，baseplate

轴承，bearings

滑动轴承，sliding bearings

滚动轴承，rolling bearings

轴承支架/座，bearing bracket

轴承润滑，bearings lubrication

轴承的问题，problems with bearings

轴承的优缺点，advantages and disadvantages of bearings

轴承失效，bearings failure

轴承过热，bearings overheat

皮带驱动，belt drive

伯努利方程，Bernoulli's equation

旋转坐标系的伯努利方程，Bernoulli's equation for a rotating system
击打，blow
空化引起的击打，blow due to cavitation
压缩空气引起的击，blow due to compressed air
硬物体引起的击打，blow due to hard object
预旋引起的击打，blow due to prerotation
水锤引起的击打，blow due to water hammer
沸腾，boiling
井筒泵，borehole pumps

C

粗心启动，careless starting
泵壳体，casing
正导叶式泵壳体，diffuser type of casing
泵壳体几何形状的影响，effect of geometry of casing
剖分式泵壳体，split casing
蜗壳式壳体，volute type of casing
原因/根源，causes
空化的定义，definition of cavitation
交替叶片空化，alternate vane cavitation
叶轮切割引起的空化，cavitation caused by cutdown of impeller
零件变热引起的空化，cavitation caused by heating of parts
惯性引起的空化，cavitation caused by inertia
预旋引起的空化，cavitation caused by prerotation
振动引起的空化，cavitation caused by vibrations
旋涡引起的空化，cavitation caused by vortices
水锤引起的空化，cavitation caused by water hammer
平衡孔对空化的影响，effect of balancing holes on cavitation
排出管路对空化的影响，effect of discharge line on cavitation
叶轮切割对空化的影响，effect of impeller cutdown on cavitation
叶轮宽度对空化的影响，effect of impeller width on cavitation
杂质对空化的影响，effect of impurities on cavitation
尖锐的边缘对空化的影响，effect of sharp edge on cavitation
吸入管路对空化的影响，effect of suction line on cavitation
温度对空化的影响，effect of temperature on cavitation
阀门对空化的影响，effect of valve on cavitation
空化的外部迹象，external signs of cavitation
空化的缓冲，cavitation cushioning
空化对性能的影响，effect of cavitation on performance
空化对湿润零件的影响，effect of cavitation on wetted parts
空化的图形表达，cavitation. graphical presentations
空化数，cavitation number
空化的发生，cavitation occurrence
空化的预防，cavitation prevention
空化的补救措施，cavitation. remedial means
材料的抗空蚀性，cavitation. resistance of materials
有效空化余量增加时的空化，cavitation at increased available NPSH
高温时的空化，cavitation at elevated temperatures
链式反应，chain reactions
最常见原因的清单，checklists of most common causes
逆止阀，check valve
材料的化学相容性，chemical compatibility of materials
离心泵，centrifugal pump
离心泵分类，classifications of centrifugal pump
离心泵工作原理，principles of operation of centrifugal pumps
化学亲和力，chemical affinity
泵选型，choice of pumps
间隙，clearance
闭式测试回路，closed test loop
竖管，column

压缩引起的断裂，fracture due to compression
空化引起的腐蚀，corrosion due to cavitation
联轴器，coupling
裂缝，crevice
临界转速，critical speed
输送系统阻力，system curves
叶轮直径切割，cutdown of impeller - diameter

D

损伤的分类，classification of damage
深井泵，deep well pump
深井泵传动轴的伸长，extension of lineshaft of deep well pumps
深井泵的安装，installation of deep well pump
正导叶/扩散管，diffuser
导叶泵，diffusor - pump
正导叶的安装，installation of diffuser
性能曲线的下沉，dip in performance curve
圆盘摩擦，disc friction
排出管路，discharge line
泵排出管，discharge nozzle
节段式泵，donut pumps
原动机，driver
下垂形性能曲线，drooping performance curve
下垂形性能曲线出现及根源，appearance and causes of drooping curve
流道，duct
动力计/测功马达，dynamometer

E

气囊的影响，effect of air pockets
弯头对流动的影响，effect of elbow on flow
效率，efficiency
电气连接，electrical connection
端吸泵，end - suction pump
能量，energy
能量的传递，energy transfer
稳定的平衡，stable equilibrium
侵蚀，erosion
流量的测量误差，errors in measuring of flow rate
扬程的测量误差，errors in measuring of head
功耗的测量误差，errors in measuring of power consumption
空化余量的测量误差，errors in measuring of NPSH
挤压，extrusion
凸起和凹痕，extrusions and dents
叶轮吸入口，eye of impeller

F

失效零件目视检查，visual inspection of failed parts
零件的失效，failure of parts
疲劳，fatigue
装配故障，faults in assembly
流量计，flow meter
流量计中的空化，cavitation in flow meter
流量，flow rate
流量的脉动，fluctuation in flow rate
流量的测量，measurements of flow rate
正常流量范围，normal range of flow - rates
流动阻碍，obstruction to flow
基础/地基，foundation
弯曲引起的断裂，fracture due to bending
摩擦损失，frictional losses
固有频率，natural frequency

G

咬合，galling
咬合的定义，definition of galling
填料函的拧紧，tightening of gland
气体，gas
气体在液体中的溶解度，gas solubility in liquids
垫片，gasket
垫片对流动的阻碍，gasket obstruction to flow
流量逐渐减少，gradual reduction of flow
性能图表，performance graph
润滑脂，grease

适用于不同应用场合的润滑脂，grease for different applications

H

扬程－流量曲线，head－capacity curve
下垂形扬程－流量曲线，drooping head－capacity curve
平坦型扬程－流量曲线，flat head－capacity curve
陡降型扬程－流量曲线，steep head－capacity curve
叶轮产生的扬程，head developed by an impeller
扬程随流量而增加，head increases with flow
扬程的测量，head. measurements
扬程－空化余量曲线，head－NPSH curves
关死工况扬程，shut－off head
静态扬程/能头，static head
总扬程/能头，total head
零件的加热，heating of parts
热的液体，hot liquids
人为因素，human factors
水力噪声源，hydraulic source of noise
回流引起的滞后，hysteresis due to recirculation

I

叶轮，impeller
双吸叶轮，double－suction impeller
叶轮输送空气的能力，air－handling capability of impeller
闭式叶轮，closed impeller
输送污水的叶轮，impeller for handling sewage
半开式叶轮，semi－open impeller
叶轮切割，impeller cutdown
叶轮切割对扬程的影响，effect of impeller cutdown on head
叶轮切割对必需空化余量的影响，effect of impeller cutdown on NPSH required
叶轮粗糙度的影响，effect of roughness of impeller
叶轮宽度的影响，effect of width of impeller
叶轮间隙的调整，adjusting clearances of impeller
叶轮间隙的检查，checking clearances of impeller
吸入管路不稳定，instabilities in suction line
小流量或部分流量的不稳定，instabilities at low, partial flow rates
双吸泵的不稳定，instabilities in double－suction pumps
间歇运行，intermittent operation

L

布局/布置，layout
空气泄漏，leakage of air
液体泄漏，leakage of liquid
开式叶轮的液体泄漏，leakage of liquid through open impeller
口环的液体泄漏，leakage of liquid through wearing rings
泄漏位置，leakage locations
泄漏对泵流量的影响，effect of leakage on pump output
泄漏对泵吸入性能的影响，effect of leakage on suction performance
液体对泵吸入性能的影响，effect of liquid on suction performance
液体热力学性质，liquid thermodynamic properties
载荷，load
能量损失，losses of energy
泵测试回路，loop for testing pumps
滚动轴承润滑，lubrication of ball bearings
特殊工作条件的脂润滑，grease lubrication for special duties
脂润滑与油润滑，grease vs oil lubrication
滑动轴承润滑，lubrication of journal bearing
油润滑，oil lubrication

M

材料耐磨损性，resistance of material to abrasion and wear
材料耐空蚀性，resistance of material to cavitation

材料耐化学性，resistance of material to chemicals
流动测量，measurement of flow
扬程测量，measurement of head
空化余量测量，measurement of NPSH
功率测量，measurement of power
吸入头测量，measurement of suction head
机械密封，mechanical seals
机械密封的特点，features of mechanical seals
不对中，misalignment
测试的模型律，model laws for testing
泵吸入池模型律，model laws for pump – sumps
电动机/原动机，motor
多级泵，multistage pumps

N

噪声，noise
噪声源的诊断，diagnosing source of noise
脆的爆裂噪声，dry，cracking noise
水力噪声源，hydraulic source of noise
机械噪声源，mechanical source of noise
噪声源清单，checklist of source of noise
有效空化余量，*NPSH* available
空化余量的定义，definition of NPSH
空气(气体)对空化余量影响，effect of air (gas) on *NPSH*
叶片头部形状对空化余量影响，effect of blade – tip shape on *NPSH*
泵选择对空化余量影响，effect of choice of pump on *NPSH*
设计流量对空化余量影响，effect of design flow on *NPSH*
设计转速对空化余量影响，effect of design speed on *NPSH*
不同液体对空化余量影响，effect of different liquids on *NPSH*
排出管路对空化余量影响，effect of discharge line on *NPSH*
流量对空化余量影响，effect of flow rate on *NPSH*
液体中的杂质对空化余量影响，effect of impurities in liquid on *NPSH*
泄漏对空化余量影响，effect of leakage on *NPSH*
预旋对空化余量影响，effect of prerotation on *NPSH*
尺寸对空化余量影响，effect of scale on *NPSH*
吸入管路对空化余量影响，effect of suction line on *NPSH*
温度对空化余量影响，effect of temperature on *NPSH*
时间对空化余量影响，effect of time on *NPSH*
振动对空化余量影响，effect of vibration on *NPSH*
空化余量 – 流量曲线，*NPSH* – flow curves
空化余量 – 扬程曲线，*NPSH* – head curves
必需空化余量，*NPSH* required
空化余量测试，*NPSH* test
空化余量测试回路，*NPSH* test – loop

O

现场检查，on – site inspection
小流量工况运行，operation at low flow – rates
运行条件，operating condition
运行转速，operating speed
并联运行，operation in parallel
串联运行，operation in series
输出，output
零件过热，overheating of parts

P

填料，packing
性能，performance
串联运行的性能，performance in series
并联运行的性能，performance in parallel
性能曲线，performance curve
性能调整方法，means of altering performance
管的直径，pipe diameter
管路，pipeline
动力/功率，power
功耗，power consumption

预旋，prerotation
压力，pressure
灌泵，priming
泵的分类，classification of pumps
泵的描述，description of pumps
双吸泵，double – suction pumps
泵过热，pump overheat
泵与输送系统的相互作用，pump – system interaction
泵输送作用原理，principles of pumping action
泵输送热液体，pumping hot liquids
泵输送黏液体，pumping viscous liquids
泵吸入池，pump sump
泵选择，pump selection

R

滚道，race
径向力，radial thrust
额定的性能曲线，rating performance curve
回流，recirculation
泵进口回流，recirculation at pump – inlet
叶轮出口回流，recirculation at impeller outlet
共振，resonance
旋转方向，direction of rotation
旋转的圆盘，rotating disc
旋转动力泵/叶片泵，rotodynamic pump
粗糙度，roughness

S

安全须知，safety precaution
沙子，sand
密封，seal
赛博特通用秒，second Saybolt universal
半开式叶轮，semi – open impeller
尺寸效应，scale effect
轴，shaft
轴装配件，shaft assembly
轴的伸长，shaft extension
剪切，shear
剪切断裂的迹象，sign of shear – fracture
冲击，shock
关死工况扬程，shutoff head
侧吸泵，side – suction pump
单级泵，single – stage pump
相似律，similarity laws
单吸泵，single – suction pump
冲击压力，slam pressure
特殊情况/个案，special case
比转速，specific speed
预防措施，precautionary step
填料函，stuffing box
填料函的空气泄漏，air leakage through stuffing box
整流/矫直器，straightener
应力，stress
管路施加的应力，stress imposed by piping
吸入口的淹没深度，submergence of suction inlet
吸入能头，suction head
吸入高度/吸程，suction lift
吸入管路，suction line
吸入口，suction inlet
吸入池中吸入口的位置，suction inlet location in sump
吸入过程，process of suction
吸入罐/箱，suction tank
突然跳跃，sudden jump
淹没深度，submergence
泵吸入管，suction nozzle
吸入性能，suction performance
吸入比转速，suction specific speed
吸入池，suction sump
集液池，sump
表面粗糙度，surface roughness
输送系统能头曲线，system – curve
输送系统与泵相互作用，system – pump interaction
泵输送系统，pumping system
泵输送系统布局，layout of pumping system

T

温度，temperature
高温，elevated temperature
温度变化引起的疲劳，fatigue due to change in temperature
张力，tension
张力引起的断裂，fracture due to tension
关死工况附近的测试，testing near shutoff
测试回路，test loop
试验与现场测试，test and field testing
热冲击，thermal shock
托马空化数，Thoma's cavitation number
推力，thrust
诊断工具，diagnostic tool
扭矩仪，torque meter
总扬程，total head
瞬变条件，transient condition
故障，trouble
故障排除，troubleshooting
涡轮泵，turbine pump
油润滑的，oil lubricated
水润滑的，water lubricated

U

不稳定的性能，unstable performance
液位浮动引起的不稳定的性能，unstable performance due to fluctuation in liquid – level
几台泵相互作用引起的不稳定的性能，unstable performance due to interaction of several pumps
预旋引起的不稳定的性能，unstable performance due to prerotation
吸入池布局引起的不稳定的性能，unstable performance due to sump layout
不合适的泵选择，unsuitable choice of pump
不寻常的个案历史，unusual case history

V

竖管内的真空，vacuum in column
阀门，valve
阀门关闭，valve closing
阀板，valve disc
反导叶，return vane
蒸汽泡，vapor bubble
蒸汽泡的溃灭，collapse of vapor bubble
蒸汽压，vapor pressure
竖传动轴，vertical lineshaft
振动，vibration
振动源，source of vibration
水力振动，hydraulic vibration
机械振动，mechanical vibration
自激振动，self – excited vibration
阀板振动，valve disc vibration
黏度，viscosity
黏度的定义，definition of viscosity
黏度对空化余量的影响，effect of viscosity on *NPSH*
黏度对性能的影响，effect of viscosity on performance
蜗壳，volute
蜗壳内空气的影响，effect of air in volute
蜗壳喉部面积的影响，effect of throat – area of volute
蜗壳隔舌形状的影响，effect of tongue geometry of volute
旋涡，vortex
旋涡引起的空化，cavitation due to vortex
旋涡对性能的影响，effect of vortex on performance
旋涡的形成，formation of vortex
旋涡的起源，origin of vortex
旋涡的周期性脱落，periodic shedding of vortex
吸入池内旋涡，vortex in sump

W

水锤原理，water hammer principle
空化导致的水锤，water hammer caused by cavitation
预旋引起的水锤，water hammer due to prerotation
泵启动过程中的水锤，water hammer during start

泵关机引起的水锤，water hammer due to shutoff
排出管路的水锤，water hammer in discharge line
频繁开、停机引起的水锤，water hammer due to frequent starts and stops
水位的变化，variation in water level
耐磨损性，wear resistance
口环，wearing ring
口环泄漏，wearing ring leakage
口环泄漏对空化的影响，effect of wearing ring leakage on cavitation
口环泄漏对性能的影响，effect of wearing ring leakage on performance
水井，well
手艺/做工，workmanship